21 世纪重点大学规划教材

物联网导论

薛燕红　编著

机 械 工 业 出 版 社

本书详细地介绍了物联网的相关概念、层次结构、关键技术以及行业应用。全书共11章，第1章介绍了物联网的基本概念、体系结构、发展趋势以及面临的挑战；第2章至第9章分别介绍了物联网各层的关键技术及应用；第10章介绍了物联网安全的相关知识；第11章给出了物联网在环境保护、农业、交通三大领域的应用案例。本书层次清晰，内容新颖，知识丰富，图文并茂，可读性强。

　　本书可作为高等院校物联网工程专业和信息类、通信类、计算机类、工程类、管理类及经济类等专业的物联网导论或物联网基础课程的教材，也可供从事物联网开发、应用、研究与产业管理的人员参考。

　　本书提供配套授课电子课件，需要的教师可登录 www.cmpedu.com 免费注册、审核通过后下载，或联系编辑索取（QQ：2399929378，电话：010 - 88379753）。

图书在版编目（CIP）数据

物联网导论/薛燕红编著. —北京：机械工业出版社，2014.1（2019.7 重印）
ISBN 978-7-111-45196-9

Ⅰ．①物…　Ⅱ．①薛…　Ⅲ．①互联网络 – 应用②智能技术 – 应用
Ⅳ．①TP393.4②TP18

中国版本图书馆 CIP 数据核字（2013）第 304398 号

机械工业出版社（北京市百万庄大街 22 号　邮政编码 100037）
责任编辑：郝建伟
责任印制：常天培
北京九州迅驰传媒文化有限公司印刷
2019 年 7 月第 1 版·第 4 次印刷
184mm×260mm·19 印张·471 千字
6001—6600 册
标准书号：ISBN 978-7-111-45196-9
定价：45.00 元

出 版 说 明

随着我国信息化建设步伐的逐渐加快，对计算机及相关专业人才的要求越来越高，许多高校都在积极地进行专业教学改革的研究。

加强学科建设，提升科研能力，这是许多高等院校的发展思路。众多重点大学也是以此为基础，进行人才培养。重点大学拥有非常丰富的教学资源和一批高学历、高素质、高科研产出的教师队伍，通过多年的科研和教学积累，形成了完善的教学体系，探索出人才培养的新方法，搭建了一流的教学实践平台。同学科建设相匹配的专业教材的建设成为各院校学科建设的重要组成部分，许多教材成为学科建设中的优秀成果。

为了体现以重点建设推动整体发展的战略思想，将重点大学的一些优秀成果和资源与广大师生共同分享，机械工业出版社策划开发了"21世纪重点大学规划教材"。本套教材具有以下特点：

1）由来自于重点大学、重点学科的知名教授、教师编写。

2）涵盖面较广，涉及计算机各学科领域。

3）符合高等院校相关学科的课程设置和培养目标，在同类教材中，具有一定的先进性和权威性。

4）注重教材理论性、科学性和实用性，为学生继续深造学习打下坚实的基础。

5）实现教材"立体化"建设，为主干课程配备了电子教案、素材和实验实训项目等内容。

欢迎广大读者特别是高校教师提出宝贵意见和建议，衷心感谢计算机教育工作者和广大读者的支持与帮助！

机械工业出版社

前　言

物联网是在互联网的基础上，利用 RFID、传感器和无线传感器网络等技术，构建一个能覆盖世界上所有人与物的网络信息系统，从而使人类的经济活动与社会生活、生产运行与个人活动都运行在智慧的物联网基础设施之上，地球因此而有了智慧，人类生活因此而更加便利。

根据信息生成、传输、处理和应用的原则，参考互联网分层的经验，一个完整的物联网系统应该包含信息感知层、物联接入层、网络传输层、智能处理层和应用接口层等五个层面的功能。物联网各层之间既相对独立又联系紧密，在应用接口层以下，同一层次上的不同技术互为补充，适用于不同环境，构成该层次技术的应对策略。而不同层次提供各种技术的配置和组合，根据应用需求，构成完整的解决方案。

本书按照物联网的层次展开介绍，力争使全书层次清晰、可读性好，为读者系统全面地展示物联网及其相关技术。

物联网形式多样、技术复杂、涉及面广，所涉及的内容横跨多个学科，本书的成果实际上是凝聚了大量专家、教授和众多智者的心血，作者只是将他们的思想、观点、技术和方法凭着个人的理解并按照自己的思路整理出来。

本书引用了互联网上大量的最新资讯、报刊中的报道，在此一并向原作者和刊发机构致谢，对于不能一一注明引用来源深表歉意。对于网络上收集到的共享资料，没有注明出处或由于时间、疏忽等原因找不到出处的，以及作者对有些资料进行了加工、修改而纳入书中的，作者郑重声明其著作权属于原创作者，并在此向他们在网络上共享所创作或提供的内容表示致敬和感谢！在本书的写作中，得到了北京邮电大学网络技术研究院和作者所在单位陕西理工学院同仁们的多方支持，在此表示衷心的感谢。

书中对某一方面的技术理解有误或不准确，以及在理解、归纳和总结中出现挂一漏万的问题在所难免，恳请读者不吝赐教。

作　者

目　　录

第1章 物联网概述

物联网（The Internet of Things，IOT）是继计算机、互联网和移动通信之后的又一次信息产业革命。目前，物联网已被正式列为国家重点发展的战略性新兴产业之一。物联网产业具有产业链长、涉及多个产业群的特点，其应用范围几乎覆盖了各行各业。

本章从物联网的定义、特征、应用领域、体系结构以及面临的问题等方面进行阐述，以便读者能够对物联网的概念有一个准确的认识，对物联网系统有一个整体的了解。

1.1 物联网的概念

物联网是在互联网的基础上，利用 RFID、传感器和无线传感器网络等技术，构建一个覆盖世界上所有人与物的网络信息系统，从而使人类的各类活动都运行在智慧的物联网基础设施之上。

1.1.1 物联网的定义及特征

1. 物联网的定义

物联网就是"物物相连的互联网"，这里包含了两层含义：第一，物联网的核心和基础仍然是互联网，物联网就是互联网的延伸和扩展；第二，其用户端延伸和扩展到了任何人和物、物和物进行的信息交换和通信。物联网是通过各种信息传感设备，按照约定的协议，把任何物品与互联网连接起来，进行信息交换、信息通信和信息处理，以实现智能化识别、定位、跟踪、监控和管理的一种网络。它是在互联网基础上延伸和扩展的网络。

这里的"物"要满足以下条件：有相应的信息接收器；有数据传输通路；有一定的存储功能；有 CPU；有操作系统；有专门的应用程序；有数据发送器；遵循物联网的通信协议；在世界网络中有可被识别的唯一编号。这样，"物"才能够融入"物联网"，才能够具有"感知的神经"和"智慧的大脑"。

2. 物联网的特征

与传统的互联网相比，物联网有其鲜明的特征。

（1）全面感知

物联网上部署了数量巨大、类型繁多的传感器，每个传感器都是一个信息源，不同类别的传感器所捕获的信息内容和信息格式不同。传感器获得的数据具有实时性，按一定的频率周期性地采集环境信息，不断地更新数据。各种感知技术在物联网中获得了广泛应用。

（2）可靠传递

传感器采集的信息通过各种有线和无线网络与互联网融合，并通过互联网将信息实时而准确地传递出去。在物联网上的传感器定时采集的信息需要通过网络传输，由于其数量极其庞大，形成了海量信息。在传输过程中，为了保障数据的正确和及时，必须适应各种异构网络和协议。

（3）智能处理

物联网将传感器和智能处理技术相结合，利用网络、云计算、模式识别以及各种智能技术，扩充其应用领域。智能处理是从传感器获得的海量信息中分析、加工和处理出有意义的数据，对物体实施远程智能控制，以适应不同用户的不同需求，发现新的应用领域和应用模式。

1.1.2 物联网发展的背景和意义

物联网既不是美好的预言，更不是科技的狂想，而是又一场改变世界的伟大产业革命。物联网的发展是科学技术发展的必然，是人类不断追求自由和美好生活的必然，也是人类自身发展在面临诸多挑战时采取的智慧而积极的行动。

1. 必然性

目前的互联网仅仅是人与人之间信息交流的网络，我们更希望其满足人与物、物与物之间信息的自动交互和共享。物联网是互联网的延伸与扩展，物联网可以实现物理世界与信息世界的无缝连接，见图1.1。

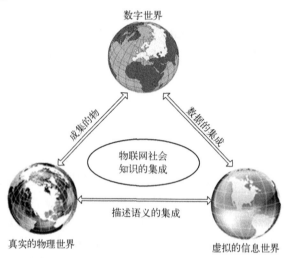

图 1.1 物理世界与信息世界无缝连接示意图

将各种功能不同的智能传感器嵌入到电网、铁路、桥梁、隧道、公路、建筑、供水系统、大坝、油气管道等物体中，通过无线传感器网络、互联网、超级计算机和云计算等组成物联网，实现人类社会与物理系统的整合，使世界上的物、人、网与社会融合为一个有机的整体。我们可以捕捉物体运行过程中的各种信息，控制小到一个开关，大到一个行业的运行过程。物联网概念的本质就是将地球上人类的经济活动与生产运行、社会生活与个人活动都放在一个智慧的物联网基础设施之上运行。

2. 技术背景

（1）互联网技术是物联网的发展基础

物联网的核心和基础仍然是互联网，是在互联网基础上的延伸和扩展的网络。物联网通过各种有线和无线网络与互联网融合，将物体的信息实时准确地传递出去，它是一种建立在互联网上的泛在网络。近二十年来，互联网的高速发展，给全世界带来了非同寻常的机遇。纵观互联网的发展史，可以看出互联网的发展具有运营产业化、应用商业化、互联全球化、互联宽带化、多业务综合平台化和智能化等特点。可以预见，物联网的发展和应用将大大超过互联网，将进一步改变人们的生产、工作、生活和学习方式。

（2）三网融合是物联网理想的通信平台

我国正在加快建设宽带、泛在、融合、安全的信息网络基础设施，推动新一代移动通信、下一代互联网核心设备和智能终端的研发及产业化，加快推进三网融合，促进物联网、云计算的研发和示范应用。随着电信、电视、计算机"三网融合"趋势的加强，未来的互联网将是一个真正的多网合一、多业务综合平台和智能化的平台，是移动网＋IP网＋广播电视多媒体网的网络世界，它能融合现今所有的通信业务，并能推动新业务的迅猛发展，给整个信息技术产业带来一场革命。

（3）云计算是物联网应用的商业模式

云计算是通过将计算分布在大量的分布式计算机上而非本地计算机或远程服务器中，使得各种应用系统能够根据需要获取计算力、存储空间和信息服务。它意味着计算能力也可以作为一种商品进行流通，就像煤气、水电一样，取用方便、费用低廉。目前，云计算的发展如日中天，随着物联网业务量的增加，对数据存储和计算量的需求将推动"云计算"的进一步发展，而云计算的极大发展将成为物联网发展的强大后盾。云计算助力海量数据处理，提升物联网信息处理能力，可以成为物联网网络引擎。

（4）普适计算是物联网智能的理论模型

普适计算强调与环境融为一体的计算，而计算机本身则从人们的视线里消失。在普适计算的模式下，人们能够在任何时间、任何地点，以任何方式进行信息的获取与处理。普适计算的核心思想是小型、便宜、网络化的处理设备广泛分布在日常生活的各个场所，计算设备将不只依赖命令行、图形界面进行人机交互，而更依赖"自然"的交互方式，计算设备的尺寸将缩小到毫米甚至纳米级。间断连接与轻量计算（即计算资源相对有限）是普适计算最重要的两个特征。在普适计算的环境中，无线传感器网络将广泛普及，各种新型交互技术将使交互更容易、更方便。

（5）3G/4G是物联网便捷的接入方式

目前，伴随着3G和4G所带来的移动宽带能力，移动网络所支撑的物联网应用的前景更加广阔，移动网络将是最主要的接入手段，物联网将从单一走向融合。

（6）无线传感器网络是物联网无处不在的感知手段

无线传感器网络是一种由传感器节点构成的网络，能够实时地监测、感知和采集节点部署区域内的各种信息，并对这些信息进行处理后以无线的方式发送出去，通过无线网络最终发送给观察者。无线传感器网络中的每一个节点都配有无线电发射和接收装置，能够和网络中的其他节点进行通信。随着微机电系统、片上系统、无线通信和低功耗嵌入式技术的飞速发展，具有功耗低、成本少、分布式和自组织特点的无线传感器网络给信息感知带来了一场变革。无线传感器网络可以扩展人们与现实世界进行远程交互的能力，微传感技术和无线联网技术为无线传感器网络赋予了广阔的应用前景。

（7）RFID是物联网最成熟的应用技术

RFID是物联网关键技术中最成熟的一种，已经建立了相关标准，并拥有一个广阔的应用市场。21世纪初，RFID已经开始在中国进行试探性的应用，并很快得到政府的大力支持，RFID的发展已经提高到国家产业发展战略层面。目前，RFID在中国的很多领域都得到实际应用，包括环保、物流、烟草、医药、身份证、奥运门票、宠物管理等。

3. 社会背景

（1）物联网可以解决我们面临的诸多问题

历史的经验告诉我们，每一次重大的经济危机都要伴随着一场技术的革命，每次经济危机之后，都会极大地激发人们对新技术的追求和探索。2008年席卷全球的金融危机使人们冷静下来反省：以往的发展出了什么问题？未来应当如何应对？对如此严重的危机，现有的信息技术为什么没能及时监测、提前预警？也就是说，人类对物理世界的认知和把握还远远不够，要想真正应对各种危机，必须把信息技术的触角延伸到物理世界，以实现及时的感知，并迅速采取相应的措施。人类正面临经济衰退、全球竞争、气候变化、人口老龄化等诸多问题实际上都能够以更加"智慧"的方式解决。物联网一方面可以提高经济效益、大大节约成本，另一方面可以为全球经济的复苏提供技术动力。

（2）世界各国高层领导的重视和亲自推动

美国总统奥巴马对于发展物联网的建议给予了积极的回应："经济刺激资金将会投入到宽带网络等新兴技术中去，毫无疑问，这就是美国在21世纪保持和夺回竞争优势的方式。"；欧洲各国不仅高度关注"物联网"，而且就具体的技术标准展开研究，2009年6月欧盟发布了新时期下物联网的行动计划；日本和韩国在2004年5月分别提出了"U－Japan"、"U－Korea"的计划和构想，2009年8月，日本提出在"U－Japan"的基础上，发展"I－Japan"成为实质性的物联网。

（3）信息化产业对物联网强力推动

目前，IBM、中国移动、无锡中科院、研祥、罗克佳华等著名企业都对物联网给予了极大的关注，并投入巨资研制物联网的各类应用。

（4）传统产业的积极呼应

物联网可以作为传统产业新的经济增长点，得到各个方面的支持，如沃尔玛、海尔等。资本市场热情高涨，我国各相关部委都在积极研究，不断地推出各类政策、措施来支持物联网产业的快速发展。

（5）社会经济发展与产业转型成为物联网发展的推动力

物联网可以将传统的工业化产品从设计、供应链、生产、销售、物流与售后服务融为一体，可以最大限度地提高企业的产品设计、生产、销售能力，提高产品质量与经济效益，实现节能降耗，能够极大地提高企业的核心竞争力。

1.1.3　物联网发展现状

物联网形式多样、技术复杂、涉及面广，所涉及的内容横跨多个学科。目前，物联网的开发和应用尚处在探索和局部应用阶段。

1. 国外发展现状

在应用和研发方面，美、欧、日、韩等少数国家起步较早，总体实力较强。目前，物联网开发和应用仍处于起步阶段，发达国家和地区抢抓机遇，希望在新一轮信息产业重新洗牌中占领先机，物联网成为各国提升综合竞争力的重要手段。

（1）美国

美国在物联网基础架构、关键技术领域已有领先优势。美国在物联网产业上的优势正在加强与扩大，国防部的"智能微尘"（SMART DUST）、国家科学基金会的"全球网络研究环境"（GE-NI）等项目提升了美国的创新能力。由美国主导的EPCglobal标准在RFID领域中呼声最高，德州仪器（TI）、英特尔、高通、IBM、微软在通信芯片及通信模块设计制造上全球领先，物联网已经开始在军事、工业、农业、环境监测、建筑、医疗、空间和海洋探索等领域投入应用。美国2009年9月提出《美国创新战略》，将物联网列为振兴经济、确立优势的关键战略的重要组成部分。

（2）欧盟

欧盟将信息通信技术作为促进欧盟从工业社会向知识型社会转型的主要工具，致力于提升欧盟在全球的数字竞争力。欧盟在 RFID 和物联网方面进行了大量研究应用，对 RFID 和物联网技术进行专项研发。2009 年 6 月欧盟制定物联网行动方案，推出物联网标准战略，确保物联网的可信度、接受度和安全性。2009 年 9 月 15 日，欧盟发布《欧盟物联网战略研究路线图》，提出欧盟到 2010 年、2015 年、2020 年三个阶段的物联网研发路线图，并提出物联网在航空航天、汽车、医药、能源等 18 个主要应用领域和识别、数据处理、物联网架构等 12 个方面需要突破的关键技术。

（3）日本

日本是世界上第一个提出"泛在"战略的国家，2004 年日本政府在两期 E – Japan 战略目标均提前完成的基础上，提出了"U – Japan"战略。2004 年 3 月，日本总务省召开了"实现泛在网络（Ubiquitous）社会政策座谈会"，并于 5 月向日本经济财政咨询会议正式提出了以发展 Ubiquitous 社会为目标的 U – Japan 构想。2004 年 12 月，经过 36 名成员近 10 个月的工作，历经 27 次研讨，日本总务省发布了"实现泛在网络（Ubiquitous）社会政策座谈会"的最终报告书，列出了 U – Japan 战略的核心内容，排出了实现泛在网络社会的时间表。

（4）韩国

2004 年，韩国提出为期 10 年的 U – Korea 战略，目标是"在全球最优的泛在基础设施上，将韩国建设成全球第一个泛在社会"。配合 U – Korea 推出的 U – Home 是韩国的 U – IT839 八大创新服务之一。智能家庭最终让韩国民众能通过有线或无线的方式远程控制家电设备，并能在家享受高质量的双向与互动多媒体服务。2009 年 10 月 13 日，韩国通信委员会（KCC）通过了《基于 IP 的泛在传感器网基础设施构建基本规划》，将传感器网络确定为新增长动力，据估算至 2013 年产业规模将达 50 万亿韩元。KCC 确立了到 2012 年"通过构建世界最先进的传感器网基础实施，打造未来广播通信融合领域超一流 ICT 强国"的目标。为实现这一目标，确定了构建基础设施、应用、技术研发、营造可扩散环境等 4 大领域、12 项课题。

2. 国内发展现状

（1）中国不落后

中国在物联网方面有一定的基础，物联网技术发展基本与国际同步。目前，中国的物联网在一些行业领域得到初步应用，包括电力、智能交通、医疗卫生、家庭安防、重点区域防入侵、工业控制、农业、环境监测等诸多领域。物联网在中国迅速崛起得益于我国在物联网方面的如下优势：

1）我国早在 1999 年就启动了物联网核心传感网技术研究，研发水平处于世界前列。

2）在世界传感网领域，我国是标准主导国之一，专利拥有量高。

3）我国是目前能够实现物联网完整产业链的国家之一。

4）我国无线通信网络和宽带覆盖率高，为物联网的发展提供了坚实的基础设施支持。

5）我国已经成为世界第二大经济体，有较为雄厚的经济实力支持物联网发展。

（2）物联网标准化现状

2010 年 3 月 9 日，中国"物联网标准联合工作组"筹备会议在北京召开。"中国物联网标准联合工作组"由"工信部电子标签标准工作组"、"资源共享协同服务标准工作组"及"全国信息技术标准化技术委员会传感器网络标准工作组"、"全国工业过程测量和控制标准化技术委员会"发起。2010 年 6 月 8 日，物联网标准联合工作组正式成立。

（3）物联网技术研发现状

国内多家研究院和大学正在开展传感器网络硬件节点的研究。例如，中国科学院计算技术研究所深联科技的"基于 ZigBee 无线通信协议栈的 GAINJ、GAINZ 等系列传感器节点"；香港科技大学的"基于 Telos—B 平台的无线传感器网络节点"；南京邮电大学的"无线传感器网络系列节点 UbiCell 和 UbiCell 无线医疗传感器节点"等。国内研究机构在理论研究方面，如对无线传感器网络的网络协议、算法、体系结构等方面，提出了许多具有创新性的思想与理论。

（4）物联网应用现状

物联网应用极其广泛，下面将重点介绍物联网在电力行业、交通行业、物流行业、金融行业中应用的现状和问题，并以此管中窥豹，为后面的分析提供基础。

电力行业。按电力系统安全监控的要求，物联网可以全面应用于电力传输的整个系统，从电厂、大坝、变电站、高压输电线路直至用户终端。来自中国移动内部数据显示，目前中国移动在物联网领域的业务主要集中于电力和交通行业，其中电力行业占到中国移动物联网总业务市场的 41.9%。中国移动已经与南方电网合作，利用 M2M 技术建设智能电网，其中，电能计量自动化系统已经应用在大客户负荷管理、配变监控等领域。电力行业终端通信保证平台的推广应用，将使南方电网电信通信故障评价处理时间缩短一半以上。

交通行业。物联网在交通运输行业有着广泛的应用，智能交通领域主要有高速公路联网收费、不停车收费、多路径识别等。2009 年，交通运输部制定并对外公布了《关于推动公路水路交通运输行业 IC 卡和 RFID 技术应用的指导意见》，以提升交通运输信息化水平。中国移动在物联网领域的业务中，交通行业占到了 27.2%。另外，中国电信和中国移动已经推出多个智能交通的解决方案，中兴通讯也推出了自己的多个智能交通解决方案。

物流行业。物联网在物流领域的具体应用主要有车辆管理、集装箱管理、船舶管理、货物管理、堆场管理等。目前在物流领域，"集装箱电子标签技术规范"、"内贸集装箱电子标签技术规范"等多项标准已相继出台。此外，上海港通过国家信息化试点项目"中美集装箱电子标签国际航线应用"的实施，已代表中国，将该项目中有关应用 RFID 的核心技术向国际标准化组织提出制定相关国际标准的工作提案《Freight container – RFID – Cargo shipment Tag》，并已获得了授权，将由中国主持起草"集装箱货运标签"国际标准，编号为 150/NP 18186。这为我国抢占未来集装箱制造和运输市场，引领 RFID 在集装箱运输领域的应用发展奠定了一个较好的基础。

金融行业。金融服务是物联网重要的应用领域之一，仅在金融领域，截至 2010 年末，基于 IC 和 RFID 技术的全国银行卡发卡量累计超过 24.15 亿张，继续保持高速增长，信息技术进一步推动着金融业的改革与发展。另外，基于物联网技术的手机支付也是当前的发展热点，据工业和信息化部的数据显示，2010 年，我国手机支付用户突破 1 亿户，手机支付市场规模接近 30 亿元。继 2010 年 3 月中国移动宣布以 400 亿入股浦发银行，银联也于近日声称，由中国银联联合有关方面研发的新一代手机支付业务目前已进入大规模试点阶段，试点区域已扩展至上海、山东、浙江、湖南、四川、广东等六省市，试点地区还将进一步扩大。

1.2 物联网体系结构

物联网作为新兴的信息网络技术，目前尚处在起步阶段。目前，还没有一个广泛认同的物联网体系结构。但是，物联网体系的雏形已经形成，物联网基本体系具有典型的层级特性。

1.2.1 物联网体系架构

物联网的价值在于让物体也拥有了"智慧",从而实现人与物、物与物之间的沟通,物联网的特征在于感知、互联和智能的叠加。根据网络分层的基本原理,从系统的角度看,物联网至少应由信息感知层、物联接入层、网络传输层、智能处理层和应用接口层5个部分组成。物联网5层架构模型,见图1.2。

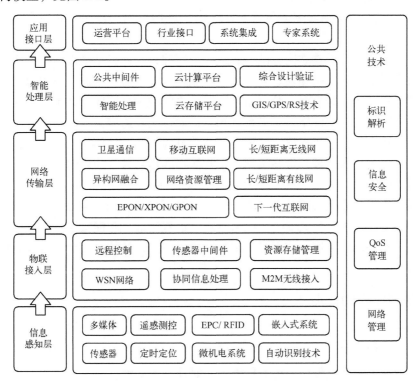

图 1.2 物联网 5 层架构模型

1. 信息感知层

该层的主要任务是将现实世界的各种物体的信息通过各种手段,实时并自动地转化为虚拟世界可处理的数字化信息或者数据。信息感知层是物联网发展和应用的基础,RFID 技术、传感和控制技术、短距离无线通信技术是信息感知层涉及的主要技术。信息感知层所识别和采集的信息主要有传感信息(如温度、湿度、压力、气体浓度)、物品属性信息(如物品名称、型号、特性、价格)、工作状态信息(如仪器、设备的工作参数)、地理位置信息(如物品所处的地理位置)等种类。

传感器能检测并可将检测到的物品的信息按所需形式输出,它是实现自动检测和自动控制的首要环节。在物联网中,传感器可以独立存在,也可以与其他设备以一体方式呈现,但无论哪种方式,它都是物联网中的感知和输入部分。在未来的物联网中,传感器及其组成的传感网络将在数据采集前端发挥重要的作用。

2. 物联接入层

该层的主要任务是将信息感知层采集到的信息,通过各种网络技术进行汇总、整合。该层重点强调各类接入方式,涉及的典型技术如:Adhoc(多跳移动无线网络)、传感器网络,Wi-Fi、3G/4G、Mesh 网络、有线或者卫星等方式。接入单元包括将传感器数据直接传送到通信网络的数据传输单元（Data Transfer Unit，DTU）以及连接无线传感网和通信网络的物联网网关设备。

3. 网络传输层

该层的基本功能是利用互联网、移动通信网、传感器网络及其融合技术等，将感知到的信息无障碍、高可靠性、高安全性地进行传输。为实现"物物相连"的需求，该层将综合使用 IPv6、3G/4G、Wi–Fi 等通信技术，实现有线与无线的结合、宽带与窄带的结合、感知网与通信网的结合。同时，网络传输层中的感知数据管理与处理技术是实现以数据为中心的物联网的核心技术。

4. 智能处理层

该层的主要任务是开展物联网基础信息运营与管理，是网络基础设施与架构的主体。目前运营层主要由中国电信、中国移动、广电网等基础运营商组成，从而形成中国物联网的主体架构。智能处理层用于支撑跨行业、跨应用、跨系统之间的信息协同、共享、互通的功能。智能处理层对下层网络传输层的网络资源进行认知，进而达到自适应传输的目的。对上层的应用接口层提供统一的接口与虚拟化支撑，虚拟化包括计算虚拟化和存储虚拟化等内容。而智能处理层则要完成信息的表达与处理，最终达到语义互操作和信息共享的目的。

5. 应用接口层

该层主要完成服务发现和服务呈现的工作。物联网的行业特性主要体现在其应用领域内，目前绿色农业、工业监控、公共安全、城市管理、远程医疗、智能家居、智能交通和环境监测等各个行业均有物联网的应用。应用接口层是物联网和用户的接口，结合行业需求，实现物联网的智能应用。

1.2.2 物联网体系的特点

1. 实时性

由于信息感知层的工作可以实时进行，所以，物联网能够保障所获得的信息具有实时性和真实性，从而在最大限度上保证了决策处理的实时性和有效性。

2. 大范围

由于信息感知层设备相对廉价，物联网系统能够对现实世界中大范围内的信息进行采集分析和处理，从而提供足够的数据和信息以保障决策处理的有效性。目前，随着 Ad–hoc 技术的发展，获得了无线自动组网能力的物联网将进一步扩大其传感范围。

3. 自动化

物联网的设计愿景是用自动化的设备代替人工，所有层次的各种设备都可以实现自动化控制，因此，物联网系统一经部署，一般不再需要人工干预，既提高了运作效率、减少出错几率，又能够在很大程度上降低维护成本。

4. 全天候

由于物联网系统的自动化运转而无需人工干预，因此，其布设基本不受环境条件、时间和气象变化的限制，可以实现全天候的运转和工作，从而使整套系统更为稳定而有效。

1.2.3 物联网、传感网和泛在网的关系

物联网信息感知层主要涉及 RFID/EPC 和传感器两项技术。RFID/EPC 技术的目的是标识物，给每个物品一个"身份证"；传感器技术的目的是感知物，包括采集实时数据（如温度、湿度）、执行与控制（打开空调、关上电视）等。

1. RFID 与传感网络的关系

RFID 和传感器具有不同的技术特点，传感器可以监测感应到各种信息，但缺乏对物品的标识能力，而 RFID 技术恰恰具有强大的标识物品能力。由于 RFID 其读/写范围受到读/写器与标签之间距离的影响，因而提高 RFID 系统的感应能力，扩大 RFID 系统的覆盖能力是亟待解决的问题。传感网络较长的有效距离将拓展 RFID 技术的应用范围，传感器、传感网络和 RFID 技术都是物联网技术的重要组成部分，它们的相互融合和系统集成将极大地推动物联网的应用。物联网与其他网络之间的关系，见图 1.3。

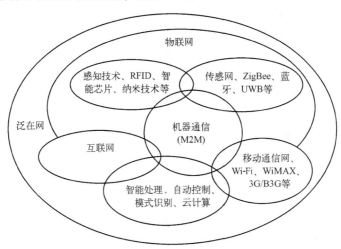

图 1.3　物联网与其他网络之间的关系

2. 基于 RFID 的物联网

从 RFID 技术出发，在 RFID/EPC 网络的基础上，建立基于 RFID 的物联网。这种物联网主要由 RFID 标签、读/写器、信息处理系统、编码解析与寻址系统、信息服务系统和互联网组成。通过对拥有全球唯一编码的物品的自动识别和信息共享，实现开放环境下对物品的跟踪、溯源、防伪、定位、监控以及自动化管理等功能。在生产和流通领域，为了实现对物品的跟踪、防伪等功能，需要给每一个物品一个全球唯一的标识。在这种情形下，RFID 技术是主角，基于 RFID 技术的物联网能够满足这种需求。

3. 基于传感器的物联网

从传感器技术出发，在传感网络的基础上，建立基于传感技术的物联网。由传感器、通信网络和信息处理系统为主构成的无线传感器网络，具有实时数据采集、监督控制和信息共享与存储管理等功能。它使网络技术的功能得到极大的拓展，使通过网络实时监控各种环境、设施及内部运行机理等成为可能。目前，无线传感器网络仍旧处在闭环环境下应用阶段，基于传感器的物联网主要应用在远程防盗、基础设施监控与管理、环境监测等领域。

4. 物联网与泛在网络的关系

泛在网是指无所不在的网络，又称泛在网络。最早提出 U 战略的日韩给出的定义是：无所不在的网络社会将是由智能网络、最先进的计算技术以及其他领先的数字技术基础设施武装而成的技术社会形态。根据这样的构想，U 网络将以"无所不在"、"无所不包"、"无所不能"为基本特征，帮助人类实现"4A"化通信，即在任何时间、任何地点、任何人、任何物都能顺畅地通信。因此，相对于物联网技术的当前可实现性来说，泛在网属于未来信息网络技术发展的理想状态和长期愿景。将 RFID 技术和无线传感器网络技术融合，构建更广义的物联网。

而对于物联网、传感网、广电网、互联网、电信网等相互融合形成的网络，称为泛在网。

5. 物联网 4 大支柱业务群

物联网 4 大业务群见图 1.4。

（1）RFID

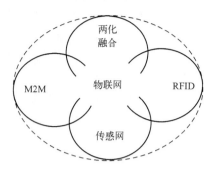

图 1.4　物联网 4 大业务群

射频识别技术 RFID，俗称电子标签，是一种非接触式的自动识别技术，它通过射频信号自动识别目标对象并获取相关数据，识别工作无需人工干预，可工作于各种恶劣环境。RFID 技术可识别高速运动物体并可同时识别多个标签，操作快捷方便。其作用是：第一，可以识别单个的非常具体的物体，而不像条形码那样只能识别一类物体；第二，其采用无线电射频，可以透过外部材料读取数据，而条形码必须靠激光来读取信息；第三，可以同时对多个物体进行识读，而条形码只能一个一个地读。此外，储存的信息量也非常大。目前我们使用的银行卡、二代身份证、非接触式公交卡、大学食堂的饭卡等都采用 RFID 技术，其应用非常广泛。

（2）传感网

无线传感器网络是大量的静止或移动的传感器以自组织和多跳的方式构成的无线网络，借助于各种传感器，感知、检测和集成自然界的各种信息，其目的是协作地感知、采集、处理和传输网络覆盖区域内感知对象的监测信息，并报告给用户。大量的传感器节点将检测数据，通过汇聚节点经其他网络发送给用户。传感网络实现了数据采集、处理和传输的 3 种功能，而这正对应着现代信息技术的 3 大基础技术，即传感器技术、计算机技术和通信技术。

（3）M2M

M2M 是机器对机器（Machine – to – Machine）通信的简称。目前，M2M 的重点是机器对机器的无线通信，有机器对机器、机器对移动电话（如用户远程监视）、移动电话对机器（如用户远程控制）3 种方式。M2M 潜在的市场不仅限于通信业，由于 M2M 是无线通信和信息技术的整合，它可用于双向通信，如远距离收集信息、设置参数和发送指令，因此 M2M 技术可有不同的应用方案，如安全监测、自动售货机、货物跟踪等。

（4）两化融合

两化融合是我国一直倡导的发展方向，政府、企业和个人都在大力为"以信息化带动工业化，以工业化促进信息化"寻找有效的解决办法，物联网技术让两化融合找到了着力点。物联网是国民经济和社会的深度信息化，是深度信息化的承载网络，是工业化和信息化天然的结合点，是促进两化融合的利器，是两化融合的实质推动力和两化融合的重要组成部分。物联网技术对改造传统产业能起到催化和带动作用，通过物联网技术改造，在传统工业、农业、商业、交通等领域广泛应用物联网技术，以促进经济结构调整，加快工业化进程，走跨越式发展道路。物联网可以降低生产成本、提高产品质量、提高管理水平以及提升传统产业的市场竞争力。

6. 物联网 4 大支撑网络

物联网 4 大网络群见图 1.5。因"物"的所有权特性，物联网应用在相当一段时间内都将主要在内网（Intranet）和专网（Extranet）中运行，形成分散的众多"物联网"，但最终会走向互联网（Internet），形成真正的"物联网"，如 Google PowerMeter。

（1）短距离无线通信网

短距离无线通信网包括 10 多种已存在的短距离无线通信（如 ZigBee、蓝牙、RFID 等）标

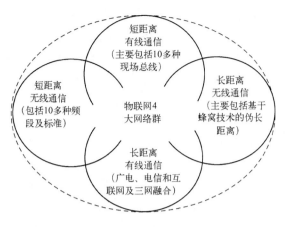

图 1.5　物联网 4 大网络群

准网络以及组合形成的无线网状网（Mesh Networks）等。Mesh 网络即"无线网格网络"，它是一个无线多跳网络，是由 Ad－hoc 网络发展而来，是解决"最后一公里"问题的关键技术之一。在向下一代网络演进的过程中，无线是一个不可或缺的技术。无线 Mesh 可以与其他网络协同通信，是一个动态的可以不断扩展的网络架构，任意的两个设备均可以保持无线互联。

（2）长距离无线通信网

长距离无线通信网包括 GPRS/CDMA、3G、4G 等蜂窝（伪长距离通信）网以及真正的长距离 GPS 卫星移动通信网。

（3）短距离有线通信网

短距离有线通信网主要依赖 10 多种现场总线（如 ModBus、DeviceNet 等）标准，以及 PLC 电力线载波等网络。我们往往忽略了信息感知层用有线现场总线和传输层用长距离无线通信的组合，从实用和商业推广的角度，这个组合早已经达到稳定和大规模应用的水平。

（4）长距离有线通信网

长距离有线通信网支持 IP 的网络，包括计算机网、广电网、电信网（三网融合）以及国家电网的通信网等。

1.3　物联网的应用

物联网应用与我们的日常工作和生活息息相关，作为新一轮 IT 技术革命，物联网对于人类文明的影响之深远，可能将远远超过互联网。可以预见，经过未来十年的发展，社会、企业、政府和城市的运行与管理都将离不开物联网，物联网可以"感知任何领域，智能任何行业"。

1.3.1　百姓身边的物联网

1. 安全性

（1）自然灾害

2010 年 8 月 7 日 22 点左右，甘肃甘南藏族自治州舟曲县特大泥石流冲进县城，并形成堰塞湖，导致多人死亡或失踪。舟曲现有的预警系统（长江上游滑坡泥石流预警系统的一部分）由于多种原因造成预警失灵。传统滑坡监测主要是在现场布置固定的传感器或仪表后，通过汇总人工定时读取的数据来得到滑坡的安全状况，难以及时甚至无法捕捉到滑坡临近失稳前的最宝贵信息，因此不可能及时准确地对滑坡状况进行预测报警。

2010 年底，中国移动公司开发了"滑坡 GPS 自动化监测预警系统"。GPS 监测系统由 3 部分组成：监测单元、数据传输和控制单元、数据处理分析及管理单元。这 3 部分形成一个有机的整体，监测单元跟踪 GPS 卫星并实时采集数据，数据通过通信网络传输至控制中心，控制中心的 GPS 软件对数据处理并分析，实时形变监测。由于采用无线传输的方式，无线传感器网络可以很方便地进行初期的部署，数据的传输也不会因为地形的改变而中断，因此非常适合用于山体滑坡现场的环境监测。这一系统彻底颠覆了传统滑坡监测，将会极大地保护人民群众的生命财产安全。

（2）食品

2010 年 12 月 27 日，成都市质监局运用物联网技术开发出三聚氰胺检测数据监测平台，实现了对乳制品企业三聚氰胺检测数据的自动采集、自动传输、自动分析和自动报警，大大提高了监管工作的有效性。目前，该系统已经率先在新希望乳业投入使用，实现了三聚氰胺 24 小时全程监控。

（3）人身意外

2011 年 4 月，南大苏富特科技股份有限公司与南京鼓楼区相关部门联合实施的"物联网智慧养老"示范项目，将在部分试点小区和养老机构推开，年内预计将有近千名老人受益。

"物联网智慧养老"实际上就是利用物联网技术，通过各类传感器，使老人的日常生活处于远程监控状态。比如老人在房屋内摔倒，地面安全传感器会立即通知协议医护人员和老人亲属；老人住所内水龙头 24 小时没有开过，警报器就会通过电话或短信提醒，看看老人是否走失未归或出现其他意外；"智能厕所"能够检查老人的尿液、粪便，量血压、体重，让如厕变成医疗检查，所测数据直接传送到协议医疗单位的老人电子健康档案，一旦出现数据异常，智能系统会自动提醒老人及时体检，必要时协议医护人员会上门进行卫生服务。"物联网智慧养老"系统还可以在老年人身上佩戴相应感应器，如手腕式血压计、手表式 GPS 定位仪，随时监测老人的身体状况和活动轨迹，"如影随形"地对老年人进行监护。

2. 方便性

北京研发出 GPRS 室温无线远传系统，该系统利用物联网传感网络，可远程监控居民室温，如果室温降低，该平台将自动报警，提醒技术人员进行调温或上门抢修。使用该技术将使锅炉房的运行管理人员能够直接观察到居民室内供暖温度。在居民住宅内安装温度传感器和数据无线发送装置后，居民室温可以随时发送到监测平台。供热主管部门可以像监控路况那样方便地掌握全市各个社区的供暖情况。当检测到居民住宅室温显著下降时，系统能够自动报警，工程人员就能在市民投诉前采取调温或抢修措施。如果室温过高，平台还能自动进行调温，避免能源无谓浪费。

3. 节约性

日本在超市安装 30,000 个室温监控传感器，可以节省电费 10% 以上。IBM 正在帮助主动医疗网（ActiveCare Network）监控美国 38 个州的 1.3 万多家诊所，为超过 200 万病人提供注射液、疫苗及其他药品的适当运输网络。主动医疗网采用 IBM 软件降低治疗费用高达 90%，降低病人、诊所应用费用达 60%。

4. 智慧性

例如物联网冰箱。当你工作一天回到家，想做一份莲子桂圆汤，走到冰箱前查询冰箱外立面上的显示屏时却发现，冰箱内现有红枣、莲子，却没有桂圆。没关系，这台冰箱已经通过物联网技术与全球相连接，马上访问沃尔玛的网站，那里有很多桂圆可供选购……，这就是物联网冰箱带给人们的新生活。物联网冰箱不仅可以储存食物，还可实现冰箱与冰箱里的食品"对话"。冰箱可以获取其储存食物的数量、保质期、食物特征、产地等信息，并及时将信息反馈给消费者。它还能与超市相连,让你足不出户就能知道超市货架上的商品信息,能够根据主人取放冰箱内食物的习惯,制订合理的膳食方案。

1.3.2 各行各业的物联网

1. 物联网与工业

工业是物联网应用的重要领域。具有环境感知能力的各类终端、基于泛在技术的无线传感器网络、3G 和 4G 移动通信技术等不断融入到工业生产的各个环节。这些新技术可以大幅提高制造效率,改善产品质量,降低产品成本和资源消耗,将传统工业提升到智能工业的新阶段。

利用物联网对工业生产过程进行监测和控制,原材料管理、仓储和物流管理等环节实现精密和自动化处理。通过智能感知、精确测量和计算,量化生产过程中的能源消耗和污染物排放。

大港油田开发的"油井生产远程监控分析优化系统",通过网络远程采集油井的功图、压力、温度、电流、功率、扭矩等数据,实现油井生产工况实时诊断、远程实时产液量计量和用电消耗计量及能耗分析。应用扭矩法、电能法、功率曲线法等计算和调节抽油机平衡。基于诊断基础上的油井工作参数优化设计、基于诊断和优化设计结果的专家解决方案、基于油井工况诊断和工艺参数设计结果,远程实时实现对油井的"大闭环"智能控制。

生产远程监控分析优化系统通过网络远程采集注水井的压力、流量等数据,根据注水井配水要求,进行当前流量和配注量的比对,利用 PID 算法自动调节阀门开度。同时将即时流量数据和累计流量数据以及各种压力数据传送到 RTU,利用 CDMA/GPRS 网络将数据传回到油田企业内部网计算服务器。工况分析优化服务器将现场监控终端采集的数据进行智能综合分析,实现了超限报警、注水量计算、报表、曲线、图示、工况分析、参数优化设计等。

2. 物联网与农业

智能农业(或称工厂化农业)是指在相对可控的环境条件下,采用工业化生产,实现集约高效可持续发展的现代超前农业生产方式,就是农业先进设施与露地相配套、具有高度的技术规范和高效益的集约化规模经营的生产方式。

实例一:高品质的葡萄酒对土壤的温度、湿度等有极严格的要求,美国加州 Napa 谷土壤及环境监测系统每隔 100 ~ 400m 埋一个传感节点,利用传感网络对土壤温度、湿度、光照进行实时监控并有效控制滴灌,提高了葡萄酒的品质,提高产能 20% ,节约用水 25% 。

实例二:在泰州,正在建设的高港区农业生态园将实现智能化农业管理。近日,中国电信泰州分公司和高港区农业生态园签订全业务合作协议,双方将携手共同打造信息化农业生态园,建成全市首家"智能农业"物联网应用项目。泰州分公司将为农业生态园区提供虚拟网、光纤宽带、ITV 和天翼工作手机等基础通信服务以及园区内综合布线、视频监控等 ICT 应用,实现园区内安防监控和网上实景视频展示。通过农业生态园的实时视频监控,实现基于互联网的园区网上信息发布和园区视频展示。泰州分公司还将和高港区农业生态园共同推进物联网在现代农业项目中的应用,打造"智能农业"样板工程。通过传感技术、定位技术和移动互联网等技术的整合,实时采集温度、湿度、光照等环境参数,对农业综合生态信息进行自动监测和远程控制。

3. 物联网与军事和国防

信息技术正推动着一场新的军事变革。信息化战争要求作战系统"看得明、反应快、打得准",谁在信息的获取、传输、处理上占据优势,谁就能掌握战争的主动权。无线传感器网络以其独特的优势,能在多种场合满足军事信息获取的实时性、准确性、全面性等需求。

无线传感器网络可以协助实现有效的战场态势感知,满足作战力量"知己知彼"的要求。可以设想用飞行器将大量微传感器节点散布在战场的广阔地域,这些节点自组成网,将战场信息边收集、边传输、边融合,为各参战单位提供"各取所需"的情报服务。由于无线传感器网络具有密集型、随机分布的特点,使其非常适合应用于恶劣的战场环境中,包括侦察敌情、监控兵力、装备和物资,判断生物化学攻击等多方面用途。实现友军兵力、装备、弹药调配监视;战区监控;敌方军力的侦察;目标追踪;战争损伤评估;核、生物和化学攻击的探测与侦察等。

无线传感器网络的典型应用模式可分为两类,一类是传感器节点监测环境状态的变化或事件的发生,将发生的事件或变化的状态报告给管理中心;另一类是由管理中心发布命令给某一区域的传感器节点,传感器节点执行命令并返回相应的监测数据。与之对应的,传感网络中的通信模式也主要有两种,一是传感器将采集到的数据传输到管理中心,称为多到一通信模式;二是管理中心向区域内的传感器节点发布命令,称为一到多通信模式。前一种通信模式的数据量大,后一种则相对较小。

实例一:越南战争是物联网的首次大规模应用,总计 10 万个"白宫"振动传感器被撒在胡志明小道,一旦有车辆通过,就实时上报,美军进行空袭,越南人民军每往前方运送 1 吨的物资,就含有 5 吨物资损失的代价!直升机部署传感器监测空气中氨的含量,从而发现埋伏的游击队员。

实例二:海湾战争是物联网第一次走上战争前台,美军后勤货物上,RFID 的普及率达 87%,有 7% 投放弹药装载了各式传感器,成为灵巧炸弹(Smart Bomb),命中率达 90%,传感器实时数据占美军处理数据量的 85% 以上。海湾战争是物联网打败传统通信网、实时数据打败报表数据的典范。

4. 物联网与教育

物联网是在互联网的基础上将其用户端延伸和扩展到任何物体与物体之间,进行信息交换和通信。2010 年校园暴力事件频发,安全管理问题催生新一代物联网技术走入校园。学生只要佩戴"电子校牌"进出校门,物联系统会自动读取学生身份信息,实时记录学生进出校情况,并通过短信平台将孩子离校、到校的异常情况及时反馈给家长。物联系统还可以通过短信平台将学生考勤异常、学习成绩、校务通知等重要信息及时通知给家长,实现学校对学生的智能管理,加强学校与家长的及时沟通。

目前,中国电信实施的"金色校园"方案,实现了学生管理电子化、老师排课办公无纸化和学校管理的系统化,使学生、家长、学校三方可以时刻保持沟通,方便家长及时了解学生学习和生活情况,通过一张薄薄的"学籍卡",真正达到了对未成年人日常行为的精细管理,最终达到学生开心,家长放心,学校省心的效果。

5. 物联网与物流

据世界银行的估计,目前我国社会物流成本相当于 GDP 的 18%,而美国上世纪就已低于 10%。该比例每降低 1 个百分点,我国每年就可降低物流成本 1000 亿元以上,这从另外一个侧面反映了推进我国物流产业技术升级和产业结构调整的重要性和紧迫性。智能物流是基于互联网、物联网技术的深入应用,利用先进的信息采集、信息处理、信息流通、信息管理、智能分析技术,智能化地完成运输、仓储、配送、包装、装卸等多项环节,并能实时反馈流动状态,强化流动监控,使货物能够快速高效地从供应者送达给需求者,从而为供应方提供最大化利润,为需求方提供最快捷服务,大大降低自然资源和社会资源的消耗。

实例一:2011 年 1 月 19 日,阿里巴巴正式宣布将与合作伙伴共同投资 1000 亿元以上建设电子商务配套的现代物流体系，其中，先投资 200～300 亿人民币，逐步在全国建立起一个立体式的仓储网络体系。阿里巴巴希望十年以后，在中国任何一个地方，人们只要在网上下订单，最多 8 小时货物就能送到家，形成真正的农村都市化。

实例二：在 2011 年 1 月举行的国家科学技术奖励大会上，由湖南白沙物流有限公司等单位承担的《烟草物流系统信息协同智能处理关键技术及应用》项目荣获 2010 年度国家科学技术进步二等奖。该项目是物联网技术在烟草物流中的典型应用，涉及数据采集传输技术、系统建模技术、智能优化技术和信息集成技术等综合技术，涵盖烟草物流信息共享、配送车辆调度、协同营销和业务流程集成等方面，解决了在行业物流中如何有效采集、存储和分发物流各个环节之间的基础数据、如何对基于营销和配送等环节多维数据信息进行智能分析处理、如何搭建一个可扩展的烟草物流业务流程集成协作平台等亟待突破的难点问题。该系统具有显著的环境效益、社会效益、经济效益和广阔的应用前景。

6. 物联网与城市和社区

（1）智慧城市

目前，全国各大中型城市大都相继制定了"智慧城市"发展规划。智慧的城市一般是指充分借助物联网、传感网等新兴技术，实现智能楼宇、智能家居、路网监控、智能医院、城市生命线管理、食品药品管理、票证管理、家庭护理、个人健康与数字生活等。

"智慧城市"是在物联网、云计算等新一代信息技术快速发展的背景下，以信息技术高度集成、信息资源综合应用为主要特征，以智慧技术、智慧产业、智慧管理、智慧服务、智慧生活为重要内容的城市发展的新模式，是全面提升城市运行管理效率、经济发展质量和市民生活水平的重要手段。武汉市正在制定智慧城市总体规划，该规划包括智能办公、智慧商业、食品追溯、智慧小区等。

（2）智能社区

智能社区是建筑智能化技术与现代居住小区相结合而衍生出来的。就住宅而言，先后出现了智能住宅、智能小区、智能社区的概念。智能化住宅小区是指通过利用现代通信网络技术、计算机技术、自动控制技术、IC 卡技术，通过有效的传输网络，建立一个由住宅小区综合物业管理中心与安防系统、信息服务系统、物业管理系统以及家居智能化组成的"三位一体"住宅小区服务和管理集成系统，使小区与每个家庭能达到安全、舒适、温馨和便利的生活环境。

2011 年 3 月 17 日，北京首个智能小区试点项目左安门公寓完成了智能化改造工程。据悉，北京还将在朝阳区和丰台区完成 6000 户家庭的智能化改造工作。左安门智能小区改造完成后，依托电力光纤到户技术，可实现电网与客户双向互动、智能家居控制等智能用电功能。由于实现了电力光纤到户，用户上网、看电视、打固定电话只需一根电力线。有线电视网、通信网、互联网的三网融合在这里变成现实。用户通过电力数据网络平台，可拨打 IP 电话、上网、点播视频节目、观看高清电视，实现"一缆多用"。

（3）城市管理

城市的管理能力和水平直接关系到我们的健康、安全和生活质量。上海世博建筑垃圾运输 RFID 管理系统对经营建筑垃圾业务的渣土运输单位、车辆、建筑工地出土、渣土回填点（卸点）实现申报、受理、审批、发证、监管等步骤实行统一管理。利用 RFID 电子标签技术，结合渣土营运证管理，收费结算管理实现建筑垃圾的全过程监管，减少建筑渣土垃圾偷倒乱倒现象的发生，防止非法建筑垃圾业务车辆进入，保证合法市场的正常运行，为世博会期间创造和谐优美市容环境提供保障。该系统实现了垃圾运输的自动记录、监管以及实时结算等功能，安全而高效。

在城市设立一个城市监控报告中心，将城市划分为多个网格，这样系统能够快速收集每个网格中所有类型的信息，城市监控中心依据事件的紧急程度上报或指派相关职能部门（如火警、警察局、医院）采取适当的行动，这样政府就可实时监督并及时响应城市事件。新的公共服务系统将不同职能部门（如民政、社保、警察局、税务等）中原本孤立的数据和流程整合到一个集成平台，并创建一个统一流程来集中管理系统和数据，为居民提供更加便利和高效的一站式服务。

7. 物联网与家居

智能家居产品融合自动化控制系统、计算机网络系统和网络通信技术，将各种家庭设备通过智能家庭网络联网。通过宽带、固话和3G等网络，可以实现对家庭设备的远程操控，从而实现家居生活的智慧化和自动化。与普通家居相比，智能家居不仅提供舒适宜人且高品位的家庭生活空间，实现更智能的家庭安防系统，还将家居环境由原来的被动静止结构转变为具有能动智慧的工具，提供全方位的信息交互功能。

2011年2月26日，GKB数码屋智能家居科普体验馆在广州珠江新城盛大开幕。体验馆搭建成了一个完整的智能之家模型，广大市民可以轻松体验到物联网智能家居带来的省电、省时、省事、省心、省力的便利生活，360度通过手机、电话、上网、遥控面板管理家中的灯光、窗帘、影音、空调等设施；通过情景模式预设功能，体验"起床"、"离家"、"娱乐"、"回家"等场景。

针对消费者的需求，海尔于2010年7月推出了"海尔物联之家"U–home 2.0美好住居解决方案，整合电网、通信网、互联网、广电网，实现人与家、人与家电、家电与环境之间的智慧对话。通过物联网不论您走到哪里，都可以随时随地通过手机、上网等方式与家人和家电对话。在家里，您不但可以浏览网络上的海量资讯，还可以随时享受来自社区中的全方位服务。安全防护也有考虑，如果家中进入盗贼，安防系统会自动录下视频资料并自动报警。这项安防系统已经嵌入到海尔的物联网空调中。

8. 物联网与能源和环保

物联网技术的研究与推广应用将是我国工业实现节能减排的重要机遇。工业是我国"耗能污染大户"，工业用能占全国能源消费总量的70%。工业化学需氧量、二氧化硫排放量分别占到全国总排放量的38%和86%。因此，中国推行节能减排，倡导低碳经济，重点在工业。通过以物联网为代表的信息领域革命技术来改造传统工业，是我国低碳工业发展的迫切需求和必由之路。利用物联网技术，人们可以以较低的投资和使用成本实现对工业全流程的"泛在感知"，获取传统由于成本原因无法在线监测的重要工业过程参数，并以此为基础实施优化控制，达到提高产品质量和节能降耗的目标。

有研究报告显示，世界各国损失的电能高达40%～70%，因为电网系统不够"智能"。通过物联网技术可以实现"智能电网"。现在的电网送电和用电是分离的，发电厂并不知道用户的用电量是多少，知道的都是过时的信息。这样，就造成了极大的浪费，因为发电多了是不能存起来的。然而通过物联网技术，会使用户的用电量通过反向通信使得发电厂实时知晓，以大幅提高效率。

9. 物联网与交通

智能交通是一个基于物联网技术的面向交通运输的服务系统。它的突出特点是以信息的收集、处理、发布、交换、分析、利用为主线，为交通参与者提供多样性的服务。也就是利用物联网等高科技技术使传统的交通模式变得更加安全、节能、高效率和智能化。

IBM 帮助斯德哥尔摩在 18 个路边控制站用激光、摄像和系统技术，对车辆进行探测、识别，并按照不同时段、不同费率收费，将交通量降低了 20%，将等待时间减少了 25%，将尾气排放降低了 12%。

2010 年 12 月 29 日，中国首个"智能交通产业示范基地"在深圳揭牌。未来深圳的交通系统将会率先采用全国最先进的智能技术，市民有望通过手机等各类移动终端随时了解各条道路交通动态，市民乘坐公共交通也将变得便捷有序。主办方演示了包括 e 行网公众出行系统在内的智能交通产业示范基地的部分成果，市民可通过 e 行网了解最新的交通拥堵动态，其信息已实现 5 分钟更新一次，未来还将升级至 2 分钟更新一次，并可能推出适用于各类移动终端的应用软件，市民届时可以实现通过手机等终端随时查询本市道路的交通动态，以及实现交通导航。

10. 物联网与医疗

在医疗卫生领域，物联网技术能够帮助医院实现对人的智能化医疗和对物的智能化管理工作，支持医院内部医疗信息、设备信息、药品信息、人员信息、管理信息的数字化采集、处理、存储、传输、共享等，实现物资管理可视化、医疗信息数字化、医疗过程规范化、医疗流程科学化、服务沟通人性化，能够满足医疗健康信息、医疗设备与用品、公共卫生安全的智能化管理与监控等方面的需求。物联网技术在健康医疗领域的应用包括智能医疗、智慧医疗保健系统、远程医疗、电子健康档案系统、整合的医疗平台等子系统。

2010 年 12 月 29 日，TCL 集团、河北大学和欢网科技携手建成了"远程医疗与健康照护"系统。该系统是世界上第一个三网远程医疗与照护系统，建立在电信网、计算机网和有线电视网三网融合基础上。一方面，把远程医疗与健康照护等实现在三个大网内的几个具体小网的应用上，并集中处理。这里有大家熟知的 Internet 有线网、WiFi 无线网、GPRS 移动网、3G 移动网、蓝牙（BT）、固话网（PSTN）等，还有随机智慧选径（ODMA）、短距离无线通信技术（ZigBee）等技术网络；另一方面，红外网、电力网等新型网络也在其中得到融合应用，使人们在任何网、任何时候都能得到贴心的远程医疗和健康照护。物联网在医疗卫生领域的应用示意图，见图 1.6。

11. 物联网与气候和环境

无线传感可广泛地应用于生态环境、种群、气象和地理、灾害监测等。智慧的气候系统能在方圆 2 公里范围内进行局部的高精度天气预报，已应用于若干城市地区。智能环保系统通过对实时地表水水质的自动监测，可以实现水质的实时连续监测和远程监控，及时掌握主要流域重点断面水体的水质状况，预警预报重大或流域性水质污染事故，解决跨行政区域的水污染事故纠纷，监督总量控制制度落实情况。据劳伦斯伯克利国家实验室（Lawrence Berkeley National Laboratory）2004 年的一份报告显示，从 1980 年到 2003 年，由于气候相关灾难造成的全球经济损失总计达 1 万亿美元。而同一时期新兴市场上的相关保险业务仅覆盖气候相关灾难总损失的 4%。

2010 年 9 月 17 日，被列入无锡市十二大物联网示范应用项目——集水环境治理、水资源管理、防汛防旱指挥决策于一体的"感知太湖"项目一期工程基本建成，初步实现了蓝藻湖泛监控预警，蓝藻打捞处置，打捞车船的调度和管理，太湖水文水质的智能感知，极大地提升了太湖蓝藻治理的信息化、科技化水平，已经承担起守望太湖的重任。"感知太湖"就是运用

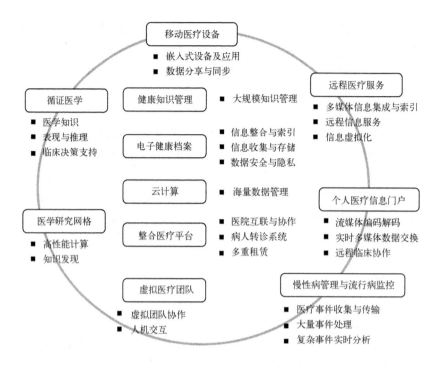

图 1.6　物联网在医疗卫生领域的应用示意图

物联网技术对太湖水环境进行实时监控。当安装在监测点的传感器感知到蓝藻暴发指数超过60％时，感知太湖系统就会自动启动绿色报警，提醒抓紧打捞，与此同时，提醒打捞的信息也会通过网络传送到安装在打捞船上的 GPS 装置上，实现智能管理。目前在太湖中设有十几个球状浮标，浮标上安置了传感芯片和摄像头。一旦浮标下的传感探头探测到湖水中的藻密度等指标超标，系统即启动自动报警，报警等级分为绿色、橙色、红色，分别代表蓝藻暴发指数为60％、70％、80％。同时，系统调动最近的打捞船前去打捞，打捞完后，系统还会指示船只把蓝藻运送到就近的藻水分离站，分离出的藻泥又被通知送往需要的有机肥厂。"感知太湖"大大节约了以往所需的人力、物力，实现了对蓝藻治理的智能感知、调度和管理。

12. 物联网与金融

金融机构传播危机，但却不能够追踪危机。即使是十年前设计和部署的最先进系统也已不能适应目前的现实。美国次贷危机的部分原因就在于，银行的现有系统无法处理随着抵押债权证券化、融资和交易而形成的错综复杂的相互联系，管理人员对市场上正在发生的事情失去了洞察力，因为这些事情过于复杂且实时发生。幸运的是，"智慧金融系统"有可能成为现实。

在 2009 年第 17 届中国国际金融展上，IBM 公司向媒体发表了对于中国银行业智慧发展的意见，并阐述了构建智慧银行的思路。IBM 认为，在目前挑战与机遇并存的环境下，唯有创新与变革是推动银行业发展的核心动力。IBM 提出中国银行业应该从四大重点着手实现突破，用新思维、新能力和新模式构建"智慧的银行"。四大重点包括：开展业务运营创新与转型、实施整合的风险管理、加强新锐的洞察力与应变能力以及部署动态的 IT 基础架构。把握智慧之道，银行业将能在危机中拓展创新机遇，促进业务增长，赢得市场竞争。

智慧的银行不仅将实现节约以及提高有效性，更能够创造一切可能的机会实现进步和成长。智慧的金融系统是可以被更透彻地感知和度量的，银行可以完全自动地度量和管控任何业务数据，能够更加迅速地做出正确的决策；智慧的金融机构的系统建立在一个数据全面互联互通的基础上，这些被充分全面连接的数据可以使银行变得更加创新，并且通过流程的优化产生一个单一的可靠数据源；智慧的金融机构应能够快速、智能地分析大量的结构化和非结构化数据，以便提高洞察力并做出明智决策。

13. 物联网与电网

因发电与用电量不匹配，电网利用率很低，美国也仅有 55%。每年美国因电网扰动与断电损失 790 亿美元。智能电网使用双向通信、高级传感器和分布式计算机来改善电力交换和使用的效率，提高可靠性。以前因发电量不平稳难以接入电网的风电、太阳能等分布式能源可以用于补助主网发电。智能电网实时监控用户的电力负荷，赋予消费者选择电价和能源类型的权力。丹麦的 DONG Energy 采取智能电网措施后，可以将停电时间缩短 25%～30%，将故障搜索时间缩短 1/3。

智能电表可以重新定义电力提供商和客户的关系。通过安装内容丰富且读取方便的设备，用户可了解在任何时刻的电力费用，并且用户还可以随时获取一天中任意时刻的用电价格，这样电力提供商就为用户提供了很大的灵活性，用户可以根据了解到的信息改变其用电模式。智能电表不仅可以测量用电量，它还是电网上的传感器，可以协助检测波动和停电。它还能储存和关联信息，支持电力提供商完成远程开启或关闭服务，也能远程支持使用后支付或提前支付等付费方式的转换。

2009 年，国家电网公司先后启动了智能用电信息采集系统、智能变电站、配网自动化、智能用电、智能调度、风光储、上海世博会等智能电网示范工程。在发电环节，在常规机组、水库、新能源风电机组等布置传感监测点；在输电环节，在雷电、线路气象环境、线路覆冰、线路在线增容、导地线微风振动、导线温度与弧垂、输电线路风偏、输电线路图像与视频、杆塔倾斜在线监测与预警等方面需要充分利用传感技术；在配电环节，配电设备状态监测、配电网现场作业管理，以及智能巡检也需要充分利用各类传感和识别技术；在用电环节，智能表计及高级量测、智能插座、智能用电交互与智能用电服务、电动汽车及其充电站的管理、绿色数据中心与智能机房、能效监测与管理和电力需求侧管理等也对物联网技术和应用提出了新的需求。

14. 物联网与公共管理和安全

公共管理面对的社会问题相当广泛，诸如文化、教育、福利、市政、公共卫生、交通、能源、住宅、生活方式等。公共安全是指多数人的生命、健康和公私财产安全，其涵盖范围包括自然灾害，如地震、洪涝等；技术灾害，如交通事故、火灾、爆炸等；社会灾害，如骚乱、恐怖主义袭击等；公共卫生事件，如食品、药品安全和突发疫情等。我国的公共安全形势严峻，每年死亡人数超过 20 万，伤残人数超过 200 万；每年经济损失近 9000 亿元，相当于 GDP 的 3.5%，远高于中等发达国家 1%～2% 的水平。

智能感知信息网络系统是在传感、识别、接入网、无线通信网、互联网、计算技术、信息处理和应用软件、智能控制等信息集成基础上的新发展，物联网是安防的重要技术手段。第二代身份证最显著的进步是在卡内嵌入了更富科技含量的 RFID 芯片。芯片可以存储个人的基本信息，需要时在读/写器上一扫，即可显示出身份的基本信息。而且可以做到有效防伪，因为芯片的信息编写格式内容等只有特定厂家提供，伪造起来技术门槛比较高。2009 年 9 月，上海浦东国际机场防入侵系统铺设了 3 万多个传感节点，覆盖了地面、栅栏和低空探测。多种传感手段组成一个协同系统后，可以防止人员的翻越、偷渡、恐怖袭击等攻击性入侵。2010 年 9 月，中国移动已开始将物联网应用规模服务于化工等高危行业。通过多点精确远程监控的物联网方案，上海主要区域的城市管道运输工业气体和医疗气体等高危气体将逐步实现远程监控，以提升城市安全系数，这项技术今后将逐步推向全国。

1.4 物联网发展趋势

作为产业革命与未来社会发展的新方向，由于对人类生产、生活的巨大变革和影响力，物联网自诞生之日便受到了极大关注。随着物联网在 2008 年后的迅猛发展，特别是众多试点产品的应用与推广，使得原本神秘的物联网逐渐走入了社会大众的视野。

1.4.1 物联网技术

物联网关键共性技术主要集中在无线传感器网络节点与传感器网关系统微型化技术、超高频 RFID、智能无线技术、通信与异构同组网、网规划与部署技术、综合性感知信息处理技术、中间件平台、编码解析、检索与跟踪以及信息分发等方面。

1. 传感器与传感网络

传感器是机器感知物质世界的"感觉器官"，可以感知热、力、光、电、声、位移等信号，为网络系统的处理、传输、分析和反馈提供最原始的信息。随着科学技术水平的不断发展，传统的传感器正逐步微型化、智能化、信息化、网络化，实现传统传感器向智能传感器和嵌入式 Web 传感器方向的发展。目前，面向物联网的传感网络技术研究包括：低耗自组、异构互连、泛在协同的无线传感器网络；智能化传感器网络节点研究；传感器网络组织结构及底层协议研究；对传感器网络自身的检测与控制；传感网络的安全问题；先进测试技术及网络化测控等。

2. 智能技术

智能技术是为了有效地达到某种预期的目的，利用知识所采用的各种方法和手段。通过在物体中植入智能系统，可以使得物体具备一定的智能性，能够主动或被动地实现与用户的沟通，是物联网的关键技术之一。其主要研究内容和方向包括：人工智能理论研究；机器学习；智能控制技术与系统；智能信号处理等。

3. 纳米技术

纳米技术是研究结构尺寸在 $0.1 \sim 100$ nm 范围内材料的性质和应用，主要包括纳米体系物理学、纳米化学、纳米材料学、纳米生物学、纳米电子学、纳米加工学、纳米力学等。这 7 个相对独立又相互渗透的学科集中体现在纳米材料、纳米器件和纳米尺度的检测与表征这 3 个研究领域。纳米材料的制备和研究是整个纳米科技的基础，其中纳米物理学和纳米化学是纳米技术的理论基础，而纳米电子学是纳米技术最重要的内容。纳米技术的优势意味着物联网当中体积越来越小的物体能够进行交互和连接。

4. 信息物理系统

信息物理系统（Cyber Physical Systems，CPS）是一个综合计算、网络和物理环境的多维复杂系统，通过 3C（Computation、Communication、Control）技术的有机融合与深度协作，实现大型工程系统的实时感知、动态控制和信息服务。CPS 实现计算、通信与物理系统的一体化设计，可使系统更加可靠、高效、实时协同，具有重要而广泛的应用前景。

5. IPv6 地址技术

每个物联网连接的对象都需要 IP 地址作为识别码，而目前 IPv4 的地址早已不够用。IPv6 拥有巨大的地址空间，它的地址空间完全可以满足节点标识的需要。同时，IPv6 采用了无状态地址分配的方案来解决高效率海量地址分配的问题，因此，网络不再需要保存节点的地址状态，维护地址的更新周期，这大大简化了地址分配的过程，网络可以以很低的资源消耗来达到海量地址分配的目的。从整体来看，IPv6 具有很多适合物联网大规模应用的特性，不仅能够满足物联网的地址需求，同时还能满足物联网对节点移动性、节点冗余、基于流的服务质量保障的需求，很大程度上成为物联网应用的基础网络技术。

1.4.2 物联网产业

1. 网络从虚拟走向现实，从局域走向泛在

人类对于信息自动化和智慧化的巨大的消费需求推动了通信企业网络泛在化、终端泛在化、业务泛在化 3 大趋势。

1）网络泛在化：随时随地、无处不在的信息网络成为未来发展的重要网络趋势（比如 M2M 网和物联网的发展）。

2）终端泛在化：网络的泛在化使得终端出现泛在化趋势，终端形态、终端功能基于终端开发的应用不断延伸。

3）业务泛在化：客户需求的多元化推动了基于终端的应用不断丰富化，无处不在的信息服务成为了可能。

2. 物联网将信息化过渡到智能化

物联网时代的信息化则将地球上的人与人、人与物、物与物的沟通与管理全部纳入新的信息化世界，物联网的发展将使地球更加智慧。例如，健康监测系统将帮助人类应对老龄化问题；"树联网"能够制止森林过度采伐；"车联网"可以减少交通拥堵；"电子呼救系统"在汽车发生严重交通事故时可以自动呼叫紧急救援服务等。

3. 巨大的需求将牵引物联网产业快速发展

有预测显示，未来物联网的发展将经历 4 个阶段：2010 年之前，RFID 被广泛应用于物流、零售和制药领域；2010 ~ 2015 年，物体互联；2015 ~ 2020 年，物体将进入半智能化；2020 年之后，物体将进入全智能化。物联网发展将以行业用户的需求为主要推动力，以需求创造应用，通过应用推动需求，从而促进标准的制订和行业的发展。物联网是国家通过科技创新并转化为实际生产力的现实载体，也是实现信息化与工业化相融合的一个突破口。

以行业应用为核心，创建示范性的大型项目，利用大项目来带动产业链某个环节或某方面，将会加速物联网产业在中国的发展。在突破关键性技术时，研发和推广应用技术，加强行业领域的物联网技术解决方案的研发和公共服务平台建设，以应用技术为支撑突破应用创新。从推广应用行业来看，公共安全、智能电网、物流产业、智慧城市、智能家居、远程医疗、环境监测、精细农业、节能环保等行业将成为率先应用的领域。

4. 从互联网手机到物联网手机

目前，智能手机终端成为物联网产品中最耀眼的明星，可以预见，"互联网手机"最终的演变趋势是"物联网手机"。依托智能手机而产生的手机物联网商务空间将大有可为，可在手机上植入应用卡和安装应用软件，加之手机本身可自带的 GPS、重力感应器、高精度摄像头、RFID 等功能，可以很容易地实现物与物之间的链接。用户可以随时通过手机控制家用电器，到家前提前打开空调、热水器；安防系统可以让你更安心，一旦有人侵入住宅或者盗窃汽车等物品，手机都会在第一时间接到报警，并通过移动互联网迅速找到目标。用户还可以用手机辨别物品的识别码或植入芯片，完成购物、信息查询、鉴别真假、物品定位等。

5. 运营商正在加速引导物联网的发展

事实上，中国移动、中国电信、中国联通等运营商已经认识到了物联网蕴藏的巨大商机。在

2009年9月19日的中国国际信息通信展上，中国移动的电子商务、手机购物、物流信息化、企业一卡通、公交视频、移动安防、校讯通等一批物联网概念的业务已经展示在业界眼前，他们积极与各方合作，完善物联网产业链的构建。基于中国移动技术的物联网与嵌入式系统融合，将给中小型企业带来新的机会，中小制造企业可以使得产品智能化，提高市场竞争力与利润空间。中小服务型企业可以升级自己的服务，使得服务更加智能化。融合网络与嵌入式系统的结合，可以远程维护与服务，智能化地设备管理和调度。中国电信结合自身已有的产品，根据社会信息化需求发展和创新，逐步在"商务领航"、"我的e家"、"天翼"等品牌内填充与物联网相关的内容，重点关注环保、农业、交通、能源、物流、城市管理等应用领域。在2010中国国际物联网（传感网）博览会上，中国联通物联网业务群首次高调亮相。围绕物联网感知、传输、处理、应用4大核心领域，中国联通全方位展示了其物联网在工业、农业、电力、交通、物流、环保、水利等12个领域的物联网业务。此外，中国联通也推出了3G污水监测业务，该业务可以通过3G网络，实时对水表、灌溉等动态数据进行监测，并且能对空气质量、碳排放量、噪音等进行监测。

6. 物联网产业链将逐步完善

从时间维度看，首先受益的是RFID和传感器厂商，接着是系统集成商，最后是物联网运营商。从空间维度看，增长最大的是物联网运营商，其次是系统集成商，最小的是RFID和传感器供应商。短期看，二维码、RFID厂商和SIM卡企业业绩前景更突出。中期看，系统集成企业业绩会激增。在物联网导入期，应用多处于垂直行业应用阶段，对系统集成的要求并不是特别高，RFID厂商可以兼顾。在物联网成长期，由于涉及技术和界面开始增多，专业的系统集成企业需求会突增。长期看，物联网运营企业最有潜力，在导入期和成长期的前期，由于下游需求应用较为分散，物联网运营企业的竞争力也难以辨别，投资风险较大。随后，投资风险将逐渐降低，效益和竞争力逐渐显现。

7. 智慧城市将成为物联网的载体与试验场

虽然物联网在中国取得了一定的发展，但依然缺乏成熟的商业模式。目前，物联网的应用推广还处于探索阶段，没有清晰的规划、没有大规模的产业化应用。因此，未来中国物联网发展的关键是寻找规模化应用的突破口。

目前，中国的很多城市相继制定了建设智慧城市的规划和方案，物联网的应用将在中国的发达城市率先取得突破。主要包括信息基础设施建设——无线传感器网络和无线城市建设；智慧城市公共服务和管理体系建设——社会保障、医疗、卫生、教育、人口、土地资源、城市交通、综合管理、公共安全、生态环境等；新兴智慧产业——物联网基础产业、智能电网、智慧家居、智慧农业、各类现代服务业。

8. 物联网与移动网趋向融合

物联网的核心是大力发展并整合传感、网络和信息系统3大已有技术，其实质是信息化新阶段。第三代移动通信系统TD-SCDMA，中国掌握着核心技术，系统时钟已不再依赖GPS系统，在中国的3种3G系统中其安全性能最高，这将最大限度地保障传感网的战略安全。中国移动TD-SCDMA与无线传感网融合，必将撬动起一个更大的民族产业，推动经济和自主创新产业更好更快发展。

1.5　物联网发展面临的挑战

物联网的实现并不仅仅是技术方面的问题，建设物联网过程将涉及国家和各地方的发展规划、管理、协调、合作等方面的问题，还涉及标准和安全保护等方面的问题。未来，物联网亟待解决的问题主要有国家安全、标准体系、信息安全、关键技术以及商业模式完善等。

1.5.1 安全问题

1. 国家安全

物联网产业是把"双刃剑"，在推动经济和社会发展的同时，将对国家安全问题提出挑战。因为物联网涵盖的领域包括电网、油气管道、供水等民生和国家战略领域，甚至包括军事领域的信息与控制。物联网让世界上的万事万物都能参与"互联互通"，不能再采取物理隔离等强制手段来人为地干预信息的交换，对一个国家或单位而言，也就意味着没有任何家底可以隐藏。在网络社会里，任何人都可以通过一个终端进入网络，网络中的不法分子和网络病毒已严重威胁着我们网络的安全，黑客恶意攻击政府网站，导致信息泄露，危害国家利益。物联网是全球商品联动的网络，一旦出现商业信息泄露，将造成巨大的经济损失，危及国家经济安全。

2. 信息安全

随着以物联网为代表的新技术的兴起，信息安全不再是传统的病毒感染、网络黑客及资源滥用等，而是迈进了一个更加复杂多元、综合交互的新时期。嵌入了射频识别标签的物品还可能不受控制地被跟踪、被定位和被识读，这势必带来对物品持有者个人隐私的侵犯或企业机密泄漏等问题。在物联网时代中，人类会将基本的日常管理统统交给人工智能去处理，从而从烦琐的低层次管理中解脱出来，将更多的人力、物力投入到新技术的研发中。那么可以设想，如果某一天物联网遭到病毒攻击，也许就会出现工厂停产，社会秩序混乱，甚至于直接威胁人们的生命安全。

1.5.2 技术标准与关键技术

1. 技术标准

标准是对于任何一项技术发展到"适当"阶段的统一规范，如果没有一个统一的标准，就会使整个产业混乱、市场混乱，必将严重制约技术的发展，没有了规模效益，商家和用户的利益也将受到根本的影响。

标准化体系的建立将成为发展物联网产业的首要条件。物联网发展过程中，传感、传输、支撑、应用等各个层面会有大量的技术出现，可能会采用不同的技术方案。如果各行其是，结果将是灾难性的，大量小的专用网相互无法联网，不能形成规模经济，不能形成整合的商业模式，也不能降低研发成本。因此，尽快统一技术标准，形成一个管理机制，这是物联网当前面临的最重要和最迫切的问题。

2. 关键技术

自主知识产权的核心技术是物联网产业可持续发展的根本驱动力。作为国家战略新兴技术，不掌握关键的核心技术，就不能形成产业核心竞争力，在未来的国际竞争中就会处处受制于人。因此，建立国家级和区域物联网研究中心，掌握具有自主知识产权的核心技术将成为物联网产业发展的重中之重。物联网涉及的关键技术很多，包括物联网架构技术、统一标识技术、通信技术、物联网组网技术、软件服务与算法、物联网硬件、信息安全技术、物联网标准、中间件等。

1.5.3 商业模式与支撑平台

1. 商业模式

物联网召唤着新的商业模式。物联网作为一个新生事物，虽然前景广阔、相关产业参与意愿强烈，但其技术研发和应用都尚处于初级阶段，且成本较高。目前物联网的主要模式还是客户通过自建平台、识读器、识读终端，然后租用运营商的网络进行通信传输，客户建设物联网应用的主要目的还是从自身管理的角度进行信息的收集等，没有创新的物联网商业模式很难调动各方面的积极性。

目前，虽然已出现了一些小范围的应用实践，如国内在上海建设的浦东机场防入侵系统、停车收费系统以及服务于世博会的"车务通"、"e物流"等项目，但是物联网本身还没有形成成熟的商业模式和推广应用体系，商业模式不清晰，未形成共赢的、规模化的产业链。

2. 支撑平台

物联网是一个庞大的系统工程，它不仅需要技术，更牵涉到各个行业、产业，需要多种力量的整合。物联网的价值在于网，而不在于物。因此，建立一个全国性的、庞大的、综合的业务管理平台，把各种传感信息进行收集，进行分门别类的管理，进行有指向性的传输，是一个大问题。没有这个平台，各自为政的结果一定是效率低、成本高，不能形成规模就很难有效益。

电信运营商最有力量与可能来建设物联网的支撑平台。然而，运营商目前的网络主要针对人与人之间的通信模式进行设计、优化，没有考虑网络在物联网阶段会遇到传感器并发连接多，但连接数据传输量少、传感器数量级增长等机器与机器之间通信的业务需求。物联网终端通信的业务模式，还具有频繁状态切换、频繁位置更新（移动传感器）、在某一个特定的时间集中聚集到同一个基站等特征，这对网络的信令处理和优化机制要求更高，也对网络带宽和带宽优化有更高的要求。

随着物联网的引入和发展，目前的核心网也面临着大量的终端同时激活和发起业务所带来的冲击。当用户面或信令面资源占用过度，出现拥塞的时候，目前的处理机制仍不健全，无法很好地支撑物联网业务应用。充分考虑物联网的网络接入点分布广泛，业务数据量巨大且要求及时响应的特点，物联网业务运营支撑平台系统应按照"统一标准、统一规划、统一存储、分级按需处理"的原则进行设计和分级部署，而在逻辑层面实现统一的分布存储和协同处理。

习题与思考题

1-01 什么是物联网？

1-02 与传统的互联网相比，物联网有哪些特征？

1-03 物联网中的"物"通常应满足哪些条件？

1-04 目前，物联网尚在起步阶段，还没有一个广泛认同的物联网体系结构，试参考书中的5层物联网技术架构模型，描述你认为的物联网技术架构是什么样的。

1-05 物联网的关键是"物"还是"网"，为什么？

1-06 简述物联网中信息感知层、物联接入层、网络传输层、智能处理层和应用接口层各层的作用。

1-07 简述物联网体系的特点。

1-08 什么是传感器网络？什么是基于RFID的物联网？

1-09 信息感知层有哪些关键技术？

1-10 物联接入层有哪些关键技术？

1-11 智能处理层有哪些关键技术？

1-12 在日常生活中，你感受到有哪些物联网的简单应用？它为我们的生活和工作带来了哪些好处？

第2章 信息自动识别技术

在计算机信息处理系统中，数据的采集是信息系统的基础，这些数据通过数据系统的分析和过滤，最终成为影响我们决策的信息。在物联网的信息感知层，最重要的功能是对"物"的感知和识别。由于传感器仅仅能够感知信号，并无法对物体进行标识，例如可以让温度传感器感知森林的温度，但并不能标识具体的树木。而要实现对特定物体的标识和信息获取，更多地要通过信息识别与认证技术。自动识别技术在物联网时代，扮演的是一个信息载体和载体认识的角色，也就是物联网的感应技术的部分，它的成熟与发展决定着互联网和物联网能否有机融合。

2.1 自动识别技术

自动设备识别技术（Automatic Equipment Identification，AEI）的基本思想是通过采用一些先进的技术手段，实现人们对各类物体或设备在不同状态下的自动识别和管理。

2.1.1 自动识别技术概述

自动识别技术就是通过被识别物品和识别装置之间的接近活动，主动地获取被识别物品的相关信息，并提供给后台的计算机系统处理的一种技术。自动识别技术是以计算机技术和通信技术的发展为基础的综合性技术，它是信息数据自动识读、自动输入计算机的重要方法和手段。

1. 自动识别技术的特点

1）准确性：自动数据采集，极大地降低人为错误。

2）高效性：数据采集快速，信息交换可实时进行。

3）兼容性：以计算机技术为基础，可与信息管理系统无缝连接。

2. 自动识别系统的一般模型

完整的自动识别系统包括自动识别系统、应用程序接口、中间件以及应用系统软件等，其系统结构，见图2.1。自动识别系统完成信息的采集和存储工作，应用系统对自动识别系统所采集的数据进行处理，而应用程序接口则提供自动识别系统和应用系统之间的通信接口，将自动识别系统采集的数据信息转换成应用软件系统可以识别和利用的信息，并进行数据传递。由计算机对所采集到的数据进行处理或者加工，最终形成对人们有用的信息。

企业管理信息系统（MIS）是以信息技术为基础，为企业管理和决策提供信息支持的系统。其特点是建立了企业数据库，强调达到数据共享，从系统观点出发，全局规划和设计信息系统。企业资源计划（ERP）针对制造业的生产控制管理模块，把经营过程中有关各方如供应商、销售网络、客户、市场等纳入系统，将企业整个生产过程有机整合，以实现降低库存、提高效率、减少生产脱节、降低延误交货时间的目标。直接数字式频率合成器DDS同DSP（数字信号处理）一样，是一项关键的数字化技术。与传统的频率合成器相比，DDS具有低成本、低功耗、高分辨率和快速转换等优点，广泛使用在电信与电子仪器领域，是实现设备全数字化的一个关键技术。

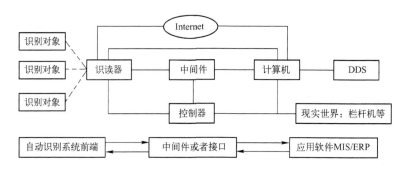

图 2.1　自动识别系统结构

3. 自动识别技术的种类

自动识别系统根据识别对象的特征可以分为两大类，分别是数据采集技术和特征提取技术。数据采集技术的基本特征是需要被识别物体具有特定的识别特征载体，而特征提取技术则根据被识别物体的本身的行为特征来完成数据的自动采集。

（1）数据采集技术

1）光存储器：包括条码（一维、二维）、矩阵码、光标阅读器、光学字符识别（OCR）。

2）磁存储器：包括磁条、非接触磁卡、磁光存储、微波。

3）电存储器：包括触摸式存储、RFID 射频识别（无芯片、有芯片）、存储卡（智能卡、非接触式智能卡）、视觉识别、能量扰动识别。

（2）特征提取技术

1）静态特征：包括指纹、虹膜、视网膜、面部。

2）动态特征：包括签名、声音（语音）、键盘敲击、其他感觉特征。

3）属性特征：包括化学感觉特征、物理感觉特征、生物抗体病毒特征、联合感觉系统。

2.1.2　生物识别技术

生物识别技术是指利用可以测量的人体生物学或行为学特征来识别个人身份的一种自动识别技术。能够用来鉴别身份的生物特征应该具有广泛性、唯一性、稳定性、可采集性等特点。生物识别大致可分为指纹识别、虹膜识别、视网膜识别、手掌几何学识别、语音识别、面部识别、签名识别、步态识别、静脉识别、基因识别等。所有的生物识别都包括原始数据获取、抽取特征、比较和匹配等 4 个步骤。

1. 虹膜识别技术

人类眼睛的虹膜是由相当复杂的纤维组织构成，其细部结构在出生之前就以随机组合的方式决定下来了。虹膜识别技术是基于在自然光或红外光照射下，对虹膜上可见的外在特征进行计算机识别的一种生物识别技术。虹膜在眼球中的位置见图 2.2，其中虹膜是围绕瞳孔呈现绚丽彩色的一层生理薄膜。虹膜是包裹在眼球上的彩色环状物，每个虹膜都包含一个独一无二的基于像冠、水晶体、细丝、斑点、结构、凹点、射线、皱纹和条纹等特征的结构。虹膜识别是将上述可见特征转化为 512 字节的虹膜编码，该编码被存储下来以便后期识别所用。512 个字节对从虹膜获得的信息量来说是十分巨大的。从直径为 11 mm 左右的虹膜上，Dr·Daugman 的算法用 3~4 个字节的数据来代表每平方毫米的虹膜信息，这样，一个虹膜约有 266 个量化特征点，而一般的生物识别技术只有 13~60 个特征点。

虹膜技术具有便于用户使用、可靠、无需物理接触等优点。虹膜技术的缺点如下：

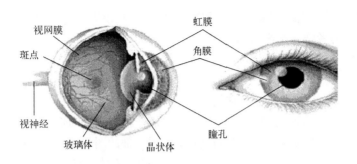

图 2.2　虹膜在眼球中的位置

1）最主要的缺点是它没有进行过任何的测试，当前的虹膜识别系统只是用统计学原理进行小规模的试验，而没有进行过现实世界的唯一性认证的试验。

2）很难将图像获取设备的尺寸小型化。

3）需要昂贵的摄像头聚焦，一个这样的摄像头的最低价为 7,000 美元。

4）镜头可能产生图像畸变而使可靠性降低。

5）黑眼睛极难读取。

6）需要较好光源。

2. 视网膜识别

视网膜扫描是最古老的生物识别技术之一，有研究证明，每个人的眼睛后半部的血管图形是唯一的，即使是孪生兄弟也各不相同。视网膜图形是稳定的，除非有眼科疾病或者严重的脑部创伤。视网膜识别技术要求激光照射眼球的背面以获得视网膜特征。与虹膜识别技术相比，视网膜扫描也许是最精确可靠的生物识别技术。由于感觉上它高度介入人的身体，它也是最难被人接受的技术。在初始阶段，视网膜扫描识别需要被识别者有耐心、愿合作且受过良好的培训，否则，识别效果会大打折扣。

（1）视网膜技术的优点

1）视网膜是一种极其固定的生物特征，不磨损、不老化、不受一般疾病影响。

2）使用者无需和设备直接接触。

3）它是一个最难欺骗的系统，因为视网膜不可见，所以不会被伪造。

（2）视网膜技术的缺点

1）同虹膜一样，最主要的缺点是它没有进行过任何的测试，当前的视网膜识别系统只是用统计学原理进行小规模的试验，而没有进行过现实世界的唯一性认证的试验。

2）激光照射眼球的背面可能会影响使用者健康，这需要进一步的研究。

3）对消费者而言，视网膜技术没有吸引力。

4）很难进一步降低成本。

3. 签名识别

签名作为身份认证的手段已经用了几百年了，将签名数字化的过程包括将签名图像本身数字化以及记录整个签名的动作（包括每个字母以及字母之间不同的速度、笔序和压力等）。签名识别和语音识别一样，是一种行为测定学。

签名识别的优点是容易被大众接受、公认度较高。签名识别的缺点如下：

1）随着经验的增长、性情的变化与生活方式的改变，签名也会随着而改变。

2）在 Internet 上使用不便。

3）用于签名的手写板结构复杂而且价格昂贵，因为和笔记本电脑的触摸板的分辨率差异很大，在技术上将两者结合起来较难。

4）很难将尺寸小型化。

4. 面部识别

面部识别技术通过对面部特征和它们之间的关系来进行识别，识别技术基于这些唯一的特征时非常复杂，需要人工智能和机器知识学习系统。用于捕捉面部图像的两项技术为标准视频和热成像技术。标准视频技术通过一个标准的摄像头获得面部的图像或者一系列图像，捕捉后，记录一些核心点（例如眼睛、鼻子和嘴等）以及它们之间的相对位置，然后形成模板。热成像技术通过分析由面部的毛细血管的血液产生的热线来产生面部图像，与视频摄像头不同，热成像技术并不需要在较好的光源条件下，因此即使在黑暗情况下也可以使用。一个算法和一个神经网络系统加上一个转化机制就可将一幅面部图像变成数字信号，最终产生匹配或不匹配信号。

面部识别是非接触的，用户不需要和设备直接接触，这是其优点。面部识别的缺点是：

1）尽管可以使用桌面视频摄像头，但只有比较高级的摄像头才可以有效高速地捕捉面部图像。

2）使用者面部的位置与周围的光环境都可能影响系统的精确性。

3）大部分研究生物识别的人公认面部识别最不准确，也最容易被欺骗。

4）面部识别技术的改进有赖于提取特征与比对技术的提高，采集图像的设备比技术昂贵得多。

5）对于因人体面部如头发、饰物、变老以及其他的变化，需要通过人工智能补偿，机器学习功能必须不断地将以前得到的图像和现在得到的进行比对，以改进核心数据和弥补微小的差别。

6）很难进一步降低设备成本。

5. 指纹识别

因为每个人的指纹纹路在图案、断点和交叉点上各不相同，是唯一的，并且终生不变。依靠这种唯一性和稳定性，我们就可以把一个人同他的指纹对应起来，通过将他的指纹和预先保存的指纹进行比较，就可以验证他的真实身份，这就是指纹识别技术。指纹具有以下三大固有特性。第一，确定性。每幅指纹的结构是恒定的，胎儿在 4 个月左右就形成指纹，以后就终身不变；第二，唯一性。两个完全一致的指纹出现的概率非常小，不超过 10^{-36}；第三，可分类性。可以按指纹的纹线走向进行分类。

随着现代电子集成制造技术、计算机技术的发展以及快速而可靠的算法研究，指纹自动识别技术于 20 世纪 60 年代开始兴起并得到了飞速发展。作为生物特征识别的一种，由于它具有其他特征识别所不可比拟的优点，使得自动指纹识别有着更为广泛的应用。相对于其他生物特征鉴定技术，例如语音识别及视网膜识别等，指纹自动识别是一种更为理想的身份确认技术。

（1）指纹识别的优点

1）指纹是人体独一无二的特征，并且它们的复杂度足以提供用于鉴别的足够特征。

2）如果要增加可靠性，只需登记更多的指纹、鉴别更多的手指，最多可以多达十个，而每一个指纹都是独一无二的。

3）扫描指纹的速度很快，使用非常方便。

4）读取指纹时，用户必须将手指与指纹采集头相互接触，与指纹采集头直接接触是读取人体生物特征最可靠的方法。

5）指纹采集头可以更加小型化，并且价格会更加低廉。

（2）指纹识别的缺点

1）某些人或某些群体的指纹特征少，难成像。

2）过去因为在犯罪记录中使用指纹，使得某些人害怕"将指纹记录在案"。

3）实际上现在的指纹鉴别技术都可以不存储任何含有指纹图像的数据，而只是存储从指纹中得到的加密的指纹特征数据。

4）每一次使用指纹时都会在指纹采集头上留下用户的指纹印痕，而这些指纹痕迹存在被复制的可能性。

6. 声音识别技术

声音识别和签名识别相同，声音识别也是一种行为识别技术。声音识别设备不断地测量和记录声音波形变化，然后将现场采集到的声音同登记过的声音模板进行各种特征地匹配。声音识别的迅速发展以及高效可靠的应用软件的开发，使声音识别系统在很多方面得到了应用。声音识别系统可以用声音指令实现"不用手"的数据采集，其最大特点就是不用手和眼睛，这对那些采集数据同时还要完成手脚并用的工作场合尤为适用。

声音识别也是一种非接触的识别技术，用户可以很自然地接受。声音识别的缺点是：

1）作为行为识别技术，声音变化的范围太大，很难精确地匹配。

2）声音会随着音量、速度和音质的变化（例如感冒时）而影响到采集与比对的结果。

3）很容易用录在磁带上的声音来欺骗声音识别系统。

4）高保真的送话器很昂贵。

综合以上分析比较，指纹识别技术是目前最方便、可靠、非侵害和价格便宜的生物识别技术解决方案，对于广大市场其应用有着很大的潜力。

2.1.3 磁条（卡）和IC卡识别技术

1. 磁条（卡）技术

磁条技术应用了物理学和磁力学的基本原理。磁条是一层薄薄的由定向排列的铁性强化粒子组成的磁性材料（也称为涂料），用树脂粘合剂将这些磁性粒子严密地粘合在一起，并粘合在诸如纸或者塑料这样的非磁性基片媒介上，就构成了磁卡或者磁条卡。

磁条技术的优点是数据可读/写，即具有现场改写数据的能力。数据存储量能满足大多数需求，便于使用、成本低廉、具有一定的数据安全性且它粘附于许多不同规格和形式的基材上。这些优点，使之在很多领域得到了广泛应用，如信用卡、银行 ATM 卡、机票、公共汽车票、自动售货卡、会员卡、现金卡（如电话磁卡）、地铁 AFC 等。磁条的缺点是数据存储时间的长短受磁性粒子极性的耐久性限制，以及存储数据的安全性较低。

2. IC 卡技术

IC（Integrated Card）卡就是将可编程的 IC 芯片放于卡片中，使卡片具有更多功能。按照数据读/写方式，IC 卡可分为接触式 IC 卡和非接触式 IC 卡，通常说的 IC 卡多数是指接触式 IC 卡。根据所封装的 IC 芯片的不同，IC 卡可分为存储器卡、逻辑加密卡、CPU 卡和超级智能卡 4 大类。超级智能卡在卡上具有 MPU 和存储器，并装有键盘、液晶显示器和电源，有的卡上还具有指纹识别装置等。

IC 卡相对于其他种类的卡，具有存储容量大、体积小、重量轻、抗干扰能力强、便于携带、易于使用、安全性高、对网络要求不高等特点。

2.1.4 图像识别技术

图像识别是模式识别在图像领域的应用。图像识别系统主要涉及图像输入设备和图像处理器。一般的图像识别系统框架见图2.3。

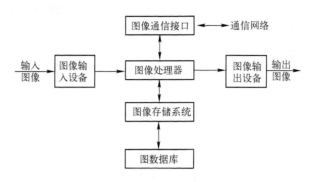

图 2.3　一般的图像识别系统框架

1. 图像输入设备

图像输入设备分为电视摄像机和电荷耦合元件（Charge – coupled Device，CCD）两大类。电视摄像机是一种广泛使用的景物和图像的输入设备，它能将景物、图片等光学信号转变为全电视信号。目前主要有黑白摄像机和彩色摄像机两种。CCD 分为线型 CCD 像感器和面型 CCD 像感器。

2. 图像处理部分

图像与视频是两个既有联系又有区别的概念，静止的图片称为图像（Image），运动的图像称为视频（Video）。图像的输入要靠扫描仪、数字照相机或摄像机，而视频的输入只能是摄像机、录像机、影碟机以及电视接收机等可以输出连续图像信号的设备。

图像与视频处理系统包括图像与视频的输入、输出设备，通用的计算机和附加的专用处理硬件卡。不同的应用环境，所需要的硬件设备、软件环境也不相同。

2.1.5　光学字符识别（OCR）技术

光学字符识别 OCR（Optical Character Recognition，OCR）是基于图型识别的一种技术，其目的就是要让计算机知道它到底看到了什么，尤其是文字资料。OCR 技术能够使设备通过光学的机制来识别字符。一个 OCR 识别系统的处理流程如下：首先将标的物的影像输入，然后经过影像前处理、文字特征抽取、比对识别等过程，最后经人工校正将认错的文字更正，将结果输出。

OCR 的优点是人眼可视读、可扫描，但输入速度和可靠性不如条码，数据格式有限，通常要用接触式扫描器。OCR 技术主要应用于文字资料的自动输入、建立文献档案库、文本图像的压缩存储和传输、书刊自动阅读器、盲人阅读器、书刊资料的再版输入、古籍整理、智能全文信息管理系统、汉英翻译系统、名片识别管理系统、车牌自动识别系统、网络出版、票据识别系统、身份证识别管理系统、无纸化评卷等。

2.2　条形码技术

条形码（简称条码）技术是集条码理论、光电技术、计算机技术、通信技术、条码印制技术于一体的一种自动识别技术。条码技术具有速度快、准确率高、可靠性强、寿命长、成本低廉等特点，因而广泛应用于商品流通、工业生产、图书管理、仓储标证管理、信息服务等领域。条码是物流信息的载体，它是解决企业信息化管理的基础技术之一，是一种全球通用的标识系统。

2.2.1 条形码概述

1. 什么是条形码

条形码是将宽度不等的多个黑条和空白，按照一定的编码规则排列，用以表达一组信息的图形标识符。常见的条形码是由反射率相差很大的黑条和白条排成的平行线图案。条码技术的应用解决了数据录入和数据采集的瓶颈问题，条形码可以标出物品的生产国、制造厂家、商品名称、生产日期、图书分类号、邮件起止地点、类别、日期等许多信息，因而在商品流通、图书管理、邮政管理、银行系统等许多领域都得到了广泛的应用。

2. 条形码的分类

按码制的不同，条形码可以分为 UPC 码、EAN 码、交叉 25 码、39 码、库德巴码、128 码、93 码、49 码。按维数的不同，条形码可以分为一维条码和二维条码。仅在一维几何空间表示信息的条形码为一维条码，其码的高度不表示信息，一维条码对"物品"的标识，即只给出"物品"的识别信息；二维条码在一维条码的基础上发展而来的信息储存和解读技术。除具有一维条码的优点外，二维条码还具有信息容量大、可靠性高、保密防伪性强、易于制作、成本低等优点。

3. 二维条码与一维条码的比较

二维条码（见图 2.4a）除了左右（条宽）的粗细及黑白线条有意义外，上下的条高也有意义。与一维条码相比，由于左右（条宽）和上下（条高）的线条皆有意义，故可存放的信息量就比较大。我们通常见到的商品上的条码和储运包装物上的条码，基本上是一维条码（见图 2.4b），其原理是利用条码的粗细及黑白线条来代表信息，当拿扫描器来扫描一维条码，即使将条码上下遮住一部分，其所扫描出来的信息都是一样的，所以一维条码的条高并没有意义，只有左右（条宽）的粗细及黑白线条有意义，故称一维条码。

a)   b)

图 2.4　二维条码与一维条码

从符号学的角度讲，二维条码和一维条码都是信息表示、携带和识读的手段。但从应用角度讲，尽管在一些特定场合我们可以选择其中的一种来满足我们的需要，但它们的应用侧重点是不同的：一维条码用于对"物品"进行标识，二维条码用于对"物品"进行描述。信息量容量大、安全性高、读取率高、错误纠正能力强等特性是二维条码的主要特点。

2.2.2 条形码的识别原理

1. 基本原理

要将按照一定规则编译出来的条形码转换成有意义的信息，需要经历扫描和译码两个过程。物体的颜色是由其反射光的类型决定的，白色物体能反射各种波长的可见光，黑色物体则吸收各种波长的可见光，所以当条形码扫描器光源发出的光在条形码上反射后，反射光照射到条码扫描器内部的光电转换器上，光电转换器根据强弱不同的反射光信号，转换成相应的电信号。根据原理的差异，扫描器可以分为光笔、CCD、激光三种。

电信号输出到条码扫描器的放大电路之后，再将模拟信号转换成数字信号。白条、黑条的宽度不同，相应的电信号持续时间长短也不同。然后译码器通过测量脉冲数字电信号 0、1 的数目来判别条和空的数目。通过测量 0、1 信号持续的时间来判别条和空的宽度。此时所得到的数据仍然是杂乱无章的，还需根据对应的编码规则（例如 EAN - 8 码），将条形符号换成相应的数字、字符信息。最后，由计算机系统进行数据处理与管理，物品的详细信息便被识别了。

2. 条形码的识读

（1）条形码识读系统构成

条形码识读系统是由扫描系统、信号整形、译码 3 部分组成，见图 2.5。

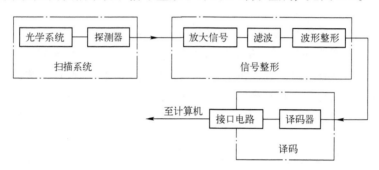

图 2.5　条形码识读系统构成

扫描系统由光学系统及探测器即光电转换器件组成，它完成对条码符号的光学扫描，并通过光电探测器，将条码条空图案的光信号转换成为电信号；信号整形部分由信号放大、滤波、波形整形组成，它的功能在于将条码的光电扫描信号处理成为标准电位的矩形波信号，其高低电平的宽度和条码符号的条空尺寸相对应；译码部分一般由嵌入式微处理器组成，它的功能就是对条码的矩形波信号进行译码，其结果通过接口电路输出到条码应用系统中的数据终端。

（2）条码识读器的通信接口

条码识读器的通信接口主要有键盘接口和 RS - 232。

1）键盘接口方式。条码识读器与计算机通信的一种方式是键盘仿真，即条码阅读器通过计算机键盘接口给计算机发送信息。条码识读器与计算机键盘口通过一个 4 芯电缆连接，通过数据线串行传递扫描信息。这种方式的优点是：无需驱动程序，与操作系统无关，可以直接在各种操作系统上直接使用，不需要外接电源。

2）RS - 232 方式。扫描条码得到的数据由串口输入，需要驱动或直接读取串口数据，需要外接电源。条码扫描器在传输数据时使用 RS - 232 串口通信协议，使用时要先进行必要的设置，如波特率、数据位长度、有无奇偶校验和停止位等。

2.2.3　条形码技术的优点

条形码是迄今为止最经济、实用的一种自动识别技术，它具有以下优点：

1）可靠性强。条形码的读取准确率远远超过人工记录，平均每 15,000 个字符才会出现一个错误。键盘输入数据出错率为三百分之一，利用光学字符识别技术出错率为万分之一，而采用条形码技术误码率低于百万分之一。

2）效率高。条形码的读取速度很快，相当于每秒 40 个字符。与键盘输入相比，条形码输入的速度是键盘输入的 5 倍，并且能实现"即时数据输入"。

3）成本低。与其他自动化识别技术相比较，条形码技术仅仅需要一小张贴纸和相对构造简单的光学扫描仪，成本相当低廉。

4）易于制作。条形码的编写很简单，制作也仅仅需要印刷，被称作为"可印刷的计算机语言"，其识别设备简单、操作容易、价格低廉。

5）灵活实用。条形码符号可以手工键盘输入，也可以和有关设备组成识别系统实现自动化识别，还可和其他控制设备联系起来实现整个系统的自动化管理。

6）采集信息量大。利用传统的一维条码一次可采集几十位字符的信息，二维条码更可以携带数千个字符的信息，并有一定的自动纠错能力。

2.2.4 条形码的结构及其扫描

1. 条形码的结构

条形码扫描器利用自身光源照射条形码，再利用光电转换器接受反射的光线，将反射光线的明暗转换成数字信号。不论是采取何种规则印制的条形码，都由静区、起始字符、数据字符与终止字符组成。有些条码在数据字符与终止字符之间还有校验字符。条形码的结构见图2.6，其中的含义如下。

静区	起始字符	数据字符	校验字符	终止字符	静区

图2.6 条形码的结构

1）静区：没有任何印刷符或条形码信息，它通常是白的，位于条形码符号的两侧。其作用是提示阅读器（扫描器）准备扫描条形码符号。

2）起始字符：条形码符号的第一位字符是起始字符，它的特殊条、空结构用于识别一个条形码符号的开始。阅读器首先确认此字符的存在，然后处理，获得一系列脉冲信号。

3）数据字符：由条形码字符组成，用于代表一定的原始数据信息。

4）校验字符：检验读取到的数据是否正确，不同编码规则可能会有不同的校验规则。若条形符号有效，阅读器就向计算机传送数据并向操作者提供"有效读入"的反馈，其作用是避免输入不完整的信息。当采用校验字符时，终止字符指示阅读器对数据字符实施校验计算。

5）终止字符：最后一位字符，用于告知代码扫描完毕，同时还起到校验计算的作用。

为了方便双向扫描，起止字符具有不对称结构。因此扫描器扫描时可以自动对条码信息重新排列。

2. 条码扫描器

条码扫描器是用来扫描条形码的设备，利用光学原理，把条形码的内容解码后通过数据线或者无线的方式传输到计算机或者别的设备。目前条码扫描器通过有线的方式和计算机连接主要为 PS/2 键盘接口、RS－232 串口、USB 接口 3 种接口，通过无线方式和计算机连接主要是蓝牙和2.4G 的方式，一般无线的距离基本都在 30～100m。按照条码分类，条码扫描器又分为一维条码扫描器、二维条码扫描器。根据扫描方式，条码扫描器可分为光笔、CCD、激光 3 种。

（1）光笔

光笔是最原始的扫描方式，需要手动移动光笔，并且还要与条形码接触。光笔属于接触式、固定光束扫描器。在其笔尖附近中含有发光二极管 LED 作为照明光源，并含有光电检测器。卡槽式扫描器属于固定光束扫描器，其内部结构和光笔类似，它上面有一个槽，手持带有条码符号的卡从槽中滑过实现扫描。这种识读其广泛用于时间管理以及考勤系统。它经常和带有液晶显示和数字键盘的终端集成为一体。

（2）CCD 条码扫描器

CCD 条码扫描器是利用光耦合（CCD）原理，对条码印刷图案进行成像，然后再译码，其优势是使用寿命长、价格便宜。

（3）激光手持式扫描器

激光手持式扫描器是利用激光二极管作为光源的单线式扫描器，它主要有转镜式和颤镜式两种。商业企业在选择激光扫描器时，最重要的是注意扫描速度和分辨率。

（4）全角度扫描器/条码扫描枪

全角度扫描器/条码扫描枪是通过光学系统使激光二极管发出的激光折射或多条扫描线的条码扫描器，主要目的是减轻收款人员录入条码数据时对准条码的劳动。激光扫描技术的优点是识读距离长、具有穿透保护膜识读的能力、识读的精度和速度高；缺点是对识读的角度要求比较严格，而且只能识读堆叠式二维码和一维码。

（5）条码数据采集器

把条码识读器和具有数据存储、处理、通信传输功能的手持数据终端设备结合在一起，就成为了条码数据采集器。条码数据采集器具备实时采集、自动存储、即时显示、即时反馈、自动处理、自动传输的功能，它实际上是移动式数据处理终端和某一类型的条码扫描器的集合体。数据采集器按产品性能分为手持终端、无线型手持终端、无线掌上电脑、无线网络设备等，所采集的数据可以通过有线或无线的方式进行实时传送和处理。

（6）便携式数据采集器

便携式数据采集器是为适应一些现场数据采集和扫描笨重物体的条码符号而设计的，适合于脱机使用的场合。识读时，与在线式数据采集器相反，它是将扫描器带到物体的条码符号前扫描。便携式数据采集器是集激光扫描、汉字显示、数据采集、数据处理、数据通信等功能于一体的高科技产品。

2.2.5 条形码的编码规则和方案

1. 编码规则

1）唯一性。同种规格、同种产品对应同一个产品代码，同种产品不同规格应对应不同的产品代码。根据产品的不同性质，如重量、包装、规格、气味、颜色、形状等，赋予不同的商品代码。

2）永久性。产品代码一经分配，就不再更改，并且是终身的。当此种产品不再生产时，其对应的产品代码只能搁置起来，不得重复使用。

3）无含义。为了保证代码有足够的容量以适应产品频繁的更新换代的需要，最好采用无含义的顺序码。

2. 编码方案

（1）宽度调节法

宽度调节编码法是指条形码符号由宽窄的条单元和空单元以及字符符号间隔组成，宽的条单元和空单元逻辑上表示"1"，窄的条单元和空单元逻辑上表示"0"，宽的条空单元和窄的条空单元可称为 4 种编码元素。

（2）色度调节法

色度调节编码法是指条形码符号是利用条和空的反差来标识的，条逻辑上表示"1"，而空逻辑上表示"0"。我们把"1"和"0"的条空称为基本元素宽度或基本元素编码宽度，连续的"1"、"0"则可有2倍宽、3倍宽、4倍宽等。所以此编码法称为多种编码元素方式。

2.2.6 条形码的制作

一般用印刷或打印来制作条形码，条码打印机和普通打印机的最大区别是条码打印机的打印是以热为基础、以碳带为打印介质（或直接使用热敏纸）完成打印，配合不同材质的碳带可以实现高质量的打印效果和在无人看管的情况下实现连续高速打印。

1. 商品条码

EAN-13通用商品条形码一般由前缀部分、制造厂商代码、商品代码和校验码组成。商品条形码中的前缀码是用来标识国家或地区的代码，赋码权在国际物品编码协会，如00~09代表美国、加拿大，45~49代表日本，690~695代表中国大陆，471代表我国台湾地区，489代表香港特区。制造厂商代码的赋码权在各个国家或地区的物品编码组织，我国由国家物品编码中心赋予制造厂商代码。商品代码是用来标识商品的代码，生产企业按照规定条件自己决定在自己的何种商品上使用哪些阿拉伯数字为商品条形码。商品条形码最后用1位校验码来校验商品条形码中左起第1~12位数字代码的正确性。

2. 印刷制作条形码的要求

商品条形码的标准尺寸是37.29mm×26.26mm，放大倍率是0.8~2.0。当印刷面积允许时，应选择1.0倍率以上的条形码，以满足识读要求。放大倍数越小的条形码，印刷精度要求越高，当印刷精度不能满足要求时，易造成条形码识读困难。

由于条形码的识读是通过条形码的条和空的颜色对比度来实现的，一般情况下，只要能够满足对比度（PCS值）的要求的颜色即可使用。通常采用浅色作空的颜色，如白色、橙色、黄色等，采用深色作条的颜色，如黑色、暗绿色、深棕色等，而最好的颜色搭配是黑条白空。根据条形码检测的实践经验，红色、金色、浅黄色不宜作条的颜色，透明、金色不能作空的颜色。

3. 商品条码数字的含义

以条形码6936983800013为例，此条形码分为4个部分，从左到右分别如下。

1）1~3位：共3位，对应该条码的693，是中国的国家代码之一。

2）4~8位：共5位，对应该条码的69838，代表着生产厂商代码，由厂商申请，国家分配。

3）9~12位：共4位，对应该条码的0001，代表着厂内商品代码，由厂商自行确定。

4）第13位：共1位，对应该条码的3，是校验码，依据一定的算法，由前面12位数字计算而得到。

2.2.7 二维条码

一维条码最大信息长度通常不超过15个字元，仅可作为一种资料标识，不能对产品进行描述，而二维条码具有高密度、大容量、抗磨损等特点，拓宽了条形码的应用领域。

1. 一维条码的局限

由于受信息容量的限制，一维条码仅仅是对"物品"的标识，而不是对"物品"的描述，故一维条码的使用不得不依赖数据库的存在。在没有数据库和不便联网的地方，一维条码的使用受到了较大的限制，有时甚至变得毫无意义。另外，用一维条码表示汉字十分不方便，且效率很低。现代高新技术的发展，迫切要求用条码在有限的几何空间内表示更多的信息，从而满足千变万化的信息表示的需要。

2. 二维条码的优点

二维条码自出现以来，得到了人们的普遍关注，发展速度十分迅速。因为它具有高密度、高可靠性等特点，所以可以用它表示数据文件（包括汉字文件）、图像等。二维条码是大容量、高可靠性信息实现存储、携带并自动识读的理想方法。

1）信息容量大：可容纳多达 1,850 个大写字母或 500 多个汉字，比一维条码信息容量高几十倍。

2）编码范围广：二维条码可以把图片、声音、文字、签字、指纹等以数字化的信息进行编码，用条码表示出来；可以表示多种语言文字；可表示图像数据。

3）容错能力强：二维条码因穿孔、污损等引起局部损坏时，同样可以正确得到识读，损毁面积达 50% 仍可恢复信息。

4）灵活实用：条码标识既可以作为一种识别手段单独使用，也可以和有关识别设备组成一个系统实现自动化识别，还可以和其他控制设备连接起来实现自动化管理。

5）易于制作：对设备和材料没有特殊要求，持久耐用，识别设备操作容易，不需要特殊培训，且设备也相对便宜。

6）可靠性高：它比一维条码译码错误率百万分之二要低得多，误码率不超过千万分之一。

7）保密性好：可引入加密措施，保密性、防伪性好。

8）阅读方便：二维条码可以使用激光或 CCD 阅读器识读。

3. 二维条码的原理

二维条码是用某种特定的几何图形按一定规律，在平面分布的黑白相间的图形记录数据信息的。在代码编制上巧妙地利用构成计算机内部逻辑基础的"0"、"1"比特流的概念，使用若干个与二进制相对应几何形体来表示信息，通过图像输入设备或光电扫描设备自动识读以实现信息自动处理。它具有条码技术的一些共性，每种码制有其特定的字符集。每个字符占有一定的宽度，具有一定的校验功能，同时还具有对不同行的信息自动识别以及处理图形旋转变化等特点。二维条码能够在横向和纵向两个方位同时表达信息，因此能在很小的面积内表达大量的信息。

4. 二维条码的分类

（1）堆叠式/行排式二维条码

堆叠式/行排式二维条码（又称堆积式二维条码或层排式二维条码）编码原理是建立在一维条码基础之上，按需要堆积成两行或多行。它在编码设计、校验原理、识读方式等方面继承了一维条码的一些特点，识读设备、条码印刷与一维条码技术兼容。但由于行数的增加，需要对行进行判定，其译码算法与软件也不完全相同于一维条码。Code 16K、Code 49、PDF 417 等是行排式二维条码的代表。

（2）矩阵式二维码

矩阵式二维条码（又称棋盘式二维条码）是在一个矩形空间通过黑、白像素在矩阵中的不同分布进行编码。在矩阵相应元素位置上，用点（方点、圆点或其他形状）的出现表示二进制"1"，不出现点表示二进制的"0"，点的排列组合确定了矩阵式二维条码所代表的意义。矩阵式二维条码是建立在计算机图像处理技术、组合编码原理等基础上的一种新型图形符号自动识读处理码制。具有代表性的矩阵式二维条码有 Code One、Maxi Code、QR Code、Data Matrix 等。

5. 二维条码的识别

二维条码的识别有两种方法：透过线型扫描器逐层扫描进行解码和透过照相、图像处理对二维条码进行解码。对于堆叠式二维条码，可以采用上述两种方法识读，但对绝大多数的矩阵式二维条码则必须用照相方法识读，例如使用面型 CCD 扫描器。

用线型扫描器对二维条码进行识别时，如何防止垂直方向的信息漏读是关键，因为在识别二维条码符号时，扫描线往往不会与水平方向平行。解决这个问题的方法之一是必须保证条形码的每一层至少有一条扫描线完全穿过，否则解码程序不识读。这种方法简化了处理过程，但却降低了信息密度，因为每层必须要有足够的高度来确保扫描线完全穿过。

不同于其他堆叠式二维条码，PDF 417 建立了一种能"缝合"局部扫描的机制，只要确保有一条扫描线完全落在任一层中即可，因此层与层间不需要分隔线，而是以不同的符号字元来区分相邻层，因此，PDF 417 的资料密度较高，是 Code 49 及 Code 16K 的两倍多，但其识读设备也比较复杂。

6. 二维条码识读设备

二维条码按照阅读原理的不同可分为：

1）线性 CCD 和线性图像式阅读器。可阅读一维条码和线性堆叠式二维码，在阅读二维码时需要沿条形码的垂直方向扫过整个条形码，称为"扫动式阅读"。

2）带光栅的激光阅读器。可阅读一维条码和线性堆叠式二维码。阅读二维码时将光线对准条形码，由光栅元件完成垂直扫描，不需要手工扫动。

3）图像式阅读器。采用面阵 CCD 摄像方式将条形码图像摄取后进行分析和解码，可阅读一维条码和所有类型的二维码。

另外，二维条码的识读设备依工作方式的不同还可以分为手持式、固定式和平板扫描式。二维条码的识读设备对于二维条码的识读会有一些限制，但是均能识别一维条码。

7. 二维条码的应用

二维条码具有储存量大、保密性高、追踪性高、抗损性强、成本便宜等特性，这些特性特别适用于表单、安全保密、追踪、证照、存货盘点等方面。

1）表单应用：公文表单、商业表单、进出口报单、舱单等资料的传送交换，减少人工重复输入表单资料，避免人为错误，降低人力成本。

2）保密应用：商业情报、经济情报、政治情报、军事情报、私人情报等机密资料的加密及传递。

3）追踪应用：公文自动追踪、生产线零件自动追踪、客户服务自动追踪、邮购运送自动追踪、维修记录自动追踪、危险物品自动追踪、后勤补给自动追踪、医疗体检自动追踪、生态研究（如动物、鸟类等）自动追踪等。

4）证照应用：护照、身份证、挂号证、驾照、会员证、识别证、连锁店会员证等证照的资料登记及自动输入。

5）盘点应用：物流中心、仓储中心、联勤中心的货品及固定资产的自动盘点，起到立即盘点、立即决策的效果。

6）手机二维码信息：手机二维码扫描技术简单地说是通过手机拍照功能对二维码进行扫描，快速获取到二维条码中存储的信息，进行上网、发送短信、拨号、资料交换、自动文字输入等，手机二维码目前已经被各大手机厂商开发使用。手机二维码是二维码的一种，手机二维码不但可以印刷在报纸、杂志、广告、图书、包装以及个人名片上，用户还可以通过手机扫描二维码或输入二维码下面的号码即可实现快速手机上网功能，并随时随地下载图文、了解产品信息等。

习题与思考题

2-01 什么是自动识别技术？

2-02 自动识别技术有哪些特点？

2-03 请画出自动识别系统的结构图。

2-04 简述签名识别的优缺点。

2-05 你认为哪一种生物识别技术最方便、可靠和价廉？为什么？

2-06 简述磁条技术的优缺点。

2-07 简述条形码的识别原理。

2-08 试比较一维条码和二维条码的优缺点。

2-09 条形码的编码规则是什么？

2-10 简述二维条码的原理及其分类。

2-11 在实际工作和生活中，二维条码的应用有哪些？

第3章 射频识别与产品电子编码

麻省理工学院的两位教授在 1998 年提出，以射频识别技术 RFID 为基础，为所有的物品赋予其全球唯一的编号，用来对物品进行唯一的标识。这一标识方案采用数字编码，并且通过实物互联网来实现对物品信息的进一步查询。这一技术设想催生了 EPC（产品电子代码）和物联网概念的提出。国际电联报告中，RFID 排在了物联网 4 大关键应用技术之首，而以 RFID 技术为依托的产品电子编码 EPC 在全球得到了广泛的关注和积极推进。

3.1 射频识别技术

无线射频识别系统 RFID 是人类在科技发展道路上的重大进展，它改变了人类消费方式与习惯，其所具备的优越特性已日益受到各国的重视与应用，它的发展状况成为各界瞩目的焦点。

3.1.1 概念与特点

1. 概念

无线射频识别系统 RFID 常称为感应式电子芯片、接近卡、感应卡、非接触卡、电子条形码等，它是一种通信技术，可通过无线电信号来识别特定目标并进行相关数据的读/写，而无需识别系统与特定目标之间建立机械或光学接触，它利用无线电波来传送识别数据。无线射频识别系统对数据进行非接触式读取，具有数据可更新、储存数据的容量大、可重复使用、可同时读取多个 RFID 目标、数据安全可靠等优点。近年来，RFID 因其所具备的远距离读取、高储存量等特性而备受瞩目。它不仅可以帮助一个企业大幅提高货物、信息管理的效率，还可以让销售企业和制造企业互联，从而更加准确地接收反馈信息，控制需求信息，优化整个供应链。

2. 特点

1）快速扫描。条形码一次只能读取一个条形码信息，而 RFID 识读器可同时识别多个 RFID 标签。

2）体积小型化、形状多样化。RFID 在读取上并不受尺寸大小与形状限制，无需为了读取精确度而配合纸张的固定尺寸和印刷品质。此外，RFID 标签正在向小型化和多样化方向发展，以应用于不同的产品和环境。

3）抗污染能力和耐久性。传统条形码的载体是纸张，因此容易受到污染，而 RFID 对水、油和化学药品等物质具有很强的抵抗性。

4）可重复使用。现今的条形码印刷上去之后就无法更改，RFID 标签则可以重复地新增、修改、删除 RFID 内储存的数据，方便信息的更新。

5）穿透性和无屏障阅读。在被覆盖的情况下，RFID 能够穿透纸张、木材和塑料等非金属或非透明的材质进行通信。

6）数据的记忆容量大。一维条码的容量是 50 字节，二维条码可储存 2,000 至 3,000 字符，RFID 最大的容量则有数兆字节。随着存储技术的发展，数据容量也有不断扩大的趋势。

7）安全性。数据内容由密码保护，使其内容不易被伪造、篡改等。

3.1.2 原理和分类

1. 应用系统原理

RFID 系统一般由电子标签（Tag）、天线（Antenna）、阅读器（Reader）和计算机系统（Computer）4 部分组成，见图 3.1。阅读器发出射频信号，标签进入磁场后，凭借感应电流所获得的能量发送出存储在芯片中的产品信息（无源标签或被动标签），或者主动发送某一频率的信号（有源标签或主动标签）；阅读器读取信息并解码后，送至计算机数据库系统进行有关数据处理。

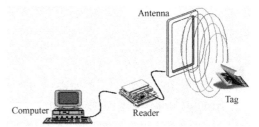

图 3.1 RFID 应用系统原理及构成

2. 应用系统构成

（1）电子标签

RFID 标签中存储了一个唯一的编码，通常为 64 字节或 96 字节，其地址空间大大高于条码所能提供的空间，因此可以实现单个物品的编码。当 RFID 标签进入读/写器的作用区域，就可以根据电感耦合原理（近场作用范围内）或电磁反向散射耦合原理（远场作用范围内）在标签天线两端产生感应电势差，并在标签芯片通路中形成微弱电流，如果这个电流强度超过一个阈值，就将激活 RFID 标签芯片电路工作，从而对标签芯片中的存储器进行读/写操作，微控制器还可以进一步加入诸如密码或防碰撞算法等复杂功能。RFID 标签芯片的内部结构主要包括射频前端、模拟前端、数字基带处理单元和 EEPROM 存储单元 4 部分。

（2）天线

天线是 RFID 和读/写器之间实现射频信号空间传播和建立无线通信连接的设备。RFID 系统中包括两类天线，一类是 RFID 标签上的天线，它已经和 RFID 标签集成为一个整体。另一类是读/写器天线，既可以内置于读/写器中，也可以通过电缆与读/写器的射频输出端口相连。目前的天线产品多采用收发分离技术来实现发射和接收功能的集成。在实际应用中，天线设计参数是影响 RFID 系统识别范围的主要因素。

（3）读/写设备

读/写器也称阅读器，是对 RFID 标签进行读/写操作的设备，主要包括射频模块和数字信号处理单元两部分。读/写器是 RFID 系统中最重要的基础设施，一方面，RFID 标签返回的微弱电磁信号通过天线进入读/写器的射频模块中转换为数字信号，再经过读/写器的数字信号处理单元对其进行必要的加工整形，最后从中解调出返回的信息，完成对 RFID 标签的识别或读/写操作；另一方面，上层中间件及应用软件与读/写器进行交互，实现操作指令的执行和数据汇总上传。在上传数据时，读/写器会对 RFID 标签原子事件进行去重过滤或简单的条件过滤，将其加工为读/写器事件后再上传，以减少与中间件及应用软件之间数据交换的流量。在物联网中，读/写器将成为同时具有通信、控制和计算功能的 C3（Communication，Control，Computing）核心设备。

（4）计算机系统

计算机系统除计算机硬件外，主要由应用软件和中间件组成。

1）应用软件。应用软件是直接面向 RFID 最终用户的人机交互界面，协助使用者完成对读/写器的指令操作以及对中间件的逻辑设置，逐级将 RFID 原子事件转化为使用者可以理解的业务事件，并使用可视化界面进行展示。由于应用软件需要根据不同应用领域的不同企业进行专门定制，因此很难具有通用性。从应用评价标准来说，使用者在应用软件端的用户体验是判断一个 RFID 应用案例成功与否的决定性因素之一。

2）中间件。RFID 中间件是实现 RFID 硬件设备与应用系统之间数据传输、过滤、数据格式转换的一种中间程序，将 RFID 读/写器读取的各种数据信息，经过中间件提取、解密、过滤、格式转换后导入企业的管理信息系统，供操作者在程序界面上浏览、选择、修改、查询。中间件技术降低了应用开发的难度，使开发者不需要直接面对底层架构，而通过中间件进行调用。这样，在数据库软件、后端应用程序或 RFID 读/写器种类需要更改时，应用端也无需修改，省去了系统维护的时间和费用。

3. 分类

（1）按应用频率分类

RFID 的工作频率是其最重要的特点之一。RFID 的工作频率不仅决定着射频识别系统工作原理（电感耦合还是电磁耦合）、识别距离，还决定着 RFID 及读/写器实现的难易程度和设备的成本。RFID 按应用频率的不同分为低频（LF）、高频（HF）、超高频（UHF）、微波（MW），相对应的代表性频率分别为：低频 135 KHz 以下、高频 13.56 MHz、超高频 860 ~ 960 MHz、微波 2.4 GHz 和微波 5.8 GHz。

1）低频段电子标签。简称为低频标签，其工作频率范围为 30 ~ 300 kHz。典型的工作频率有 125 kHz、133 kHz。低频标签一般为无源标签，其工作能量通过电感耦合方式从阅读器耦合线圈的辐射近场中获得。低频标签与阅读器之间传送数据时，低频标签需位于阅读器天线辐射的近场区内。低频标签的阅读距离一般情况下小于 1 m。低频标签的典型应用有动物识别、容器识别、工具识别、电子闭锁防盗（带有内置应答器的汽车钥匙）等。

2）中频段电子标签。工作频率一般为 3 ~ 30 MHz。典型工作频率为 13.56 MHz。从射频识别应用角度来说，该频段的电子标签因其工作原理与低频标签完全相同，即采用电感耦合方式工作，所以宜将其归为低频标签类中。另外，根据无线电频率的一般划分，其工作频段又称为高频，所以也常将其称为高频标签。

3）高频段电子标签。高频电子标签一般也采用无源方式，其工作能量同低频标签一样，也是通过电感（磁）耦合方式从阅读器耦合线圈的辐射近场中获得。标签与阅读器进行数据交换时，标签必须位于阅读器天线辐射的近场区内。中频标签的阅读距离一般情况下也小于 1 m。高频标签由于可方便地做成卡状，典型应用包括电子车票、电子身份证、电子闭锁防盗（电子遥控门锁控制器）等。

4）超高频与微波电子标签。超高频与微波频段的电子标签，简称为微波电子标签，其典型工作频率有 433.92 MHz、862 ~ 928 MHz、2.45 GHz、5.8 GHz。微波电子标签可分为有源标签与无源标签两类，工作时，电子标签位于阅读器天线辐射场的远区场内，标签与阅读器之间的耦合方式为电磁耦合方式。阅读器天线辐射场为无源标签提供射频能量，将有源标签唤醒。相应的射频识别系统阅读距离一般大于 1 m，一般为 4 ~ 7 m，最大可达 10 m 以上。阅读器天线一般均为定向天线，只有在阅读器天线定向波束范围内的电子标签可被读/写。由于阅读距离的增加，应用时有可能在阅读区域中同时出现多个电子标签的情况，从而提出了多标签同时读取的需求，进而这种需求发展成为一种潮流。目前，先进的射频识别系统均将多标签识读问题作为系统的一个重要特征。微波电子标签的典型应用包括：移动车辆识别、电子身份证、仓储物流应用、电子闭锁防盗（电子遥控门锁控制器）等。

（2）按能源的供给方式分类

RFID 按照能源的供给方式分为无源 RFID、有源 RFID 以及半有源 RFID。

1）无源电子标签没有内装电池，在阅读器的读出范围之外时，电子标签处于无源状态，在阅读器的读出范围之内时，电子标签从阅读器发出的射频能量中提取其工作所需的电源，具有免维护、成本低、使用寿命长的特点。无源电子标签一般采用反射调制方式完成电子标签信息向阅读器的传送。无源RFID读/写距离近、价格低，比有源电子标签更小也更轻。

2）半无源射频标签内的电池仅对本身耗电很少的标签电路供电。标签未进入工作状态前，一直处于休眠状态，相当于无源标签，标签内部电池能量消耗很少，因而电池可维持几年甚至10年有效；当标签进入阅读器的读出区域时，受到阅读器发出的射频信号激励，进入工作状态时，标签与阅读器之间信息交换的能量支持以阅读器供应的射频能量为主（反射调制方式），标签内部电池的作用主要在于弥补标签所处位置的射频场强不足，标签内部电池的能量并不转换为射频能量。

3）有源电子标签的工作电源完全由内部电池供给，同时标签电池的能量供应也部分地转换为电子标签与阅读器通信所需的射频能量。有源RFID可以提供更远的读/写距离，但是需要电池供电，成本要更高一些，适用于远距离读/写的应用场合。

（3）依据内存读/写功能分类

1）只读式（Read - Only，R/O）：标签芯片内的信息出厂时已固定，使用者仅能读取卷标芯片内的信息而无法进行写入或修改的程序。该标签成本较低，一般应用于门禁管理、车辆管理、物流管理、动物管理等。

2）一次写入多次读取式（Write - Once Read - Many，WORM）：使用者仅可写入或修改标签芯片内数据一次，但可进行多次读取。该标签成本较高，一般应用于资产管理、生物管理、药品管理、危险品管理、军品管理等。

3）可重复读/写式（Read - Write，R/W）：使用者可以通过读取器对标签内芯片信息多次读取和写入。该标签成本最高，应用于航空货运及行李管理、客运及捷运票证、信用卡服务等。

3.1.3 关键技术

RFID关键技术主要包括产业化关键技术和应用关键技术两方面。

1. 产业化关键技术

1）标签芯片设计与制造。包括低成本、低功耗的RFID芯片设计与制造技术；适合标签芯片实现的新型存储技术；防冲突算法及电路实现技术；芯片安全技术；标签芯片与传感器的集成技术等。

2）天线设计与制造。包括标签天线匹配技术；针对不同应用对象的RFID标签天线结构优化技术；多标签天线优化分布技术；片上天线技术；读/写器智能波束扫描天线阵技术；RFID标签天线设计仿真软件等。

3）RFID标签封装技术与装备。包括基于低温热压的封装工艺；精密机构设计优化；多物理量检测与控制；高速高精运动控制；装备故障自诊断与修复；在线检测技术等。

4）RFID标签集成。包括芯片与天线及所附着的特殊材料介质三者之间的匹配技术；标签加工过程中的一致性技术等。

5）读/写器设计。包括密集读/写器技术；抗干扰技术；低成本小型化读/写器集成技术；读/写器安全认证技术等。

2. 应用关键技术

1）RFID应用体系架构。包括RFID应用系统中各种软硬件和数据的接口技术及服务技术等。

2）RFID系统集成与数据管理。包括RFID与无线通信、传感网络、信息安全、工业控制等的集成技术；RFID 应用系统中间件技术；海量 RFID 信息资源的组织、存储、管理、交换、分发、数据处理；跨平台计算技术等。

3）RFID 公共服务体系。提供支持 RFID 社会性应用的基础服务体系的认证、注册、编码管理、多编码体系映射、编码解析、检索与跟踪等技术。

4）RFID 检测技术与规范。包括面向不同行业应用的 RFID 标签及相关产品物理特性和性能一致性检测技术与规范；标签与读/写器之间空中接口一致性检测技术与规范；系统解决方案综合性检测技术与规范等。

3.1.4　发展和应用

21 世纪初，RFID 已经开始在中国进行试探性的应用，并很快得到政府的大力支持，2006年6月，中国发布了《中国 RFID 技术政策白皮书》，标志着 RFID 的发展已经提高到国家产业发展战略层面。到 2008 年底，中国参与 RFID 的相关企业达数百家，已经初步形成了从标签及设备制造到软件开发集成等一个较为完整的 RFID 产业链。有资料显示，2005～2010 年国内 RFID 市场规模的年复合平均增长率高达 82.4%。其中 2008～2010 年是 RFID 产业飞速发展的时期，北京奥运会、上海世博会、广州亚运会都是 RFID 产品广泛应用的契机，而到了 2020年中国 RFID 总产值有望突破千亿元。

业界一般将 RFID 及相关产业链分为芯片制造业、整机制造业、软件服务业、网络与通信等几个产业环节。目前，RFID 在中国的很多领域都得到实际应用，包括物流、烟草、医药、身份证、奥运门票、宠物管理等。尽管 RFID 正快速在各个领域得到实际应用，但相对于国家的经济规模，其应用范围还远未达到广泛的程度，即便在 RFID 应用比较多的交通、物流产业，也还处于点分布的状态，而没能达到面的状态，在中国真正实施 RFID 技术的物流企业还屈指可数。以下因素阻碍了这一新兴产业在我国的发展：

1）我国企业总体信息化水平不高，阻碍了 RFID 充分发挥其作用。RFID 作为一种信息技术手段，其基本功能是实现数据的精准快速采集。这些数据采集后，必须经过进一步的对比分析处理，才能达到提高效率、降低总体成本的作用。也就是说，RFID 的实施，往往需要企业信息化达到一定水平，使 RFID 系统与企业既有的 ERP、CRM 等信息集成在一起，才能充分发挥其作用。

2）RFID 实施成本还比较高，使很多企业望而却步。RFID 的高成本也是一个巨大障碍，目前在国内，一张 RFID 标签一般都在 1 元以上，ETC 的车载单元要 400 多元，高成本使得 RFID 的投资回报具有很大风险，使其应用大多局限于高价值或高利润商品领域。

3）行业标准尚未统一，贸然实施会带来不确定风险。尽管 RFID 起源很早，但目前还没有形成全球统一的技术标准，在这种情况下贸然投入，必然给企业经营带来很大风险。蓝光获得 DVD 标准之争的胜利，给 HD – DVD 阵营带来的巨大伤害是处于标准之争产业里的企业不得不慎重考虑的问题，这也是很多企业对实施 RFID 抱观望态度的原因。

4）我国产业供应链发展还处于初级阶段，也阻碍了 RFID 的实际应用。与西方企业相比，由于技术和管理处于劣势地位，我国大多行业都存在过度竞争，价格成为市场竞争的主要手段，这就使得很多制造企业利润率维持在较低的水平，产业供应链的上下游企业之间往往博弈大于合作。而 RFID 技术只有在整个供应链上协同实施，实现供应链信息的透明和分享，才能最大程度发挥出 RFID 的作用，这在目前情况下还很难做到。另外，实施 RFID 的一个主要益处是节省人工成本，如沃尔玛称 RFID 每年为其节省数十亿美元的人力成本开支，而中国较低的工资水平也使得很多企业没有积极性去实施 RFID 技术。

3.2 产品电子编码

统一的物品编码是物联网实现的前提，就像互联网中计算机入网需要分配 IP 地址一样。产品电子编码（Electronic Product Code, EPC）旨在为每一件单品建立全球的、开放的标识标准，实现全球范围内对单件产品的跟踪与追溯，从而有效提高供应链管理水平、降低物流成本。EPC 的载体是 RFID 电子标签，并借助互联网实现信息的传递。EPC 是一个完整的、复杂的、综合的系统。

3.2.1 技术概述

1. 产生的背景

20 世纪 70 年代开始在全球推广应用的以商品条码为核心的全球统一标识系统，现已深入到日常生活的每个角落。随着全球经济一体化和信息技术的发展，顾客个性化需求日益增长，不确定性也大大增加，在贸易物流、生产制造等领域对供应链效率提出了越来越高的要求。由于物品标识和识别技术的落后，造成信息不对称，严重地影响到社会物流效率。随着全球经济一体化的发展，物品单品标识和信息精细管理需求日益增长，基于 RFID 和互联网的一项物流信息管理新技术产品——EPC 应运而生。

EPC 以射频识别技术为基础，对所有的货品或物品赋予其唯一的编号方案，进行唯一的标识。这一标识方案采用数字编码，并且通过实物互联网来实现对物品信息的进一步查询。这一技术设想催生了 EPC 和物联网概念的提出。1999 年麻省理工大学成立 Auto – ID Center，致力于自动识别技术的开发和研究。Auto – ID Center 在美国统一代码委员会的支持下，将 RFID 技术与 Internet 结合，提出了 EPC 的概念。2003 年 11 月 1 日，国际物品编码协会正式接管了 EPC 在全球的推广应用工作，成立了 EPCglobal，负责管理和实施全球的 EPC 工作，为 EPC 系统在全球的推广应用提供了有力的组织保障。EPCglobal 旨在搭建一个可以自动识别任何地方、任何事物的开放性的全球网络。EPC 系统可以形象地称为狭义的物联网。在物联网构想中，RFID 标签中存储的 EPC 代码，通过无线数据通信网络自动采集到中央信息系统，实现对物品的识别，进而通过开放的计算机网络实现信息交换和共享，实现对物品的透明化管理。

2. 系统的构成和特点

（1）EPC 系统的构成

EPC 系统是一个先进的、综合的、复杂的系统，其最终目标是为每一单品建立全球的、开放的标识标准。EPC 系统由 EPC 编码体系、射频识别系统及信息网络系统 3 部分组成，EPC 的编码体系即 EPC 的编码标准，是识别目标的特定代码；射频识别系统包括 EPC 标签和识读器，前者贴在物品之上或者内嵌在物品之中，后者用于识读 EPC 标签；信息网络系统包括 EPC 中间件、对象名称解析服务（Object Naming Service, ONS）和 EPC 信息服务（EPCIS），EPC 中间件是 EPC 系统的软件支持系统，ONS 对物品进行解析，EPCIS 采用可扩展标记语言（XML）进行信息描述，提供产品相关信息接口。

（2）系统的优点

1）开放性。EPC 系统建立在网络体系结构开放的 Internet 之上，避免了系统的复杂性，大大降低了系统的成本。

2）通用性。EPC 系统可以识别十分广泛的实体对象。EPC 系统建立在 Internet 之上，可以与网络上所有可能的组成部分协同工作，具有独立平台，且在不同地区、不同国家的射频识别技术标准不同的情况下具有通用性。

3）扩展性。EPC 系统是一个灵活的、开放的、可持续发展的体系，可在不替换原有体系的情况下做到系统升级。

3.2.2 物品识别的基本模型

RFID 能够更加容易、灵活地把"物"改变为智能物件，它的主要应用是把移动和非移动的"物体"贴上标签，实现跟踪和管理。EPCglobal 提出了 Auto – ID 系统的 5 大技术组成，分别是 EPC、RFID、ALE 中间件、EPCIS 以及信息发现服务。2005 年 9 月，应用层事件（Application Level Event，ALE）规范由 EPCglobal 组织正式对外发布，其目的是实现信息的过滤和采集。它定义出 RFID 中间件对上层应用系统应该提供的一组标准接口以及 RFID 中间件最基本的功能。EPC/RFID 物品识别功能的实现主要由 EPC 编码、RFID 电子标签、识读器、Savant 网络、对象名解析服务以及 EPC 信息服务系统（EPCIS）等方面组成。

1. EPC 编码

EPC 提供对物理对象的唯一标识，储存在 EPC 编码中的信息包括嵌入信息和参考信息。嵌入信息可以包括货品重量、尺寸、有效期、目的地等，其基本思想是利用现有的计算机网络和当前的信息资源来存储数据，这样 EPC 就成了一个网络指针，拥有最小的信息量；参考信息其实是有关物品属性的网络信息。

2. RFID 电子标签

由天线、RFID 芯片、连接器、天线所在的底层 4 部分构成，RFID 中存储 EPC 编码。

3. 识读器

使用多种方式与标签交互信息，近距离读取被动标签中的信息最常用的方法就是电感式耦合。标签利用磁场发送电磁波给识读器，返回的电磁波被转换为数据信息，即标签的 EPC 编码。识读器读取信息的距离取决于识读器的能量和使用的频率，通常来讲，高频率的标签有更大的读取距离。

4. Savant 系统

每个物品加上 RFID 电子标签后，识读器将对其识读并不断收到一连串的 EPC 码。为了在网上传送和管理这些数据，Auto – ID 中心开发了一种名叫 Savant 的软件系统，该系统是一个树状结构，可以简化管理，提高运行效率。它可以安装在商店、本地配送中心、区域甚至全国数据中心，它的主要任务是数据校对、识读器协调、数据传送、数据存储和任务管理。

5. ONS

ONS（对象名解析服务系统）通过将 EPC 码与相应物品信息进行匹配来查找有关实物的参考信息，当一个识读器读取到 EPC 标签的信息时，EPC 码就传递给 Savant 系统，然后再在局域网或互联网上利用 ONS 找到这个产品信息所存储的位置，并将这个文件中关于这个产品的信息传递过来。

6. EPCIS

在物联网中，有关产品信息的文件存储在 EPCIS 中，这些服务器往往由生产厂家来维护。所有产品信息将用一种新型的标准计算机语言——物理标记语言（PML）书写，PML 是基于为人们广为接受的可扩展标识语言（XML）发展而来的。PML 文件将被存储在 EPC 信息服务器上，为其他计算机提供所需的文件。

7. PML

正如互联网中 HTML 语言已成为 WWW 的描述语言标准一样，物联网中所有的产品信息也都是在以 XML（eXtensible Markup Language，可扩展标示语言）基础上发展的 PML（Physical Markup Language，物体标记语言）来描述。PML 被设计成用于人及机器都可使用的自然物体的描述标准，是物联网网络信息存储、交换的标准格式。

8. EPC 码的识读流程

解读器读取一个 EPC 码，将信息传送给 Savant 系统，并通过 ONS 获取当前所探测到的远程 EPC 信息服务器的地址，此后 Savant 向远程的 EPC 信息服务器发送读取 PML 数据的请求，EPC 信息服务器返回给 Savant 所请求的 PML 数据，再由 Savant 处理新读取的 EPC 码的内容，其识读流程如图 3.2 所示。

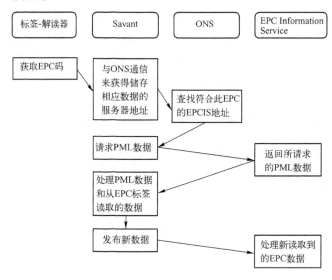

图 3.2　EPC 码的识读流程

9. 基于 EPC/RFID 的物联网概念

EPC 网络使用射频技术实现物品信息的真实可见性，它由产品电子编码（EPC）、识别系统（EPC 标签和识读器）、对象名解析服务（ONS）、物理标记语言（PML）以及 Savant 软件 5 个基本要素组成。EPC 编号存储在 RFID 标签中，标签附着在商品上。使用射频技术标签将 EPC 信息发送到识读器，然后识读器将 EPC 信息传到作为对象名解析服务（ONS）的一台计算机或本地应用系统中，ONS 告诉计算机系统在网络中到哪里查找 EPC 所对应的物理对象的信息。物理标记语言（PML）是 EPC 网络中的通用语言，它用来定义物理对象的数据。Savant 是一种软件技术，在 EPC 网络中扮演中枢神经的角色并负责信息的管理和流动，确保现有的网络不超负荷运作。

EPC/RFID 技术是以网络为支撑的大系统，它一方面利用现有的 Internet 资源，另一方面可在世界范围内构建出"物物相连的互联网"，基于 EPC/RFID 的物联网系统如图 3.3 所示。在这个由 RFID 电子标签、识别设备、Savant 服务器、Internet、ONS 服务器、EPC 信息服务系统以及众多数据库组成的物联网中，识别设备读出的 EPC 码只是一个指针，由这个指针从 Internet 找到相应的 IP 地址，并获取该地址中存放的相关物品信息，交给 Savant 软件系统处理和管理。由于在每个物品的标签上只有一个 EPC 码，计算机需要知道与该 EPC 匹配的其他信息，这就需要用 ONS 来提供一种自动化的网络数据库服务，Savant 将 EPC 码传给 ONS，ONS 指示 Savant 到一个保存着产品文件的 EPC 信息服务器中查找，Savant 可以对其进行处理，还可以与 EPC 信息服务器和系统数据库交互。

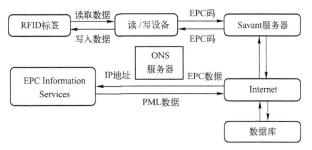

图 3.3 基于 EPC/RFID 的物联网系统

3.2.3 技术应用展望

基于 EPC/RFID 的物联网可以使生产、生活等变得更加方便、高效和自由。

1. 零售业

今后人们到商场去购物,可能只要将货架上的商品放进购物车,然后推车出门就可以了。因为商店使用了 EPC/RFID 技术,在商店的出口装有 RFID 识读器,当有人把商品带出去的时候,识读器自动列出所购商品清单并通过结算系统自动在该人的账户上扣取相应的货款。这一技术还使得人们可以带着自己的物品进入超级市场,因为这些物品上的标签显示它们不属于这家商店,因此出门时也不会带来不必要的麻烦。

2. 物流业

货物的清点、查询、发货将变得非常简单和准确。仓库的管理效率更高,用人更少。车辆管理安装了相应系统之后,将有效降低空驶率,并为"智能交通"提供信息管理的平台。

3. 制造业

通过将 EPC/RFID 技术引入企业生产管理,可实现企业生产信息的自动实时录入,准确记录每一产品形成的全部过程和成本发生的因果信息,实现对物品在加工环节及以后的信息追踪和管理。

4. 有效防伪

由于消费者可以通过商品标签在网上查到有关商品的几乎全部信息,因此假冒产品将变得更加困难,这一技术对高价值物品尤其有利。

5. 军事领域

一些国家已经开始在军需物资上使用 RFID 技术,以加强物资的管理、盘点和查询工作。美国军方早在 20 世纪 90 年代就开始采用 RFID 技术用于海湾战争中士兵个人信息识别,美国国防部要求 2005 年 1 月 1 日以后,所有军需物资都要使用 RFID 电子标签。

物联网与 EPC/RFID 技术的应用推广具有它的必然性、必要性和系统性,国际上已经开始了一些重要的实验性的应用。我国有关部门和企业也已经看到了应用推广物联网与 EPC/RFID 技术的紧迫性和战略性,正在抓紧制订相关标准并在一些企业中进行试点。

习题与思考题

3-01 RFID 的特点是什么?

3-02 请结合画图说明 RFID 应用系统原理及其组成。

3-03 什么是 EPC?其作用是什么?

3-04 RFID/EPC 物品识别系统由哪些部分组成?

3-05 简述基于 RFID/EPC 的物联网的原理。

第4章 传感器与微机电系统

传感器技术是现代科技的前沿技术，是现代信息技术的支柱之一，其水平高低是衡量一个国家科技发展水平的重要标志之一。传感器产业也是国内外公认的具有发展前途的高技术产业，它以其技术含量高、经济效益好、渗透能力强、市场前景广等特点为世人瞩目。

微机电系统是指集微型传感器、微型执行器、信号处理和控制电路、接口电路、通信系统以及电源于一体的多学科交叉的前沿性技术，它几乎涉及自然及工程科学的所有领域，如电子、机械、光学、物理学、化学、生物医学、材料科学、能源科学等。

4.1 传感器技术

现实世界的信息是通过传感器获得的，与人们的生产、生活息息相关。传感器已大举进入工业自动化、汽车工业、航天、生物、医学应用领域，且在无线通信、消费品领域有广阔的发展空间。传感器种类繁多，涉及物理、化学、电子、机械、生物、医学等学科。

4.1.1 传感器概述

1. 概念

通过人的五官感知外界的信息非常有限，例如，人不能利用触觉来感知超过几十甚至上千度的温度，也不可能辨别温度的微小变化，这就需要电子设备的帮助。利用计算机控制的自动化装置来代替人的劳动，其中央处理系统也需要它们自己的"五官"，即各类传感器。

2. 传感技术的重要性

传感技术是一门集敏感材料科学、传感器技术及系统、微机电加工技术、微型计算机技术及通信技术等多学科相互交叉、相互渗透而形成的一门新型的工程技术，它是现代信息技术的重要组成部分。"没有传感器就没有现代科学技术"的观点已为全世界所公认。以传感器为核心的检测系统就像神经和感官一样，源源不断地向人类提供宏观与微观世界的种种信息，成为人们认识自然、改造自然的有利工具。

3. 传感器的特点和发展趋势

传感技术是涉及传感器原理、传感器件研发、设计、制造、应用的专门用于信息检测与转换的应用技术。传感技术具有知识密集性、功能智能性、测试精确性、品种庞杂性、内容离散性、工艺复杂性和应用广泛性等特点。目前，传感技术正朝着集成化、微型化、数字化、智能化和仿生化方向发展。

（1）使用新技术、新材料的传感器

传感器工作的基本原理是建立在人们不断探索与发现各种新的物理现象、化学效应和生物效应以及具有特殊物理、化学特性的功能材料的基础上的。因而，发现新现象、新反应、新材料，研制新特性、新功能的材料是现代传感器的重要基础，其意义也极为深远。

（2）集成传感器

集成传感器是新型传感器的重要发展方向之一。微加工技术可将敏感元件、测量电路、放大器及温度补偿元件等集成在一个芯片上，这样不仅具有体积小、重量轻、可靠性高、响应速度快、稳定等特点，而且便于批量生产，成本较低。

（3）智能传感器

智能传感器是具有信息处理功能的传感器。智能传感器带有微处理机，具有采集、处理、交换信息的能力，是传感器集成化与微处理机相结合的产物。与一般传感器相比，智能传感器具有以下3个优点：通过软件技术可实现高精度的信息采集，而且成本低；具有一定的编程自动化能力；功能多样化。智能传感器具有自补偿功能、自诊断功能、校正功能，中央处理单元与传感器之间具有双向通信功能，构成一个闭环工作系统。

4.1.2 传感器的定义和组成

1. 传感器的定义

传感器是一种把特定的信息（物理、化学、生物）按一定规律变换成某种可用信号进行输出的器件和装置。该定义包含了以下几个方面的含义：

1）传感器是测量装置，能完成检测任务。

2）它的输入量是某一被测量，可能是物理量，也可能是化学量、生物量等。

3）输出量是某种物理量，这种量要便于传输、转换、处理、显示等，这种量可以是气、光、电，但主要是电量。

4）输入/输出有对应关系，且应有一定的精确度。

2. 传感器的组成

传感器一般由两个基本元件组成：敏感元件与转换元件。在完成非电量到电量的变换过程中，并非所有的非电量参数都能一次直接变换为电量，往往是先变换成一种易于变换成电量的非电量（如位移、应变等），然后，再通过适当的方法变换成电量。所以，把能够完成预变换的器件称为敏感元件。传感器的组成见图 4.1。

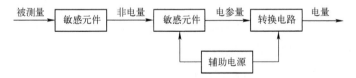

图 4.1 传感器的组成框图

在传感器中，建立在力学结构分析上的各种类型的弹性元件（如梁、板等）称为敏感元件，统称为弹性敏感元件。而转换元件是能将感觉到的被测非电量参数转换为电量的器件，如应变计、压电晶体、热电偶等。转换元件是传感器的核心部分，是利用各种物理、化学、生物效应等原理制成的。新的物理、化学、生物效应的发现，常被用到新型传感器上，使其品种与功能日益增多，应用领域更加广阔。

应该指出的是，并不是所有的传感器都包括敏感元件与转换元件，有一部分传感器不需要起预变换作用的敏感元件，如热敏电阻、光电器件等。

（1）敏感元件

敏感元件（预变换器）能直接感受被测量（一般为非电量）并输出与被测量成确定关系的其他物理量的元件。对于具体完成非电量到电量的变换时，并非所有的非电量用现有的手段都能直接转换成电量。例如，压力传感器中的膜片就是敏感元件，它首先将压力转换为位移，然后再将其转换为电量。对于不能直接变换为电量的传感器必须进行预变换，即先将待测的非电量变换为易于转换成电量的另一种非电量。

（2）转换元件

转换元件（传感元件）直接或间接感受被测量，并将敏感元件的输出量转换成电量后再输出。能将感受到的非电量变换为电量的器件称为转换元件，它是传感器不可缺少的重要组成部分。实际上一些敏感元件直接就可以输出变换后的电信号，而一些传感器又不包括敏感元件在内，故常常无法将敏感元件与变换器严格加以区别。例如，能直接把温度变换为电压或电势的热电偶变换器（热电偶兼有敏感元件和变换器的双重功能）。

（3）转换电路

转换电路将转换元件输出的电参量转换成电压、电流或频率量的电路。若转换元件输出的已经是电参量，就不用此电路。例如，电阻应变片传感器采用的电桥测量电路。

（4）辅助电源

辅助电源为需要电源才能工作的转换电路和转换元件提供正常工作电源。

敏感元件与转换元件有时可合二为一，直接将已感受到的信号变换成电信号输出。另外，可以将敏感元件、转换元件、转换电路集成为一体化器件。

4.1.3 传感器的作用和分类

1. 传感器的作用

1）对被测信号敏感并能把它提取出来。

2）在信号提取的同时能把它转换成所需要的信号（主要是完成非电量到电量的转换）。

2. 传感器的分类

传感器的分类方法尚无统一的方法，一般按如下几种方法进行分类。

1）按被测物理量可分为位移量、力量、运动量、热学量、光学量、气体量等传感器。

2）按工作原理可分为电阻式、电容式、电感式、压电式、霍尔式、光电式、光栅式、热电式等传感器。

3）按输出信号的性质可分为开关型传感器（"1"和"0"或"开"和"关"）、模拟型传感器、输出为脉冲或代码的数字式传感器。

4）按能量的传递方式可分为有源传感器与无源传感器两大类。

4.1.4 传感器的特性参数

1. 传感器的静态特性参数

1）测量范围：测量范围是在允许误差限内被测量值的范围。

2）灵敏度：指传感器在稳态时，输出量变化量与输入量变化量的比值，用 S 表示。

3）线性度（或称非线性误差）：指在稳态条件下，传感器的实际输入、输出特性曲线与理想曲线之间的不吻合程度。

4）不重复性：指在相同条件下，传感器的输入量按同一方向做全量程多次重复测量，输出曲线的不一致程度。

5）迟滞：指传感器正向特性曲线（输入量增大）和反向特性曲线（输入量减小）的不一致程度。

6）精确度：也称为精度，它是线性度、不重复性及迟滞 3 项指标的综合指数，反映了系统误差和随机误差的综合指标。

7）零点时间漂移：传感器在恒定温度环境中，当输入信号不变或为零时，输出信号随时间变化的特性，称为传感器零点时间漂移，简称为零漂。

8）零点温度漂移：当输入信号不变或为零时，传感器的输出信号随温度变化的特性，称为传感器零点温度漂移，简称为温漂。

2. 传感器的动态特性

1）响应速度：反映传感器动态特性的一项重要参数，是传感器在阶跃信号作用下的输出特性，主要包括上升时间、峰值时间及响应时间等。它反映了传感器的稳定输出信号（在规定误差范围内）随输入信号变化的快慢。

2）频率响应：指传感器的输出特性曲线与输入信号频率之间的关系，包括幅频特性和相频特性。在实际应用中，应根据输入信号的频率范围来确定适合的传感器。

4.1.5 新型传感器介绍

1. 气敏传感器

气敏传感器是用来检测气体浓度和成分的传感器，它在环境保护和安全监督方面起着极重要的作用。

（1）气敏传感器的特点

气敏传感器是暴露在各种成分的气体中使用的，由于检测现场温度、湿度的变化很大，又存在大量粉尘和油雾等，所以其工作条件较恶劣，而且气体对传感元件的材料会产生化学反应物，附着在元件表面，往往会使其性能变差。所以，要求气敏传感器能够检测报警气体的允许浓度和其他标准数值的气体浓度、能长期稳定工作、重复性好、响应速度快、共存物质所产生的影响小等。

（2）半导体气敏传感器

半导体气敏传感器一般多用于气体的粗略鉴别和定性分析，具有结构简单、使用方便等优点。该类传感器是利用待测气体与半导体（主要是金属氧化物）表面接触时产生的电导率等物性变化来检测气体的。按照半导体与气体相互作用时产生的变化只限于半导体表面或深入到半导体内部，可分为表面控制型和体控制型。对于表面控制型，半导体表面吸附的气体与半导体间发生电子授受，结果使半导体的电导率等物性发生变化，但内部化学组成不变；对于体控制型，半导体与气体的反应，使半导体内部组成（晶格缺陷浓度）发生变化，而使电导率改变。按照半导体变化的物理特性，又可分电阻型和非电阻型两类。电阻型半导体气敏元件是利用敏感材料接触气体时，其阻值变化来检测气体的成分或浓度；非电阻型半导体气敏元件是利用其他参数，如二极管伏安特性和场效应晶体管的阈值电压变化来检测被测气体。

2. 湿敏传感器

（1）湿度

湿度是指大气中的水蒸气含量，通常采用绝对湿度和相对湿度两种表示方法。绝对湿度是指在一定温度和压力条件下，每单位体积的混合气体中所含水蒸气的质量，单位为 g/m^3，一般用符号 AH 表示；相对湿度是指气体的绝对湿度与同一温度下达到饱和状态的绝对湿度之比，一般用符号% RH 表示。相对湿度给出大气的潮湿程度，它是一个无量纲的量，在实际使用中多使用相对湿度这一概念。

（2）湿敏传感器的特点

湿敏传感器能够感受外界湿度变化，并通过器件材料的物理或化学性质变化，将湿度转化成有用信号的器件。湿度检测较之其他物理量的检测显得困难，首先是因为空气中水蒸气含量要比空气少得多；另外，液态水会使一些高分子材料和电解质材料溶解，一部分水分子电离后与溶入水中的空气中的杂质结合成酸或碱，使湿敏材料不同程度地受到腐蚀和老化，从而丧失其原有的性质；再者，湿信息的传递必须靠水对湿敏器件直接接触来完成，因此湿敏器件只能直接暴露于待测环境中，不能密封。通常，要求湿敏器件在各种气体环境下稳定性好、响应时间短、寿命长、有互换性、耐污染和受温度影响小等。微型化、集成化及廉价是湿敏器件的发展方向。

3. 微机电系统

微机电系统（Micro – Electro – Mechanical Systems，MEMS）专指外形轮廓尺寸在毫米级以下，构成它的机械零件和半导体元器件尺寸在微米至纳米级，可对声、光、热、磁、压力、运动等自然信息进行感知、识别、控制和处理的微型机电装置。

（1）MEMS 技术简介

MEMS 技术是结合了硅微加工、光刻铸造成型和精密机械加工等多种微加工技术制作的微传感器、微执行器和微系统。通过将微型的电机、电路、传感器、执行器等装置和器件集成在半导体芯片上，从而形成微型机电系统，它不仅能收集、处理和发送信息或指令，还能按照所获取的信息自主地或根据外部指令采取行动。它是在微电子技术基础上发展起来的，但又区别于微电子技术。在 MEMS 中，不存在通用的 MEMS 单元，而且 MEMS 器件不仅工作在电能范畴，还工作在机械能范畴或其他能量范畴，如磁、热等。

（2）MEMS 的特点

微型化：MEMS 器件体积小、重量轻、耗能低、惯性小、谐振频率高、响应时间短。

集成化：可以把不同功能、不同敏感方向的多个传感器或执行器集成于一体，形成微传感器或微执行器阵列，甚至可以把多种器件集成在一起以形成更为复杂的微系统。微传感器或微执行器和 IC 集成在一起，可以制造出高可靠性和高稳定性的智能化 MEMS。

多学科交叉：MEMS 的制造涉及电子、机械、材料、信息与自动控制、物理、化学和生物等多种学科，同时，MEMS 也为上述学科的进一步研究和发展提供了有力的工具。

4. 光栅传感器

光栅传感器实际上是光电传感器的一个特殊应用。由于光栅测量具有结构简单、测量精度高、易于实现自动化和数字化等优点，因而得到了广泛的应用。光栅主要由标尺光栅和光栅读数头两部分组成。通常，标尺光栅固定在活动部件上，如机床的工作台或丝杆上。光栅读数头则安装在固定部件上，如机床的底座上。当活动部件移动时，读数头和标尺光栅也就随之做相对的移动，这样就会产生电信号。

5. 光电式传感器

顾名思义，光电式传感器就是将光信号转化成电信号的一种器件，简称光电器件。要将光信号转化成电信号，必须经过两个步骤：一是先将非电量的变化转化成光量的变化；二是通过光电器件的作用，将光量的变化转化成电量的变化。这样就实现了将非电量的变化转化成电量的变化。由于光电器件的物理基础是光电效应，光电器件具有响应速度快、可靠性较高、精度高、非接触式、结构简单等特点，因此光电式传感器在现代测量与控制系统中，应用非常广泛。

6. 智能传感器

（1）智能传感器（Smart Sensor）的产生

智能传感器这一概念，起源于美国宇航局开发宇宙飞船的过程中。人们需要知道宇宙飞船在太空中飞行的速度、位置、姿态等数据。为使宇航员在宇宙飞船内能正常工作、生活，需要控制舱内的温度、湿度、气压、空气成分等，因而需要安装各式各样的传感器。然而，宇航员在太空中进行各种实验也需要大量的传感器，因此，用一台大型计算机很难同时处理如此庞杂的数据，于是提出把 CPU 分散化，从而产生出智能化传感器。

（2）智能传感器的定义与特征

智能传感器是一种带微处理机，兼有检测、判断、信息处理、信息记忆、逻辑思维等功能的传感器。智能传感器是由传统传感器与微计算机相结合而构成的，它充分利用微处理器的计算和存储能力，对传感器的数据进行处理，并能对它的内部行为进行调节，使采集的数据最佳。

微处理器是智能传感器的核心，它不但可以对传感器的测量数据进行计算、存储、处理，还可以通过反馈回路对传感器进行调节。由于微处理器充分发挥各种软件的功能，可以完成硬件难以完成的任务，从而大大降低了传感器制造的难度，提高了传感器的性能，降低了成本。

除微处理器以外，智能传感器相对于传统传感器应具有如下的特征：

1）可以根据输入信号值进行判断和制定决策。

2）可以通过软件控制做出多种决定。

3）可以与外部进行信息交换，有输入输出接口。

4）具有自检测、自修正和自保护功能。

（3）智能传感器系统的一般构成

计算机软件在智能传感器中起着举足轻重的作用，智能传感器可通过各种软件对信息检测过程进行管理和调节，使之工作在最佳状态，从而增强了传感器的功能，提升了传感器的性能。此外，利用计算机软件能够实现硬件难以实现的功能，因为以软件代替部分硬件，可降低传感器的制作难度。智能传感器系统一般构成框图，如图 4.2 所示。

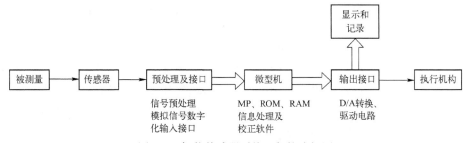

图 4.2　智能传感器系统一般构成框图

（4）智能传感器的分类

智能传感器按其结构分为模块式智能传感器、混合式智能传感器和集成式智能传感器 3 种。

1）混合式智能传感器。混合式智能传感器是将传统传感器、信号处理电路、带总线接口的微处理器组合为一个整体的智能传感器系统，这种非集成化智能传感器是在现场总线控制系统发展形势的推动下迅速发展起来的。

2）集成式智能传感器。这种智能传感器系统是采用微机械加工技术和大规模集成电路工艺技术，利用硅作为基本材料来制作敏感元件、信号处理电路以及微处理器单元，并把它们集成在一块芯片上构成的。

3）模块式智能传感器。要在一块芯片上实现智能传感器系统存在着许多棘手的难题。根据需要与可能，可将系统各个集成化环节（如敏感单元、信号处理电路、微处理器单元、数字总线接口）以不同的组合方式集成在 2 块或 3 块芯片上，并装在一个外壳里，组成模块式智能传感器。这种传感器集成度不高，体积较大，但在目前的技术水平上，仍不失为一种实用的结构形式。

（5）智能传感器的主要功能

智能传感器不仅具有视觉、触觉、听觉、味觉，还有存储、思维和逻辑判断能力，其主要功能如下：

1）自补偿和计算。许多工程技术人员多年来一直从事传感器温度漂移和非线性补偿工作，虽然每年都有所进展，但都是修修补补没有根本性突破。而智能传感器的自补偿和计算功能为传感器的温度漂移和非线性补偿开辟了新的道路。这样，即使传感器加工不太精密，只要能保证传感器性能重复性好，通过传感器的计算功能也能获得较精确的测量结果。

2）自检、自校、自诊断功能。普通传感器需要定期检验和标定，以保证它的正常使用和足够的准确度，这些工作一般要求将传感器从使用现场拆卸下来拿到实验室或检验部门进行。这样做既不方便，又费力且不经济。利用智能传感器，情况则大为改观，检验校正工作可以在线进行。由于所要进行调整的参数主要是零位和增益，智能传感器中有微处理机，内存中有自校功能的软件，操作者只要输入零位和某已知参数，智能传感器的自校软件就能将随时间变化的零位和增益校正过来。

3）复合敏感功能。在测量液体质量流量时，要同时测量介质的温度、流速、压力和密度，然后经过计算才得到准确的质量流量值。智能传感器出现以前，这些参数都是采用分散的、各自独立的传感器测量，这样不但体积大、同步性差，且时间、空间误差大。智能传感器具有复合敏感功能，能够同时测量多种物理量和化学量，给出能够较全面反映物质运动规律的信息。如光强、波长、相位和偏振度等参数可反映光的运动特性；压力、真空度、温度梯度、热量、浓度、pH 值等分别反映物质的力、热、化学特性等。

4）强大的通信接口功能。由于微机接口的标准化，智能传感器输出的数据可以方便地通过总线与其他数字控制仪表直接通信，作为集散控制系统组成单元的智能传感器受中央处理单元的控制。

5）现场学习功能。利用嵌入智能和先进的编程特性，人们已设计出了具有学习功能的新一代传感器，它能为各种场合快速而方便地设置最佳灵敏度。学习模式的程序设计使光电传感器能对被检测过程取样，计算出光信号阈值，自动编程最佳设置，并且能在工作过程中自动调整其设置，以补偿环境条件的变化。这种能力可以补偿部件老化造成的参数漂移，从而延长器件或装置的使用寿命和扩大其应用范围。

6）掉电保护功能。由于微型计算机 RAM 的内部数据在掉电时会自动消失，这给仪器的使用带来很大的不便。为此，在智能仪器内装有备用电源，当系统掉电时，能自动把后备电源接入 RAM，以保证数据不丢失。

（6）智能传感器的发展趋势

1）模糊化。模糊化智能传感器是近年来发展的一个新方向。它是在经典数值测量的基础上经过模糊推理和知识合成，以模拟人类自然语言符号描述的形式输出测量结果。模糊化智能传感器的"智能"表现在它可以模拟人类感知的全过程。它不仅具有智能传感器的一般优点和功能，而且具有学习推理的能力，具有适应测量环境变化的能力，并能够根据测量任务的要求进行学习推理。此外，它还具有与上级系统交换信息的能力，以及自我管理和调节的能力。

2）微型集成化。采用微机械加工技术和大规模集成电路工艺技术，利用硅作为基本材料来制作敏感元件、信号调理电路、微处理单元，并把它们集成在一块芯片上。国外也称它为专用集成微型传感技术（ASIM）。这种传感器具有微型化、结构一体化，精度高，多功能、阵列式全数化等特点。但是由于其集成难度大，需要大批量的规模生产才能降低成本。以目前的技术水平，要低成本实现微型集成化的智能传感器系统还非常困难。但微型集成化的智能传感器系统在航天、导弹制导、精密控制等方面具有重大的应用价值。

3）网络化。随着网络时代的到来特别是 Internet 的迅速发展，信息化已进入崭新的阶段。网络化智能传感器在智能传感技术上融合通信技术和计算机技术，使传感器具备自检、自校、自诊断及网络通信功能，从而实现信息的采集、传输和处理，成为统一协调的一种新型智能传感器。

4.2 MEMS 技术

MEMS（Micro – Electro – Mechanical Systems）是集微型机械、微型传感器、微型执行器以及信号处理和控制电路、通信接口和电源等于一体的微型器件或系统。MEMS 是随着半导体集成电路微细加工技术和超精密机械加工技术的发展而发展起来的，作为纳米科技的一个分支，MEMS 被称为电子产品设计中的"明星"，是在应用现代信息技术的最新成果的基础上发展起来的高科技前沿学科。

4.2.1 MEMS 的基本概念

完整的 MEMS 是由微传感器、微执行器、信号处理和控制电路、通信接口和电源等部件组成的一体化的微型器件系统，其目标是把信息的获取、处理和执行集成在一起，组成具有多功能的微型系统，并将其集成于大尺寸系统中，从而大幅度地提高系统的自动化、智能化和可靠性水平。MEMS 由硅片采用光刻和各向异性刻蚀工艺制造而成，具有尺寸小、重量轻、成本低、可靠性高、抗振动冲击能力强以及易批量生产等优点。

4.2.2 MEMS 发展历史

MEMS 第一轮商业化始于 20 世纪 70 年代末 80 年代初，当时用大型蚀刻硅片结构和背蚀刻膜片制作压力传感器。由于薄硅片振动膜在压力下变形，会影响其表面的压敏电阻走线，这种变化可以把压力转换成电信号。后来的电路则包括电容感应移动质量加速计，用于触发汽车安全气囊和定位陀螺仪。

第二轮商业化出现于 20 世纪 90 年代，主要围绕着 PC 和信息技术的兴起。TI 公司根据静电驱动斜微镜阵列推出了投影仪，而热式喷墨打印头现在仍然大行其道。

第三轮商业化出现于 20 世纪与 21 世纪之交，微光学器件通过全光开关及相关器件而成为光纤通信的补充。尽管该市场现在萧条，但从长期看来，微光学器件将是 MEMS 一个增长强劲的领域。

4.2.3 MEMS 分类

1. 微传感器

1）机械类：力学、力矩、加速度、速度、角速度（陀螺）、位置、流量传感器。

2）磁学类：磁通计、磁场计。

3）热学类：温度计。

4）化学类：气体成分、湿度、pH 值和离子浓度传感器。

5）生物学类：DNA 芯片。

2. 微执行器

微执行器包括微电动机、微齿轮、微泵、微阀门、微开关、微喷射器、微扬声器、微谐振器等。

3. 微型构件

微型构件包括微膜、微梁、微探针、微齿轮、微弹簧、微腔、微沟道、微锥体、微轴、微连杆等。

4. 微机械光学器件

微机械光学器件包括微镜阵列、微光扫描器、微光阀、微斩光器、微干涉仪、微光开关、微可变焦透镜、微外腔激光器、光编码器等。

5. 真空微电子器件

真空微电子器件是微电子技术、MEMS 技术和真空电子学发展的产物，具有极快的开关速度、非常好的抗辐照能力和极佳的温度特性。主要包括场发射显示器、场发射照明器件、真空微电子毫米波器件、真空微电子传感器等。

6. 电力电子器件

电力电子器件包括利用 MEMS 技术制作的垂直导电型 MOS（VMOS）器件、V 型槽垂直导电型 MOS（VVMOS）器件等各类高压大电流器件。

4.2.4　MEMS 技术的特点

MEMS 系统和器件的尺寸十分微小，通常在微米量级，微小的尺寸不仅使得 MEMS 能够工作在一些常规机电系统无法介入的微小空间场合，而且意味着系统具有微小的质量和消耗，微小的尺寸通常还为 MEMS 器件带来更高的灵敏度和更好的动态特性。80% 以上的 MEMS 采用硅微工艺进行制作，使其具有大批量生产模式，制造成本因而得以大大降低。在单一芯片内实现机电集成也是 MEMS 独有的特点，单片集成系统能够避免杂合系统中有各种连接所带来的电路寄生效应，因此可达到更高的性能并更加可靠，单片集成有利于节约成本。

MEMS 系统组件装配特别困难，目前许多 MEMS 都是设计成不需要装配或者具有自装配功能的系统。MEMS 构件的加工绝对误差小，使用的材料也较为单一，三维加工能力明显不足。

MEMS 的发展方向是系统及产品小型化、智能化和集成化。可以预见，MEMS 会给人类社会带来另一次技术革命，它将对 21 世纪的科学技术、生产方式和人类生活质量产生深远影响，是关系到国家科技发展、国防安全和经济繁荣的一项关键技术。

4.2.5　MEMS 的相关技术

（1）微系统设计技术

微系统设计技术主要是微结构设计数据库、有限元和边界分析、CAD/CAM 仿真和模拟技术、微系统建模等，还有微小型化的尺寸效应和微小型理论基础研究等课题，如力的尺寸效应、微结构表面效应、微观摩擦机理、热传导、误差效应和微构件材料性能等。

（2）微细加工技术

微细加工技术主要指高深度比多层微结构的硅表面加工和体加工技术，利用 X 射线光刻、电铸的 LIGA 和利用紫外线的准 LIGA 加工技术。微结构特种精密加工技术包括微火花加工、能束加工、立体光刻成形加工；特殊材料特别是功能材料微结构的加工技术；多种加工方法的结合；微系统的集成技术；微细加工新工艺探索等。

（3）微型机械组装和封装技术

微型机械组装和封装技术主要指粘接材料的粘接、硅玻璃静电封接、硅硅键合技术和自对准组装技术，具有三维可动部件的封装技术、真空封装技术等新封装技术。

（4）微系统的表征和测试技术

微系统的表征和测试技术主要有结构材料特性测试技术，微小力学、电学等物理量的测量技术，微型器件和微型系统性能的表征和测试技术，微型系统动态特性测试技术，微型器件和微型系统可靠性的测量与评价技术。

目前，常用的制作 MEMS 器件的技术主要有三种。第一种是以日本为代表的利用传统机械加工手段，即利用大机器制造小机器，再利用小机器制造微机器的方法。第二种是以美国为代表的利用化学腐蚀或集成电路工艺技术对硅材料进行加工，形成硅基 MEMS 器件。第三种是以德国为代表的 LIGA（即光刻、电铸和塑铸）技术，它是利用 X 射线光刻技术，通过电铸成型和塑铸形成深层微结构的方法。

4.2.6　MEMS 的发展前景

MEMS 技术正发展成为一个巨大的产业，就像近 20 年来微电子产业和计算机产业给人类带来的巨大变化一样，MEMS 也正在孕育一场深刻的技术变革并将对人类社会产生新一轮的影响。目前，MEMS 市场的主导产品为压力传感器、加速度计、微陀螺仪、墨水喷嘴和硬盘驱动头等。大多数工业观察家预测，未来 5 年 MEMS 器件的销售额将呈迅速增长之势，年平均增加率约为 18%，因此对机械电子工程、精密机械及仪器、半导体物理等学科的发展提供了极好的机遇和严峻的挑战。

目前，MEMS 产业呈现的新趋势是产品应用的扩展，其开始向工业、医疗、测试仪器等新领域扩张。推动第四轮商业化的其他应用包括一些面向射频无源元件、在硅片上制作的音频、生物和神经元探针，以及所谓的"片上实验室"生化药品开发系统和微型药品输送系统的静态和移动器件。

ADI 公司微机电产品部副总裁兼总经理 Mark Martin 指出，MEMS 处在新的增长曲线的最前沿，潜力十分巨大。VTI 总经理与副总裁 Scott Smyser 说，"我们目前处在一个机器感知的技术时代，MEMS 传感器将普通的运动转化为用户交互式操作的一部分。MEMS 的增长将突破某个领域的局限。Maxim 集团总裁 Vijay Ullal 认为，工业的第三次革命将由传感器件主导。MEMS 的意义远远超过一个简单的微器件，因为如果你能将机械、计算和感知这三次技术革命的成果有机地整合到一起，你将获得真正的，甚至能与人类相匹敌的智能"生命体"。

4.2.7　MEMS 的发展趋势

1. 研究方向多样化和纵深化

MEMS 技术的研究日益多样化，MEMS 技术涉及军事、民用等各个领域。从研究深度上来说，MEMS 的发展规律是生产比传统机电系统更高级的产品。例如微光机电系统（MOEMS）就是微机电系统与光学技术相结合，有希望解决全光交换机的光通信瓶颈。目前开展的 MO-EMS 项目主要有：

1）可调谐光器件。利用 MOEMS 技术可制造出可动腔镜，获得很大的调谐范围，与半导体激光器集成成为可调谐激光源。

2）光可变衰减器和光调制器。MOEMS 通过微档板插入光纤间隙的深度控制两光纤的耦合程度，实现可变光衰减。

3）光开关和光开关阵列。MOEMS 将机械结构、微触动器、微光学元件集成在同一衬底上，具有操纵方便、插入损耗小、串音干扰低等特点。

MOEMS 的目标是制成全光功能模块和系统，如全光终端机、全光交换机等。

2. 加工工艺多样化

加工工艺有传统的体硅加工工艺、表面牺牲层工艺、溶硅工艺、深槽刻蚀与键合相结合的加工工艺、SCREAM 工艺、LIGA 加工工艺、厚胶与电镀相结合的金属牺牲层工艺、MAMOS 工艺、体硅工艺与表面牺牲层工艺相结合等，具体的加工手段更是多种多样。

3. 系统的进一步集成化和多功能化

集成化、智能化和多功能化的微系统将有最好的性能，在军事、医学和生物研究、核电等领域有着诱人的应用前景。

4. MEMS 器件芯片制造与封装统一考虑

MEMS 器件与集成电路芯片的主要不同在于：MEMS 器件芯片一般都有活动部件，比较脆弱，在封装前不利于运输。所以，MEMS 器件芯片制造与封装应统一考虑。

5. 普通商用低性能 MEMS 器件与高性能特殊用途 MEMS 器件并存

以加速计为例，既有大量的只要求精度为 0.5 g 以上的，可广泛运用于汽车安全气囊等具有很高经济价值的加速度计，也有要求精度为 10^{-8} g 的，可应用于航空、航天等高科技领域的加速度计。

习题与思考题

4-01　什么是传感器？

4-02　请画出传感器的组成框图。

4-03　简述传感器的分类。

4-04　简述智能传感器的定义和特征。

4-05　什么是 MEMS？

4-06　你认为 MEMS 的发展前景如何？

第5章　全球定位与地理信息系统

全球定位和地理信息系统是科技含量极高、人力资本密集的战略性新兴产业，在资源开发、环境保护、城市规划建设、土地管理、农作物调查与结产、交通、能源、通信、地图测绘、林业、房地产开发、自然灾害的监测与评估、金融、保险、石油与天然气、军事、犯罪分析、运输与导航、110 报警系统、公共汽车调度等方面得到了广泛的应用。

5.1　全球定位系统

20 世纪 50 年代末期，美国开始研制全球定位系统（Global Positioning System，GPS），该系统使用多普勒卫星定位技术进行测速、定位，主要用于海空导航。自 1974 年以来，GPS 计划已经历了方案论证（1974～1978 年）、系统论证（1979～1987 年）、生产实验（1988～1993 年）3 个阶段。

5.1.1　系统概述

1. 系统原理

GPS 系统是由分布在 6 个轨道面上的 24 颗卫星组成的星座，其轨道高度为 20 000 km，星上装有 10^{-13} 高精确度的原子钟。地面上有一个主控站和多个监控站，定期地对星座的卫星进行精确的位置和时间测定，并向卫星发出星历信息。用户使用 GPS 接收机同时接收 4 颗以上卫星的信号，即可确定自身所在的经纬度、高度及精确时间。它采用时间测距定位原理，可对地面车辆、海上船只、飞机、导弹、卫星和飞船等各种移动物体进行全天候的、实时的高精度三维定位测速和精确授时。

静态定位中，GPS 接收机在捕获和跟踪 GPS 卫星的过程中固定不变，接收机高精度地测量 GPS 信号的传播时间，利用 GPS 卫星在轨的已知位置，解算出接收机天线所在位置的三维坐标。而动态定位则是用 GPS 接收机测定一个运动物体的运行轨迹，GPS 信号接收机所位于的运动物体叫做载体（如航行中的船舰、空中的飞机、行走的车辆等），载体上的 GPS 接收机天线在跟踪 GPS 卫星的过程中相对地球而运动，接收机用 GPS 信号实时地测得运动载体的状态参数（瞬间三维位置和三维速度）。

2. GPS 系统的特点

1）全球、全天候工作。

2）定位精度高。单击定位精度优于 10 m；采用差分定位，精度可达厘米级或毫米级。

3）功能多、应用广、操作简便。

4）观测时间短。随着 GPS 系统的不断完善，软件的不断更新，目前，20 km 以内相对静态定位，仅需 15～20 min；快速静态相对定位测量时，当每个流动站与基准站相距在 15 km 以内时，流动站观测时间只需 1～2 min，然后可随时定位，每站观测只需几秒钟。

5.1.2　系统的构成

（1）空间部分

GPS 的空间部分由 21 颗工作卫星组成，它位于距地表 20 000 km 的上空，均匀分布在 6 个轨道面上（每个轨道面4颗），轨道倾角为55°。此外，还有3颗有源备份卫星在轨运行。卫星的分布使得在全球任何地方、任何时间都可观测到4颗以上的卫星，并能在卫星中预存导航信息。GPS的卫星因为大气摩擦等问题，随着时间的推移，导航精度会逐渐降低。

（2）地面控制系统

地面控制系统由监测站、主控制站、地面天线所组成，主控制站位于美国科罗拉多州春田市。地面控制站负责收集由卫星传回的信息，并计算卫星星历、相对距离、大气校正等数据。

（3）用户设备部分

用户设备部分即GPS信号接收机，其主要功能是能够捕获到按一定卫星截止角所选择的待测卫星，并跟踪这些卫星的运行。当接收机捕获到跟踪的卫星信号后，就可测量出接收天线至卫星的伪距离和距离的变化率，解调出卫星轨道参数等数据。根据这些数据，接收机中的微处理计算机就可按定位解算方法进行定位计算，计算出用户所在地理位置的经纬度、高度、速度、时间等信息。

5.2 北斗卫星导航系统

北斗卫星导航系统〔BeiDou（COMPASS）Navigation Satellite System〕是中国自行研制的全球卫星定位与通信系统（BDS），是继美国全球定位系统（GPS）和俄罗斯GLONASS之后第3个成熟的卫星导航系统。系统由空间端、地面端和用户端组成，可在全球范围内全天候、全天时为各类用户提供高精度、高可靠定位、导航、授时服务，并具有短报文通信能力，已经初步具备区域导航、定位和授时能力，定位精度优于20m，授时精度优于100ns。2012年12月27日，北斗系统空间信号接口控制文件正式版正式公布，北斗导航业务正式对亚太地区提供无源定位、导航、授时服务。

5.2.1 建设计划、目标和原则

1. 建设计划

"北斗"卫星导航试验系统（也称"双星定位导航系统"）为我国"九五"列项，工程代号取名为"北斗一号"，其方案于1983年提出。我国结合国情，科学、合理地提出并制定自主研制实施"北斗"卫星导航系统建设的"三步走"规划：第一步是试验阶段，即用少量卫星利用地球同步静止轨道来完成试验任务，为"北斗"卫星导航系统建设积累技术经验、培养人才，研制一些地面应用基础设施设备等；第二步是到2012年，计划发射10多颗卫星，建成覆盖亚太区域的"北斗"卫星导航定位系统（即"北斗二号"区域系统）；第三步是到2020年，建成由5颗地球静止轨道和30颗地球非静止轨道卫星组网而成的全球卫星导航系统。

2. 建设目标

中国作为发展中国家，拥有广阔的领土和海域，高度重视卫星导航系统的建设，努力探索和发展拥有自主知识产权的卫星导航定位系统。2000年以来，中国已成功发射了4颗"北斗导航试验卫星"，建成北斗导航试验系统（第一代系统）。这个系统具备在中国及其周边地区范围内的定位、授时、报文和GPS广域差分功能，并已在测绘、电信、水利、交通运输、渔业、勘探、森林防火和国家安全等诸多领域逐步发挥着重要作用。

中国正在建设的北斗卫星导航系统空间段由5颗静止轨道卫星和30颗非静止轨道卫星组成，提供两种服务方式，即开放服务和授权服务（属于第二代系统）。开放服务是在服务区免费提供定位、测速和授时服务，定位精度为10m，授时精度为10ns，测速精度0.2m/s。授权服务是向授权用户提供更安全的定位、测速、授时和通信服务以及系统完好性信息。

中国计划在2012年左右，"北斗"系统将覆盖亚太地区，2020年左右覆盖全球。我国正

在实施北斗卫星导航系统建设，已成功发射 16 颗北斗导航卫星。根据系统建设总体规划，2012 年左右，系统将首先具备覆盖亚太地区的定位、导航和授时以及短报文通信服务能力。2020 年左右，建成覆盖全球的北斗卫星导航系统。

3. 建设原则

北斗卫星导航系统的建设与发展，以应用推广和产业发展为根本目标，不仅要建成系统，更要用好系统，强调质量、安全、应用、效益，遵循以下建设原则：

1）开放性。北斗卫星导航系统的建设、发展和应用将对全世界开放，为全球用户提供高质量的免费服务，积极与世界各国开展广泛而深入的交流与合作，促进各卫星导航系统间的兼容与互操作，推动卫星导航技术与产业的发展。

2）自主性。中国将自主建设和运行北斗卫星导航系统，北斗卫星导航系统可独立为全球用户提供服务。

3）兼容性。在全球卫星导航系统国际委员会（ICG）和国际电联（ITU）框架下，使北斗卫星导航系统与世界各卫星导航系统实现兼容与互操作，使所有用户都能享受到卫星导航发展的成果。

4）渐进性。中国将积极稳妥地推进北斗卫星导航系统的建设与发展，不断完善服务质量，并实现各阶段的无缝衔接。

5.2.2 系统原理和意义

1. 系统原理

北斗卫星导航系统的建设目标是建成独立自主、开放兼容、技术先进、稳定可靠、覆盖全球的导航系统。北斗卫星导航系统由空间端、地面端和用户端三部分组成。空间端包括 5 颗静止轨道卫星和 30 颗非静止轨道卫星。地面端包括主控站、注入站和监测站等若干个地面站。用户端由北斗用户终端以及与美国 GPS、俄罗斯"格洛纳斯"（GLONASS）、欧盟"伽利略"（GALILEO）等其他卫星导航系统兼容的终端组成。

首先，由中心控制系统向卫星 I 和卫星 II 同时发送询问信号，经卫星转发器向服务区内的用户广播。用户响应其中一颗卫星的询问信号，并同时向两颗卫星发送响应信号，经卫星转发回中心控制系统。中心控制系统接收并解调用户发来的信号，然后根据用户的申请服务内容进行相应的数据处理。对定位申请，中心控制系统测出两个时间延迟：即从中心控制系统发出询问信号，经某一颗卫星转发到达用户，用户发出定位响应信号，经同一颗卫星转发回中心控制系统的延迟；以及从中心控制发出询问信号，经上述同一卫星到达用户，用户发出响应信号，经另一颗卫星转发回中心控制系统的延迟。由于中心控制系统和两颗卫星的位置均是已知的，因此由上面两个延迟量可以算出用户到第一颗卫星的距离，以及用户到两颗卫星距离之和，从而知道用户处于一个以第一颗卫星为球心的球面，且以两颗卫星为焦点的椭球面之间的交线上。另外，中心控制系统从存储在计算机内的数字化地形图查询到用户高程值，又可知道用户处于某一与地球基准椭球面平行的椭球面上。从而中心控制系统可最终计算出用户所在点的三维坐标，这个坐标经加密由出站信号发送给用户。

2. 意义

北斗卫星导航系统将极大地促进卫星导航产业链形成，形成完善的国家卫星导航应用产业支撑、推广和保障体系，推动卫星导航在国民经济社会各行业的广泛应用。科技部印发《导航与位置服务科技发展"十二五"专项规划》提出，"十二五"末，导航与位置服务产业要形成 1000 亿元以上的规模，初步建立 5 个高新技术产业化基地，培育 30 家创新型企业。这意味着国家对导航与位置服务产业相关扶持政策的进一步落实。

目前，我国导航与位置服务的核心技术尚不完备，制约了相关产业的健康、快速发展。智研咨询数据统计，"十二五"期间，导航与位置服务产业要重点解决技术瓶颈，主要是突破泛在精确定位、全息导航地图、智能位置服务等三大核心技术。开发导航与位置服务应用系统，开展公众行业及区域应用示范，为政府、企业、公众用户随时提供所需内容丰富的位置信息服务，构建一个面向未来导航与位置服务需求和国家定位导航授时体系框架。作为科技含量极高、人力资本密集的战略性新兴产业，北斗导航卫星产业化的市场空间极富想象力。

2012 年 12 月 27 日起，北斗系统在继续保留北斗卫星导航试验系统有源定位、双向授时和短报文通信服务基础上，向亚太部分地区正式提供连续无源定位、导航、授时等服务；民用服务与 GPS 一样免费。目前，北斗卫星系统已经对东南亚实现全覆盖。2013 年 3 月底，泰国和中国签署了类似协议，泰国成为中国国产导航系统的首个海外顾客。中国科技部 2013 年 4月表示，老挝和文莱将通过研究与合作协议初步采用该导航系统。

卫星导航系统是重要的空间信息基础设施，中国高度重视卫星导航系统的建设，一直在努力探索和发展拥有自主知识产权的卫星导航系统。2000 年，首先建成北斗导航试验系统，使我国成为继美、俄之后的世界上第三个拥有自主卫星导航系统的国家。该系统已成功应用于测绘、电信、水利、渔业、交通运输、森林防火、减灾救灾和公共安全等诸多领域，产生了显著的经济效益和社会效益。特别是在 2008 年北京奥运会、汶川抗震救灾中发挥了重要作用。

5.2.3　系统优势

北斗导航终端与 GPS、"伽利略"和"格洛纳斯"相比，优势在于短信服务和导航结合，增加了通信功能；全天候快速定位，极少的通信盲区，精度与 GPS 相当。向全世界提供的服务都是免费的，在提供无源定位导航和授时等服务时，用户数量没有限制，且与 GPS 兼容；特别适合集团用户大范围监控与管理，以及无依托地区数据采集用户数据传输应用；独特的中心节点式定位处理和指挥型用户机设计，可同时解决"我在哪？"和"你在哪？"；自主系统，高强度加密设计，安全、可靠、稳定，适合关键部门应用。系统特点如下。

1）短报文通信：北斗系统用户终端具有双向报文通信功能，用户可以一次传送 40 ~ 60 个汉字的短报文信息。

2）可以一次传送达 120 个汉字的信息。在远洋航行中有重要的应用价值。

3）精密授时：北斗系统具有精密授时功能，可向用户提供 20 ~ 100 ns 时间同步精度。

4）定位精度：水平精度 100 m（1σ），设立标校站之后为 20 m（类似差分状态）。工作频率为 2 491.75 MHz。

5）系统容纳的最大用户数：540 000 户/h。

5.3　地理信息系统

地理信息系统（Geographic Information System，GIS）是将计算机硬件、软件、地理数据以及系统管理人员组织而成的，对任一形式的地理信息进行高效获取、存储、更新、操作、分析及显示的集成系统。

5.3.1　系统概述

地理信息系统是随着地理科学、计算机技术、遥感技术和信息科学的发展而发展起来的一个学科。

1. 发展历史

我国 GIS 的发展历史起步较晚，经历了 4 个阶段，即起步（1970 ~ 1980 年）、准备（1980 ~ 1985 年）、发展（1985 ~ 1995 年）、产业化（1996 年以后）阶段。GIS 已在许多部门和领域得到应用，并引起了政府部门的高度重视。从应用方面看，地理信息系统已在资源开发、环境保护、城市规划建设、土地管理、农作物调查与结产、交通、能源、通信、地图测绘、林业、房地产开发、自然灾害的监测与评估、金融、保险、石油与天然气、军事、犯罪分析、运输与导航、110 报警系统公共汽车调度等方面得到了具体应用。

国内外已有城市测绘地理信息系统或测绘数据库正在运行或建设中。一批地理信息系统软件已研制开发成功，一批高等院校已设立了一些与 GIS 有关的专业或学科，一批专门从事 GIS 产业活动的高新技术产业相继成立。此外，还成立了"中国 GIS 协会"和"中国 GPS 技术应用协会"等。

2. 系统理解

1）GIS 的物理外壳是计算机化的技术系统，它又由若干个相互关联的子系统构成，如数据采集子系统、数据管理子系统、数据处理和分析子系统、图像处理子系统、数据产品输出子系统等，这些子系统的优劣直接影响着 GIS 的硬件平台、功能、效率、数据处理的方式和产品输出的类型。

2）GIS 的操作对象是空间数据。空间数据包括地理数据、属性数据、几何数据、时间数据。GIS 对空间数据的管理与操作，是 GIS 区别于其他信息系统的根本标志，也是技术难点之一。

3）GIS 的技术优势在于它的空间分析能力。GIS 独特的地理空间分析能力、快速的空间定位搜索和复杂的查询功能、强大的图形处理和表达、空间模拟和空间决策支持等，可产生常规方法难以获得的重要信息，这是 GIS 的重要贡献。

4）GIS 与地理学、测绘学联系紧密。地理学是 GIS 的理论依托，为 GIS 提供有关空间分析的基本观点和方法。测绘学为 GIS 提供各种定位数据，其理论和算法可直接用于空间数据的变换和处理。

5.3.2 系统的组成

一个典型的 GIS 应包括计算机硬件系统、计算机软件系统、地理数据库系统、应用人员与组织机构四个基本部分，见图 5.1。

1. 计算机硬件系统

计算机硬件系统是计算机系统中的实际物理装置的总称，用于数据和信息的采集、处理、加工、分析和输出等。硬件系统包括计算机主机、输入设备、输出设备、传输设备、储存设备等（如图 5.1 中的数字化仪、扫描仪、绘图仪等）。

2. 计算机软件系统

计算机软件系统是指必需的各种程序，提供存储、显示、分析地理数据的功能。软件系统包括数据输入与编辑、数据管理、数据操作、数据显示与输出等。

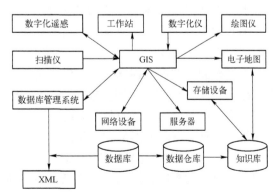

图 5.1 GIS 系统的组成

3. 应用人员与组织机构

一个周密规划的地理信息系统项目应包括负责系统设计和执行的项目经理、信息管理的技术人员、系统用户化的应用工程师以及最终运行系统的用户。

4. 地理数据库系统

地理数据库系统是指以地球表面空间位置为参照的自然、社会和人文经济景观数据，可以是图形、图像、文字、表格和数字等。它是由系统的建立者通过数字化仪、扫描仪、键盘、磁带机或其他系统通信输入 GIS，是系统程序作用的对象，是 GIS 所表达的现实世界经过模型抽象的实质性内容。GIS 数据包括基础数据（如地形、地貌、地质数据等）和专题数据（如规划、房地产、交通、环保、公用事业数据等），主要包括数据库管理系统、数据库、数据仓库、知识库等（如图 5.1 中的数据库管理系统、数据库、数据仓库、知识库等）。

5. 地理信息的特征

地理信息就是对地理实体特征的描述。

1）空间特征。描述地理实体空间位置、空间分布及空间相对位置关系。

2）属性特征。描述地理实体的物理属性和地理意义。

3）关系特征。描述地理实体之间所有的地理关系，包括空间关系、分类关系、隶属关系等基本关系的描述，也包括对由基本地理关系所构成的复杂地理关系的描述。

4）动态特征。描述地理实体的动态变化特征。地理信息对这些特征的描述，是以一定的信息结构为基础的。

5.3.3 系统应用

1. 地理信息系统的功能

1）数据的采集、检验与编辑。数据的采集与编辑主要用于获取数据，保证 GIS 数据库中的数据在内容与空间上的完整性。

2）数据转换与处理。其目的是保证数据入库时在内容上的完整性，逻辑上的一致性。方法主要有数据编辑与处理、错误修正；数据格式转化，包括矢量、栅格转化，不同数据格式转化；数据比例转化，包括平移、旋转、比例转换、纠正等；投影变换，主要是投影方式变换；数据概化，主要是平滑、特征集结；数据重构，主要是几何形态变换（拼接、截取、压缩、结构）；地理编码，主要有根据拓扑结构编码。

2. 地理信息系统的应用

（1）GIS 用于全球环境变化动态监测

1）1987 年联合国开始实施一项环境计划（UNEP），其中包括建立一个庞大的全球环境变化监测系统（GEMS）。

2）全球森林监测和森林生态变化有关项目（1990 年对亚马逊地区原始森林的砍伐状况进行了调绘，1991 年编制了全球热带雨林分布图）。

3）海岸线及海岸带资源与环境动态变化的监测。

4）全球性大气环流形势和海况预报等。

（2）GIS 用于自然资源调查与管理

1）在资源调查中，提供区域多条件下的资源统计和数据快速再现，为资源的合理利用、开发和科学管理提供依据。

2）可应用于不同层次和不同领域的资源调查与管理（例如农业资源、林业资源、渔业资源）。

（3）GIS 用于监测、预测

1）借助于遥感（RS）和航测等数据，利用 GIS 对森林火灾、洪水灾情、环境污染等进行监视，例如，1998年长江流域发生特大洪水灾害期间，制作洪水淹没动态变化趋势影像图，为管理部门提供了有效的决策依据。

2）利用数字统计方法，通过定量分析进行预测。如加拿大金矿带的调查，分析不宜再行开采的存在储量危机的矿山，优选出新的开采矿区，并做出了综合预测图。

（4）GIS 用于城市、区域规划和地籍管理

1）GIS 技术能进行多要素的分析和管理，可以实施城市和区域的多目标开发和规划，包括总体规划、建设用地适宜性评价、环境质量评价、道路交通规划、公共设施配置等。

2）城市和区域规划研究，包括研究城市地理信息系统的标准化、城市与区域动态扩展过程中的数据实时获取、城市空间结构的真三维显示、数字城市等。

3）地籍管理，包括土地调查、登记、统计、评价和使用。

（5）GIS 的军事应用

1）反映战场地理环境的空间结构，完成态势图标绘、选择进攻路线、合理配置兵力、选择最佳瞄准点和打击核心、分析爆炸等级、范围、破坏程度、射击诸元等。

2）如海湾战争中，美国利用 GIS 模拟部队和车辆机动性、估算化学武器扩散范围、模拟烟雾遮蔽战场的效果、提供水源探测所需点位、评定地形对武器性能的影响，为军事行动提供决策依据。

3）美国陆军测绘工程中心还在工作站上建立了 GIS 和 RS 的集成系统，及时地（不超过 4 h）将反映战场现状的正射影像图叠加到数字地图上，数据直接送到前线指挥部和五角大楼，为军事决策提供 24 h 服务。

4）科索沃战争中，利用 3S 高度集成技术，使打击目标更精准有效。

（6）GIS 用于辅助决策

随着计算机技术和网络通信技术的迅速发展，GIS 技术发展非常快，应用非常普遍。地理信息系统是以地理空间数据库为基础，在计算机软件和硬件环境的支持下，运用系统工程和信息科学的理论和方法，综合地、动态地对空间数据进行采集、储存、管理、分析、模拟和显示，实时提供空间和动态的地理环境信息，并服务于辅助决策的空间信息系统。它广泛应用于资源调查与利用、环境监测与治理、城市规划与管理、灾情预报与抢险救灾、工程规划与建设等。

（7）其他

GIS 还在金融业、保险业、公共事业、社会治安、运输导航、考古、医疗救护等领域得到了广泛的应用。

习题与思考题

5-01　简述 GPS 定位原理。

5-02　GPS 系统由哪些部分组成？其建设计划是什么？

5-03　北斗导航系统建设的原则是什么？

5-04　北斗导航系统的四大功能是什么？

5-05　简述北斗导航系统的原理。

5-06　什么是 GIS 系统？

5-07　GIS 系统由哪些部分组成？

5-08　简述 GIS 系统的应用。

第6章　无线传感器网络

互联网改变了人与人之间交流的方式，而无线传感器网络将逻辑上的信息世界与真实物理世界融合在一起，正在改变人与自然交互的方式。目前，无线传感器网络的应用已经由军事领域扩展到反恐、防爆、环境监测、医疗保健、家居、商业、工业等其他众多领域，能完成传统系统无法完成的任务。集成了传感器技术、微机电系统技术、无线通信技术和分布式信息处理技术的无线传感器网络是互联网从虚拟世界到物理世界的延伸。

6.1　无线通信网络

近几年来，无线通信技术的发展速度与应用领域已经超过了固定通信技术，呈现出如火如荼的发展态势。其中最具代表性的有蜂窝移动通信、宽带无线接入，也包括集群通信、卫星通信，以及手机视频业务与技术。

6.1.1　无线通信网络概述

1. 无线通信技术发展历程

目前，无线通信技术及其产业呈现出两个突出的特点，一是公众移动通信保持快速增长态势，二是宽带无线通信技术的研究和应用十分活跃，热点不断。随着国民经济和社会发展的信息化，信息化技术正在改变着我们的生活方式。无线通信也从固定方式发展为移动方式，移动通信发展至今大约经历了5个阶段。

1）20世纪20年代~50年代初，主要用于舰船及军事，采用短波频及电子管技术，至该阶段末期才出现150 MHz VHF单工汽车公用移动电话系统MTS。

2）20世纪50年代~60年代，此时频段扩展至UHF 450 MHz，器件技术已向半导体过渡，大都为移动环境中的专用系统，并解决了移动电话与公用电话网的接续问题。

3）20世纪70年代初~80年代初频段扩展至800 MHz，美国Bell研究所提出了蜂窝系统概念并于20世纪70年代末进行了AMPS试验。

4）20世纪80年代初~90年代中期，为第二代数字移动通信兴起与大发展阶段，并逐步向个人通信业务方向迈进。此时出现了D-AMPS、TACS、ETACS、GSM/DCS、CDMAOne、PDC、PHS、DECT、PACS、PCS等各类系统与业务运行。

5）20世纪90年代中期至今，随着数据通信与多媒体业务需求的发展，适应移动数据、移动计算及移动多媒体运作需要的第三代移动通信开始兴起，其全球标准化及相应融合工作与样机研制和现场试验工作在快速推进，第二代移动通信正在向第三代平滑过渡。

2. 无线通信技术发展趋势

1）网络覆盖的无缝化，即用户在任何时间、任何地点都能实现网络的接入。

2）宽带化是未来通信发展的一个必然趋势，窄带的、低速的网络会逐渐被宽带网络所取代。

3）融合趋势明显加快，包括技术融合、网络融合和业务融合。移动与无线技术在演进中走向融合，各种创新移动、无线技术不断涌现并快速步入商用，移动、无线应用市场异常活跃，移动、无线技术自身也在快速演进中不断革新。在网络融合的大趋势下，3G、WiMAX、WLAN 等各种移动、无线技术在演进中相互融合，涌现出了同时被上述无线技术采用的新型射频技术，如 MIMO 和 OFDM 技术等。

4）数据传输速率越来越高，频谱带宽越来越宽，频段越来越高，覆盖距离越来越短。

5）终端智能化越来越高，为各种新业务的提供创造了条件和实现手段。

6）从两个方向相向发展，即移动网增加数据业务，而固定数据业务则增加移动性。1xEV-DO、HSDPA 等技术的出现使移动网的数据传输速率逐渐增加，在原来的移动网上叠加，覆盖可以连续，另外，WiMAX 的出现加速了新的 3G 增强型技术的发展。WLAN 等技术的出现使数据传输速率提高，固网的覆盖范围逐渐扩大，移动性逐渐增加，移动通信、宽带业务和 WiFi 的成功，促成 IEEE 802.16/WiMAX 等多种宽带无线接入技术的产生。

7）通信信息网络将向下一代网络 NGN 融合。在未来 NGN 概念中，固定网络将形成一个高带宽、IP 化、具有强 QoS 保证的信息通信网络平台。在这一平台上，各种接入手段将成为网络的触手，向各个应用领域延伸。而 3G、宽带固定无线接入、各种无线局域网或城域网方案，都将成为大 NGN 平台的延伸部分。

8）无线通信领域各种技术的互补性日趋鲜明。这主要表现在不同的接入技术具有不同的覆盖范围、不同的适用区域、不同的技术特点和不同的接入速率。

3. 无线通信网

有线与无线通信系统的结合构成了现代通信网。无线通信网的快速发展，特别是移动通信网、移动互联网的发展及融合，正加速改变着我们的工作和生活方式。

（1）现代无线通信网的概念

无线通信网是由一系列无线通信设备、信道和标准组成的有机整体，因此可以在任何地点进行交流。基于 IEEE 802.15.4 标准的无线通信网的组织结构见图 6.1。

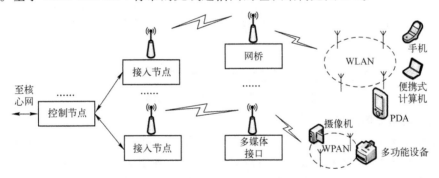

图 6.1　无线通信网的组织结构示意图

（2）无线通信网模型

1）移动自组织网络。Ad-hoc 网络是一种自组织网络，分为固定节点和移动节点两种。移动自组织网络（Mobile Ad Hoc Network，MANET）特指节点具有移动性的 Ad-hoc 网络。近年来，随着移动设备的小型化，MANET 网络已经开始参与个人通信网络的建立，并成为超 3G 网络的重要网络接入形式。利用 MANET 进行组网具有灵活、便捷和迅速的特点，相较于现有的一些有中心结构网络来说，MANET 网络具有更低的建设成本和更大的普及空间。

2）蜂窝网络。目前，主流通信服务提供商绝大部分采用蜂窝网络。它被广泛采用的原因是源于一个数学猜想，正六边形被认为是使用最少个节点可以覆盖最大面积的图形，出于节约设备构建成本的考虑，正六边形是最好的选择。这样形成的网络覆盖在一起，形状非常像蜂窝，因此被称作蜂窝网络。常见的蜂窝网络类型有：GSM 网络、CDMA 网络、3G 网络、FD-MA、TDMA、PDC、TACS、AMPS 等。

3）短距离无线通信网。短距离无线通信（Short Range Wireless，SRW）泛指在较小的区域内（数百米）提供无线通信的技术，目前常见的技术大致有 802.11 系列无线局域网、蓝牙、HomeRF 和红外传输技术。一般情况下，SRW 可以在 100m 以内实现传输速率为 10 ~ 100 Mbit/s的低功率近距离通信。

（3）无线通信网的分类

无线宽带通信技术按覆盖范围分类如图 6.2 所示。它包括了 4 大类标准：IEEE 802.15（WPAN）、IEEE 802.11x（WLAN）、IEEE 802.16x（WMAN）、IEEE 802.20（Mobile Broadband Wireless Access ，MBWA），蜂窝移动通信属于 WWAN，IEEE 802 标准系列涵盖了 WPAN、WLAN、WMAN 和 WWAN 几个方面。

MBWA 即移动宽带无线接入系统，其目的是提高给予 IP 的数据传输速率，为无线城域网中移动速度较快的移动用户提供服务。不同于 IEEE 802.16 系列规范，IEEE 802.20 系列规范是完全基于移动通信的，而不是从固定无线接入系统修改来适应移动通信系统。系统运行在 3.5 GHz 以下授权频段，在时速 250 km 的情况下，可实现下行 1 Mbit/s 的移动通信能力，可以应用在铁路、地铁以及高速公路、卫星通信等高速移动的环境中。目前，IEEE 802.20 技术还在制订完善之中。

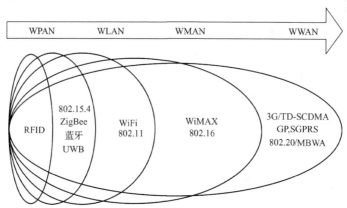

图 6.2　无线通信网覆盖范围示意图

4. 无线通信网发展趋势

1）网络覆盖无缝化。网络覆盖的无缝化，将使用户在任何时间、任何地点都能实现网络接入；而且数据传输速率越来越高，频谱带宽越来越宽，频段越来越高。

2）移动宽带化。蜂窝移动通信系统的发展体现了无线通信发展史，从第一代模拟移动通信系统，到第二代数字移动通信系统，再到第三代以及基于全 IP 的后三代或第四代移动通信系统。移动宽带化是未来通信发展的一个必然趋势，窄带的、低速的网络会逐渐被宽带网络所取代。

3）核心网络综合化。未来信息网络的结构模式将向核心网/接入网转变，网络的多样化、宽带化，以及带宽的移动化，将使在同一核心网络上综合传送多种业务信息成为可能。网络的综合化将进一步推动传统电信网、广播电视网与计算机互联网的三网融合。技术融合、网络融合、业务融合的趋势明显加快。

4）信息个人化。信息个人化是21 世纪初信息领域进一步发展的主要方向之一，而移动 IP 正是实现未来信息个人化的重要技术手段。

5）终端智能化越来越高，为各种新业务的提供创造了条件和实现手段。在手机等智能终端上实现各种 IP 应用以及移动 IP 技术正逐步成为人们关注的焦点之一。

6）固定网和移动网业务相向发展。移动网增加数据业务：1xEV - DO、HSDPA 等技术的出现使移动网的数据速率逐渐增加，在原来的移动网上叠加，覆盖可以连续。另外，WiMAX 的出现加速了新的 3G 增强型技术的发展；固定数据业务增加移动性：WLAN 等技术的出现使数据传输速率提高，固网的覆盖范围逐渐扩大，移动性逐渐增加；移动通信、宽带业务和 WiFi 的成功，促成 IEEE 802.16/WiMAX 等多种宽带无线接入技术的诞生。

7）2.5G、3G 向 B3G 过度和发展。B3G（Beyond Third Generation in Mobile Communication System）即超三代移动通信系统。相对于 3G 移动通信，B3G 有着更高的传输效率和更全的业务类型。B3G 的概念兼顾了移动性和数据传输速率。虽然与 3G 移动通信技术相比，B3G 移动通信技术更为复杂，但 B3G 移动通信技术较 3G 移动通信技术具有数据传输速率、适应性和灵活性、标准兼容性、业务的多样性、较好的技术基础、便于过渡和演进等优势。

6.1.2 IEEE 802.15.4 标准

目前，为满足低功耗、低成本的传感网要求而专门开发的低速率 WPAN 标准 IEEE 802.15.4 成为物联网的重要通信网络技术之一。在 IEEE 802.15 工作组内有 4 个任务组（Task Group，TG），分别制定适合不同应用的标准，其中任务组 TG4 负责制定 IEEE 802.15.4 标准。其主要内容是针对低速无线个人区域网络（Low - Rate Wireless Personal Area Network，LR - WPAN）制定标准，该标准把低能量消耗、低速率传输、低成本作为重点目标，旨在为个人或者家庭范围内不同设备之间的低速互连提供统一标准。LR - WPAN 网络的特征与传感网络有很多相似之处，很多研究机构把它作为传感器的通信标准。LR - WPAN 网络是一种结构简单、成本低廉的无线通信网络，它使得在低电能和低吞吐量的应用环境中使用无线连接成为可能。与 WLAN 相比，LR - WPAN 网络只需很少的基础设施，甚至不需要基础设施。

1. IEEE 802.15.4 标准

IEEE 802.15.4 是 IEEE 标准委员会 TG4 任务组发布的一项标准。该任务组于 2000 年 12 月成立，ZigBee 联盟（ZigBee Alliance）于 2001 年 8 月成立，2002 年由英国 Invensys 公司、美国 Motorola 公司、日本 Mitsubishi 公司和荷兰 Philips 公司等厂商联合推出了低成本、低功耗的 ZigBee 技术。ZigBee 是一种新兴的近距离、低速率、低功耗的双向无线通信技术，也是 ZigBee 联盟所主导的传感网技术标准。

（1）IEEE 802.15.4 标准协议结构

IEEE 802.15.4 满足国际标准组织（ISO）开放系统互连（OSI）参考模式。它包括物理层、介质访问层、网络层和高层。IEEE 802.15.4 标准协议结构见图 6.3。

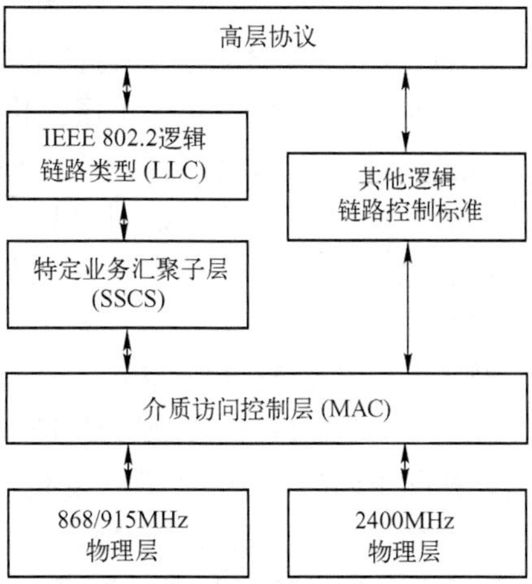

图 6.3　IEEE 802.15.4 标准协议结构

（2）物理层的主要功能

IEEE 802.15.4 标准所定义的物理层具有的功能有：激活和惰性化无线电收发器，当前信道的能量发现、接收包的链路质量指示、信道频率选择和数据的发送与接收。

1）工作频率和数据传输速率。IEEE 802.15.4 标准所定义的工作频率和数据传输速率见表6.1。

表 6.1　IEEE 802.15.4 的工作频率和数据传输速率

物理层 /MHz	频带 /MHz	信道数	码元速率 /（kchip/s）	调制方式	比特速率 /（Kbit/s）	符号速率 /（ksymbol/s）
868/915	868～868.6	1	300	BPSK	20	20
	902～928	10	600	BPSK	40	40
2400	2400～2483.5	16	2000	O-QPSK	250	62.5

2）支持简单器件。由于 IEEE 802.15.4 标准具有低速率、低功耗和短距离传输等特点，使得非常适宜支持简单器件。在 IEEE 802.15.4 标准中定义了 14 个物理层基本参数和 35 个介质接入控制层基本参数，总共为 49 个，这使它非常适用于存储能力和计算能力有限的简单器件。在 IEEE 802.15.4 中定义了全功能器件（FFD）和简化功能器件（RFD）两种器件，对全功能器件，要求它支持所有的 49 个基本参数，而对简化功能器件，在最小配置时只要求它支持 38 个基本参数。

（3）介质访问控制层的主要功能

IEEE 802.15.4 物理层帧结构和 IEEE 802.15.4 MAC 层的通用帧结构分别见图 6.4a、图 6.4b。

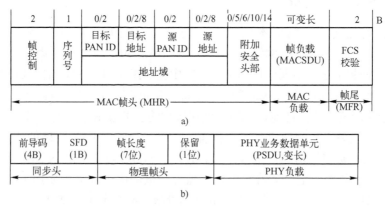

图 6.4　IEEE 802.15.4 帧结构

IEEE 802.15.4 MAC 层的特征是联合、分离、确认帧传递、通道访问机制、帧确认、保证时隙管理和信令管理。MAC 子层提供两个服务与高层联系，即通过两个服务访问点（SAP）访问高层，通过 MAC 通用部分子层 SAP（MCPS-SAP）访问 MAC 数据服务，用 MAC 层管理实体 SAP（MLME-SAP）访问 MAC 管理服务，这两个服务为网络层和物理层提供了一个接口。灵活的 MAC 帧结构适应了不同的应用及网络拓扑的需要，同时也保证了协议的简洁。

（4）网络层

网络层包括逻辑链路控制子层。IEEE 802.2 标准定义了 LLC，并且通用于诸如 IEEE 802.3，IEEE 802.11 及 IEEE 802.15.1 等 IEEE 802 系列标准中，而 MAC 子层与硬件联系较为紧密，并随不同的物理层实现而变化。网络层负责拓扑结构的建立和维护、命名和绑定服务，它们协同完成寻址、路由及安全这些必须的任务。

2. IEEE 802.15.4 标准的特点

（1）特点

1）可升级：卓越的网络能力，可对多达 254 个的网络设备进行动态设备寻址。

2）适应性：与现有控制网络标准无缝集成。通过网络协调器（Coordinator）自动建立网络，采用 CSMA-CA 方式进行信道存取。

3）可靠性：为了可靠传递，提供全握手协议。

（2）与蓝牙的比较

1）IEEE 802.15.4 和蓝牙很相似，二者均用于 WPAN。

2）IEEE 802.15.4 适用于传感器、玩具和家庭自动控制，同时注重于低速数据或短操作时间的控制和通信网络；蓝牙则是在 Ad-hoc（peer to peer）网络中擅长便携式音频、便携式屏幕图表图像及文件的传输。

3）IEEE 802.15.4 设计特点是能够合理地优化能源的使用。一块正常电池的使用寿命可以达到 2 年以上；蓝牙的能耗与移动电话类似（需定期充电）。

3. ZigBee 协议体系结构

ZigBee 是一种新兴的短距离无线技术，用于传感控制应用。对工业、家庭自动化控制和工业遥测遥控领域而言，蓝牙技术显得太复杂、功耗大、距离近、组网规模小等。对于工业自动化，无线数据通信的需求越来越强烈，且工业现场的无线数据传输必须是高可靠的，并能抵抗工业现场的各种电磁干扰。因此，经过人们长期努力，ZigBee 协议在 2003 年正式问世。

ZigBee 是一种新兴的近距离、低复杂度、低功耗、低数据传输速率、低成本的无线网络技术，主要用于近距离无线连接。它依据 IEEE 802.15.4 标准，在数千个微小的传感器之间相互协调实现通信，这些传感器只需要很少的能量，以接力的方式通过无线电波将数据从一个网络节点传到另一个节点，所以它们的通信效率非常高。ZigBee 的底层技术建立在 IEEE 802.15.4 基础之上，物理层和 MAC 层直接引用了 IEEE 802.15.4。ZigBee 协议体系结构如图 6.5 所示，由高层应用标准、应用汇聚层、网络层、IEEE 802.15.4 协议组成。

（1）网络层主要功能

网络层负责拓扑结构的建立和维护网络连接，它独立处理传入数据请求、关联、解除关联业务，包含寻址、路由和安全等。网络层包括逻辑链路控制子层，逻辑链路控制子层基于 IEEE 802.2 标准。

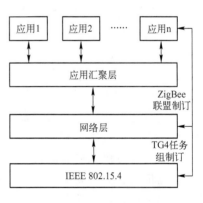

图 6.5 ZigBee 协议体系结构

1）网络层提供保证 IEEE 802.15.4 MAC 层所定义的功能，同时，能为应用层提供适当的服务接口。

2）ZigBee 网络配置。低数据传输速率的 WPAN 中包括全功能设备（FFD）和精简功能设备（RFD）两种无线设备。其中，FFD 可以和 FFD、RFD 通信，而 RFD 只能和 FFD 通信，RFD 之间是无法通信的。

3）ZigBee 网络拓扑结构。ZigBee 技术具有强大的组网能力，通过无线通信组成星状、网状（Mesh）网和混合网，如图 6.6 所示，可以根据实际项目需要来选择合适的网络结构。ZigBee 网络的拓扑结构主要有 3 种：星状网、网状（mesh）网和混合网。

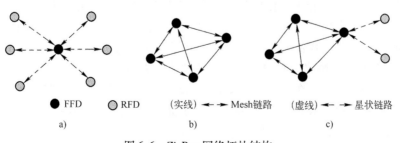

图 6.6 ZigBee 网络拓扑结构

（2）应用层

在 ZigBee 协议中应用层包括应用汇聚层、ZigBee 设备配置和用户应用程序。应用层提供高级协议管理功能，用户应用程序由各制造商自己来规定，它使用应用层协议来管理协议栈。无线传感网作为物联网的末梢网络，需要低功耗、短距离的无线通信技术。IEEE 802.15.4 标准是针对低速无线个人域网络的无线通信标准，低功耗、低成本是其主要目标，它为个人或者家庭范围内不同设备之间低速联网提供了统一标准。

4. ZigBee 网络系统

基于 IEEE 802.15.4 无线标准研制开发的 ZigBee 技术，主要用于无线个域网（WPAN）。ZigBee 技术的出现给人们的工作和生活带来极大的方便和快捷，ZigBee 技术的应用领域主要包括无线数据采集、无线工业控制、消费性电子设备、汽车自动化、家庭和楼宇自动化、医用设备控制、远程网络控制等场合。

（1）ZigBee 网络系统的构建

IEEE 802.15.4 网络是指在一个 POS 内使用相同无线信道并通过 IEEE 802.15.4 标准相互通信的一组设备的集合，又名 LR－WPAN 网络，其实也就是 ZigBee 网络。例如，一个基于 ZigBee 技术的 IEEE 802.15.4 网络系统，如图 6.7 所示。系统中布置有一个协调器与 PC 相连，同时布置有若干终端节点或路由器，使其连接温度、湿度和光敏电阻等传感器来监测房间环境。另外，房间中还布置有一些终端节点与执行器连接，用于控制窗帘的开关、台灯的亮灭等。协调器和终端节点在房间内组成了一个星状结构的 ZigBee 无线传感执行网络。

系统的工作过程是：首先由协调器节点成功创建 ZigBee 网络，然后等待终端节点加入。当终端节点及传感器上电后，会自动查找空间中存在的 ZigBee 网络，找到后即加入网络，并把该节点的物理地址发送给协调器，协调器把节点的地址信息等通过串口发送给计算机进行保存。当计算机想要获取某一节点处的传感器值时，只需要向串口发送相应

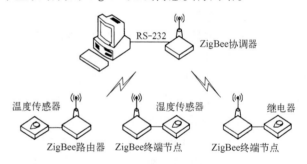

图 6.7　基于 ZigBee 技术的网络系统

节点的物理地址及测量指令。协调器通过串口从计算机端收到物理地址后，会向与其相对应的传感器节点发送数据，传达传感器测量指令。传感器节点收到数据后，通过传感器测量数据，然后将测量结果发送给协调器，并在计算机端进行显示。

（2）ZigBee 自身的技术优势

1）低功耗。在低耗电待机模式下，2 节 5 号干电池可支持 1 个节点工作 6～24 个月，甚至更长。这是 ZigBee 的突出优势。相比较，蓝牙能工作数周、WiFi 可工作数小时。

2）低成本。通过大幅简化协议（不到蓝牙的 1/10），降低了对通信控制器的要求，按预测分析，以 8051 的 8 位微控制器测算，全功能的主节点需要 32KB 代码，子功能节点少至 4 KB 代码，而且 ZigBee 免协议专利费。每块芯片的价格大约为 2 美元。

3）低速率。ZigBee 工作在 20～250 Kbit/s 的较低速率，分别提供 250 Kbit/s（2.4 GHz）、40 Kbit/s（915 MHz）和 20 Kbit/s（868 MHz）的原始数据吞吐率，满足低速率传输数据的应用需求。

4）近距离。传输范围一般介于 10～100 m，在增加 RF 发射功率后，亦可增加到 1～3 km。

这指的是相邻节点间的距离。如果通过路由和节点间通信的接力，则传输距离可以更远。

5）短时延。ZigBee 的响应速度较快，一般从睡眠转入工作状态只需 15 ms，节点连接进入网络只需 30 ms，进一步节省了电能。相比较，蓝牙需要 3～10 s，WiFi 需要 3 s。

6）高容量。ZigBee 可采用星状、片状和网状网络结构，由一个主节点管理若干子节点，最多一个主节点可管理 254 个子节点。同时主节点还可由上一层网络节点管理，最多可组成65 000 个节点的大网。

7）高安全。ZigBee 提供了三级安全模式，包括无安全设定、使用接入控制清单（ACL）防止非法获取数据以及采用高级加密标准（AES128）的对称密码，以灵活确定其安全属性。

8）免执照频段。采用直接序列扩频在工业科学医疗（ISM）频段，2.4 GHz（全球）、915 MHz（美国）和 868 MHz（欧洲）。

5. 蓝牙技术

蓝牙技术是一种无线数据与数字通信的开放式标准。它以低成本、近距离无线通信为基础，为固定与移动设备提供了一种完整的通信方式。利用"蓝牙"技术，能够有效地简化个人数字助理（PDA）、便携式计算机和移动电话等移动通信终端设备之间的通信，也能够成功地简化以上这些设备与互联网之间的通信，从而使这些现代通信设备与互联网之间的数据传输变得更加迅速高效。其实际应用范围还可以拓展到各种家电产品、消费电子产品和汽车等信息家电，组成一个巨大的无线通信网络。

（1）蓝牙简介

蓝牙（Bluetooth）技术是由爱立信、诺基亚、Intel、IBM 和东芝 5 家公司于 1998 年 5 月共同提出开发的。蓝牙技术的本质是设备间的无线连接，主要用于通信与信息设备。近年来，在电声行业中也开始使用。依据发射输出电平可以有 3 种距离等级，Class1 为 100 m 左右、Class2 约为 10 m、Class3 约为 2～3 m。一般情况下，其正常的工作范围是 10 m 半径之内。在此范围内，可进行多台设备间的互联。

借助采用了蓝牙技术的 PDA 个人数字助理，用户可很方便地进入互联网。有了蓝牙技术，存储于手机中的信息可以在电视机上显示出来，也可以将其中的声音信息数据进行转换，以便在 PC上聆听。东芝公司已开发上市了一种蓝牙无线 Modem 和 PC 卡，将 2 张卡中的一张插入 Modem 的主机上，另一张插入 PC，这样，用户就成功实现了与互联网的无线联网。

（2）蓝牙技术的特点

在制定蓝牙规范之初，就建立了统一全球的目标，向全球公开发布，工作频段为全球统一开放的 2.4 GHz 工业、科学和医学（Industrial，Scientific and Medical，ISM）频段。从目前的应用来看，由于蓝牙体积小、功率低，其应用已不局限于计算机外设，几乎可以被集成到任何数字设备之中，特别是那些对数据传输速率要求不高的移动设备和便携设备。蓝牙技术的特点可归纳为如下几点：

1）全球范围适用。蓝牙工作在 2.4 GHz 的 ISM 频段，全球大多数国家 ISM 频段的范围是2.4～2.483 5 GHz，使用该频段无需向各国的无线电资源管理部门申请许可证。

2）同时可传输语音和数据。蓝牙采用电路交换和分组交换技术，支持异步数据信道、三路语音信道以及异步数据与同步语音同时传输的信道。每个语音信道数据传输速率为64 Kbit/s，语音信号编码采用脉冲编码调制（PCM）或连续可变斜率增量调制（CVSD）方法。当采用非对称信道传输数据时，数据传输速率最高为 721 Kbit/s，反向为 57.6 Kbit/s；当采用对称信道传输数据时，数据传输速率最高为 342.6 Kbit/s。

3）可以建立临时性的对等连接（Ad‐hoc Connection）。根据蓝牙设备在网络中的角色，可分为主设备（Master）与从设备（Slave）。主设备是组网连接主动发起连接请求的蓝牙设备，几个蓝牙设备连接成一个微微网（Piconet）时，其中只有一个主设备，其余的均为从设备。

4）具有很好的抗干扰能力。工作在ISM频段的无线电设备有很多种，如家用微波炉、无线局域网（Wireless Local Area Network，WLAN）和HomeRF等产品，为了很好地抵御来自这些设备的干扰，蓝牙采用了跳频（Frequency Hopping）方式来扩展频谱（Spread Spectrum），将2.402～2.48 GHz频段分成79个频点，相邻频点间隔1 MHz。蓝牙设备在某个频点发送数据之后，再跳到另一个频点发送，而频点的排列顺序则是伪随机的，每秒钟频率改变1 600次，每个频率持续625 μs。

5）蓝牙模块便于集成。由于个人移动设备的体积较小，嵌入其内部的蓝牙模块体积就应该更小，如爱立信公司的蓝牙模块ROK101008的外形尺寸仅为32.8 mm×16.8 mm×2.95 mm。

6）低功耗。蓝牙设备在通信连接（Connection）状态下，有激活（Active）、呼吸（Sniff）、保持（Hold）和休眠（Park）4种工作模式。Active模式是正常的工作状态，另外3种模式是为了节能所规定的低功耗模式。

7）开放的接口标准。SIG为了推广蓝牙技术的使用，将蓝牙的技术标准全部公开，全世界范围内的任何单位和个人都可以进行蓝牙产品的开发，只要最终通过SIG的蓝牙产品兼容性测试，就可以推向市场。

8）成本低。随着市场需求的扩大，各个供应商纷纷推出自己的蓝牙芯片和模块，蓝牙产品价格飞速下降。

（3）蓝牙体系结构：硬件部分

蓝牙体系结构包括硬件、软件、路由机制3部分，各部分的构成见图6.8。下面就各部分做简略说明。

1）射频模块。将基带模块的数据包通过无线电信号以一定的功率和跳频频率发送出去，实现蓝牙设备的无线连接。

2）基带模块。采用查询和寻呼方式，使跳频时钟及跳频频率同步，为数据分组提供对称连接（SCO）和非对称连接（ASL），并完成数据包的定义、前向纠错、循环冗余校验、逻辑通道选择、信号噪化、鉴权、加密、编码和解码等功能。它采用混合电路交换和分组交换方式，既适合语音传送，也适合一般的数据传送。每一个语音通道支持64 Kbit/s同步语音，异步通道支持最大速率723.2 Kbit/s（反向57.6 Kbit/s）的非对称连接或433.9 Kbit/s的对称连接。

图6.8　蓝牙体系结构构成

（4）蓝牙体系结构：软件部分（即协议）

1）链路管理协议（LMP）。通过对链接的发送、交换、实施身份鉴权和加密，并通过协商确定基带数据分组的大小，控制射频部分的电源模式、工作周期及网络内蓝牙设备的连接状态。

2）逻辑链路控制与应用协议（L2CAP）。L2CAP与LMP平行工作，共同实现OSI的数据链路层的功能。它可提供对称连接和非对称连接的数据服务。

3）串行电缆仿真协议（RFCOMM）。在蓝牙的基带上仿真RS‐232的功能，实现设备串行通信。例如，在拨号网络中，主机将AT命令发送到调制解调器，再传送到局域网，建立连接后，应用程序就可以通过RFCOMM提供的串口发送和接收数据。

4）服务发现协议（SDP）。按照用户需要，发现相应服务及有关设备，并给出服务与设备列表。工作过程如下：主设备广播1条信息，从设备做出相应的反应，将收集到的地址存于主设备的内存中，然后主设备从中选择1个地址，利用链路管理代理所提供的进程在物理层建立连接。一旦建立了服务发现协议，在主从设备之间的物理层连接上就建立了一条LZCAP点对点通信层。

（5）蓝牙体系结构：路由机制

利用蓝牙技术构建现代企业无线办公网络，实现的基本功能包括：文件、档案、报表、设备资源的共享和互连；利用蓝牙设备无线访问单位内部局域网以及Internet；通过一定的路由机制实现办公网络内部的各个微微网（Piconet）之间的互连。

Piconet指用蓝牙技术把小范围（10~100 m）内装有蓝牙单元（即在支持蓝牙技术的各种电器设备中嵌入的蓝牙模块）的各种电器组成的微型网络。一个微微网由2~8个蓝牙单元组成，即可以组成以1个为主、其他2~7个为辅的电器组成的微微网。这些电器可以是PC、打印机、传真机、数码相机、移动电话、笔记本电脑等。多个微微网之间还可以互联形成散射网（Scatternet），从而方便快捷地实现各类设备之间随时随地的通信。

根据企业的实际需要，企业无线网络由多个微微网构成，而不同微微网之间的通信应该只在办公网络内部进行路由，而不应通过局域网，这就需要建立一种特殊的路由机制，使得各微微网之间的通信能够进行正确地路由，达到方便快捷的通信、拓宽通信范围、减轻网络负载的目的。

1）蓝牙网关。蓝牙网关用于办公网络内部的蓝牙移动终端通过无线方式访问局域网以及Internet。蓝牙网关还可以跟踪、定位办公网络内的所有蓝牙设备，在两个属于不同微微网的蓝牙设备之间建立路由连接，并在设备之间交换路由信息。

2）蓝牙移动终端（MT）。蓝牙移动终端是普通的蓝牙设备，能够与蓝牙网关以及其他蓝牙设备进行通信，从而实现办公网络内部移动终端的无线上网以及网络内部文件、资源的共享。各个功能模块关系如图6.9所示。

6. 超宽带技术

UWB（Ultra Wideband）技术最初是被作为军用雷达技术开发的，早期主要用于雷达技术领域。2002年2月，美国FCC批准了UWB技术用于民用，UWB的发展步伐开始逐步加快。超宽带是一种无载波通信技术，利用纳秒至微微秒级的非正弦波窄脉冲传输数据。通过在较宽的频谱上传送极低功率的信号，UWB能在10 m左右的范围内实现数百

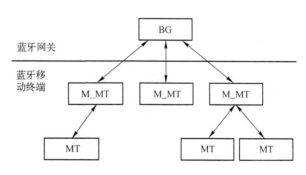

图6.9 蓝牙移动终端功能模块关系示意图

Mbit/s至数Gbit/s的数据传输速率。UWB具有抗干扰性能强、传输速率高、带宽极宽、消耗电能小、发送功率小等诸多优势，主要应用于室内通信、高速无线LAN、家庭网络、无绳电话、安全检测、位置测定、雷达等领域。有人称它为无线电领域的一次革命性进展，认为它将成为未来短距离无线通信的主流技术。

（1）UWB技术特点

1）抗干扰性能强。UWB采用跳时扩频信号，系统具有较大的处理增益，在发射时将微弱的无线电脉冲信号分散在宽阔的频带中，输出功率甚至低于普通设备产生的噪声。接收时将信号能量还原出来，在解扩过程中产生扩频增益。因此，与IEEE 802.11a、IEEE 802.11b和蓝牙相比，在同等码速条件下，UWB具有更强的抗干扰性、传输速率高。

2）带宽极宽。UWB 使用的带宽在 1GHz 以上，高达几个 GHz。超宽带系统容量大，并且可以和目前的窄带通信系统同时工作而互不干扰。这在频率资源日益紧张的今天，开辟了一种新的时域无线电资源。

3）消耗电能小。通常情况下，无线通信系统在通信时需要连续发射载波，因此要消耗一定电能。而 UWB 不使用载波，只是发出瞬间脉冲电波，也就是直接按 0 和 1 发送出去，并且在需要时才发送脉冲电波，所以消耗电能小。

4）保密性好。UWB 保密性表现在两方面。一方面是采用跳时扩频，接收机只有已知发送端扩频码时才能解出发射数据；另一方面是系统的发射功率谱密度极低，用传统的接收机无法接收。

5）发送功率非常小。UWB 系统发射功率非常小，通信设备可以用小于 1mW 的发射功率就能实现通信。低发射功率大大延长了系统电源工作时间。而且，发射功率小，其电磁波辐射对人体的影响也会很小，应用面就广。

6）定位精确。冲激脉冲具有很高的定位精度，采用超宽带无线电通信，很容易将定位与通信合一，而常规无线电难以做到这一点。超宽带无线电具有极强的穿透能力，可在室内和地下进行精确定位，而 GPS 定位系统只能工作在 GPS 定位卫星的可视范围之内。

7）容易实现。在工程实现上，UWB 比其他无线技术要简单得多，可全数字化实现。它只需要以一种数学方式产生脉冲，并对脉冲产生调制，而这些电路都可以被集成到一个芯片上，设备的成本将很低。

（2）技术原理

UWB 技术最基本的工作原理是发送和接收脉冲间隔严格受控的高斯单周期超短时脉冲，超短时单周期脉冲决定了信号的带宽很宽，接收机直接用一级前端交叉相关器就把脉冲序列转换成基带信号，省去了传统通信设备中的中频级，极大地降低了设备复杂性。

UWB 系统采用相关接收技术，关键部件称为相关器（Correlator）。相关器用准备好的模板波形乘以接收到的射频信号，再积分就得到一个直流输出电压。相乘和积分只发生在脉冲持续时间内，间歇期则没有。处理过程一般在不到 1 ns 的时间内完成。相关器实质上是改进了的延迟探测器，模板波形匹配时，相关器的输出结果量度了接收到的单周期脉冲和模板波形的相对时间位置差。值得注意的是，虽然 UWB 信号几乎不对工作于同一频率的无线设备造成干扰，但是所有带内的无线电信号都是对 UWB 信号的干扰，UWB 可以综合运用伪随机编码和随机脉冲位置调制以及相关解调技术来解决这一问题。

（3）与其他短距离无线技术的比较

从 UWB 的技术参数来看，UWB 的传输距离只有 10 m 左右，因此将 UWB 与常见的短距离无线技术对比，从中更能显示出 UWB 的杰出的优点。常见的短距离无线技术有蓝牙、IEEE 802.11a 和 HomeRF。

1）IEEE 802.11a 与 UWB。IEEE 802.11a 是由 IEEE 制定的无线局域网标准之一，物理层速率在 54 Mbit/s，传输层速率在 25 Mbit/s，它的通信距离可能达到 100 m，而 UWB 的通信距离在 10 m 左右。在短距离的范围（如 10 m 以内），IEEE 802.11a 的通信速率与 UWB 相比却相差太大，UWB 可以达到上千兆，是 IEEE 802.11a 的几十倍；超过这个距离范围（即大于 10 m），由于 UWB 发射功率受限，UWB 性能就差很多，但目前 UWB 的有效距离已扩展到 20 m 左右。因此从总体来看，10 m 以内，IEEE 802.11a 无法与 UWB 相比，但是在 10 m 以外，UWB 无法与 IEEE 802.11a 相比。另外与 UWB 相比，IEEE 802.11a 的功耗相当大。

2）蓝牙与 UWB。蓝牙的传输距离为 10 cm ~ 10 m，它采用 2.4 GHz ISM 频段和调频、跳频技术，速率为 1 Mbit/s。从技术参数上来看，UWB 的优越性是比较明显的，有效距离差不多，功耗也差不多，但 UWB 的速度却快得多，是蓝牙速度的几百倍。从目前的情况来看，蓝牙唯一比 UWB 优越的地方就是蓝牙的技术已经比较成熟，但是随着 UWB 的发展，这种优势就不会再是优势，因此有人在 UWB 刚出现时，把 UWB 看成是蓝牙的杀手，不是没有道理的。

3）HomeRF 与 UWB。HomeRF 是专门针对家庭住宅环境而开发出来的无线网络技术，借用了 IEEE 802.11 规范中支持 TCP/IP 传输的协议，而其语音传输性能则来自 DECT（无绳电话）标准。HomeRF 定义的工作频段为 2.4 GHz，这是不需许可证的公用无线频段。HomeRF 使用了跳频空中接口，每秒跳频 50 次，即每秒钟信道改换 50 次。收发信机最大功率为 100 mW，有效范围约 50 m，其速率为 1 Mbit/s 至 2 Mbit/s。与 UWB 相比，HomeRF 的传输距离远，但速率太低，UWB 传输距离只有 HomeRF 的五分之一，但速度却是 HomeRF 的几百倍甚至上千倍。

总而言之，这些流行的短距离无线通信标准各有千秋，这些技术之间存在着相互竞争，但在某些实际应用领域内它们又相互补充。单纯地说"UWB 或取代某种技术"是一种不负责任的说法，就好像飞机又快又稳，也没有取代自行车一样，各有各的应用领域。

（4）UWB 的应用

UWB 技术多年来一直是美国军方使用的作战技术之一，但由于 UWB 具有巨大的数据传输速率优势，同时受发射功率的限制，在短距离范围内提供高速无线数据传输将是 UWB 的重要应用领域，如当前 WLAN 和 WPAN 的各种应用。此外，通过降低数据率提高应用范围，具有对信道衰落不敏感、发射信号功率谱密度低、安全性高、系统复杂度低，能提供数厘米的定位精度等优点。UWB 也适用于短距离数字化的音视频无线连接、短距离宽带高速无线接入等相关民用领域。总的说来，UWB 的用途很多，主要分为军用和民用两个方面。

在军用方面主要用于 UWB 雷达、UWB LPI/D 无线内通系统（预警机、舰船等）、战术手持和网络的 PLI/D 电台、警戒雷达、UAV/UGV 数据链、探测地雷、检测地下埋藏的军事目标或以叶簇伪装的物体等领域；在民用方面，自从 2002 年 2 月 14 日 FCC 批准将 UWB 用于民用产品以来，UWB 的民用主要用于地质勘探及可穿透障碍物的传感器（Imaging System）、汽车防冲撞传感器等（Vehicle Radar System）和家电设备及便携设备之间的无线数据通信（Communication and Measurements System）3 个方面。

6.1.3 IEEE 802.11 标准

无线局域网（WLAN）是指以无线电波、红外线等无线传输介质来代替目前有线局域网中的传输介质（比如电缆）而构成的网络。WLAN 覆盖半径一般在 100 m 左右，可实现十几兆至几十兆的无线接入。在宽带无线接入网络中，常把 WLAN 称为"WMAN（无线城域网）的毛细血管"，用于点对多点无线连接，解决诸如企业专用网的用户群内部信息交流和网际接入等。

1. IEEE 802.11 标准简介

IEEE 802.11 标准系列主要从 WLAN 的物理层和 MAC 层两个层面制定了系列规范，物理层标准规定了无线传输信号等基础标准，如 802.11a、802.11b、802.11d、802.11g、802.11h，而介质访问控制子层标准是在物理层上的一些应用要求标准，如 802.11e、802.11f、802.11i。IEEE 802.11 标准涵盖了许多子集，包括如下。

1）802.11a：将传输频段放置在 5 GHz 频率空间。

2）802.11b：将传输频段放置在 2.4 GHz 频率空间。

3）802.11d：Regulatory Domains，定义域管理。

4）802.11e：QoS（Quality of Service），定义服务质量。

5）802.11f：IAPP（Inter – Access Point Protocol），接入点内部协议。

6）802.11g：在2.4GHz频率空间取得更高的速率。

7）802.11h：5GHz频率空间的功耗管理。

8）802.11i：Security，定义网络安全性。

2. IEEE 802.11 WLAN 组成结构

IEEE 802.11 WLAN 组成结构如图6.10所示。一个802.11局域网（LAN）建立在一个蜂窝状的结构之上，该系统被细分为单元，每个单元（IEEE 802.11术语称为基本服务集或BBS）都被无线基站（无线AP）所控制。虽然一个无线局域网可以仅由单个BBS和单个的无线AP组成（也可以没有无线AP），但是大多数的装备是由若干个BBS和一个与某种骨干网（称为分布式系统或者DS）相连的无线AP组成的。以太网是典型的主干网，而有的时候主干网也会是无线网。整个的互联无线局域网，包括各式各样的BBS，它们相应的无线AP以及分布式系统整体被OSI参考模型的上层视作一个单独的802网络，并且在该规范中被称作扩展服务集（ESS）。

漫游是从一个BBS移动到另外一个BBS而不丢失连接的过程，这个功能和手机的漫游相似，但有两点主要区别。第一，在一个基于数据包的局域网系统中，从一个单元转移到另一个单元可以由数据包传输实现，和手机通话过程中的漫游转移相对应，但仍有一些不同。第二，在语音系统中，短时的掉线并不影响通话，但在基于数据包的环境下这将对性能造成大幅降低，因为重发是由上层协议完成的。802.11规范并没有定义漫游应该如何实现，但是定义了一些基本工具，这些工具包括主动/被动扫描以及重新连接

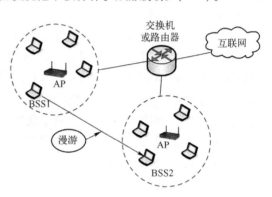

图6.10　IEEE 802.11 WLAN 组成结构

过程，此过程中一个站点从一个无线AP漫游到另外一个并且和新的AP建立连接。

3. IEEE 802.11 帧结构

IEEE 802.11定义了管理帧、控制帧和数据帧3种不同类型的帧。管理帧用于站点与AP发生关联或解关联、定时和同步、身份认证以及解除认证；控制帧用于在数据交换时的握手和确认操作；数据帧用来传送数据。MAC头部提供了关于帧控制、持续时间、寻址和顺序控制的信息。每种帧包含用于MAC子层的一些字段的头，IEEE 802.11帧格式见图6.11。

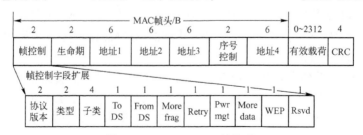

图6.11　IEEE 802.11 帧格式

（1）Frame Control（帧控制域）

1）Protocol Version（协议版本）：通常为0。

2）Type（类型域）和Subtype（子类型域）：共同指出帧的类型。

3）To DS：表明该帧是 BSS 向 DS 发送的帧。

4）From DS：表明该帧是 DS 向 BSS 发送的帧。

5）More Frag：用于说明长帧被分段的情况，是否还有其他的帧。

6）Retry（重传域）：用于帧的重传，接收 STA 利用该域消除重传帧。

7）Pwr Mgt（能量管理域）：为 1 时 STA 处于 power_save 模式，为 0 时处于 active 模式。

8）More Data（更多数据域）：为 1 时至少还有一个数据帧要发送给 STA。

9）Protected Frame：为 1 时帧体部分包含被密钥套处理过的数据，否则为 0。

10）Order（序号域）：为 1 时长帧分段传送采用严格编号方式，否则为 0。

（2）Duration/ID（持续时间/标识）

表明该帧和它的确认帧将会占用信道多长时间；对于帧控制域子类型为：Power Save – Poll 的帧，该域表示了 STA 的连接身份（Association Indentification，AID）。

（3）Address（地址域）

源地址（SA）、目的地址（DA）、传输工作站地址（TA）、接收工作站地址（RA），SA 与 DA 必不可少，后两个只对跨 BSS 的通信有用，而目的地址可以为单播地址（Unicast Address）、多播地址（Multicast Address）、广播地址（Broadcast Address）。

（4）Sequence Control（序列控制域）

由代表 MSDU（MAC Server Data Unit）或者 MMSDU（MAC Management Server Data Unit）的 12 位序列号（Sequence Number）与表示 MSDU 和 MMSDU 的每一个片段的编号的 4 位片段号组成（Fragment Number）。

4. IEEE 802.11 MAC 协议

MAC 层定义了两种不同的访问方式：分布式协调功能（Distributed Coordination Function）和点式协调功能（Point Coordination Function）。

（1）基本的访问方式

CSMA/CA 被称为分布式协调功能的基本的访问机制，本质上是带冲突避免的载波侦听多路访问（CSMA/CA）机制。载波侦听多路访问（CSMA）协议在工业领域早已广为人知，最流行的是带冲突检测的多路访问协议（CSMA/CD），即以太网。

CSMA 协议工作原理如下：一个站点在发送之前先对介质进行监听，如果介质忙（例如有其他站点正在发送），那么该站点推迟一段时间之后再试发送；如果介质空闲，那么该站点即获准发送。这种类型的协议在介质负载不重的时候是非常有效的，因为它允许站点在最小延时发送，但是依旧会有可能不同的站点同时侦听到介质空闲，然后同时发送数据，这样的话就会导致碰撞（Collision）发生。这种碰撞的情形必须要能被识别出来，以便 MAC 层能独立地重新将数据包传送，而不是被它的上层重新传送，因为如果是被 MAC 层的上层重新传送的话，就会造成严重的延时。在以太网的情况下，这种碰撞被发送数据的站点识别，之后该站点进入一个基于指数随机退后算法的避让环节。

尽管这样的冲突检测机制对于有线局域网来说是一个很好的主意，但是在无线局域网的环境下就不能被采用了，主要原因有如下两个：第一，实现冲突检测机制要求有一个全双工的无线电设备，该设备能在同一时间完成收发任务，这样一来就将造成成本显著提高；第二，在无线环境下我们不能假定所有的站点都能互相侦测到（这也是冲突检测模式的基本假设），而且即使一个想要发送的站点侦测到介质是空闲的，也未必意味着介质在接收器附近也是空闲的。

为了解决这些问题，IEEE 802.11 使用了一个冲突避免（CA）机制，同时还有一个主动的确认方案，即一个站点如果想要发送，那么它首先对介质进行侦听，如果介质忙，那么它推迟发送，如果介质空闲了一个特定的时间（在规范中称为分散式帧间间隔 DIFS），那么该站点获准发送。接收站点检查收到的数据包的 CRC，并且回发一个确认包（ACK），发送站收到此确认包即意味着没有冲突发生。如果发送站没有收到确认包，那么它将再次发送该数据片，直到收到应答确认包，或者在指定的发送次数之后将该数据片丢弃。

（2）虚拟载波侦听

因为任意两个站点之间不能互相侦测到，为了降低它们的冲突几率，规范中还定义了一个虚拟载波侦听机制，即一个站点如果要发送数据，那么它首先发送一个短小的控制数据包，该包称为 RTS 包（请求发送 Request To Send），包里包含数据的来源和目的地，以及接下来的传送（即数据包和相应的确认信号）的持续时间。如果介质空闲，接收站点以一个应答控制数据包 CTS（可以发送 Clear To Send）回应，该 CTS 包包含相同的持续时间信息。所有接收到 RTS 和（或）CTS 的站点，都将它们的虚拟载波监听指示位（称为网络配给向量 NAV）置 1 并保持一定时间，该时间和传送持续时间相同。当它们监听介质的时候会和实际的载波侦听一起使用这一信息。CSMA/CA 协议中的 RTS 帧和 CTS 帧的示意见图 6.12。

这种机制降低了由于接收站附近的某个站点没有收到 RTS 信号而同时发送数据造成的冲突，因为该站点能收到接收站发出的 CTS 信号，并且也保留介质不被占用直到传送结束。RTS 信息中持续时间的信息同样也可以保护发送站附近的某些站点由于在应答信号覆盖范围之外而造成的和发送站同时发送的冲突。

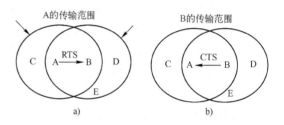

图 6.12　CSMA/CA 协议中的 RTS 帧和 CTS 帧

值得注意的是，由于 RTS 和 CTS 信号都是短帧，这种机制也减少了冲突的开销，因为这些信号比整个要发送的数据包识别起来要快。在数据包比 RTS 帧大许多的时候是这样的，因而规范同样允许小数据包直接发送而不需要 RTS/CTS（具体由每个站点的被称为 RTS 阈的参数控制）。

5. Ad‐hoc 网络

Ad‐hoc 网络是一种有特殊用途的网络。Ad‐Hoc 源于拉丁语，意思是"for this"，引申为"for this purpose only"，即"为某种目的设置的，特别的"的意思。IEEE 802.11 标准委员会采用了"Ad‐hoc 网络"一词来描述这种特殊的自组织对等式多跳移动通信网络，Ad‐hoc 网络就此诞生。

（1）Ad‐hoc 网络的特点

Ad‐hoc 网络是一种特殊的无线移动网络。网络中所有节点的地位平等，无需设置任何的中心控制节点。网络中的节点不仅具有普通移动终端所需的功能，而且具有报文转发能力。与普通的移动网络和固定网络相比，它具有以下特点：

1）无中心。Ad‐hoc 网络没有严格的控制中心。所有节点的地位平等，即是一个对等式网络。节点可以随时加入和离开网络。任何节点的故障不会影响整个网络的运行，具有很强的抗毁性。

2）自组织。网络的布设或展开无需依赖于任何预设的网络设施。节点通过分层协议和分布式算法协调各自的行为，节点开机后就可以快速、自动地组成一个独立的网络。

3）多跳路由。当节点要与其覆盖范围之外的节点进行通信时，需要中间节点的多跳转发。

与固定网络的多跳不同，Ad-hoc 网络中的多跳路由是由普通的网络节点完成的，而不是由专用的路由设备（如路由器）完成的。

4）动态拓扑。Ad-hoc 网络是一个动态的网络。网络节点可以随处移动，也可以随时开机和关机，这些都会使网络的拓扑结构随时发生变化。这些特点使得 Ad-hoc 网络在体系结构、网络组织、协议设计等方面都与普通的蜂窝移动通信网络和固定通信网络有着显著的区别。

（2）Ad-hoc 网络的应用

由于 Ad-hoc 网络的特殊性，它的应用领域与普通的通信网络有着显著的区别。它适合被用于无法或不便预先铺设网络设施的场合、需快速自动组网的场合等。

1）军事应用。军事应用是 Ad-hoc 网络技术的主要应用领域。因其特有的无需架设网络设施、可快速展开、抗毁性强等特点，它是数字人战场通信的首选技术。Ad-hoc 网络技术已经成为美军战术互联网的核心技术，美军近期的数字电台和无线互联网控制器等主要通信装备都使用了 Ad-hoc 网络技术。

2）传感网络。传感网络是 Ad-hoc 网络技术的另一大应用领域。对于很多应用场合来说传感网络只能使用无线通信技术，而考虑到体积和节能等因素，传感器的发射功率不可能很大，使用 Ad-hoc 网络实现多跳通信是非常实用的解决方法。分散在各处的传感器组成 Ad-hoc 网络，可以实现传感器之间和与控制中心之间的通信，这在爆炸残留物检测等领域具有非常广阔的应用前景。

3）紧急和临时场合。在发生了地震、水灾、强热带风暴或遭受其他灾难打击后，固定的通信网络设施（如有线通信网络、蜂窝移动通信网络的基站等网络设施、卫星通信地球站以及微波接力站等）可能被全部摧毁或无法正常工作，对于抢险救灾来说，这时就需要 Ad-hoc 网络这种不依赖任何固定网络设施又能快速布设的自组织网络技术。类似地，处于边远或偏僻野外地区时，同样无法依赖固定或预设的网络设施进行通信。Ad-hoc 网络技术的独立组网能力和自组织特点，是这些场合通信的最佳选择。

4）个人通信。个人局域网（Personal Area Network，PAN）是 Ad-hoc 网络技术的另一应用领域。不仅可用于实现 PDA、手机、手提电脑等个人电子通信设备之间的通信，还可用于个人局域网之间的多跳通信。蓝牙技术中的超网（Scatternet）就是一个典型的例子。

5）与移动通信系统的结合。Ad-hoc 网络还可以与蜂窝移动通信系统相结合，利用移动台的多跳转发能力扩大蜂窝移动通信系统的覆盖范围、均衡相邻小区的业务、提高小区边缘的数据速率等。在实际应用中，Ad-hoc 网络除了可以单独组网实现局部的通信外，它还可以作为末端子网通过接入点接入其他的固定或移动通信网络，与 Ad-hoc 网络以外的主机进行通信。因此，Ad-hoc 网络也可以作为各种通信网络的无线接入手段之一。

（3）Ad-hoc 网络的体系结构

1）节点结构。Ad-hoc 网络中的节点不仅要具备普通移动终端的功能，还要具有报文转发能力，即要具备路由器的功能。因此，就完成的功能而言可以将节点分为主机、路由器和电台3部分。其中主机部分完成普通移动终端的功能，包括人机接口、数据处理等应用软件；而路由器部分主要负责维护网络的拓扑结构和路由信息，完成报文的转发功能；电台部分为信息传输提供无线信道支持。

2）网络结构。Ad-hoc 网络一般有平面结构和分级结构两种结构。在平面结构中，所有节点的地位平等，所以又可以称为对等式结构。分级结构中，网络被划分为簇，每个簇由一个簇头和多个簇成员组成，这些簇头形成了高一级的网络。在高一级网络中，又可以分簇，再次形成更高一级的网络，直至最高级。在分级结构中，簇头节点负责簇间数据的转发，簇头可以预先指定，也可以由节点使用算法自动选举产生。

（4）Ad-Hoc网络中的关键技术

1）信道接入技术。Ad-Hoc网络的无线信道是多跳共享的多点信道，所以不同于普通网络的共享广播信道、点对点无线信道和蜂窝移动通信系统中由基站控制的无线信道。信道接入技术控制节点如何接入无线信道，该技术主要是解决隐藏终端和暴露终端问题，影响比较大的有MACA协议、控制信道和数据信道分裂的双信道方案和基于定向天线的MAC协议以及一些改进的MAC协议。

2）网络体系结构。网络主要是为数据业务设计的，没有对体系结构做过多考虑，但是当Ad-hoc网络需要提供多种业务并支持一定的QoS时，应当考虑选择最为合适的体系结构，并需要对原有协议栈进行重新设计。

3）路由协议。Ad-hoc路由面临的主要挑战是传统的保存在节点中的分布式路由数据库如何适应网络拓扑的动态变化。Ad-hoc网络中多跳路由是由普通节点协作完成的，而不是由专用的路由设备完成的，因此，必须设计专用的、高效的无线多跳路由协议。目前，一般普遍得到认可的代表性成果有DSDV、WRP、AODV、DSR、TORA和ZRP等。至今，路由协议的研究仍然是Ad-hoc网络成果最集中的部分。

4）QoS保证。Ad-hoc网络出现初期主要用于传输少量的数据信息，随着应用的不断扩展，需要在Ad-hoc网络中传输多媒体信息。多媒体信息对时延和抖动等都提出了很高要求，即需要提供一定的QoS保证。Ad-hoc网络中的QoS保证是系统性问题，不同层都要提供相应的机制。

5）多播/组播协议。由于Ad-hoc网络的特殊性，广播和多播问题变得非常复杂，它们需要链路层和网络层的支持，目前这个问题的研究已经取得了阶段性进展。

6）安全性问题。由于Ad-hoc网络的特点之一就是安全性较差，易受窃听和攻击，因此需要研究适用于Ad-hoc网络的安全体系结构和安全技术。

7）网络管理。Ad-hoc网络管理涉及面较广，包括移动性管理、地址管理和服务管理等，需要相应的机制来解决节点定位和地址自动配置等问题。

8）节能控制。可以采用自动功率控制机制来调整移动节点的功率，以便在传输范围和干扰之间进行折衷。还可以通过智能休眠机制，采用功率意识路由和使用功耗很小的硬件来减少节点的能量消耗。

6. WiFi

WiFi是一种可以将个人电脑、手持设备（如PDA、手机）等终端以无线方式互相连接的技术。WiFi是一个无线网络通信技术的品牌，由WiFi联盟（WiFi Alliance）所持有，目的是改善基于IEEE 802.11标准的无线网络产品之间的互通性。

（1）简介

所谓WiFi，其实就是IEEE 802.11b的别称，是由一个名为"无线以太网相容联盟"（Wireless Ethernet Compatibility Alliance，WECA）的组织所发布的业界术语，中文译为"无线相容认证"。它是一种短程无线传输技术，能够在数百英尺范围内支持互联网接入的无线电信号。随着技术的发展，以及IEEE 802.11a及IEEE 802.11g等标准的出现，现在IEEE 802.11这个标准已被统称作WiFi。从应用层面来说，要使用WiFi，用户首先要有WiFi兼容的用户端装置。

WiFi实质上是一种商业认证，同时也是一种无线联网技术，常见的就是无线路由器。在无线路由器电波覆盖的有效范围都可以采用WiFi连接方式进行联网，如果无线路由器连接了一条ADSL线路或者别的上网线路，则又被称为"热点"。现在市面上常见的无线路由器多为 54 Mbit/s、108 Mbit/s 和 300 Mbit/s 速率。WiFi 下一代标准制定启动最高传输速率可达 6.7 Gbit/s，当然这个速度并不是上互联网的速度，上互联网的速度主要取决于 WiFi 热点的互联网线路。

（2）特点

1）无线电波的覆盖范围广，基于蓝牙技术的电波覆盖范围非常小，半径大约有 15 m，而 WiFi 的半径则可达 100 m，可在办公室乃至整栋大楼中使用。据悉，由 Vivato 公司推出的一款新型交换机能够把目前 WiFi 无线网络通信距离扩大到 6.5 km。

2）虽然由 WiFi 技术传输的无线通信质量不是很好，数据安全性能比蓝牙差一些，传输质量也有待改进，但传输速度非常快，可以达到 54 Mbit/s，符合个人和社会信息化的需求。

3）厂商进入该领域的门槛比较低。厂商只要在机场、车站、咖啡店、图书馆等人员较密集的地方设置"热点"，并通过高速线路将互联网接入上述场所，用户即可将手持终端高速接入互联网。也就是说，厂商不用耗费资金来进行网络布线接入，从而节省了大量的成本。

4）健康安全

IEEE 802.11 规定的发射功率不可超过 100 mW，实际发射功率约 60~70 mW，这是一个什么样的概念呢？手机的发射功率约为 200 mW 至 1 W 间，手持式对讲机高达 5 W，而且无线网络使用方式并非像手机直接接触人体，是绝对安全的。

（3）USB 无线网卡

根据无线网卡使用的标准不同，WiFi 的速度也有所不同。其中 IEEE 802.11b 最高为 11 Mbit/s，IEEE 802.11a 和 IEEE 802.11g 均为 54 Mbit/s。WiFi 是由 AP（Access Point）和无线网卡组成的无线网络，AP 一般称为网络桥接器或接入点，它是有线局域网络与无线局域网络之间的桥梁，因此任何一台装有无线网卡的 PC 均可通过 AP 去分享有线局域网络甚至广域网络的资源，其工作原理相当于一个内置无线发射器的 Hub 或者是路由，而无线网卡则是负责接收由 AP 所发射信号的用户端设备。

（4）应用

WiFi 最主要的优势在于不需要布线，可以不受布线条件的限制，因此非常适合移动办公用户的需要，具有广阔市场前景。目前它已经从传统的医疗保健、库存控制和管理服务等特殊行业向更多行业拓展开去，广泛进入家庭以及教育机构等领域。WiFi 在手持设备上应用越来越广泛，如智能手机，与早前应用于手机上的蓝牙技术不同，WiFi 具有更大的覆盖范围和更高的传输速率，因此 WiFi 手机成为了目前移动通信业界的时尚潮流。

7. 无线局域网的构建

（1）WLAN 的组网模式

一般来说，WLAN 有两种组网模式，一种是无固定基站模式，另一种是有固定基站模式，这两种模式各有特点。无固定基站组成的网络称为自组网络，主要用于便携式计算机之间组成平等结构网络。有固定基站的网络类似于移动通信，网络用户的便携式计算机通过基站（AP）连入网络，一般用于有线局域网覆盖范围的延伸或作为宽带无线互联网的接入方式。

（2）WLAN 采用的传输介质

无线局域网采用的传输介质是红外线 IR（Infrared）或无线电波（RF）。红外线的波长是 750 nm~1 mm，是频率高于微波而低于可见光的电磁波，是人的肉眼看不见的光线。利用红外线进行数据传输就是视距传输，对临近的类似系统不会产生干扰，也很难窃听。红外数据协会（IRDA）为了使不同厂商的产品之间获得最佳的传输效果，规定了红外线波长范围为 850~

900 nm。无线电波一般使用 3 个频段：L 频段 （902 ~ 928 MHz）、S 频段 （2.4 ~ 2.4 835 GHz） 和 C 频段 （5.725 ~ 5.85 GHz）。S 频段也称为工业科学医疗频段，大多数无线产品使用该频段。

（3）WLAN 的应用范畴

WLAN 是计算机网络与无线通信技术相结合的产物，提供有线局域网的功能，能够使用户真正实现随时、随地的宽带网络接入。WLAN 的最高数据传输速率目前已经达到 54 Mbit/s （802.11g），传输距离可远至 20 km 以上，且传输速率和传输距离还在进一步发展中。它不仅可以作为有线数据通信的补充和延伸，而且还可以与有线网络环境互为备份。WLAN 的应用较为广泛，其应用场合主要包括以下几个方面：

1）多个普通局域网及计算机的互联。

2）多个控制模块 （Control Module，CM） 通过有线局域网的互联，每个控制模块又可支持一定数量的无线终端系统。

3）具有多个局域网的大楼之间的无线连接。

4）为具有无线网卡的便携式计算机、掌上电脑、手机等提供移动、无线接入。

5）无中心服务器的某些便携式计算机之间的无线通信。

6.1.4 无线城域网 WiMAX

全球微波互联接入 WiMAX （Worldwide Interoperability for Microwave Access，WiMAX） 也叫 IEEE 802.16 无线城域网或 802.16。WiMAX 是一项新兴的宽带无线接入技术，能提供面向互联网的高速连接，数据传输距离最远可达 50 km。WiMAX 还具有 QoS 保障、传输速率高、业务丰富多样等优点。

1. 简介

WiMAX 宽带无线通信系统是由 W - Oasis 自主研发的新一代宽带无线通信技术，WiMAX 采用国际最先进的多码正交频分多址 （MC - OFDMA） 技术、多元编码调制、多入多出 （MIMO） 等无线通信技术，使其无线性能远远高出现有的宽带无线接入技术。WiMAX 基于 IP 分组交换网络架构，可以无缝地融入行业专网。随着技术标准的发展，WiMAX 逐步实现宽带业务的移动化，而 3G 则实现移动业务的宽带化，两种网络的融合程度会越来越高。

WiMAX 系统具有覆盖范围广、高带宽、高保密性、非视距传输、支持高速移动、支持终端漫游切换等先进优势，使其可以广泛地用于电力、水利、油田、煤炭、制造业等行业用户，为用户提供可靠的无线数据语音传输平台。WiMAX 系统应用于行业领域可以弥补行业现有有线网络的不足，扩大 IP 网络的覆盖范围，借助其灵活的部署和移动性功能，使得行业中宽带应用更加丰富，比如应急通信、移动视频监控等。WiMAX 在提高行业生产效率的同时，使不同行业的信息化、生产自动化以及办公自动化水平相应提高，WiMAX 正以其先进的技术优势和良好的产品性能服务于众多行业用户。

2. WiMAX 技术特点

（1）高带宽

WiMAX 基站在 5 MHz 带宽时单扇区容量达到 19 Mbit/s，三扇区设置可以提供 57 Mbit/s 容量。WiMAX 系统的终端数据速率可达 1 ~ 3 Mbit/s，可以满足不同行业的各种数据传输需求。WiMAX 双工方式为 TDD，上下行带宽分配比例可以灵活调整，如 36：11、29：18、26：21 等。这样，对于行业办公区和家属区的 Internet 浏览、视频点播、文件下载等以下行流量为主的应用可以调高终端下行带宽 （比如 29：18），而对于视频监控、数据采集等以上行流量为主的业务可以调高终端上行带宽（比如11：36）。

（2）广域覆盖

WiMAX 宽带无线系统的智能天线技术可有效提高链路预算，从而保证较大的覆盖范围和数据吞吐量。工作于 1 800 MHz 频段的 WiMAX 基站最大覆盖半径可超过 20 km，城区单基站典型覆盖半径最大可达 3 km。相对于传统的无线接入技术，WiMAX 因其覆盖范围大的特性更容易组成城域网，而不单单局限于热点覆盖，使得用户可在较大的范围内享受无线宽带服务，特别是在油田、煤矿、水利、电力等行业仅需少量基站，即可实现广域范围的数据通信。

（3）支持大量用户并发

用户密集地区对无线通信系统的并发容量提出很高的要求，如电力、油田、城市管网监控系统、水文、气象监测、交通管理、煤矿安全监控等行业的大量数据采集设备也要求通信系统支持大量用户同时在线。WiMAX 系统采用了 4 种细颗粒度带宽分配的 QoS 机制，单基站可支持约 200 个用户的并发业务。对于语音业务，则可以提供约 100 个 VoIP 用户。WiMAX 无可比拟的大量用户并发能力十分适合大量窄带语音和数据传输的系统容量需求，比如电力抄表、厂区通信等。

（4）宽带数据与窄带语音融合

语音数据一体化的关键技术是系统能同时高效率地支持窄带和宽带业务。WiMAX 以其独特的技术设计和无线技术处理解决了宽带无线数据通信基础上的窄带语音通信，实现了二者的完美结合。WiMAX 终端产品 CPE、PDA 等提供语音和数据两种接口，既实现语音电话业务又实现数据上网业务，可以很好地满足不同行业用户的数据传输和语音调度服务。

（5）端到端整体解决方案

WiMAX 系统是拥有自主知识产权的无线宽带接入技术的新一代宽带无线通信系统，该系统以无线宽带为接入手段、以 IP 网络为承载，通过提供丰富的终端、灵活的组网和个性化业务定制能力为用户真正提供了能够满足下一代宽带移动通信需求的端到端解决方案。在终端方面，WiMAX 系统可以提供无线固定终端及无线移动终端，同时还可提供具有视频及定位功能的宽带终端。丰富的终端类型不仅可以满足现网的接入需求，同时可满足将来宽带网络的热点接入需求。WiMAX 系统通过独立的业务平台，可以提供丰富多样的业务，如农村网的远程信息广播、远程教育，城市管理网的交通监控、自动导航，企业网的处理、远程数据采集等。

（6）专用频率资源优势

作为完全自主知识产权的无线通信技术，WiMAX 无线接入技术获得了国家在无线电频率资源分配方面的大力支持，拥有独特的频率优势。目前 WiMAX 拥有 1 785 ~ 1 805 MHz 的授权频率。

（7）绿色环保

WiMAX 系统通过采用 OFDM 技术，最大限度地降低了多径干扰，从而有效降低了系统的发射功率。基站最大发射功率仅 2 W，大大低于其他系统。同时，由于发射功率低，WiMAX 中的功放设备成本较低。

（8）支持同频组网

WiMAX 支持同频组网，因其采用了增强零陷、动态信道分配等新技术，使得系统具有良好的抗同频干扰能力。WiMAX 单基站需要 5M 带宽，因此只需要较少的频率资源就可以组建较大规模的网络。

（9）自主知识产权

WiMAX 系统拥有完整的自主知识产权，可以根据不同行业的用户需求定制开发不同的终端和基站乃至核心网产品，WiMAX 提供无线终端模块，可以方便地与行业现有的终端集成，提供

WiMAX 网络的无线接入，比如 WiMAX 为行业定制了应急通信车、为民航定制了通信终端等。

（10）产品成熟度高

WiMAX 是基于成熟的 OFDMA 技术平台开发的，智能天线、软件无线电等核心技术均已经过了商用检验。目前，WiMAX 在电力、油田、水利、军队行业专网中得到广泛的应用，并且和其他终端厂商合作定制开发了多款适合多个行业专网领域应用的智能终端。在移动宽带无线领域，WiMAX 的技术成熟度较高。

（11）成本优势

WiMAX 是全 IP 的无线系统，其扁平化的网络架构非常简洁，符合未来无线网络演进趋势，基站通过以太网接口直接连入高性价比的 IP 网络，帮助企业最大程度降低网络建设成本和运维费用，采用这种高集成度的基站设备，用户可在现有宽带网络中进行无缝升级和扩展，网络建设成本较低。

3. WiMAX 核心技术

（1）MC – OFDMA

MC – OFDMA（多码正交频分多址）是 WiMAX 系统的核心技术之一，它将 OFDMA 和 TDMA 技术有机融合为一体，使系统获得了高频谱效率、抗衰落、抗多径等综合性能优势。OFDM 是一种高速传输技术，是未来无线宽带接入系统的关键技术之一。在 WiMAX 系统中，OFDM 技术为物理层技术，主要有 OFDM 物理层和 OFDMA 物理层两种应用方式。无线城域网OFDM 物理层采用 OFDM 调制方式，OFDM 正交载波集由单一用户产生，为单一用户并行传送数据流，支持 TDD 和 FDD 双工方式，上行链路采用 TDMA 多址方式，下行链路采用 TDM 复用方式，可以采用 STC 发射分集以及 AAS 自适应天线系统。无线城域网 OFDMA 物理层采用OFDMA 多址接入方式，支持 TDD 和 FDD 双工方式，可以采用 STC 发射分集以及 AAS。

（2）AMC

现实中的无线通信环境都是多种多样且随时变化的，为了能在这样的环境下实现数据信号的正确传输，可采用 AMC（自适应编码调制）调制方式。自动检测信道质量，通过改变下行信道的调制方式来动态调整传输速率，以适应不同的传输环境和干扰波动。WiMAX 系统的动态调制方式分为 QPSK、8PSK、QAM16 和 QAM64。由于信道帧结构引入特殊时隙，不需考虑用户间的干扰，信道和噪声估计较准，根据信道质量进行动态调制可以使系统的吞吐量最优化。

（3）HARQ

作为提高无线信道传输可靠性的主要手段，差错控制技术正在发挥越来越大的作用。差错控制技术主要包括自动重传方案（ARQ）以及分组编码、卷积编码和 Turbo 码等纯粹的前向差错编码（FEC）方案。HARQ（混合自动重传）是将 FEC 和 ARQ 结合起来的一种差错控制方案，它综合了二者的优势，可以自适应地基于信道条件提供精确的编码速率调节，并补偿由于采用链路适配所带来的误码以提高系统性能。

（4）MIMO

无线 MIMO（多入多出）系统采用空时处理技术进行信号处理。在多径环境下，无线 MIMO 系统可以极大地提高频谱利用率，增加系统的数据传输率。MIMO 技术实质上是为系统提供空间复用增益和空间分集增益，目前针对 MIMO 信道所进行的研究也主要围绕这两个方面。空间复用技术可以大大提高信道容量，而空间分集则可以提高信道的可靠性，降低信道误码率。MIMO 技术的关键是能够将传统通信系统中存在的多径影响因素变成对用户通信性能有利的增强因素，MIMO 技术有效地利用了随机衰落和可能存在的多径传播来成倍地提高业务传输速率。MIMO 技术成功之处主要是它能够在不额外增加所占用的信号带宽的前提下，带来无线通信的性能上几个数量级的改善。

（5）QoS

WiMAX 定义了较为完整的 QoS（服务质量）机制。MAC 层针对每个连接可以分别设置不同的 QoS 参数，包括速率、延时等指标。WiMAX 系统所定义的 5 种上行业务流的调度类型如下。

1）非请求的带宽分配业务（UGS）：VoIP 业务（不带静默压缩）。

2）实时轮询业务（rtPS）：MPEG 视频。

3）非实时轮询业务（nrtPS）：FTP 业务。

4）扩展实时轮询业务（ertPS）：VoIP 业务（带静默压缩）。

5）尽力而为业务（BE）：网络浏览、E-mail 及其他业务。

这里定义的 QoS 参数都是针对空中接口的，而且是这 5 种业务的必要参数。在实际应用中，可以根据实际业务情况进行恰当的 QoS 策略分配。对于下行的业务流，根据业务流的应用类型只有 QoS 参数的限制（即不同的应用类型有不同的 QoS 参数限制）而没有调度类型的约束，因为下行的带宽分配是由基站中的 Buffer 中的数据触发的。

（6）Handover（切换）

WiMAX 支持切换技术，以保证移动终端在进行通话或数据传输的过程中从一个基站的覆盖区域切换到另外一个基站的覆盖区域，且在此过程中业务不中断，确保业务的连续性。

4. WiMAX 系统组成

（1）网络体系架构

WiMAX 网络体系如图 6.13 所示，包括核心网、用户基站（SS）、基站（BS）、接力站（RS）、用户终端设备（TE）和网管。

1）核心网络。WiMAX 连接的核心网络通常为传统交换网或互联网。WiMAX 提供核心网络与基站间的连接接口，但 WiMAX 系统并不包括核心网络。

2）基站。基站提供用户基站与核心网络间的连接，通常采用扇形/定向天线或全向天线，可提供灵活的子信道部署与配置功能，并根据用户群体状况不断升级扩展网络。

3）用户基站。属于基站的一种，提供基站与用户终端设备间的中继连接，通常采用固定天线，并被安装在屋顶上。基站与用户基站间采用动态适应性信号调制模式。

4）接力站。在点到多点体系结构中，接力站通常用于提高基站的覆盖能力，也就是说充当一个基站和若干个用户基站（或用户终端设备）间信息的中继站。接力站面向用户侧的下行频率可以与其面向基站的上行频率相同，当然也可以采用不同的频率。

5）用户终端设备。WiMAX 系统定义用户终端设备与用户基站间的连接接口，提供用户终端设备的接入，但用户终端设备本身并不属于 WiMAX 系统。

6）网管系统。用于监视和控制网内所有的基站和用户基站，提供查询、状态监控、软件下载、系统参数配置等功能。

（2）端到端的参考模型

WiMAX 网络的参考模型分为非漫游模式和漫游模式，分别如图 6.14 和图 6.15 所示。其功能逻辑组包括移动用户台（MSS）、接入网络（ASN）、连接服务网络（CSN）和应用服务提供商（ASP）网络。与图 6.14 相比，图 6.15 主要增加了 CSN 之间的 R5 参考点。另外，WiMAX NWG 规范不定义 CSN 和 ASP 之间的接口。

接入网络 ASN 的功能是管理 IEEE 802.16 空中接口，为 WiMAX 用户提供无线接入。它由基站 BS 和接入网关 ASN GW 组成，其中 BS 用于处理 IEEE 802.16 空中接口，ASN GW 主要处理到 CSN 的接口功能和 ASN 的管理。CSN 是一套网络功能的组合，为 WiMAX 用户提供 IP 连接。CSN 由路由器、AAA 代理或服务器、用户数据库、互联网网关设备等组成，CSN 可以作为全新的 WiMAX 系统的一个新建网络实体，也可以利用部分现有的网络设备实现 CSN 功能。

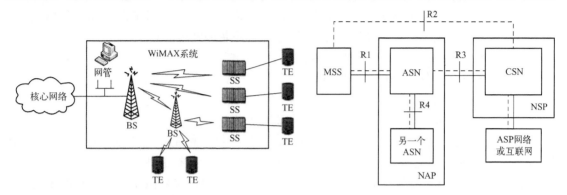

图 6.13 WiMAX 网络体系结构　　　　　图 6.14 WiMAX 非漫游模式端到端参考模型

5. IEEE 802.16 协议体系结构

IEEE 802.16 协议规定了 MAC 层和 PHY 层的规范。MAC 层独立于 PHY 层，并且支持多种不同的 PHY 层。IEEE 802.16 协议结构如图 6.16 所示。

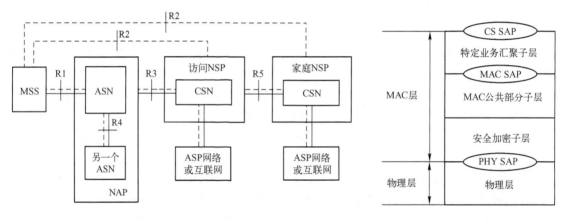

图 6.15 WiMAX 漫游模式端到端参考模型　　　　　图 6.16 IEEE 802.16 协议结构

（1）物理层

IEEE 802.16 支持时分双工（TDD）和频分双工（FDD），两种模式下都采用突发（Burst）格式发送。上行信道基于时分多用户接入（TDMA）和按需分配多用户接入（DMDA）相结合的方式，上行信道被划分为多个时隙，初始化、竞争、维护、业务传输等都通过占用一定数量的时隙来完成，由 BS 的 MAC 层统一控制，并根据系统情况动态改变；下行信道采用时分复用（TDM）方式，BS 将资源分配信息写入上行链路映射（UL – MAP）广播给 SS。

IEEE 802.16 没有具体规定载波带宽，系统可采用 1.25～20 MHz 的带宽。IEEE 802.16 建议了 1.25 MHz 和 1.75 MHz 等几个系列，1.25 MHz 系列包括 1.25、2.5、5、10、20 MHz 等，1.75 系列包括 1.75、3.5、7、14 MHz 等。对于 10～66 GHz，还可以采用 28 MHz 载波带宽，提供更高接入速率。

IEEE 802.16 中规定了单载波和正交频分复用 OFDM 两种调制方式。10～66 GHz 频段其工作波长较短，要求视距传输，多径衰落可以忽略，IEEE 802.16 规定该频段采用单载波调制方式。2~11GHz 频段存在多径衰落，采用 OFDM 技术，OFDM 的物理层采用 256 个子载波，每个子载波采用 BPSK、QPSK、16QAM 或 64QAM 调制。

（2）MAC 层

IEEE 802.16 的 MAC 层采用分层结构，分为三个子层。

1）特定业务会聚子层（CS）。该层根据提供服务的不同，提供不同的功能。对于 IEEE 802.16 来说，能提供的服务包括数字音频/视频广播、数字电话、异步传输模式 ATM、互联网接入、电话网络中无线中继和帧中继等。IEEE 802.16 标准中定义了 ATM 会聚子层和数据包会聚子层两种类型的会聚子层，它的主要作用就是对上层的 SDU 进行分类，把它们和适当的 MAC 连接对应起来，确保不同业务的 QoS。

2）共用部分子层（CPS）。该层提供了 MAC 层的核心功能，例如系统接入、带宽分配、连接建立和连接维护等。

3）加密子层（PS）。该层提供了 BS 和 SS 之间的保密性，它包括两个部分，一是加密封装协议，负责空中传输的分组数据的加密；二是密钥管理协议（PKM），负责 BS 到 SS 之间密钥的安全发放。

IEEE 802.16 的 MAC 层支持两种网络拓扑方式，IEEE 802.16 主要针对点对多点（PMP）结构的宽带无线接入应用而设计。为了适应 2~11GHz 频段的物理环境和不同业务需求，802.16a 增强了 MAC 层的功能，提出了网状（Mesh）结构，用户站（SS）之间可以构成小规模多跳无线连接。IEEE 802.16 MAC 层是基于连接的，用户站进入网络后会与基站（BS）建立传输连接。SS 在上行信道上进行资源请求，由 BS 根据链路质量和服务协定进行上行链路资源分配管理。

（3）MAC 层的 QoS 机制

IEEE 802.16 MAC 层实现 QoS 的核心原理是将 MAC 层传输的数据包与业务流对应起来以使该连接获得 QoS 支持。业务流由连接标识符（CID）标识，CID 中包含了业务类型和其他 QoS 参数，如图 6.17 所示。

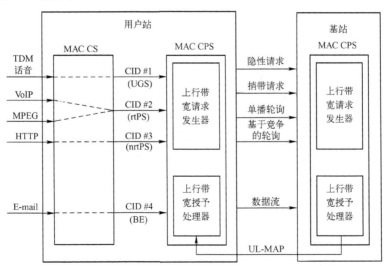

图 6.17　QoS 实现原理

1）业务流管理。

业务流提供了上下行 QoS 管理的机制，系统上下行带宽在不同业务流之间分配。业务流标识（SFID）用来标识网络中每个已经创建（DSA）的业务流。业务流有三个 QoS 参数集：指派 QoS

参数集（Provisioned QoS ParamSet）、已接纳 QoS 参数集（Admitted QoS ParamSet）和激活 QoS 参数集（Active QoS ParamSet）。指派 QoS 参数集是对业务流静态或动态配置时指派的。已接纳 QoS 参数集是 BS 认为能够满足该业务流资源要求的参数集，BS 将按照已接纳 QoS 参数集为其预留资源。激活 QoS 参数集是通过注册或动态业务流管理过程被激活的参数集，BS 为激活的业务流提供其实际需要的同时又不大于已接纳 QoS 参数集的资源。同一条服务流的三个 QoS 参数集满足如下关系：激活 QoS 参数集为已接纳参数集的子集，已接纳 QoS 参数集为指派参数集的子集。业务流被激活或接纳时获得一个 CID，可以通过 MAC 管理消息动态创建、改变或删除。

2）分类器。

分类器是对进入系统的数据单元进行分类的匹配标准。ATM 信元匹配标准为虚通路识别器（VPI）和虚通道识别器（VCI），分组匹配标准为 IP 地址。分类器与 CID 相关联，当上层数据单元通过 MAC 接口到来时，通过分类器映射到各个激活的业务流上。

3）调度业务类型。

IEEE 802.16 定义了 4 种调度业务类型，并对每种业务类型的带宽请求方式进行了规定（优先级从高到低）：

- 主动授权业务（UGS）。传输固定速率实时数据业务，如 T1/E1 和 VoIP 等。BS 将基于服务流的最大持续速率周期性地提供固定带宽授予，不允许使用任何单播轮询或竞争请求机会，同时禁止捎带请求。
- 实时轮询业务（rtPS）。支持可变速率实时业务，如 MPEG。BS 提供周期性单播查询请求机会，禁止使用其他竞争请求机会和捎带请求。
- 非实时轮询业务（nrtPS）。支持周期变长分组的非实时数据流，有最小带宽要求的业务如 ATM、Internet 接入。BS 提供比 rtPS 更长周期或不定期的单播请求机会，使用竞争请求，可以设置优先级。
- 尽力而为业务（BE）。支持非实时无任何速率和时延抖动要求的分组数据业务，如短信、E - mail。允许使用任何类型的请求机会和捎带请求。

4）带宽分配与调度策略。

IEEE 802.16 协议中对带宽分配与调度策略并未做出规定，而是把接入控制、资源预留、流量控制、分组调度算法等一系列的问题留待开发者来解决。SS 接入系统时，BS 必须监测出该业务是否会对已有的传输业务产生影响以及进行资源分配，BS 需要为高优先权业务预留足够的资源。MAC 层将业务按不同类型分类后进行排队，对不同的队列调用不同的分组调度算法，同时还涉及内存管理，流量监控等算法，满足不同业务的 QoS 需求。这些算法在有线网络中已经有比较成熟的研究，如何将它们与无线信道的多变、时延、干扰、多径衰落等特性以及 IEEE 802.16 的 MAC 层特点结合起来，提出新的算法，是未来研究的重点。

6. WiMAX 的应用模式

从技术特点分析，WiMAX 不适合单独组网进行运营，从目前运营商的情况来看，WiMAX 的应用模式主要有以下场景。

（1）固网宽带业务的接入

WiMAX 固定应用模式采用符合 IEEE 802.16d 标准的设备，工作频段根据标准规定和国家的频率划分可以为 3.5 GHz 频段，载波带宽为 3.5 MHz。由于技术的限制，网络不支持小区间的用户数据的切换。终端设备的形式为固定安装在室内的或可携带的调制解调器形式。在 WiMAX 固定应用模式中，WiMAX 网络主要作为 IP/E1 的承载，在光纤或其他有线资源到位后，网络设备可以移到其他地方布网。WiMAX 的固定应用模式主要包括两个方面，如图 6.18 所示。

1）家庭宽带接入市场。由于 WiMAX 设备成本呈现逐渐下降的趋势，且用户峰值接入速率较高，安装方便，同时具有一定的便携能力，因此运营商可利用 WiMAX 技术，在客户端采用室内型 CPE，快速进入个人宽带接入市场，提供宽带数据业务，作为 xDSL 方式的互补。

2）商企等大客户接入市场。大客户接入主要实现基于 IP 和电路业务的综合接入。运营商可利用 WiMAX 作为数字分组网（DDN）、帧中继（FR）网络等

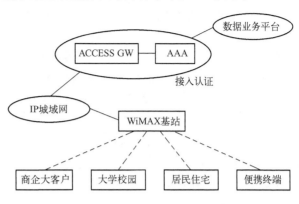

图 6.18　WiMAX 作为固网宽带业务的接入

有线接入平台的补充，在客户端采用室内型或室外型 CPE。而新兴运营商或移动运营商可利用宽带无线设备迅速开展业务，抓住重要客户，弥补其固网资源的不足。

（2）NGN 网络的接入

国际电联对 NGN 的定义：NGN 是基于分组的网络，能够提供电信业务，利用多种宽带能力和 QoS 保证的传送技术，其业务相关功能与其传送技术相独立。NGN 使用户可以自由接入到不同的业务提供商，NGN 支持通用移动性。WiMAX 可用作 NGN 网络的接入，如图 6.19 所示。利用 IP 语音业务实时带宽分配、占用空中无线资源少的特点进行语音业务的接入。对于新兴运营商，可利用 WiMAX 设备取代光缆和铜缆，在客户端配合 IAD、综合 AG 等设备快速布局，打破传统固网运营商对语音业务的垄断。

（3）数据业务的接入补充

目前，移动宽带数据业务主要指移动增值数据业务，包括移动互联网、消息类、游戏、企业应用、视频等多种业务。随着短信和移动游戏类业务的增长，用户对移动宽带数据类业务提出了更高的数据传输带宽需求，WiMAX 可以作为数据接入业务的一个有力的补充手段。

（4）移动网络基站传输

WiMAX 移动应用模式如图 6.20 所示，其采用符合 IEEE 802.16e 标准的设备，根据标准其工作频段应在 6 GHz 以下。WiMAX 移动应用模式是面向个人用户的，提供支持切换和 QoS 机制的无线数据接入业务，其网络架构同 WLAN、3G 无线接入网络相似，可以通过蜂窝组网方式覆盖较大区域。在这种应用模式下，可以将 WiMAX 看做一种无线城域网、多点基站互联和回运的支持手段。同时，

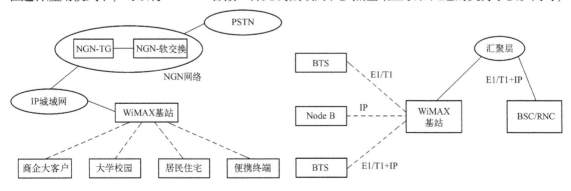

图 6.19　WiMAX 作为 NGN 网络的接入　　　　图 6.20　WiMAX 作为移动网络基站传输

由于 WiMAX 的非视距特性，能够在城市中提供很好的应用，配合运营商实现快速建网的目的，如针对我国城域网建设的实际情况，可建立采用 WiMAX 接入技术的宽带 SDH 城域网。

（5）WiMAX 与 3G 融合组网方案

WiMAX 网络和移动蜂窝网组网的网络架构，如图 6.21 所示。依据与移动蜂窝系统结合的紧密程度，移动蜂窝网络和 WiMAX 网络组网方案可以分成松耦合和紧耦合两大类。考虑耦合程度从浅到深，移动蜂窝网络和 WiMAX 网络可以有 6 个工作模式，前 2 种模式属于松耦合，后 4 种模式属于紧耦合。

1）统一计费和用户管理模式：在两个系统间外挂一个附加的网络，AAA 在附加网络中实现，完成鉴权和计费功能。

2）给予蜂窝移动网络的 WiMAX 网络认证和计费模式：WiMAX 作为移动蜂窝网络互补网络，其认证和计费需要用移动蜂窝网络的归属位置寄存器（HLR）和 AAA 等，WiMAX 流量出口直接连接到城域网。

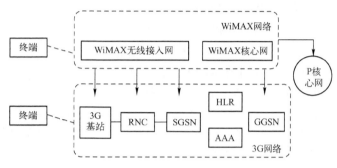

图 6.21　WiMAX 与 3G 融合组网

3）WiMAX 网络接入移动蜂窝网络的标准分组域业务模式：WiMAX 认证和计费方式与模式类似，其业务流量出口将由移动蜂窝网络的分组域网关负责。

4）业务一致性和连续性的模式：WiMAX 网络可以直接访问移动蜂窝网络所有业务。

5）无缝的分组域业务切换模式：WiMAX 网络切换要受蜂窝移动网络的控制，其 VoIP 语音业务可以切换到移动蜂窝网络中。

6）WiMAX 接入到移动蜂窝标准电路域模式：WiMAX 网络无线资源和移动蜂窝网络中无线资源将被统一调度。

WiMAX 组网可以先考虑采用第一种模式，再通过移动蜂窝网络升级，逐步演进到第四种模式和第五种，第六种模式是终极发展目标。WiMAX 终端认证计费功能都在移动蜂窝系统相应的设备中实现，在松耦合场景下，WiMAX 移动性管理由 WiMAX 专有设备实现，而在紧耦合场景下，移动蜂窝中的设备也要参与 WiMAX 终端的移动性管理。

6.2　无线传感器网络概述

无线传感器网络是无线 Ad - hoc 网络的一个重要研究分支，是随着微机电系统（MEMS）、无线通信和数字电子技术的迅速发展而出现的一种新的信息获取和处理模式。它是由随机分布的集成有传感器、数据处理单元和通信模块的微小节点通过自组织的方式构成网络，借助于节点中内置的形式多样的传感器测量所在周边环境中的热、红外、声纳、雷达和地震波信号，从而探测包括温度、湿度、噪声、光强度、压力、土壤成分、移动物体的大小、速度和方向等众多我们感兴趣的物质现象，实现对所在环境的监测。

6.2.1　无线传感器网络概念

1. 分类

目前，无线网络可分为有基础设施的网络和无基础设施网两种。有基础设施的网络，需要固定基站，例如我们使用的手机，属于无线蜂窝网，它就需要高大的天线和大功率基站来支持，基站是最重要的基础设施。另外，使用无线网卡上网的无线局域网，由于采用了接入点这种固定设备，也属于有基础设施网。无基础设施网，又称为无线 Ad－hoc 网络，节点是分布式的，没有专门的固定基站。无线 Ad－hoc 网络又可分为两类，一类是移动 Ad－hoc 网络（Mobile Ad hoc Network，MANET），它的终端是快速移动的。一个典型的例子是美军 101 空降师装备的 Ad－hoc 网络通信设备，保证在远程空投到一个陌生地点之后，在高度机动的装备车辆上仍然能够实现各种通信业务，而无需借助外部设施的支援。另一类就是无线传感器网络，它的节点是静止的或者是缓慢移动的。

2. 定义

无线传感器网络 WSN 是大量静止的或移动的传感器以自组织和多跳的方式构成的无线网络，其目的是协作地感知、采集、处理和传输网络覆盖地理区域内感知对象的监测信息，并报告给用户。如图 6.22 所示，大量的传感器节点将探测数据，通过汇聚节点经其他网络发送给了用户。在这个定义中，传感网络实现了数据采集、处理和传输的三种功能，而这正对应着现代信息技术的三大基础技术，即传感器技术、计算机技术和通信技术。

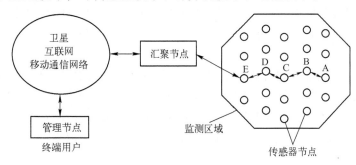

图 6.22　传感器节点汇聚和传输示意图

三大基础技术分别构成了信息系统的"感官"、"大脑"和"神经"三个部分。因此说，无线传感器网络正是这三种技术的结合，可以构成一个独立的现代信息系统。

3. 传感网络的常用逻辑结构

传感网络通过无线链路和无线接口模块，向监控主机发送传感器数据，实现传感网络的逻辑功能，见图 6.23。

1）传感器节点的处理器模块完成计算与控制功能，射频模块完成无线通信传输功能，传感器探测模块完成数据采集功能，通常由电池供电，封装成完整的低功耗无线传感器网络。

2）网关节点只需要具有处理器模块和射频模块，通过无线方式接收探测终端发送来的数据信息，再传输给有线网络的 PC 或服务器。

3）各种类型的低功耗网络终端节点可以构成星形拓扑结构，或者混合型的 ZigBee 拓扑结构，有的路由节点还可以采用电源供电方式。

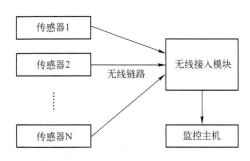

图 6.23　传感网络的逻辑功能示意图

4）如果通信环境发生变化，导致两个节点失效时，先前借助它们传输数据的其他节点则自动重新选择路由，保证在网络出现故障时能够实现自动愈合。

根据以上工作原理，通过这种自组网方式可以构建出传感网络宏观系统的地面微系统。

4. 无线传感器网络与 Ad – hoc 网络的比较

由前面介绍的无线传感器网络和 Ad – hoc 网络的特点可以得知它们的不同之处。

1) 在网络规模方面，无线传感器网络的节点数量比传统的 Ad – hoc 网络高几个数量级，由于节点数量很多，无线传感器网络节点一般没有统一的标识。

2) 在分布密度方面，无线传感器网络分布密度很大。

3) 传感器的电源能量极其有限。网络中的传感器由于电源能量的原因容易失效或废弃，电源能量约束是阻碍无线传感器网络应用的严重问题。

4) 无线传感器网络节点的能量、计算能力、存储能量有限。

5) 无线传感器网络的传感器的通信带宽窄而且经常变化，通信覆盖范围只有几十到几百米。传感器之间的通信断接频繁，经常导致通信失败。由于传感网络更多地受到高山、建筑物、障碍物等地势地貌以及风雨雷电等自然环境的影响，传感器可能会长时间脱离网络离线工作，这会导致无线传感器网络拓扑结果频繁变化。如何在有限通信能力的条件下高质量地完成感知信息的处理与传输，是无线传感器网络研究的一个重要问题。

6) 传统网络以传输数据为目的。传统网络强调将一切与功能相关的处理都放在网络的端系统上，中间节点仅仅负责数据分组的转发，而无线传感器网络的中间节点具有数据转发和数据处理双重功能。

7) 无线 Ad – hoc 网络中现有的自组织协议、算法不是很适合传感网络的特点和应用要求。传统网络与无线传感器网络设计协议时侧重点不同。比如由于应用程序不很关心单个节点上的信息，节点标识（如地址等）的作用在无线传感器网络中就不十分重要；而无线传感器网络中中间节点上与具体应用相关的数据处理、融合和缓存却是很有必要的。这与传统无线网络的路由设计准则也不同。

8) 无线传感器网络需要在一个动态的、不确定性的环境中，管理和协调多个传感器节点簇集，这种多传感器管理的目的在于合理优化传感器节点资源，增强传感器节点之间的协作，提高网络的性能及对所在环境的监测程度。

5. 特征

综上所述，由无线传感器网络的概念、应用领域、与传统网络的差异以及无线传感器网络实现涉及的一系列先进技术（MEMS、SOC、嵌入式系统）等决定了无线传感器网络一般应具有以下特征。

（1）能量受限（Energy Aware）

无线传感器网络通常的运行环境决定了无线传感器网络节点一般具有电池不可更换、能量有限的特征，当前的无线网络一般侧重于满足用户的 QoS 要求、节省带宽资源，提高网络服务质量等方面，较少考虑能量要求。而无线传感器网络在满足监测要求的同时必须以节约能源为主要目标。

（2）可扩展性（Scalablility）

一般情况下，无线传感器网络包含有上千个节点。在一些特殊的应用中，网络的规模可以达到上百万个。无线传感器网络必须有效地融合新增节点，使它们参与到全局应用中。无线传感器网络的可扩展性能力加强了处理能力，延长了网络生存时间。

（3）健壮性（Robustness）

在无线传感器网络中，由于能量有限性、环境因素和人为破坏等影响，无线传感器网络节点容易损坏，无线传感器网络健壮性保证了网络功能不受单个节点的影响，增加了系统的容错性、鲁棒性，延长了网络生存时间。

（4）环境适应性（Adaptive）

无线传感器网络节点被密集部署在监测环境中，通常运行在无人值守或人无法接近的恶劣甚至危险的环境中，传感器可以根据监测环境的变化动态地调整自身的工作状态，使无线传感器网络获得较长的生存时间。

（5）实时性（Real - Time）

无线传感器网络是一种反应系统，通常被应用于航空航天、军事、医疗等具有很强的实时要求的领域。无线传感器网络采集数据需要实时传给监测系统，并通过执行器对环境变化做出快速反应。

6.2.2 传感网络的发展历史

1. 第一阶段

20 世纪 70 年代，美越双方在密林覆盖的"胡志明小道"进行了一场血腥较量，这条道路是胡志明部队向南方游击队源源不断输送物资的秘密通道，美军曾经绞尽脑汁动用航空兵狂轰滥炸，但效果不大。后来，美军投放了 2 万多个"热带树"传感器。所谓"热带树"实际上是由震动和声响传感器组成的系统，它由飞机投放，落地后插入泥土中，只露出伪装成树枝的无线电天线，因而被称为"热带树"。只要对方车队经过，传感器探测出目标产生的震动和声响信息，自动发送到指挥中心，美机立即展开追杀，总共炸毁或炸坏 6.6 万辆卡车。这种早期使用的传感器系统没有计算能力，传感器节点只产生探测数据流，并且相互之间不能通信。

2. 第二阶段

20 世纪 80 年代至 90 年代之间。主要是美军研制的分布式传感网络系统、海军协同交战能力系统、远程战场传感器系统等。这种现代微型化的传感器具备感知能力、计算能力和通信能力。因此在 1999 年，商业周刊将传感网络列为 21 世纪最具影响的 21 项技术之一。

3. 第三阶段

21 世纪开始至今。这个阶段的传感网络技术特点在于网络传输自组织、节点设计低功耗。除了应用于情报部门反恐活动以外，在其他领域更是获得了很好的应用，所以 2002 年美国橡树岭国家重点实验室提出了"网络就是传感器"的论断。由于无线传感网在国际上被认为是继互联网之后的第二大网络，2003 年美国《技术评论》杂志评出对人类未来生活产生深远影响的十大新兴技术，传感网络被列为第一。在现代意义上的无线传感网研究及其应用方面，我国与发达国家几乎同步启动，它已经成为我国信息领域位居世界前列的少数方向之一。在 2006 年我国发布的《国家中长期科学与技术发展规划纲要》中，为信息技术确定了三个前沿方向，其中有两项就与传感网络直接相关，这就是智能感知和自组网技术。

6.2.3 无线传感器网络的应用

无线传感器网络所具有的众多类型的传感器，可探测包括地震、电磁、温度、湿度、噪声、光强度、压力、土壤成分、移动物体的大小、速度和方向等周边环境中多种多样的现象。基于 MEMS 的微传感技术和无线联网技术为无线传感器网络赋予了广阔的应用前景。这些潜在的应用领域可以归纳为：军事、航空、反恐、防爆、救灾、环境、医疗、保健、家居、工业、商业等领域。

1. 军事应用

无线传感器网络是网络中心战体系中面向武器装备的网络系统，是C4ISR的重要组成部分。C4ISR是现代军事指挥系统中7个子系统的英语单词的第一个字母的缩写，即指挥（Command）、控制（Control）、通信（Communication）、计算机（Computer）、情报（Intelligence）、监视（Surveillance）、侦察（Reconnaissance）。C4ISR就是美国人开发的一个通信联络系统。自组织和高容错性的特征使无线传感器网络非常适用于恶劣的战场环境中，进行我军兵力、装备和物资的监控，冲突区的监视，敌方地形和布防的侦察，目标定位攻击，损失评估，核、生物和化学攻击的探测等。

2. 空间探索

探索外部星球一直是人类梦寐以求的理想，借助于航天器布撒的传感网络节点实现对星球表面长时间的监测，应该是一种经济可行的方案。美国国家航空和宇宙航行局（National Aeronautics and Space Administration，NASA）的JPL（Jet Propulsion Laboratory）实验室研制的Sensor Webs就是为将来的火星探测进行技术准备的，已在佛罗里达宇航中心周围的环境监测项目中进行测试和完善。

3. 反恐应用

美国的911恐怖袭击造成了难以估量的巨大损失，而目前世界各地的恐怖袭击也大有愈演愈烈之势。采用具有各种生化检测传感能力的传感器节点，在重要场所进行部署，配备迅速的应变反应机制，有可能将各种恐怖活动和恐怖袭击扼杀在摇篮之中，防患于未然，或尽可能将损失降低到最少。

4. 防爆应用

矿产、天然气等开采、加工场所，由于其易爆易燃的特性，加上各种安全设施陈旧、人为和自然等因素，极易发生爆炸、坍塌等事故，造成生命和财产损失巨大，社会影响恶劣。在这些易爆场所，部署具有敏感气体浓度传感能力的节点，通过无线通信自组织成网络，并把检测的数据传送给监控中心，一旦发现情况异常，立即采取有效措施，防止事故的发生。

5. 灾难救援

在发生了地震、水灾、强热带风暴或遭受其他灾难打击后，固定的通信网络设施（如有线通信网络、蜂窝移动通信网络的基站等网络设施、卫星通信地球站以及微波中继站等）可能被全部摧毁或无法正常工作，对于抢险救灾来说，这时就需要无线传感器网络这种不依赖任何固定网络设施、能快速布设的自组织网络技术。边远或偏僻野外地区、植被不能破坏的自然保护区，无法采用固定或预设的网络设施进行通信，也可以采用无线传感器网络来进行信号采集与处理。

6. 环境科学

随着人们对于环境的日益关注，环境科学所涉及的范围越来越广泛。通过传统方式采集原始数据是一件困难的工作，传感网络为野外随机性的研究数据获取提供了方便。比如，跟踪候鸟和昆虫的迁移；研究环境变化对农作物的影响；监测海洋、大气和土壤的成分等。此外，也可用于对森林火灾的监控等。

7. 医疗保健

如果在住院病人身上安装特殊用途的传感器节点，如心率和血压监测设备，利用传感网络，医生就可以随时了解被监护病人的病情，进行及时处理。还可以利用传感网络长时间地收集人的生理数据，这些数据在研制新药品的过程中是非常有用的，而安装在被监测对象身上的微型传感器也不会给人的正常生活带来太多的不便。此外，在药物管理等诸多方面，它也有新颖而独特的应用。总之，传感网络为未来的远程医疗提供了更加方便快捷的技术实现手段。

8. 智能家居

嵌入家具和家电中的传感器与执行机构组成的无线传感器执行器网络与 Internet 连接在一起将会为人们提供更加舒适、方便和具有人性化的智能家居环境。包括家庭自动化（嵌入到智能吸尘器、智能微波炉、电冰箱等，实现遥控、自动操作和基于 Internet、手机网络等的远程监控）和智能家居环境（如根据亮度需求自动调节灯光，根据家具脏的程度自动进行除尘等）。

9. 工业自动化

工业自动化的应用包括机器人控制、工业自动化、设备故障监测、故障诊断、工厂自动化生产线、恶劣环境生产过程监控、仓库管理。在一些大型设备中，需要对一些关键部件的技术参数进行监控，以掌握设备的运行情况，在不便于安装有线传感器的情况下，无线传感器网络就可以作为一个重要的通信手段。

10. 商业应用

自组织、微型化和对外部世界的感知能力是无线传感器网络的三大特点，这些特点决定了无线传感器网络在商业领域也会有广泛的应用。比如，城市车辆监测和跟踪、智能办公大楼、汽车防盗、交互式博物馆、交互式玩具等众多领域，无线传感器网络都将会孕育出全新的设计和应用模式。

6.2.4 传感网络的关键技术

1. 无线通信技术

节点的通信覆盖范围只有几十到几百米，如何在有限的通信能力条件下，完成感知数据的传输呢？无线通信是第一个关键技术。

2. 低功耗

传感器节点采用电池供电，工作环境通常比较恶劣，一次部署终生使用，所以更换电池就比较困难。如何节省电源、最大化网络生命周期？低功耗设计是第二个关键技术。

3. 嵌入式操作系统

节点体积小，处理器和存储器性能有限，不允许进行复杂算法的运算。因此，嵌入式操作系统设计是第三个关键技术。

4. 路由协议

传感网络作为一种自组织的动态网络，没有基站支撑，由于节点失效、新节点加入，导致网络拓扑结构的动态性，需要自动愈合。多跳自组织的网络路由协议是第四个关键技术。

5. 数据融合

传感网络是以数据为中心的网络，用户感兴趣的是数据而不是网络和传感器硬件本身。如何建立以数据为中心的传感网络？数据融合方法是第五个关键技术。

6. 安全性

由于网络攻击无处不在，安全性是传感网络设计的重要问题，如何保护机密数据和防御网络攻击是第六个关键技术。

6.2.5 传感网络结构

1. 传感网络节点的结构

无线传感器网络的体系结构是指传感网络的节点布置与通信结构。无线传感器网络节点的基本组成见图 6.24。传感器节点由传感器模块、处理器模块、无线通信模块和能量供应模块 4 部分组成。传感器模块负责监测区域内信息的采集和数据转换；处理器模块负责控制整个传感器节点的操作，存储和处理本身采集的数据以及其他节点发来的数据；无线通信模块负责与其他传感器节点进行无线通信，交换控制信息和收发采集数据；能量供应模块为传感器节点提供运行所需的能量，通常采用微型电池。

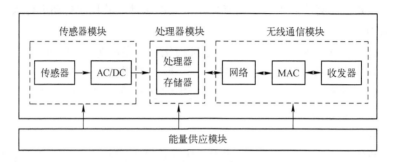

图 6.24　传感器节点的基本组成

（1）数据处理单元

数据处理单元是无线传感器网络节点的计算核心，通常选用嵌入式 CPU 负责协调节点各部分的工作，如对数据采集单元获取的信息进行必要的处理、保存、控制数据采集单元和电源的工作模式等。目前使用较多的有 ATMEL 公司的 AVR 系列单片机、TI 公司的 MSP430 超低功耗系列处理器，它们不仅功能完整、集成度高，而且根据存储容量的多少提供多种引脚兼容的处理器，使开发者很容易根据应用对象平滑升级系统。

（2）数据传输单元

数据传输单元主要由低功耗、短距离的无线通信模块组成。通信模块消耗的能量在无线传感器网络节点中占主要部分，所以考虑通信模块的工作模式和收发能耗很关键。无线传感器网络节点的通信模块必须是能量可控的，并且收发数据的功耗要非常低，对于支持低功耗待机监听模式的技术要优先考虑。目前使用较多的有 RFM 公司的 TR1000 和 Chipcon 公司的 CC1000、CC2420 等。

（3）嵌入式操作系统

嵌入式操作系统为网络节点提供必要的软件支持，负责管理节点的硬件资源，对不同应用的任务进行调度与管理。

（4）数据采集单元

被监测物理信号的形式决定了数据采集单元的类型。网络化的传感器系统可以减少单点测量可能造成的瞬态误差和单点环境激变可能造成的系统测量误差。由于在一个区域内存在很多个测量点，对于单个节点的测量错误，可以通过另外一些节点的测量结果发现，通过投票机制摒弃无效的数据，获得该区域内相对精确的测量结果。

（5）电源

电源为网络节点提供正常工作所必需的能源。无线传感器网络一般都是布置在人烟稀少或危险的区域，所以其能源不可能来自现在普通使用的工业电能，而只能求助于自身的存储和自然界的给予。一般来说，目前使用的大部分都是自身存储一定能量的化学电池。在实际的应用系统中，可以根据目标环境选择特殊的能源供给方式，例如在沙漠这种光照比较充足的地方可以采用太阳能电池；在地质活动频繁的地方可以通过地热资源或者振动资源来积蓄工作电能；

在空旷多风的地方可以采用风力获得能量支持。不过从体积和应用的简易性来说，化学电池还是无线传感器网络中重点使用的能量载体。

2. 无线传感器网络体系结构

在无线传感器网络中，节点以自组织形式构成网络，通过多跳中继方式将监测数据传到 Sink 节点，最终借助长距离或临时建立的 Sink 链路将整个区域内的数据传送到远程中心进行集中处理。卫星链路可用做 Sink 链路，借助游弋在监测区上空的无人飞机回收 Sink 节点上的数据也是一种方式，UC Berkeley 在进行 UAV（Unmanned Aerial Vehicle）项目的外场测试时便采用了这种方式。如果网络规模太大，可以采用聚类分层的管理模式，典型的无线传感器网络体系结构如图 6.25 所示。

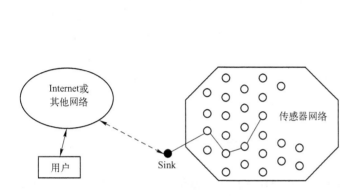

图 6.25　无线传感器网络体系结构　　　　图 6.26　无线传感器网络协议层次结构

图 6.26 表示的是无线传感器网络协议层次结构。在这个层次结构中，无线传感器网络各层都涉及能量管理、任务管理和移动管理，但是各层实现这三个管理的侧重点不同。比如应用层主要考虑任务管理，给各个子网和传感器节点分配监测任务。应用层也考虑移动管理，而能量管理则由网络层与数据链路层承担，移动管理在这两层也有一定的实现（例如 SAR 协议）。物理层也有能量管理，但是较少考虑移动管理和任务管理问题。

3. 传感器节点的限制条件

无线传感器网络可以看成是由数据获取子网、数据分布子网和控制管理中心三部分组成。它的主要组成部分是集成了传感器、数据处理单元和通信模块的节点，各节点通过协议自组织成一个分布式网络，将采集来的数据通过优化后经无线电波传输给信息处理中心。传感器节点在实现各种网络协议和应用系统时，也存在一些限制和约束。

（1）电源能量有限

传感器节点消耗能量的模块包括传感器模块、处理器模块和无线通信模块。随着集成电路工艺的进步，处理器和传感器模块的功耗变得很低，绝大部分能量主要消耗在无线通信模块上。传感器节点传输信息时要比执行计算时更消耗电能，传输 1 比特信息 100 m 距离需要的能量大约相当于执行 3 000 条计算指令所消耗的能量。

（2）通信能力受限

通常无线通信的能量消耗与通信距离的关系符合如下规律：$E = kd^n$。其中参数 n 满足关系 $2 < n < 4$。n 的取值与很多因素有关，例如传感器节点部署贴近地面时，障碍物多、干扰大，n 的取值就大；天线质量对信号发射质量的影响也很大。通常取 n 为 3，即假定通信能耗与距离的三次方成正比。随着通信距离的增加，能耗会急剧增加。在满足通信连通性的前提下应尽量

减少单跳的通信距离。一般而言，传感器节点的无线通信半径在100 m以内比较合适。

（3）计算和存储能力受限

传感器节点是一种微型嵌入式设备，要求它价格低、功耗小，这些限制必然导致其携带的处理器能力比较弱，存储器容量比较小。为了完成各种任务，传感器节点需要完成监测数据的采集和转换、数据的管理和处理、应答汇聚节点的任务请求和节点控制等多种工作。如何利用有限的计算和存储资源完成诸多协同任务，成为传感网络设计所需要考虑的问题。

4. 组网特点

无线传感器网络除了具有Ad-hoc网络的移动性、断接性、电源能力局限性等共同特征以外，在组网方面具有一些鲜明的自身特点，包括自组织性、以数据为中心、应用相关性、动态性、网络规模大和高可靠性等。传感网络与传统网络有着明显不同的技术要求，前者以数据为中心，后者以传输数据为目的。为了适应广泛的应用程序，传统网络设计遵循"端到端"的边缘论思想，强调将一切与功能相关的处理都放在网络的端系统上，中间节点仅仅负责数据分组的转发。对于传感网络来说，这未必是一种合理的选择，一些为自组织Ad-hoc网络设计的协议和算法未必适合传感网络的特点和应用的要求，因此需要了解传感网络的特点，从而设计适合此网络的协议。

（1）传感网络的节点数量大

由于传感网络节点的微型化，每个节点的通信和传感半径有限，一般为几十米范围之内，而且为了节能，传感器节点大部分时间处于睡眠状态，所以往往通过铺设大量的传感器节点来保证网络的质量，传感网络的节点数量和密度都要比Ad-hoc网络高几个数量级，可达到每平方米上百个节点的密度，甚至多到无法为单个节点分配统一的物理地址。这会带来一系列问题，如信号冲突、信息的有效传送路径的选择、大量节点之间如何协同工作等。

（2）传感器节点有一定的故障率

由于传感网络可能工作在恶劣的外界环境中，网络中的节点可能会由于各种不可预料的原因而失效，为了保证网络的正常工作，要求传感网络必须具有一定的容错能力，允许传感器节点具有一定的故障率。

（3）传感网络节点的限制

由于传感器节点电池能量有限，而且由于物理限制难以给节点更换电池，所以传感器节点的电池能量限制是整个传感网络设计最关键的约束之一，它直接决定了网络工作寿命。另一方面，传感器节点的计算和存储能力有限，使得其不能进行复杂的计算，传统Internet网络上成熟的协议和算法对传感网络而言开销太大，难以使用，必须重新设计简单有效的协议及算法。

（4）传感网络的拓扑结构变化快

由于传感网络自身的特点，传感器节点在工作和睡眠状态之间切换以及传感器节点随时可能由于各种原因发生故障而失效，或者有一新的节点补充进来以提高网络的质量，这些特点都使得传感网络的拓扑结构变化很快，这对网络各种算法（如路由算法和链路质量控制协议等）的有效性提出了挑战。此外，如果节点具备移动能力，也可能会带来网络的拓扑变化。

（5）以数据为中心

在传感网络中人们只关心某个区域某个观测指标的值，而不会去关心具体某个节点的观测数据。比如说人们可能希望知道"检测区域的东北角上的温度是多少"，而不会去关心"某某节点所感知到的温度是多少"，这就是传感网络的以数据为中心的特点。而传统网络传送的数据是和节点的物理地址联系起来的，以数据为中心的特点要求传感网络能够脱离传统网络的寻址过程，快速有效地组织起各个节点的信息并融合提取出有用信息直接传送给用户。

由于以上关于传感网络的特征和特点，决定了在设计该网络时要遵循的原则。无线传感器网络也采用类似 OSI 和 TCP/IP 协议栈，图 6.27 将此种网络的协议栈与通用的网络协议栈 OSI 及 TCP/IP 相对比，从而对该网络有整体的认识。

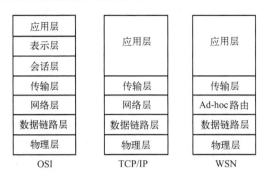

图 6.27　OSI、TCP/IP 及 WSN 网络协议栈对比

由图 6.27 可以看出，传感网络使用的协议栈和 TCP/IP 协议基本相同，区别就在无线传感器网络的网络层，其路由机制不同。在数据链路层，无线传感器网络采用的是 802.11 标准、HIPCRLAN 2 标准以及蓝牙等标准。

6.3　传感网络的通信与组网技术

无线传感器网络是由部署在监测区域内的大量的传感器节点组成，通过无线通信方式形成的一个多跳的、自组织的网络系统，目的是协作地感知、采集和处理网络覆盖区域中感知的对象信息，并发给观察者。通常传感器节点的通信覆盖范围只有几十到几百米，人们要考虑如何在有限的通信能力条件下，完成感知数据的传输。

6.3.1　物理层

1. 物理层概述

（1）物理层的基本概念

在计算机网络中，物理层考虑的是怎样才能在连接各种计算机的传输介质上传输数据的比特流。国际标准化组织对物理层的定义如下：物理层为建立、维护和释放数据链路实体之间的二进制比特传输的物理连接，提供机械的、电气的、功能的和规程性的特性。从定义可以看出，物理层的特点是负责在物理连接上传输二进制比特流，并提供为建立、维护和释放物理连接所需的机械、电气、功能和规程的特性。

（2）无线通信物理层的主要技术

无线通信物理层的主要技术包括介质和频段的选择、调制技术和扩频技术。

1）介质和频段选择。无线通信的介质包括电磁波和声波。电磁波是最主要的无线通信介质，而声波一般仅用于水下的无线通信。根据波长的不同，电磁波分为无线电波、微波、红外线、毫米波和光波等，其中无线电波在无线网络中使用最广泛。

2）调制技术。调制和解调技术是无线通信系统的关键技术之一。通常信号源的编码信息（即信源）含有直流分量和频率较低的频率分量，称为基带信号。基带信号往往不能作为传输信号，因而要将基带信号转换为相对基带频率而言频率非常高的带通信号，以便于进行信道传输。通常将带通信号称为已调信号，而基带信号称为调制信号。调制对通信系统的有效性和可靠性有很大的影响，采用什么方法调制和解调往往在很大程度上决定着通信系统的质量。根据调制中采用的基带信号的类型，可以将调制分为模拟调制和数字调制。

3）扩频技术。扩频通信技术是一种信息传输方式，其信号所占有的频带宽度远大于所传信息必需的最小带宽。频带的扩展是通过一个独立的码序列完成，用编码及调制的方法来实现，与所传信息数据无关。在接收端用同样的编码进行相关同步接收、解扩和恢复所传信息数据。

（3）无线传感器网络物理层的特点

无线传感器网络作为无线通信网络中的一种类型，因此它包含了上述介绍的无线通信物理层技术的特点。目前无线传感器网络的通信传输介质主要是无线电波、红外线和光波三种类型。无线电波的通信限制较少，通常人们选择"工业、科学和医疗"频段。ISM 频段的优点在于它是自由频段，无须注册，可选频谱范围大，实现起来灵活方便。ISM 频段的缺点主要是功率受限，另外与现有多种无线通信应用存在相互干扰问题。尽管传感网络可以通过其他方式实现通信，譬如各种电磁波（如射频和红外）、声波，但无线电波是当前传感网络的主流通信方式，在很多领域得到了广泛应用。

2. 传感网络物理层的设计

（1）传输介质

目前无线传感器网络采用的主要传输介质包括无线电、红外线和光波等。在无线电频率选择方面，ISM 频段是一个很好的选择，因为 ISM 频段在大多数国家属于无须注册的公用频段。无线传感器网络节点之间通信的另一种手段是红外技术，红外通信的优点是无须注册，并且抗干扰能力强，红外通信的主要缺点是穿透能力差，要求发送者和接收者之间存在视距关系，这导致了红外难以成为无线传感器网络的主流传输介质，而只能在一些特殊场合得到应用。

对于一些特殊场合的应用情况，传感网络对通信传输介质可能有特别的要求。例如，舰船应用可能要求使用水性传输介质，譬如能穿透水面的长波。复杂地形和战场应用会遇到信道不可靠和严重干扰等问题。另外，一些传感器节点的天线可能在高度和发射功率方面比不上周围的其他无线设备，为了保证这些低发射功率的传感网络节点正常完成通信任务，要求所选择的传输介质能支持健壮的编码和调制机制。

（2）物理层帧结构

物理层帧结构见表 6.2。物理层帧的第一个字段是前导码，字节数一般取 4，用于收发器进行码片或者符号的同步。第二个字段是帧头，长度通常为一个字节，表示同步结束，数据包开始传输。帧头与前导码构成了同步头。帧长度字段通常由一个字节的低 7 位表示，其值就是后续的物理层 PHY 负载的长度，因此它的后续 PHY 负载的长度不会超过 127 个字节。物理帧 PHY 的负载长度可变，称为物理服务数据单元（PHY Service Data Unite，PSDU），携带 PHY 数据包的数据。PSDU 域是物理层的载荷。

（3）物理层设计技术

物理层需要考虑编码调制技术、通信速率和通信频段等问题。

1）编码调制技术影响占用频率带宽、通信速率、收发机结构和功率等一系列的技术参数。比较常见的编码调制技术包括幅移键控、频移键控、相移键控和各种扩频技术。

表 6.2   物理层帧结构

前 导 码	帧 头	帧 长 度	保 留 位	PSDU
4 字节	1 字节	1 字节		可变长度
同步头		帧的长度最大为 128 字节		PHY 负载

2）提高数据传输速率可以减少数据收发的时间，对于节能具有意义，但需要同时考虑提高网络速度对误码的影响。一般用单个比特的收发能耗来定义数据传输对能量的效率，单比特能耗越小越好。

3）在低速无线个域网（LR – PAN）的 IEEE 802.15.4 标准中，定义的物理层是在 868 MHz、915 MHz、2.4 GHz 三个载波频段收发数据，在这三个频段都使用了直接序列扩频方式。IEEE 802.15.4 标准非常适合无线传感器网络的特点，是传感网络物理层协议标准的最有力竞争者之一。目前基于该标准的射频芯片也相继推出，例如 Chipcon 公司的 CC2420 无线通信芯片。

6.3.2   MAC 协议

1. MAC 协议概述

无线频谱是无线通信的介质，这种广播介质属于稀缺资源。在无线传感器网络中，可能有多个节点设备同时接入信道，导致分组之间相互冲突，使接收方难以分辨出接收到的数据，从而浪费了信道资源，导致网络吞吐量下降。为了解决这些问题，就需要设计介质访问控制（Medium Access Control，MAC）协议。MAC 协议就是通过一组规则和过程来有效、有序和公平地使用共享介质。目前无线传感器网络 MAC 协议可以按照下列条件进行分类：

1）采用分布式控制还是集中控制。

2）使用单一共享信道还是多个信道。

3）采用固定分配信道方式还是随机访问信道方式。

根据上述的第三种分类方法，将传感网络的 MAC 协议分为以下三种：

1）时分复用无竞争接入方式。无线信道时分复用（Time Division Multiple Access，TDMA）方式给每个传感器节点分配固定的无线信道使用时段，避免节点之间相互干扰。

2）随机竞争接入方式。如果采用无线信道的随机竞争接入方式，节点在需要发送数据时随机使用无线信道，尽量减少节点间的干扰。典型的方法是采用载波侦听多路访问（Carrier Sense Multiple Access，CSMA）的 MAC 协议。

3）竞争与固定分配相结合的接入方式。通过混合采用频分复用或者码分复用等方式，实现节点间无冲突的无线信道分配。

基于竞争的随机访问 MAC 协议采用按需使用信道的方式，它的基本思想是当节点需要发送数据时，通过竞争方式使用无线信道，如果发送的数据产生了碰撞，就按照某种策略重发数据，直到数据发送成功或放弃发送。典型的基于竞争的随机访问 MAC 协议是载波侦听多路访问（CSMA）接入方式。在无线局域网 IEEE 802.11MAC 协议的分布式协调工作模式中，就采用了带冲突避免的载波侦听多路访问（CSMA with Collision Avoidance，CSMA/CA）协议，它是基于竞争的无线网络 MAC 协议的典型代表。所谓的 CSMA/CA 机制是指在信号传输之前，发射机先侦听介质中是否有同信道载波，若不存在，意味着信道空闲，将直接进入数据传输状态；若存在载波，则在随机退避一段时间后重新检测信道。这种介质访问控制层的方案简化了实现自组织网络应用的过程。在 IEEE 802.11MAC 协议基础上，人们设计出适用于传感网络的多种 MAC 协议。下面首先介绍 IEEE 802.11MAC 协议的内容，然后介绍一种适用于无线传感器网络的典型 MAC 协议。

2. IEEE 802.11 MAC 协议

IEEE 802.11 MAC 协议分为分布式协调功能（Distributed Coordination Function，DCF）和点协调功能（Point Coordination Function，PCF）两种访问控制方式，其中 DCF 方式是 IEEE 802.11 协议的基本访问控制方式。

在 DCF 工作方式下，载波侦听机制通过物理载波侦听和虚拟载波侦听来确定无线信道的状态。物理载波侦听由物理层提供，而虚拟载波侦听由 MAC 层提供。如图 6.28 所示，节点 A 希望向节点 B 发送数据，节点 C 在节点 A 的无线通信范围内，节点 D 在节点 B 的无线通信范围内，但不在节点 A 的无线通信范围内。节点 A 首先向节点 B 发送一个请求帧（Request‐To‐Send，RTS），节点 B 返回一个清除帧（Clear‐To‐Send，CTS）进行应答。在这两个帧中都有一个字段表示这次数据交换需要的时间长度，称为网络分配矢量（Network Allocation Vector，NAV），其他帧的 MAC 头部也会携带这一信息。节点 C 和 D 在侦听到这个信息后，就不再发送任何数据，直到这次数据交换完成为止。NAV 可看做一个计数器，以均匀速度递减到零。当计数器为零时，虚拟载波侦听指示信道为空闲状态。否则，指示信道为忙状态。

IEEE 802.11MAC 协议规定了三种基本帧间间隔（InterFrame Space，IFS），用来提供访问无线信道的优先级。

1) SIFS（Short IFS）：最短帧间间隔。

2) PIFS（PCF IFS）：PCF 方式下节点使用的帧间间隔。

3) DIFS（DCF IFS）：DCF 方式下节点使用的帧间间隔。

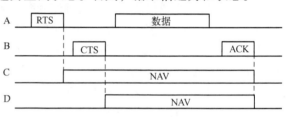

图 6.28 CSMA/CA 中的虚拟载波侦听

根据 CSMA/CA 协议，当节点要传输一个分组时，它首先侦听信道状态。如果信道空闲，而且经过一个帧间间隔时间 DIFS 后，信道仍然空闲，则站点立即开始发送信息。如果信道忙，则站点始终侦听信道，直到信道的空闲时间超过 DIFS。当信道最终空闲下来的时候，节点进一步使用二进制退避算法，进入退避状态来避免发生碰撞，CSMA/CA 的基本访问机制示意见图 6.29。

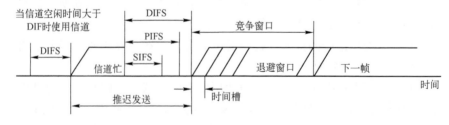

图 6.29 CSMA/CA 的基本访问机制

随机退避时间按下面公式进行计算：

$$退避时间 = Random( ) \times aSlottime$$

其中，Random( )是在竞争窗口 [0，CW] 内均匀分布的伪随机整数；CW 是整数随机数，它的数值位于标准规定的 aCWmin 和 aCWmax 之间；aSlottime 是一个时槽时间，包括发射启动时间、介质传播时延、检测信道的响应时间等。

网络节点在进入退避状态时，启动一个退避计时器，当计时达到退避时间后结束退避状态。在退避状态下，只有当检测到信道空闲时才进行计时。如果信道忙，退避计时器中止计时，直到检测到信道空闲时间大于 DIFS 后才继续计时。当多个节点推迟且进入随机退避时，利用随机函数选择最小退避时间的节点作为竞争优胜者，见图 6.30。

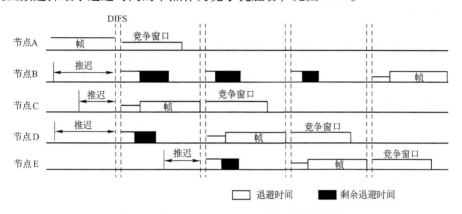

图 6.30　IEEE 802.11 MAC 协议的退避机制

IEEE 802.11MAC 协议通过立即主动确认机制和预留机制来提高性能，见图 6.31。在主动确认机制中，当目标节点收到一个发送给它的有效数据帧（DATA）时，必须向源节点发送一个应答帧（ACK），确认数据已被正确接收到。为了保证目标节点在发送 ACK 过程中不与其他节点发生冲突，目标节点使用 SIFS 帧间隔。主动确认机制只能用于有明确目标地址的帧，不能用于组播和广播报文传输。

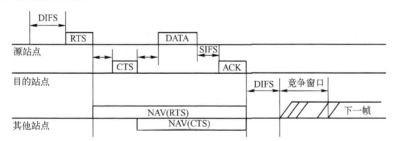

图 6.31　IEEE 802.11 MAC 协议的应答与预留机制

3. S - MAC 协议

下面介绍一种适用于无线传感器网络的比较典型的 MAC 协议，即 S - MAC 协议（Sensor MAC）。这种协议是在 802.11 MAC 协议的基础上，针对传感网络的节省能量需求而提出的。

S - MAC 协议的适用条件是传感网络的数据传输量不大，网络内部能够进行数据的处理和融合以减少数据通信量，网络能容忍一定程度的通信延迟。它的设计目标是提供良好的扩展性，减少节点能耗。通常无线传感器网络的无效能耗主要来源于空闲监听、数据冲突、串扰和控制开销等原因。

（1）周期性侦听和睡眠机制

S - MAC 协议将时间分为帧，帧长度由应用程序决定。帧内分监听工作阶段和睡眠阶段。监听/睡眠阶段的持续时间要根据应用情况进行调整。当节点处于睡眠阶段时，关闭无线电波，以节省能量。当然节点需要缓存这期间收到的数据，以便工作阶段集中发送。具有相同调度的节点形成一个所谓的虚拟簇，边界节点记录两个或多个调度。如果传感网络的部署范围较广，可能形成众多不同的虚拟簇，使得S-MAC协议具有良好的可扩展性。为了适应新加入节点，每个节点要定期广播自己的调度信息，使新节点可以与已经存在的相邻节点保持同步。如果节点同时收到两种不同的调度，如图6.32所示的处于两个不同调度区域重合部分的节点，那么这个节点可以选择先收到的调度，并记录另一个调度信息。

（2）流量自适应侦听机制

流量自适应侦听机制的基本思想是在一次通信过程中，通信节点的邻居在通信结束后不立即进入睡眠状态，而是保持侦听一段时间。如果节点在这段时间内接收到RTS分组，则可以立刻接收数据，无须等到下一次调度侦听周期，从而减少了数据分组的传输延迟。如果在这段时间内没有接收到RTS分组，则转入睡眠状态直到下一次调度侦听周期。

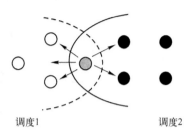

图6.32 S-MAC协议的虚拟簇

（3）冲突和串音避免机制

为了减少冲突和避免串音，S-MAC协议采用了与IEEE 802.11 MAC协议类似的虚拟和物理载波监听机制，以及RTS/CTS握手交互机制。两者的区别在于当邻居节点处于通信过程时，执行S-MAC协议的节点进入睡眠状态。

（4）消息传递机制

S-MAC协议采用了消息传递机制，可以很好地支持长消息的发送。由于无线信道的传输差错与消息长度成正比，短消息传输成功的概率要大于长消息。消息传递机制根据这一原理，将长消息分为若干个短消息，采用一次RTS/CTS交互的握手机制预约这个长消息发送的时间，集中连续发送全部短消息。这样既可以减少控制报文的开销，又可以提高消息发送的成功率。S-MAC与IEEE 802.11MAC协议的突发分组传送分别见图6.33、图6.34。

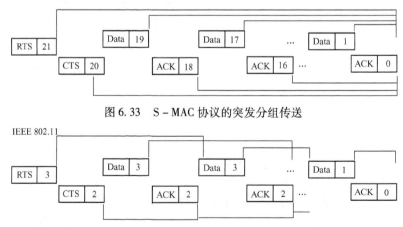

图6.33 S-MAC协议的突发分组传送

图6.34 IEEE 802.11 MAC协议的突发分组传送

6.3.3 路由协议

1. 路由协议概述

路由选择是指选择互连网络从源节点向目的节点传输信息的行为，并且信息至少通过一个中间节点。路由协议负责将数据分组从源节点通过网络转发到目的节点，它包括寻找源节点和目的节点间的优化路径以及将数据分组沿着优化路径正确转发两个功能。与传统网络的路由协议相比，无线传感器网络的路由协议具有能量优先、基于局部拓扑信息、以数据为中心、应用相关等特点。在根据具体应用设计路由协议时，必须满足能量高效、可扩展性、稳健性、快速收敛性等要求。从各种应用的角度出发，将路由协议分为能量感知路由协议、基于查询的路由协议、地理位置路由协议、可靠的路由协议四类。

（1）能量感知路由协议

高效利用网络能量是传感网络路由协议的一个显著特征。为了强调高效利用能量的重要性，这里将它们划分为能量感知路由协议。能量感知的路由协议从数据传输的能量消耗出发，讨论最少能量消耗和最长网络生存期等问题。

（2）基于查询的路由协议

在诸如环境检测、战场评估等应用中，需要不断查询传感器节点采集的数据。在汇聚节点（查询节点）发出任务查询命令，传感网络的终端探测节点向监控中心报告采集的数据。在这类监控和检测的应用问题中，通信流量主要是查询节点和传感器探测节点之间的命令和数据传输，同时传感器探测节点的采集信息通常要进行数据融合，通过减少通信流量来节省能量，即数据融合技术与路由协议的设计相结合。

（3）地理位置路由协议

在诸如目标跟踪的应用问题中，往往需要唤醒距离被跟踪目标最近的传感器节点，以便得到关于目标的更精确位置等相关信息。在这类与坐标位置有关的应用问题中，通常需要知道目的节点的精确或者大致地理位置。把节点的位置信息作为路由选择的依据，不仅能够完成节点的路由选择功能，还可以降低系统专门维护路由协议的能耗。

（4）可靠的路由协议

传感网络的某些应用对通信的服务质量有较高要求，可能在可靠性和实时性等方面有特别要求。例如，采用视频传感器进行战场环境监测时，希望传输的视频图像能够尽可能的流畅些。但传感网络的无线链路稳定性一般难以保证，通信信道质量比较低，网络拓扑变化频繁，要满足用户的某些方面的服务质量指标，需要考虑可靠的路由协议设计技术。

2. 典型路由协议：定向扩散路由

定向扩散（Directed Diffusion，DD）路由协议是一种基于查询的路由机制。扩散节点通过兴趣信息发出查询任务，采用洪泛方式传播兴趣信息到整个区域或部分区域内的所有传感器节点。兴趣信息用来表示查询的任务，表达了网络用户对监测区域内感兴趣的具体内容，例如监测区域内的温度、湿度和光照等数据。在兴趣信息的传播过程中，协议将逐跳地在每个传感器节点上建立反向的从数据源到汇聚节点的数据传输梯度，传感器探测节点将采集到的数据沿着梯度方向传送给汇聚节点。

定向扩散路由机制可以分为周期性的兴趣扩散、梯度建立和路径加强三个阶段，图 6.35 显示了这三个阶段中数据的传播路径和方向。

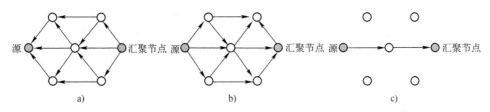

图 6.35 定向扩散路由机制

（1）兴趣扩散阶段

在路由协议的兴趣扩散阶段，汇聚节点周期性地向邻居节点广播兴趣消息。兴趣消息中含有任务类型、目标区域、数据发送速率、时间戳等参数。每个节点在本地保存一个兴趣列表，对于每一个兴趣内容，列表中都有一个表项记录发来该兴趣消息的邻居节点、数据发送速率和时间戳等任务相关信息，以建立该节点向汇聚节点传递数据的梯度关系。每个兴趣可能对应多个邻居节点，每个邻居节点对应一个梯度信息。

（2）数据传播阶段

当传感器探测节点采集到与兴趣匹配的数据时，把数据发送到梯度上的邻居节点，并按照梯度上的数据传输速率，设定传感器模块采集数据的速率。由于可能从多个邻居节点收到兴趣消息，节点向多个邻居发送数据，汇聚节点可能收到经过多个路径的相同数据。

（3）路径加强阶段

定向扩散路由机制通过正向加强机制来建立优化路径，并根据网络拓扑的变化来修改数据转发的梯度关系。兴趣扩散阶段是为了建立源节点到汇聚节点的数据传输路径，数据源节点以较低速率来采集和发送数据，称这个阶段建立的梯度为探测梯度。定向扩散路由在路由建立时需要一个兴趣扩散的洪泛传播，在能量和时间方面开销较大，尤其是当底层 MAC 协议采用休眠机制时，有时可能造成兴趣建立的不一致，因而在网络设计时需要注意避免这些问题。

6.4 传感网络的支撑技术

虽然传感网络用户的使用目的千变万化，但是作为网络终端节点的功能归根结底就是传感、探测、感知，用来收集应用相关的数据信号。为了实现用户的功能，除了要设计上一节介绍的通信与组网技术以外，还要实现保证网络用户功能的正常运行所需的其他基础性技术，这些基础性技术是支撑传感网络完成任务的关键，包括时间同步机制、定位技术、数据融合、能量管理和安全机制等。

6.4.1 时间同步机制

1. 传感网络的时间同步机制

无线传感器网络的同步管理主要是指时间上的同步管理。在分布式的无线传感器网络应用中，每个传感器节点都有自己的本地时钟，不同节点的晶体振荡器频率存在偏差，湿度和电磁波的干扰等都会造成网络节点之间的运行时间偏差。有时传感网络的单个节点的能力有限，或者某些应用的需要，使得整个系统所要实现的功能要求网络内所有节点相互配合来共同完成，分布式系统的协同工作需要节点间的时间同步，因此，时间同步机制是分布式系统基础框架的一个关键机制。

在分布式系统中，时间同步涉及"物理时间"和"逻辑时间"两个不同的概念。"物理时间"用来表示人类社会使用的绝对时间；"逻辑时间"体现了事件发生的顺序关系，是一个相对概念。分布式系统通常需要一个表示整个系统时间的全局时间。全局时间根据需要可以是物理时间或逻辑时间。无线传感器网络时间同步机制的意义和作用主要体现在两个方面：第一，传感器节点通常需要彼此协作，完成复杂的监测和感知任务。数据融合是协作操作的典型例子，不同的节点采集的数据最终融合形成了一个有意义的结果。第二，传感网络的一些节能方案是利用时间同步来实现的。

目前已有几种成熟的传感网络时间同步协议，其中 RBS、TINY/MINI－SYNC 和 TPSN 被认为是三种最基本的传感网络时间同步机制。RBS 同步协议的基本思想是多个节点接收同一个同步信号，然后多个收到同步信号的节点之间进行同步，这种同步算法消除了同步信号发送一方的时间的不确定性，但其缺点是协议开销大；TINY/MINI－SYNC 是两种简单的轻量级时间同步机制；TPSN 时间同步协议采用层次结构，实现整个网络节点的时间同步。

2. TPSN 时间同步协议

传感网络 TPSN 时间同步协议类似于传统网络的 NTP 协议，目的是提供传感网络全网范围内节点间的时间同步。在网络中有一个节点与外界可以通信，从而获取外部时间，这种节点称为根节点。根节点可装配诸如 GPS 接收机这样的复杂硬件部件，并作为整个网络系统的时钟源。TPSN 协议采用层次型网络结构，首先将所有节点按照层次结构进行分级，然后每个节点与上一级的一个节点进行时间同步，最终所有节点都与根节点时间同步。节点对之间的时间同步是基于"发送者－接收者"的同步机制。

（1）TPSN 协议的操作过程

TPSN 协议包括两个阶段：第一个阶段生成层次结构，每个节点赋予一个级别，根节点赋予最高级别第 0 级，第 i 级的节点至少能够与一个第（i－1）级的节点通信；第二个阶段实现所有树节点的时间同步，第 1 级节点同步到根节点，第 i 级的节点同步到第（i－1）级的一个节点，最终所有节点都同步到根节点，实现整个网络的时间同步。

（2）相邻级别节点间的同步机制

邻近级别的两个节点之间通过交换两个消息实现时间同步，如图 6.36 所示。其中节点 S 属于第 i 级节点，节点 R 属于第 i－1 级节点，$T_1 + T_4$ 表示节点 S 本地时钟在不同时刻测量的时间，$T_2 + T_3$ 表示节点 R 本地时钟在不同时刻测量的时间，△表示两个节点之间的时间偏差，d 表示消息的传播时延，假设来回消息的延迟相同。

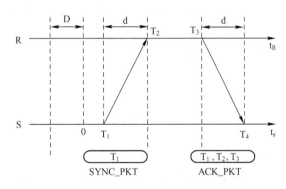

图 6.36　TPSN 机制中相邻级别节点间同步的消息交换

节点 S 在 T_1 时间发送同步请求分组给节点 R，分组中包含 S 的级别和 T_1 时间。节点 R 在 T_2 时间收到分组，$T_2 = (T_1 + d + \Delta)$，然后在 T_3 时间发送应答分组给节点 S，分组中包含节点 R 的级别和 T_1、T_2 和 T_3 信息。节点 S 在 T_4 时间收到应答，$T_4 = (T_3 + d - \Delta)$，因此可以推导出如下算式：

$$\Delta = \frac{(T_2 - T_1) - (T_4 - T_3)}{2}$$

$$d = \frac{(T_2 - T_1) + (T_4 - T_3)}{2}$$

节点 S 在计算时间偏差之后，将它的时间同步到节点 R。

3. 时间同步的应用示例

这里介绍一个例子，说明磁阻传感网络对机动车辆进行测速，为了实现这个用途，网络必须先完成时间同步。由于对机动车辆的测速需要两个探测传感器节点的协同合作，测速算法提取车辆经过每个节点的磁感应信号的脉冲峰值，并记录时间。

如果将两个节点之间的距离 d 除以两个峰值之间的时差 Δt，就可以得出机动目标通过这一路段的速度（Vel）：

$$vel = \frac{d}{\Delta t}$$

6.4.2 定位技术

1. 传感网络节点定位问题

（1）定位的含义

在传感网络的很多应用问题中，没有节点位置信息的监测数据往往是没有意义的，无线传感器网络定位问题的含义是指自组织的网络通过特定方法提供节点的位置信息，这种自组织网络定位分为节点自身定位和目标定位。节点自身定位是确定网络节点的坐标位置的过程，即网络自身属性的确定过程，可以通过人工标定或者各种节点自定位算法完成。目标定位是确定网络覆盖区域内一个事件或者一个目标的坐标位置，目标定位是以位置已知的网络节点作为参考，确定事件或者目标在网络覆盖范围内所在的位置。

位置信息有多种分类方法，位置信息有物理位置和符号位置两大类。物理位置指目标在特定坐标系下的位置数值，表示目标的相对或者绝对位置。符号位置指在目标与一个基站或者多个基站接近程度的信息，表示目标与基站之间的连通关系，提供目标大致的所在范围。根据不同的依据，无线传感器网络的定位方法可以进行如下分类：

1）根据是否依靠测量距离，分为基于测距的定位和不需要测距的定位。

2）根据部署的场合不同，分为室内定位和室外定位。

3）根据信息收集的方式，网络收集传感器数据称为被动定位；节点主动发出信息用于定位称为主动定位。

（2）基本术语

1）锚点：指通过其他方式预先获得位置坐标的节点，有时也称作信标节点，网络中相应的其余节点称为非锚点。

2）测距：指两个相互通信的节点通过测量方式来估计出彼此之间的距离或角度。

3）连接度：包括节点连接度和网络连接度两种含义。节点连接度是指节点可探测发现的邻居节点个数。网络连接度是所有节点的邻居数目的平均值，它反映了传感器配置的密集程度。

4）邻居节点：传感器节点通信半径范围以内的所有其他节点称为该节点的邻居节点。

5）跳数：两个节点之间间隔的跳段总数称为这两个节点间的跳数。

6）基础设施：协助传感器节点定位的已知自身位置的固定设备，如卫星、基站等。

7）到达时间：信号从一个节点传播到另一个节点所需要的时间，称为信号的到达时间。

8）到达时间差（TDoA）：两种不同传播速度的信号从一个节点传播到另一个节点所需要的时间之差称为信号的到达时间差。

9）接收信号强度指示（RSSI）：节点接收到无线信号的强度大小称为接收信号的强度

指示。

10）到达角度（Angle of Arrival，AoA）：节点接收到的信号相对于自身轴线的角度称为信号相对接收节点的到达角度。

11）视线关系（Line of Sight，LoS）：如果传感网络的两个节点之间没有障碍物，能够实现直接通信，则这两个节点间存在视线关系。

12）非视线关系：传感网络的两个节点之间存在障碍物，影响了它们直接的无线通信。

（3）定位性能的评价指标

衡量定位性能有多个指标，除了一般性的位置精度指标以外，对于资源受到限制的传感网络，还有覆盖范围、刷新速度和功耗等其他指标。位置精度是定位系统最重要的指标，精度越高，则技术要求越严，成本也越高。定位精度指提供的位置信息的精确程度，它分为相对精度和绝对精度。绝对精度指以长度为单位度量的精度。相对精度通常以节点之间距离的百分比来定义。设节点 i 的估计坐标与真实坐标在二维情况下的距离差值为 Δd_i，则 N 个未知位置节点的网络平均定位误差为：

$$\Delta = \frac{1}{N} \sum_{i=1}^{N} \Delta d_i$$

覆盖范围和位置精度是一对矛盾性的指标；刷新速度是指提供位置信息的频率；功耗作为传感网络设计的一项重要指标，对于定位这项服务功能，人们需要计算为此所消耗的能量；定位实时性更多的体现在对动态目标的位置跟踪。

（4）定位系统的设计要点

在设计定位系统的时候，要根据预定的性能指标，在众多方案之中选择能够满足要求的最优算法，采取最适宜的技术手段来完成定位系统的实现。通常设计一个定位系统需要考虑定位机制的物理特性和定位算法两个主要因素。

2. 基于测距的定位技术

基于测距的定位技术是通过测量节点之间的距离，根据几何关系计算出网络节点的位置。解析几何里有多种方法可以确定一个点的位置，比较常用的方法是多边定位和角度定位。

（1）多边定位

这类方法通过测量传输时间来估算两节点之间的距离，精度较好。到达时间 ToA 机制是已知信号的传播速度，根据信号的传播时间来计算节点间的距离。如图 6.37 所示，节点的定位部分主要由扬声器模块、送话器模块、无线电模块和 CPU 模块组成。假设两个节点间时间同步，发送节点的扬声器模块在发送伪噪声序列信号的同时，无线电模块通过无线电同步消息通知接收节点伪序列信号发送的时间，接收节点的送话器模块在检测到伪噪声序列信号后，根据声波信号的传播时间和速度计算发送节点和接收节点的距离。节点在计算出距离多个邻近信标节点的距离后，可以利用三边测量算法计算出自身位置。与无线射频信号相比，声波频率低、速度慢，对节点的硬件成本和复杂度要求较低，但是声波的缺点是传播速度容易受到大气条件的影响。基于 ToA 的定位精度高，但要求节点间保持精确的时间同步，因此对传感器节点的硬件和功耗提出了较高要求。

在基于到达时间差 TDoA 的定位机制中，发射节点同时发射两种不同传播速度的无线信号，接收节点根据两种信号到达的时间差以及这两种信号的传播速度，计算两个节点之间的距离。如图 6.38 所示，发射节点同时发射无线射频信号和超声波信号，接收节点记录下这两种

信号的到达时间 T_1、T_2，已知无线射频信号和超声波的传播速度为 c_1、c_2，那么两点之间的距离为 $(T_2 - T_1) * S$，其中 $S = c_1 * c_2 / (c_1 - c_2)$。

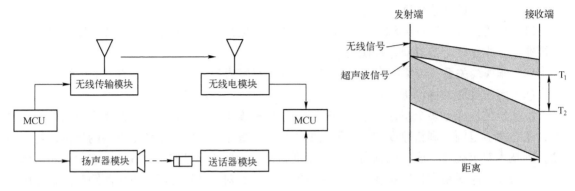

图 6.37　使用声波测距　　　　　　　　图 6.38　TD_0A 定位机制

多边定位法基于距离测量（如 RSSI、ToA/TDoA）的结果，确定二维坐标至少具有三个节点至锚点的距离值，而确定三维坐标则需四个此类测距值。假设已知信标锚点 A_1，A_2，A_3，A_4，…，的坐标依次分别为 (x_1, y_1)，(x_2, y_2)，(x_3, y_3)，(x_4, y_4)，…。如果待定位节点的坐标为 (x, y)，并且已知它至各锚点的测距数值为 d_1，d_2，d_3，d_4，…，可得如下算式，其中 (x, y) 为待求的未知坐标。

$$\begin{cases} (x_1 - x)^2 + (y_1 - y)^2 = d_1^2 \\ \vdots \\ (x_n - x)^2 + (y_n - y)^2 = d_n^2 \end{cases}$$

将第前 $n-1$ 个等式减去最后等式：

$$\begin{cases} x_1^2 - x_n^2 - 2(x_1 - x_n)x + y_1^2 - y_n^2 - 2(y_1 - y_n)y = d_1^2 - d_n^2 \\ \vdots \\ x_{n-1}^2 - x_n^2 - 2(x_{n-1} - x_n)x + y_{n-1}^2 - y_n^2 - 2(y_{n-1} - y_n)y = d_{n-1}^2 - d_n^2 \end{cases}$$

用矩阵和向量表达为形式 $\mathbf{A}x = b$，其中：

$$\mathbf{A} = \begin{bmatrix} 2(x_1 - x_n) & 2(y_1 - y_n) \\ \cdots & \cdots \\ 2(x_{n-1} - x_n) & 2(y_{n-1} - y_n) \end{bmatrix}$$

$$\mathbf{b} = \begin{bmatrix} x_1^2 - x_n^2 + y_1^2 - y_n^2 + d_n^2 - d_1^2 \\ \cdots \\ x_{n-1}^2 - x_n^2 + y_{n-1}^2 - y_n^2 + d_n^2 - d_{n-1}^2 \end{bmatrix}$$

根据最小均方估计（Minimum Mean Square Error, MMSE）的方法原理，可以求得解。

当矩阵求逆不能计算时，这种方法不适用，否则可成功得到位置估计。从上述过程可以看出，这种定位方法本质上就是最小二乘估计。

（2）角度定位

到达角 AoA 技术通过配备特殊天线来估测其他节点发射的无线信号的到达角度。AoA 测距技术易受外界环境影响，且需要额外硬件，它的硬件尺寸和功耗指标不适用于大规模的传感网络，而在某些应用领域可以发挥作用。AoA 定位示意见图 6.39。

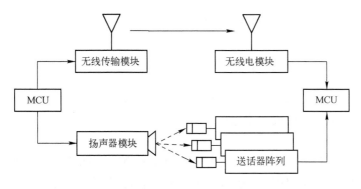

图 6.39　AoA 定位示意图

（3）Min – max 定位方法

多边定位法的浮点运算量大，计算代价高。Min – max 定位是根据若干锚点位置和至待求节点的测距值，创建多个边界框，所有边界框的交集为一矩形，取此矩形的质心作为待定位节点的坐标。采用三个锚点进行定位的 Min – max 方法示意图见图 6.40。以某锚点 i（i = 1，2，3）坐标（x_i，y_i）为基础，加上或减去测距值 d_i，得到锚点 i 的边界框：

$$[x_i - d_i, y_i - d_i] \times [x_i + d_i, y_i + d_i]$$

在所有位置点 $[x_i + d_i, y_i + d_i]$ 中取最小值、所有 $[x_i - d_i, y_i - d_i]$ 中取最大值，则交集矩形取作：

$$[\max(x_i - d_i), \max(y_i - d_i)] \times [\min(x_i + d_i), \min(y_i + d_i)]$$

三个锚点共同形成交叉矩形，矩形质心即为所求节点的估计位置。

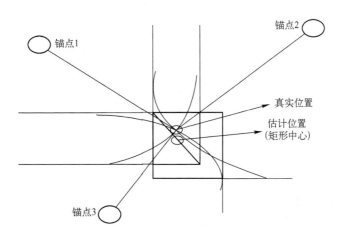

图 6.40　三锚定位的 Min – max 方法示意图

3. 无需测距的定位技术

无需测距的定位技术不需要直接测量距离和角度信息。

（1）质心算法

在计算几何学里多边形的几何中心称为质心，多边形顶点坐标的平均值就是质心节点的坐标。假设多边形定点位置的坐标向量表示为 $p_i = (x_i, y_i)^T$，则这个多边形的质心坐标为：

$$(\bar{x}, \bar{y}) = \left(\frac{1}{n}\sum_{i=1}^{n} X_i, \frac{1}{n}\sum_{i=1}^{n} Y_i\right)$$

例如，如果四边形 ABCD 的顶点坐标分别为$(x_1,y_1),(x_2,y_2),(x_3,y_3),(x_4,y_4)$，则它的质心坐标计算如下：

$$(\bar{x},\bar{y}) = \left(\frac{x_1 + x_2 + x_3 + x_4}{4}, \frac{y_1 + y_2 + y_3 + y_4}{4} \right)$$

这种方法的计算与实现都非常简单，根据网络的连通性确定出目标节点周围的信标参考节点，直接求解信标参考节点构成的多边形的质心。

（2）DV – Hop 算法

DV – Hop 定位机制是由美国路特葛斯大学的 Dragons Niculescu 等人提出的，非常类似于传统网络中的距离向量路由机制。DV – Hop 算法的核心思想是用平均每跳距离与未知节点到信标节点跳数的乘积，表示未知节点到信标节点的距离。算法的整个过程是：首先，网络中所有的信标节点，使用距离矢量交换协议，将信标节点的位置信息和跳数信息广播到整个网络中，使网络中的所有节点获取与信标节点的跳数；其次，信标节点根据正确接收到的跳数信息，计算该信标节点的平均每跳距离，并将其广播到整个网络中。非信标节点利用接收到的跳数信息和平均每跳距离值计算与信标节点的距离；最后，非信标节点执行三边测量实现定位。DV – Hop 算法解决了低锚点密度引发的问题，它根据距离矢量路由协议的原理在全网范围内广播跳数和位置。

已知锚点 L_1 与 L_2、L_3 之间的距离和跳数。L_2 计算得到校正值（即平均每跳距离）为$(40 + 75)/(2 + 5) = 16.42 \text{ m}$。假设传感网络中的待定位节点 A 从 L_2 获得校正值，则它与 3 个锚点之间的距离分别是 $L_1 = 3 \times 16.42 \text{ m}$，$L_2 = 2 \times 16.42 \text{ m}$，$L_3 = 3 \times 16.42 \text{ m}$，然后使用多边测量法确定节点的位置。DV – Hop 算法示意图见图 6.41。

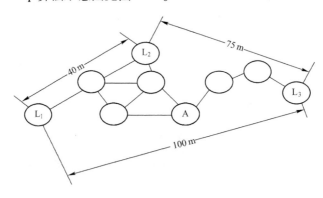

图 6.41　DV – Hop 算法示意图

4. 定位系统的典型应用

位置信息有很多用途，在某些应用中可以起到关键性的作用。定位技术的用途大体可分为导航、跟踪、虚拟现实、网络路由等。导航是定位最基本的应用，在军事上具有重要用途。除了导航以外，定位技术还有很多应用。例如，办公场所的物品、人员跟踪需要室内的精度定位。虚拟现实仿真系统中需要实时定位物体的位置和方向。

6.4.3　数据融合

1. 多传感器数据融合概述

我们将各种传感器直接给出的信息称作源信息，源信息是信息系统处理的对象。如果传感器给出的信息是已经数字化的信息，就称作源数据，如果给出的是图像就是源图像。

消除噪声与干扰，实现对观测目标的连续跟踪和测量等一系列问题的处理方法，就是多传感器数据融合技术，有时也称作多传感器信息融合（Information Fusion，IF）技术或多传感器融合（Sensor Fusion，SF）技术，它是对多传感器信息进行处理的最关键技术，在军事和非军事领域的应用都非常广泛。源信息、传感器与环境之间的关系见图 6.42。

图 6.42　源信息、传感器与环境之间的关系

数据融合也被人们称作信息融合，是一种多源信息处理技术，它通过对来自同一目标的多源数据进行优化合成，获得比单一信息源更精确、完整的估计或判决。从军事应用的角度来看，Waltz等人对数据融合的定义较为确切"多传感器数据融合是一种多层次、多方面的处理过程，这个过程是对多源数据进行检测（Detection）、互联（Association）、相关（Correlation）、估计（Estimation）和组合（Combination），以更高的精度、较高的置信度得到目标的状态估计和身份识别，以及完整的态势估计和威胁评估，为指挥员提供有用的决策信息"。这个定义包含三个要点：

1）数据融合是多信源、多层次的处理过程，每个层次代表信息的不同抽象程度。

2）数据融合过程包括数据的检测、关联、估计与合并。

3）数据融合的输出包括低层次上的状态身份估计和高层次上的总战术态势的评估。

数据融合的内容主要包括：多传感器的目标探测、数据关联、跟踪与识别、情况评估和预测。数据融合的基本目的是通过融合得到比单独的各个输入数据更多的信息。这一点是协同作用的结果，即由于多传感器的共同作用，使系统的有效性得以增强。

2. 传感网络中数据融合的作用

数据融合的主要作用可归纳为以下几点：

1）提高信息的准确性和全面性。

2）降低信息的不确定性。

3）提高系统的可靠性。

4）增加系统的实时性。

由于传感网络节点的资源十分有限，在收集信息的过程中，如果各个节点单独地直接传送数据到汇聚节点，则会浪费通信带宽和能量、降低信息收集的效率。在传感网络中数据融合起着十分重要的作用，它可以节省整个网络的能量、增强所收集数据的准确性、提高收集数据的效率。

3. 数据融合技术的分类

传感网络的数据融合技术可以从不同的角度进行分类，这里介绍三种分类方法。

（1）根据融合前后数据的信息含量分类

根据数据进行融合操作前后的信息含量，可以将数据融合分为无损失融合和有损失融合两类。

1）无损失融合。在无损失融合中，所有的细节信息均被保留，只去除冗余的部分信息，此类融合的常见做法是去除信息中的冗余部分。

2）有损失融合。有损失融合通常会省略一些细节信息或降低数据的质量，从而减少需要存储或传输的数据量，以达到节省存储资源或能量资源的目的。在有损失融合中，信息损失的上限是要保留应用所必需的全部信息量。

（2）根据数据融合与应用层数据语义之间的关系分类

数据融合技术可以在传感网络协议栈的多个层次中实现，既能在 MAC 协议中实现，也能在路由协议或应用层协议中实现。根据数据融合是否基于应用数据的语义，将数据融合技术分为三类：

1）依赖于应用的数据融合。

2）独立于应用的数据融合。

3）结合以上两种技术的数据融合。

（3）根据融合操作的级别分类

根据对传感器数据的操作级别，可将数据融合技术分为以下三类：

1）数据级融合。数据级融合是最底层的融合，操作对象是传感器采集得到的数据，因而是面向数据的融合。

2）特征级融合。特征级融合是通过一些特征提取手段，将数据表示为一系列的特征向量来反映事物的属性。

3）决策级融合。决策级融合根据应用需求进行较高级的决策，是最高级的融合。

4. 数据融合的主要方法

（1）综合平均法

该方法是把来自多个传感器的众多数据进行综合平均。它适用于同类传感器检测同一个检测目标。这是最简单、最直观的数据融合方法。该方法将一组传感器提供的冗余信息进行加权平均，结果作为融合值。如果对一个检测目标进行了 k 次检测，则综合平均的结果为：

$$\bar{S} = \frac{\sum_{i=1}^{k} W_i S_i}{\sum_{i=1}^{k} W_i}$$

其中，W_i 为分配给第 i 次检测的权重。

（2）卡尔曼滤波法

卡尔曼滤波法用于融合低层的实时动态多传感器冗余数据。该方法利用测量模型的统计特性，递推地确定融合数据的估计，且该估计在统计意义下是最优的。如果系统可以用一个线性模型描述，且系统与传感器的误差均符合高斯白噪声模型，则卡尔曼滤波将为融合数据提供唯一的统计意义下的最优估计。例如，应用卡尔曼滤波器对 n 个传感器的测量数据进行融合后，既可以获得系统的当前状态估计，又可以预报系统的未来状态。所估计的系统状态可能表示移动机器人的当前位置、目标的位置和速度、从传感器数据中抽取的特征或实际测量值本身。

（3）贝叶斯估计法

贝叶斯估计是融合静态环境中多传感器低层信息的常用方法，它使传感器信息依据概率原则进行组合，测量不确定性以条件概率表示。当传感器组的观测坐标一致时，可以用直接法对传感器测量数据进行融合。在大多数情况下，传感器是从不同的坐标系对同一环境物体进行描述，这时传感器测量数据要以间接方式采用贝叶斯估计进行数据融合。多贝叶斯估计把每个传感器作为一个贝叶斯估计，将各单独物体的关联概率分布组合成一个联合后验概率分布函数，通过使联合分布函数的似然函数最小，可以得到多传感器信息的最终融合值。

（4）D – S 证据推理法

D – S（Dempster – Shafter）证据推理法是目前数据融合技术中比较常用的一种方法。这种方法是贝叶斯方法的扩展，因为贝叶斯方法必须给出先验概率，证据推理法则能够处理这种由不知道引起的不确定性，通常用来对目标的位置、存在与否进行推断。

（5）统计决策理论

与多贝叶斯估计不同，统计决策理论中的不确定性为可加噪声，从而不确定性的适应范围更广。不同传感器观测到的数据必须经过一个鲁棒综合测试，以检验它的一致性，经过一致性检验的数据用鲁棒极值决策规则进行融合处理。

（6）模糊逻辑法

针对数据融合中所检测的目标特征具有某种模糊性的现象，利用模糊逻辑方法对检测目标进行识别和分类。建立标准检测目标和待识别检测目标的模糊子集是此方法的基础，模糊子集的建立需要有各种各样的标准检测目标，同时必须建立合适的隶属函数。

（7）产生式规则法

这是人工智能中常用的控制方法，一般要通过对具体使用的传感器的特性及环境特性进行分析，才能归纳出产生式规则法中的规则。通常系统改换或增减传感器时，其规则要重新产生，这种方法的特点是系统扩展性较差，但推理过程简单明了，易于系统解释，所以也有广泛的应用范围。

（8）神经网络方法

神经网络方法是模拟人类大脑行为而产生的一种信息处理技术，它采用大量以一定方式相互连接和相互作用的简单处理单元（即神经元）来处理信息。神经网络方法实现数据融合的过程如下：

1）用选定的 n 个传感器检测系统状态。

2）采集 n 个传感器的测量信号并进行预处理。

3）对预处理后的 n 个传感器信号进行特征选择。

4）对特征信号进行归一化处理，为神经网络的输入提供标准形式。

5）将归一化的特征信息与已知的系统状态信息作为训练样本，送神经网络进行训练，直到满足要求为止。

将训练好的网络作为已知网络，只要将归一化的多传感器特征信息作为输入送入该网络，则网络输出就是被测系统的状态结果。

6.4.4 能量管理

1. 能量管理的意义

在无线网络通信中，能量消耗 E 与通信距离 d 存在关系 $E = kd^n$，其中 k 为常量，$2 \leqslant n \leqslant 4$。由于无线传感器网络的节点体积小，发送端和接收端都贴近地面，干扰较大，障碍物较多，所以 n 通常接近于 4，即通信能耗与距离的四次方成正比。从上述的关系式可以看出，随着通信距离的增加，能耗急剧增加。通常为了降低能耗，应尽量减小单跳通信距离。简单地说，多个短距离跳的数据传输比一个长跳的传输能耗会低些。因此，在传感网络中要减少单跳通信距离，尽量使用多跳短距离的无线通信方式。

传感器节点通常由处理器单元、无线传输单元、传感器单元和电源管理单元 4 个部分组成，见图 6.43。其中传感器单元能耗与应用特征相关，采样周期越短、采样精度越高，则传感器单元的能耗越大。由于传感器单元的能耗要比处理器单元和无线传输单元的能耗低得多，

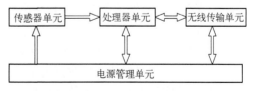

图 6.43　传感器节点组成

几乎可以忽略，因此通常只讨论处理器单元和无线传输单元的能耗问题。

2. 传感网络的电源节能方法

目前人们采用的节能策略主要有休眠机制、数据融合等，它们应用在计算单元和通信单元

的各个环节。

（1）休眠机制

休眠机制的主要思想是，当节点周围没有感兴趣的事件发生时，计算与通信单元处于空闲状态，把这些组件关掉或调到更低能耗的状态，即休眠状态。

（2）数据融合

数据融合的节能效果主要体现在路由协议的实现上。路由过程的中间节点并不是简单的转发所收到的数据，由于同一区域内的节点发送的数据具有很大的冗余性，中间节点需要对这些数据进行数据融合，将经过本地融合处理后的数据路由到汇聚点，只转发有用的信息。数据融合有效地降低了整个网络的数据流量，LEACH 路由协议就具有这种功能，它是一种自组织的在节点之间随机分布能量负载的分层路由协议。

6.4.5 安全机制

1. 传感网络的安全问题

网络安全一直是网络技术的重要组成部分，加密、认证、防火墙、入侵检测、物理隔离等都是网络安全保障的主要手段。传感网络的安全性需求主要来源于通信安全和信息安全两个方面。

（1）通信安全需求

1）节点的安全保证。传感器节点是构成无线传感器网络的基本单元，节点的安全性包括节点不易被发现和节点不易被篡改。

2）被动抵御入侵的能力。传感网络安全的基本要求是在网络局部发生入侵时，保证网络的整体可用性。被动防御是指当网络遭到入侵时网络具备的对抗外部攻击和内部攻击的能力，它对抵御网络入侵至关重要。外部攻击者是指那些没有得到密钥，无法接入网络的节点，而内部攻击者是指那些获得了相关密钥，并以合法身份混入网络的攻击节点。

3）主动反击入侵的能力。主动反击能力是指网络安全系统能够主动地限制甚至消灭入侵者，为此需要至少具备入侵检测、隔离入侵者和消灭入侵者的能力。对于入侵检测能力，和传统的网络入侵检测相似，首先需要准确识别网络内出现的各种入侵行为并发出警报；其次，入侵检测系统还必须确定入侵节点的身份或者位置，只有这样才能在随后发动有效攻击。对于隔离入侵者的能力，网络需要具有根据入侵检测信息调度网络正常通信来避开入侵者，同时丢弃任何由入侵者发出的数据包的能力，这相当于把入侵者和己方网络从逻辑上隔离开来，可以防止它继续危害网络。对于消灭入侵者的能力，由于传感网络的主要用途是为用户收集信息，因此让网络自主消灭入侵者是较难实现的，一般的做法是，在网络提供的入侵信息引导下，由用户通过人工方式消灭入侵者。

（2）信息安全需求

信息安全就是要保证网络中传输信息的安全性。对于无线传感器网络而言，具体的信息安全需求内容包括如下：

1）数据的机密性——保证网络内传输的信息不被非法窃听。

2）数据鉴别——保证用户收到的信息来自于己方节点而非入侵节点。

3）数据的完整性——保证数据在传输过程中没有被恶意篡改。

4）数据的实效性——保证数据在时效范围内被传输给用户。

相应地，传感网络安全技术的设计也包括两方面内容，即通信安全和信息安全。通信安全是信息安全的基础，通信安全保证传感网络内部的数据采集、融合和传输等基本功能的正常进行，是面向网络功能的安全性；信息安全侧重于网络中所传送信息的真实性、完整性和保密性，是面向用户应用的安全。

传感网络在大多数的民用领域，如环境监测、森林防火、候鸟迁徙跟踪等应用中，安全问题并不是一个非常紧要的问题。但在另外一些领域，如商业上的小区无线安防网络、军事上在敌控区监视敌方军事部署的传感网络等，则对数据的采样、传输过程甚至节点的物理分布重点考虑安全问题，很多信息都不能让无关人员或者敌方人员了解到。

传感网络的安全问题和一般网络的安全问题相比，它们的出发点是相同的，都需要解决机密性问题、点到点的消息认证问题、新鲜性问题、认证组播/广播问题、安全管理问题等。这些安全问题在网络协议的各个层次都应该充分考虑，只是侧重点不尽相同。物理层主要侧重在安全编码方面；链路层和网络层考虑的是数据帧和路由信息的加解密技术；应用层在密钥的管理和交换过程中，为下层的加解密技术提供安全支撑。传感网络安全问题的解决方法与传统网络安全问题不同，主要原因如下：

1）有限的存储空间和计算能力。

2）缺乏后期节点布置的先验知识。

3）布置区域的物理安全无法保证。

4）有限的带宽和通信能量。

5）侧重整个网络的安全。

6）应用相关性。

2. 传感网络的安全设计分析

（1）物理层

物理层面临的主要问题是无线通信的干扰和节点的沦陷，遭受的主要攻击包括拥塞攻击和物理破坏。对于物理破坏可以通过完善物理损害感知机制和信息加密等技术来防范。

（2）链路层

在链路层，主要有碰撞攻击、耗尽攻击和非公平竞争等3种攻击手段，对于碰撞攻击通常使用纠错编码、信道监听和重传机制来防范。

（3）网络层

在网络层，主要有虚假的路由信息、选择性的转发、Sinkhole 攻击、Sybil 攻击、Wormhole攻击、HELLO flood 攻击和确认欺骗 7 种攻击手段。Wormhole 攻击示意见图 6.44。这种攻击通常需要两个恶意节点相互串通，合谋进行攻击。在通常情况下一个恶意节点位于 Sink（即簇头节点）附近，另一个恶意节点离 Sink 较远。较远的那个节点声称自己和 Sink 附近的节点可以建立低时延和高带宽的链路，从而吸引周围节点将数据包发给它。在这种情况下，远离 Sink的那个恶意节点其实也是一个 Sinkhole。

（4）传输层

传输层用于建立无线传感器网络与 Internet 或者其他外部网络的端到端的连接。由于传感网络节点的内部资源条件限制，节点无法保存维持端到端连接的大量信息，而且节点发送应答消息会消耗大量能量，因此目前关于传感器节点的传输层协议的安全性技术并不多见。Sink节点是传感网络与外部网络的接口，传输层协议一般采用传统网络协议，这里可以采取一些有线网络上的传输层安全技术。

（5）应用层

应用层提供了传感网络的各种实际应用，因而也面临着各种安全问题。在应用层，密钥管理和安全组播为整个传感网络的安全机制提供了安全基础设施，它主要集中在为整个传感网络

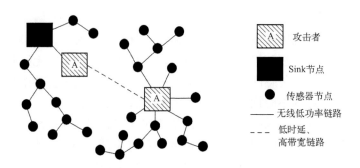

图 6.44　Wormhole 攻击示意

提供安全支持，也就是密钥管理和安全组播的设计技术。

3. 传感网络安全框架协议 SPINS

SPINS 安全协议族是最早的无线传感器网络的安全框架之一，包含了 SNEP（Secure Network Encryption Protocol）和 μTESLA（micro Timed Efficient Streaming Loss - tolerant authentication Protocol）两个安全协议。SNEP 协议提供点到点通信认证、数据机密性、完整性和新鲜性等安全服务；μTESLA 协议则提供对广播消息的数据认证服务。

SPINS 定义的是一个协议框架，在使用的时候还需要考虑很多具体的实现问题。例如，使用什么样的加密、鉴别、认证、单向密钥生成算法和随机数发生器，如何在有限资源内融合各种算法以达到最高效率等。美国加州大学伯克利分校为 SPINS 协议开发了模型系统，该系统的实现算法和性能评估结果如表 6.3 所示。

表 6.3　SPINS 协议实现算法和性能评估结果

协　　议	算　　法	协议代码量 （字节）	内存占用 （字节）	运行指令数 （指令数/包）
加密协议	RC5 – CTR	392	80	120
		508		
		802		
认证协议	RC5 – CBC – MAC	480	20	600
		596		
		1210		
广播认证密 钥建立协议	RC5 – CBC – MAC	622	120	8000
		622		
		686		

6.5　传感网络的应用开发基础

传感网络的应用开发基础技术是传感网络完成应用功能的关键，这里主要介绍它的仿真平台和工程测试床、网络节点的硬件开发、操作系统和软件开发等内容。

6.5.1　仿真平台和工程测试床

1. 传感网络的仿真技术概述

（1）网络研究与设计方法

通常计算机网络的研究与设计方法包括分析方法、实验方法和模拟方法。分析方法是对所研究对象和所依存的网络系统进行初步分析，根据一定的限定条件和合理假设，对研究对象和系统进行描述，抽象出研究对象的数学分析模型；实验方法的主要内容是建立测试床和实验室；模拟方法主要是应用网络模拟软件来仿真网络系统的运行效果。

（2）网络仿真的特点

从应用的角度来看，网络仿真技术具有以下特点：

1）全新的模拟实验机理，使得这项技术具有在高度复杂的网络环境下得到高可信度结果的特点。

2）使用范围广，既可以用于现有网络的优化和扩容，也可以用于新网络的设计，而且特别适用于大中型规模网络的设计和优化。

3）初期应用成本不高，而且建好的网络模型可以延续使用，后期投资还会不断下降。

网络仿真的软件体系结构见图6.45。传感网络仿真具有分布性、动态性、综合性等特点。

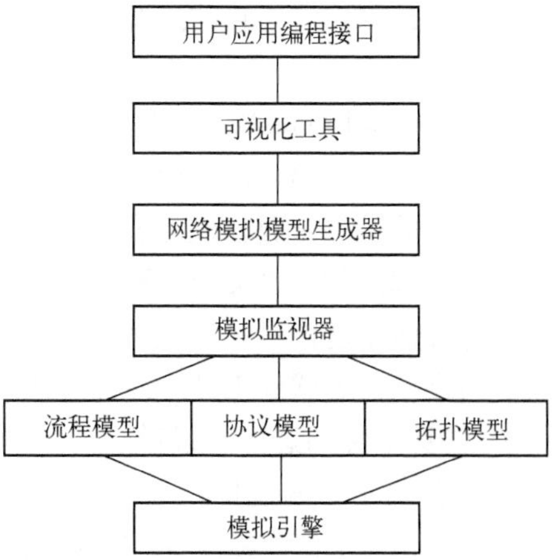

图6.45 网络仿真的软件体系结构

2. 常用网络仿真软件平台

（1）TOSSIM

TinyOS 是为传感网络节点而设计的一个事件驱动的操作系统，由加州大学伯利克分校开发，采用 nesC 编程语言。它主要应用于无线传感器网络领域，采用基于一种组件的架构方式，能够快速实现各种应用。TOSSIM 是 TinyOS 自带的仿真工具，可以同时模拟传感网络的多个节点运行同一个程序，提供运行时的调试和配置功能。由于 TOSSIM 仿真程序直接编译来自实际运行于硬件环境的代码，因而可以用来调试最后实际真正运行的程序代码。

（2）OMNeT + +

OMNeT + + 是 Objective Modular Network Testbed 的简写，也被称作离散事件模拟系统（Discrete Event Simulation System，DESS）。它是一种面向对象的、离散事件建模仿真器，属于免费的网络仿真软件。这种仿真软件工具采用了特别定义的 NED 语言来完成。

（3）Matlab

Matlab 是矩阵实验室（Matrix Laboratory）的意思，它除了具备卓越的数值计算能力外，还提供专业水平的符号计算、文字处理、可视化建模仿真和实时控制等功能，也可以进行网络仿真，用于模拟传感网络的运行情况和某些应用算法的性能。在 Matlab 软件工具中，典型的无线传感器网络应用程序如 WiSNAP，是一个针对无线图像传感网络而设计的基于 Matlab 的应用开发平台。

（4）OPNET

OPNET 是 MIL3 公司开发的网络仿真软件产品，是一种优秀的图形化、支持面向对象建模的大型网络仿真软件。OPNET 的产品主要针对网络服务提供商、网络设备制造商和一般企业三类客户，分成四个系列，它的四个系列的核心产品包括：

1）OPNET Modeler。为技术人员提供一个网络技术和产品开发平台，可以帮助他们设计和分析网络和通信协议。

2）ITGuru。帮助网络专业人士预测和分析网络和网络应用的性能、诊断问题、查找影响系统性能的瓶颈、提出并验证解决方案。

3）ServiceProviderGuru。面向网络服务提供商的智能化网络管理软件。

4）WDM Guru。用于波分复用光纤网络的分析、评测。

OPNET 网络仿真软件是目前世界上最为先进的网络仿真开发和应用平台之一，它曾被一些机构评选为"世界级网络仿真软件"第一名，可以进行传感网络的各种应用业务仿真和网络协议运行性能模拟。使用它的最大问题在于它作为一种商业化高端网络仿真产品，价格十分昂贵。

（5）NS

NS（Network Simulator）是一种针对网络技术的源代码公开的、免费的软件模拟平台，研究人员使用它可以很容易地进行网络技术的开发。目前它所包含的模块内容已经非常丰富，几乎涉及网络技术的所有方面，成为了目前学术界广泛使用的一种网络模拟软件。在每年国内外发表的有关网络技术的学术论文中，利用 NS 给出模拟结果的文章最多，通过这种方法得出的研究结果也被学术界所普遍认可。NS 也可作为一种辅助教学的工具，广泛应用在网络技术的教学方面。目前这种网络仿真软件工具已经发展到第二个版本，即 NS2（Network Simulator，Version 2）。

3. 仿真平台的选择和设计

（1）仿真平台的选择

现有的仿真平台种类较多、功能各异，每个仿真软件平台的侧重点也不同。仿真平台所采用的设计方法不一样也会影响仿真平台的执行效率、速度、扩展性、重用性和易用性等，例如面向对象设计和面向组件设计等。每个仿真器都是在某些性能方面比较突出，而在其他方面又不重视。在选择仿真平台时，需要综合考虑各个因素，在其中寻找一个平衡点以获得最佳的仿真效果。

（2）仿真平台的自主设计

如果开发者决定构建一个自己的传感网络仿真工具，首先需要决定是在现有仿真平台上开发还是单独构建。如果开发时间有限并且只有一些需要用到的特定特性在现有工具中没有，那么最好是在现有仿真平台上做开发。如果有足够的开发时间，以及开发者感觉自己的设计思路比现有工具在仿真规模、执行速度、特点等方面优越，那么从头开始创建一个仿真工具是更有效的。

4. 传感网络工程测试床

在无线传感器网络中，仿真是一个重要的研究手段，但是仿真通常仅局限于特定问题的研究，并不能获取节点、网络和无线通信等运行的详细信息，只有实际的测试床（Testbed）才能够捕获到这些信息。虽然在验证大型传感网络方面有一些有效的仿真工具，但只有通过对实际的传感网络测试床的使用，才能真正理解资源的限制、通信损失及能源限制等问题。通过测试床可以对无线传感器网络的许多问题进行研究，简化系统部署、调试等步骤，使得无线传感器网络的研究和应用变得相对容易。

Motelab 是哈佛大学开发的一个开放的无线传感器网络实验环境，是基于 Web 的无线传感器网络测试床。它包括一组长期部署的传感网络节点，以及一个中心服务器。Motelab 无线传感器网络实验示意见图 6.46。

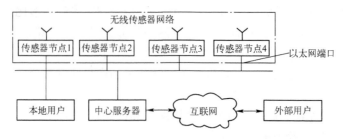

图 6.46　Motelab 无线传感器网络实验示意图

SensoNet 是美国亚特兰大市乔治亚州技术学院宽带 & 无线网络实验室研制的传感网络试验床，该试验床由核心网、核心接入网和传感器现场三部分组成。

6.5.2 网络节点的硬件开发

1. 硬件开发概述

（1）硬件系统的设计特点和要求

设计传感网络的硬件节点主要考虑微型化、扩展性和灵活性、稳定性和安全性、低成本和低功耗等 5 个方面的问题。

（2）硬件系统的设计内容

传感网络设计的主要内容在于传感网络节点，传感器节点的基本硬件模块主要由数据处理模块、换能器模块、无线通信模块、电源模块和其他外围模块组成。换能器模块包括各种传感器和执行器，用于感知数据和执行各种控制动作。其他外围模块包括看门狗电路、电池电量检测模块等，也是传感器节点不可缺少的组成部分。

2. 传感器节点的模块化设计

（1）数据处理模块

对于数据处理模块的设计，主要考虑节能设计、处理速度的选择、低成本、小体积和安全性等 5 个方面的问题。

（2）换能器模块

所谓换能器（Rransducer）是指将一种物理能量转换为另一种物理能量的器件，包括传感器和执行器两种类型。大部分传感器的输出是模拟信号，但通常无线传感器网络传输的是数字化的数据，因此必须进行模/数转换。类似的，许多执行器的输出也是模拟的，因此也必须进行数/模转换。在网络节点中配置模/数和数/模转换器（ADC 和 DAC），能够降低系统的整体成本，尤其是在节点有多个传感器且可共享一个转换器的时候。

（3）无线通信模块

无线通信模块由无线射频电路和天线组成，目前采用的传输介质主要包括无线电、空气、红外、激光和超声波等，它是传感器节点中最主要的耗能模块，是传感器节点的设计重点。

传感网络应用的无线通信技术通常包括 IEEE 802.11b、IEEE 802.15.4（ZigBee）、Bluetooth、UWB、RFID 和 IrDA 等，还有很多芯片双方通信的协议由用户自己定义，这些芯片一般工作在 ISM 免费频段。在无线射频电路设计中，主要考虑以下 3 个问题：

1）天线设计。天线的设计指标有很多种，无线传感器网络节点使用的是 ISM/SRD 免证使用频段，主要从天线增益、天线效率和电压驻波比 3 个指标来衡量天线的性能。天线增益是指天线在能量发射最大方向上的增益，当以各向同性为增益基准时，单位为 dBi；如果以偶极子天线的发射为基准时，单位为 dBd。天线的增益越高，通信距离就越远。天线效率是指天线以电磁波的形式发射到空中的能量与自身消耗能量的比值，其中自身消耗的能量是以热的形式散发。天线电压驻波比主要用来衡量传输线与天线之间阻抗失配的程度，天线电压驻波比值越高，表示阻抗失配程度越高，则信号能量损耗越大。

2）阻抗匹配。射频放大输出部分与天线之间的阻抗匹配情况，直接关系到功率的利用效率。如果匹配不好，很多能量会被天线反射回射频放大电路，不仅降低了发射效率，严重时还会导致节点的电路发热，缩短节点寿命。由于传感器节点通常使用较高的工作频率，因而必须考虑导线和 PCB 基板的材质、PCB 走线、器件的分布参数等诸多可能造成失配的因素。

3）电磁兼容。电磁兼容问题容易导致微处理器和无线接收器出现不正常的工作状况。因为微处理器有很多外部引脚，各引脚上的引线通常连接到节点内部的各个部位，受到干扰影响的可能性很大。无线接收器本身就是用于接收电磁信号的，因此如果信号或强信号的高次谐波分量落在接收电路的通带范围内，就可能造成误码和阻塞等问题。

（4）电源模块设计

电池供电是目前最常见的传感器节点供电方式。按照电池能否充电，电池可分为可充电电池和不可充电电池；根据电极材料，电池可以分为镍铬电池、镍锌电池、银锌电池、锂电池和锂聚合物电池等。一般不可充电电池比可充电电池能量密度高，如果没有能量补充来源，则应选择不可充电电池。在可充电电池中，锂电池和锂聚合物电池的能量密度最高，但是成本比较高，镍锰电池和锂聚合物电池是唯一没有毒性的可充电电池。

原电池是把化学能转变为电能的装置，它以其成本低廉、能量密度高、标准化程度好、易于购买等特点而备受青睐。例如，我们日常使用的 AA 电池（即通常所说的 5 号电池）、AAA电池（即通常所说的 7 号电池）。

虽然使用可充电的蓄电池似乎比使用原电池好，但蓄电池也有缺点，例如它的能量密度有限。蓄电池的重量能量密度和体积能量密度远低于原电池，这就意味着要想达到同样的容量要求，蓄电池的尺寸和重量都要大一些。另外与原电池相比，蓄电池自放电更严重，这就限制了它的存放时间和在低负载条件下的服务寿命。尽管有这些缺点，蓄电池仍然有很多可取之处，譬如蓄电池的内阻通常比原电池要低，这在要求峰值电流较高的应用中有用途。

（5）外围模块设计

传感网络节点的外围模块主要包括看门狗电路、I/O 电路和低电量检测电路等。看门狗（Watch Dog）是一种增强系统鲁棒性的重要措施，它能够有效地防止系统进入死循环或者程序跑飞。传感器节点工作环境复杂多变，可能由于干扰造成系统软件的运行混乱。由于电池寿命有限，为了避免节点工作中发生突然断电的情况，当电池电量将要耗尽时必须要有某种指示，以便及时更换电池或提醒邻居节点。

3. 传感器节点的开发实例

Mica 系列节点是由 U. C. Berkeley 大学研制，Crossbow 公司生产的无线传感器节点。Mica 系列节点的组网见图 6.47。Crossbow 公司是第一家将智能微尘无线传感器引入大规模商业用途的公司，现在给一些财富百强企业提供服务和智能微尘产品。Mica Processor/Radio boards（MPR）即所谓的Mica 智能卡板组成硬件平台，它们由电池供能，传感器和数据采集模块与 MPR 集成在一起。

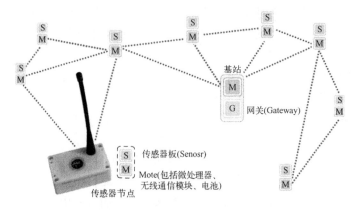

图 6.47　Mica 系列节点的组网示意图

6.5.3 操作系统和软件开发

1. 网络节点操作系统

（1）网络节点操作系统的设计要求

传感网络节点是一种典型的嵌入式系统。嵌入式系统是指用于执行独立功能的专用计算机系统，它由微处理器、定时器、微控制器、存储器、传感器等一系列微电子芯片以及嵌入在存储器中的微型操作系统、控制应用软件组成。嵌入式操作系统是一种支持嵌入式系统应用的操作系统软件，它是嵌入式系统的重要组成部分。传感网络节点的操作系统是运行在每个传感器节点上的基础核心软件，它能够有效地管理硬件资源和任务的执行，并且使应用程序的开发更为方便。传统的嵌入式操作系统不能适用于传感网络，这些操作系统对硬件资源有较高的要求，传感器节点的有限资源很难满足这些要求。通常，设计传感网络操作系统时需要满足如下要求：

1）代码量必须尽可能小，复杂度尽可能低，从而尽可能降低系统的能耗。

2）必须能够适应网络规模和拓扑高度动态变化的应用环境。

3）对监测环境发生的事件能快速响应。

4）能快速切换并执行频繁发生的多个并发任务。

5）能够使多个节点高效地协作完成监测任务。

6）提供方便的编程方法。

7）能实现对节点在线动态重新编程。

（2）TinyOS 操作系统介绍

TinyOS 是基于一种组件（Component - Based）的架构方式，能够快速实现各种应用。TinyOS 程序采用的是模块化设计，核心程序很小，一般来说，核心代码和数据大概在 400 字节左右。

（3）TinyOS 的特点

1）采用基于组件的体系结构，这种体系结构已经被广泛应用在嵌入式操作系统中。

2）采用事件驱动机制，能够适用于节点众多、并发操作频繁发生的无线传感器网络应用。

3）采用轻量级线程技术和基于先进先出（First In First Out，FIFO）的任务队列调度方法。

4）采用基于事件驱动模式的主动消息通信方式，这种方式已经广泛用于分布式并行计算。

2. 软件开发

（1）传感网络软件开发的特点和要求

通常传感网络的软件运行采用分层结构。由于传感网络资源受限、动态性强和以数据中心，因此，网络节点的软件系统开发设计具有如下特点：

1）具有自适应功能。

2）保证节点的能量优化。

3）采用模块化设计。

4）面向具体应用。

5）具有维护和升级功能。

（2）网络系统开发的基本内容

网络系统开发的基本内容主要包括传感器应用、节点应用、网络应用三个方面。节点应用包含针对专门应用的任务和用于建立与维护网络的中间件功能，它涉及操作系统、传感驱动和中间件管理三部分，见图 6.48a。网络应用的设计内容描述了整个网络应用的任务和所需要的服务，为用户提供操作界面，管理整个网络并评估运行效果，见图 6.48b。

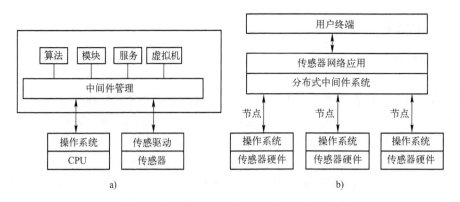

图 6.48 传感器节点应用和传感网络应用框架

a）传感器节点应用框架　b）传感网络应用框架的组件

（3）传感网络的软件编程模式

传感网络的软件开发需要采取一定的编程模式，运用适当的编程框架来指导具体的程序设计。通用软件的编程模式并不完全适合于传感网络的软件开发，为此需要考虑设计适合于传感网络开发特征的编程模式，目前，主要有抽象域编程模式、以对象为中心的编程模式和以状态为中心的编程模式 3 种。

3. 后台管理软件

（1）结构与组成

可视化的后台管理软件是传感网络系统的一个重要组成部分，是获取和分析传感网络数据的重要工具。传感网络的分析与管理是应用的重点和难点，传感网络的分析和管理需要一个后台系统来支持。通常传感网络在采集探测数据后，通过传输网络将数据传输给后台管理软件。后台管理软件对这些数据进行分析、处理和存储，得到传感网络的相关管理信息和目标探测信息。后台管理软件可以提供多种形式的用户接口，包括拓扑树、节点分布、实时曲线、数据查询和节点列表等。另外，后台管理软件也可以发起数据查询任务。后台管理软件通常由数据库、数据处理引擎、图形用户界面和后台组件 4 个部分组成，见图 6.49。

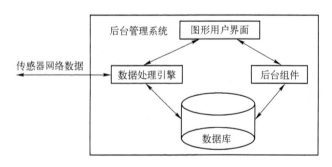

图 6.49 后台管理软件的组成

数据库用于存储所有数据，主要涉及网络管理信息和传感器探测数据信息两种，包括传感网络的配置信息、节点属性、探测数据和网络运行的一些信息等；数据处理引擎负责传输网络和后台管理软件之间的数据交换、分析和处理，将数据存储到数据库，另外它还负责从数据库中读取数据，将数据按照某种方式传递给图形用户界面，以及接受图形用户界面产生的数据等；后台组件利用数据库中的数据实现一些逻辑功能或者图形显示功能，它主要涉及网络拓扑显示组件、网络节点显示组件、图形绘制组件等；图形用户界面是用户对传感网络进行检测的可视化窗口。

目前在传感网络领域出现了一些后台管理软件工具，如克尔斯博公司的 MoteView、加州大学伯克利分校的 TinyViz、加州大学洛杉矶分校的 EmStar、中科院开发的 SNAMP 等。这些软件都在传感网络的数据收集和网络管理中得到了应用。

（2）MoteView 软件介绍

MoteView 是 Windows 平台下支持传感网络系统的可视化监控软件。无线网络中所有节点的数据通过基站储存在 PostreSQL 数据库中。MoteView 能够将这些数据从数据库中读取并显示出来，也能够实时地显示基站接收到的数据。MoteView 作为无线传感器网络客户端管理和监控软件，功能是提供 Windows 图形用户界面，主要作用包括管理和监控系统、发送命令指示、报警功能、Mote 编程功能以及网络诊断。

习题与思考题

6-01　简述无线通信技术发展趋势。

6-02　什么是移动自组织网络？

6-03　简述无线通信网络发展趋势。

6-04　IEEE 802.15.4 标准的对象和特点是什么？

6-05　简述 ZigBee 的技术优势。

6-06　什么是 UWB？它有何特点？

6-07　Ad - hoc 网络的特点是什么？

6-08　什么是 WiFi？其特点是什么？

6-09　什么是 WiMAX？其特点是什么？

6-10　什么是无线传感器网络？请画出传感器节点汇聚和传输示意图。

6-11　请比较无线传感器网络与 Ad - hoc 网络的不同之处。

6-12　简述传感网络的关键技术。

第7章　互联网与移动互联网

物联网的网络传输层必须把感知到的信息无障碍、可靠而安全地传送到地球的各个地方，使"物品"能够进行远距离、大范围的通信。由于物联网的特点，要求传输层更快速、更可靠、更安全地传输数据，因此对互联网、移动通信的数据传输速度和质量等提出了更高的要求。经过十余年的快速发展，移动通信、互联网等技术已比较成熟，基本能够满足物联网数据传输的需要，且这些技术还在继续快速发展、创新和融合。

7.1　MPLS

多协议标签交换（Multiprotocol Label Switching，MPLS）是一种用于快速数据包交换和路由的体系，它为网络数据流量提供了目标、路由、转发和交换等能力，更重要的是，它具有管理各种不同形式通信流的机制。MPLS 主要解决了路由问题，如路由速度、可扩展性、服务质量（QoS）管理以及流量工程（TE），同时也为下一代 IP 中枢网络解决宽带管理及服务请求等问题奠定了基础。在本节，主要关注通用 MPLS 框架，有关 LDP、CR–LDP 和 RSVP–TE 的具体内容可以参考其他资料。

7.1.1　MPLS 概念

多协议标签交换 MPLS 最初是为了提高转发速度而提出的，与传统 IP 路由方式相比，它在数据转发时，只在网络边缘分析 IP 报文头，而不用在每一跳都分析 IP 报文头，从而节约了处理时间。

1. MPLS 提出的意义

传统的 IP 数据转发是基于逐跳式的，每个转发数据的路由器都要根据 IP 包头的目的地址查找路由表来获得下一跳的出口。这是个烦琐且效率低下的工作，其主要原因有两个，一是有些路由的查询必须对路由表进行多次查找，这就是所谓的递归搜索；二是由于路由匹配遵循最长匹配原则，所以迫使几乎所有的路由器的交换引擎必须用软件来实现。多协议标记交换 MPLS 在综合现有技术的基础上，提出了更好的 IP over ATM 的解决方案。IP 和 ATM 曾经是两个互相对立的技术，但最终走向了融合，MPLS 技术综合了 IP 技术信令简单和 ATM 交换引擎高效的优点。

2. 定义

MPLS 技术起源于 IPv4，是一种在开放的通信网上利用标记引导数据高速、高效传输的新技术。MPLS 解决了无连接传输下的连接问题，最初是为了提高转发速度而提出的，其核心技术可扩展到多种网络协议，包括 IPv6、IPX 和 CLNP 等。MPLS 技术集二层的快速交换和三层的路由转发于一体，可以满足各种新应用对网络的要求。标记调换转发技术是 MPLS 的核心技术，是在 MPLS 域上运行的。

事实上，MPLS 已不仅仅是在 IP over ATM 上的一项应用技术，而是作为 L3 层和 L2 层之间的"垫层"的网络技术。作为一种先进的网络体系结构，MPLS 可直接应用于 ATM 网和 FR 网，成为正在研究和发展的 IP over OPTICS 必不可少的技术，甚至有人提出 MPLS 是 ATM 真正的终结者。

3. MPLS 相关术语的含义

（1）转发等价类

MPLS 作为一种分类转发技术，将具有相同转发处理方式的分组归为一类，称为转发等价类（Forwarding Equivalence Class，FEC），相同的 FEC 分组在 MPLS 网络中将获得完全相同的处理。FEC 的划分方式非常灵活，可以是以源地址、目的地址、源端口、目的端口、协议类型或 VPN 等为划分依据的任意组合。例如，在传统的采用最长匹配算法的 IP 转发中，到同一个目的地址的所有报文就是一个 FEC。

（2）标签

标签是一个长度固定、只具有本地意义的短标识符，用于唯一标识一个分组所属的 FEC。在某些情况下，例如要进行负载分担，对应一个 FEC 可能会有多个标签，但是一个标签只能代表一个 FEC。标签由报文的头部所携带，不包含拓扑信息，只具有局部意义。标签的长度为 4 字节（32 bit），封装结构如图 7.1 所示。

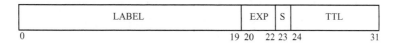

图 7.1　标签的封装结构

标签共有 4 个域：LABEL 域，标签值字段，长度为 20 bit，用于转发的指针；EXP 域，长度为 3 bit，用于 QoS；S 域，长度为 1 bit，用于标识该标签是否是栈底标签，值为 1 时表明为最底层标签，主要应用于 MPLS 标签的多重嵌套；TTL 域，长度为 8 bit，和 IP 分组中的 TTL（Time To Live，生存时间）意义相同。

（3）标签交换路由器

标签交换路由器 LSR（Label Switching Router，LSR）是 MPLS 网络中的基本元素，所有 LSR 都支持 MPLS 技术。

（4）标签交换路径

一个转发等价类在 MPLS 网络中经过的路径称为标签交换路径（Label Switched Path，LSP）。在一条 LSP 上，沿数据传送的方向，相邻的 LSR 分别称为上游 LSR 和下游 LSR。如图 7.2 中，R2 为 R1 的下游 LSR，相应的，R1 为 R2 的上游 LSR。LSP 在功能上与 ATM 和帧中继的虚电路相同，是从 MPLS 网络的入口到出口的一个单向路径。LSP 中的每个节点由 LSR 组成。

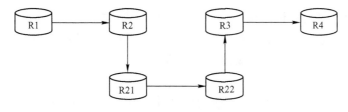

图 7.2　标签交换路径 LSP

（5）标签分发协议

标签分发协议（Label Distribution Protocol，LDP）是 MPLS 的控制协议，它相当于传统网络中的信令协议，负责 FEC 的分类、标签的分配以及 LSP 的建立和维护等一系列操作。MPLS 可以使用多种标签发布协议，包括专为标签发布而制定的协议，例如 LDP、CR – LDP（Constraint – Based Routing using LDP，基于约束路由的 LDP），也包括现有协议扩展后支持标签发布的，例如 BGP（Border Gateway Protocol，边界网关协议）、RSVP（Resource Reservation Protocol，资源预留协议），同时，还可以手工配置静态 LSP。

（6）LSP 隧道技术

MPLS 支持 LSP 隧道技术。一条 LSP 的上游 LSR 和下游 LSR，尽管它们之间的路径可能并不在路由协议所提供的路径上，但是 MPLS 允许在它们之间建立一条新的 LSP，这样，上游 LSR 和下游 LSR 分别就是这条 LSP 的起点和终点。这时，上游 LSR 和下游 LSR 间的 LSP 就是 LSP 隧道，它避免了采用传统的网络层封装隧道。在图 7.2 中，R2、R3 间的 LSP 隧道就是 R2→R21→R22→R3。如果隧道经由的路由与逐跳从路由协议中取得的路由一致，这种隧道就称为逐跳路由隧道（Hop – by – Hop Routed Tunnel），否则称为显式路由隧道（Explicitly Routed Tunnel）。

（7）多层标签栈

如果分组在超过一层的 LSP 隧道中传送，就会有多层标签，形成标签栈。在每一隧道的入口和出口处，进行标签的入栈（PUSH）和出栈（POP）操作。标签栈按照"后进先出"方式组织标签，MPLS 从栈顶开始处理标签，MPLS 对标签栈的深度没有限制。

7.1.2　MPLS 体系结构

在 MPLS 的体系结构中，控制平面（Control Plane）之间基于无连接服务，利用现有 IP 网络实现。转发平面（Forwarding Plane）也称为数据平面（Data Plane），是面向连接的，可以使用 ATM、帧中继等二层网络。MPLS 使用短而定长的标签封装分组，在数据平面实现快速转发。在控制平面，MPLS 拥有 IP 网络强大灵活的路由功能，可以满足各种新应用对网络的要求。对于核心 LSR，在转发平面只需要进行标签分组的转发，而对于 LER（Label Edge Router，边缘 LSR），在转发平面不仅需要进行标签分组的转发，也需要进行 IP 分组的转发。前者使用标签转发表（Label Forwarding Information Table，LFIT），后者使用传统转发表（Forwarding Information Table，FIT）。

1. LSR 的体系结构

LSR 的体系结构也就是 MPLS 节点结构，通过修改，能支持标签交换的路由器称为 LSR，而支持 MPLS 功能的 ATM 交换机称为 ATM – LSR。LSR 设备的体系结构见图 7.3，LSR 的体系结构分为两块。

（1）控制平面

控制平面也就是通常所说的路由引擎模块，控制平面的功能是与其他 LSR 交换三层路由信息，以此建立路由表，以标签交换对路由的绑定信息建立标签信息表 LIT，同时再根据路由表和 LIT 生成传统转发表 FIT 和标签转发表 LFIT。

（2）数据平面

数据平面的功能主要是根据控制平面生成的 FIT 和 LFIT 转发 IP 包和标签包。对于控制平面中所使用的路由协议，可以使用以前的任何一种，如 OSPF、RIP、BGP 等，这些协议的主要功能是和其他设备交换路由信息，生成路由表，这是实现标签交换的基础。在控制平面中导入了一种新的协议即标签分发协议 LDP，该协议的功能是用来针对本地路由表中的每个路由条目生成一个本地的标签，由此生成 LIT，再把路由条目和本地标签的绑定通告给邻居 LSR，同时把邻居 LSR 告知的路由条目和标签绑定，接收下来放到 LIT 里，最后在网络路由收敛的情

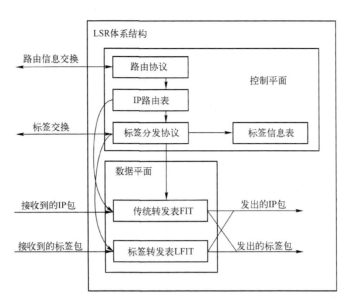

图 7.3　LSR 设备的体系结构

况下，参照路由表和 LIT 的信息生成 FIT 和 LFIT。

2. MPLS 网络结构

如图 7.4 所示，MPLS 网络的基本构成单元是 LSR。由 LSR 构成的网络称为 MPLS 域；位于 MPLS 域边缘、连接其他用户网络的 LSR 称为 LER，区域内部的 LSR 称为核心 LSR。核心 LSR 可以是支持 MPLS 的路由器，也可以是由 ATM 交换机等升级而成的 ATM – LSR。域内部的 LSR 之间使用 MPLS 通信，MPLS 域的边缘由 LER 与传统 IP 技术进行适配。

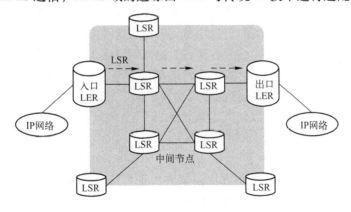

图 7.4　MPLS 网络结构

分组在入口 LER 被压入标签后，沿着由一系列 LSR 构成的 LSP 传送，其中，入口 LER 被称为 Ingress，出口 LER 被称为 Egress，中间的节点则称为 Transit。结合图 7.4，简要介绍 MPLS 的基本工作过程：

1）LDP 和传统路由协议（如 OSPF、ISIS 等）一起，在各个 LSR 中为有业务需求的 FEC 建立路由表和标签信息表 LIT。

2）入口 LER 接收分组，完成第三层功能，判定分组所属的 FEC，并给分组加上标签，形成 MPLS 标签分组。

3）在 LSR 构成的网络中，LSR 根据分组上的标签以及标签转发表进行转发，不对标签分组进行任何第三层处理。

4）在 MPLS 出口 LER 去掉分组中的标签，继续进行后面的 IP 转发。

由此可以看出，MPLS 并不是一种业务或者应用，它实际上是一种隧道技术，也是一种将标签交换转发和网络层路由技术集于一身的路由与交换技术平台。这个平台不仅支持多种高层协议与业务，而且，在一定程度上可以保证信息传输的安全性。

7.1.3　MPLS 的优点

MPLS 使用标记调换转发具有明显的优点。

1. 与常规路由器网相比的优点

（1）简化转发

MPLS 可按标记直接转发，而 IP 分组则需应用最长地址最长匹配算法进行转发。显而易见，MPLS 的转发机制要简单得多，这意味着 MPLS 更容易实现用更低费用得到更高速率的选路转发。

（2）高效的明确路由

明确路由是由源主机指定的一条通过互联网到达目的地址的路径，明确路由也称为源路由，是功能非常强大的能用于多种目的的技术。在常规路由器网上，源路由用于网络测试，在纯数据报传送时，IP 分组是禁止携带完全的明确路由信息的。在 MPLS 中允许只在建立 LSP 时携带完全的明确路由信息，而不需要由每个 IP 分组来携带，这意味着在 MPLS 上能实际应用明确路由，能充分利用明确路由上的许多先进特性。

（3）流量工程

流量工程是指由数据流量选路的一种选择过程。用于按规则均衡网络中各种链路、路由器和交换机上的流量负荷。在常规路由器网上，要完成流量工程比较困难。通过调整网络中与链路相关的度量，可以得到一定程度的负荷均衡，但使用这种方法会受到非常多的限制。在网络的两点之间有大量的交替路径，要在所有链路上通过调整逐跳数据报路由的度量，达到均衡的流量水平则难以做到。MPLS 允许数据流从特定的输入节点到特定的输出节点分别标识，即 MPLS 提供了对每对输入输出节点进行测量的直接机制。另外，如果 MPLS 建立 LSP 的高效明确路由，就可以直接保证特定的数据流沿最优的路径转发。常规路由器网上对每条 LSP 选路方法的选择比较困难，但 MPLS 可以容易做到。

（4）服务质量

服务质量 QoS 路由是指一种选路方法，该方法是为特定的数据流选择路由，选出的路由应满足特定数据流的 QoS 要求。在许多情况下，QoS 路由要使用明确的路由，因为 QoS 路由中最重要的一项是带宽保证，这同流量工程的要求是相同的。

（5）复杂的业务类别

随着互联网上的特定业务日益增加，如某些 ISP 提供的业务，需要知道正在传送的 IP 分组的源地址、目的地址、输入接口和其他的一些特性。一个适度规模的 ISP 需要选取的全部信息，不可能从网络的各个路由器上再选取出来，而且某些信息如输入接口信息，除了在网络的输入节点可能获得外，在其他节点难以得到。这意味着配置业务类别 CoS 和服务质量 QoS 的最好方法，是在网络和输入节点上将 IP 分组映射到最合适的 CoS 和 QoS 等级上，并以某些方式来标识这些 IP 分组。MPLS 能提供有效的方法去标识一个与 CoS 和 QoS 相关的任何一个特定的 IP 分组。MPLS 是在 MPLS 域的输入节点 Ingress 上，一次性地完成 IP 分组到特定 FEC 的映射的，使得 IP 分组到合适的 CoS 和 QoS 映射变得容易，其他方式是不易做到的。

（6）功能划分

MPLS 必须支持数据流的聚集转发，标记就具有粒度性质，最细可标识一个原始的用户数据流，最粗可标识由全部通过交换机或路由器的数据流聚集成的一个数据流。这就可能将路由处理功能分级划分给不同的网络单元。例如，靠近用户的网络边缘节点配置复杂的处理功能，而在网络的核心部分处理功能尽可能地简单，采用纯标记的转发。

（7）不同的业务类型采用单一的转发方式

MPLS 能用单一的转发方式在同一网络上提供给多种业务类型。如 IP 业务、帧中继业务、ATM 业务、TP 隧道、VPNs 等。

2. 与 ATM 网和 FR 网的比较

（1）路由协议的伸缩性

在 IP over ATM 的核心网上，对等层路由器相互连接时要建立 N^2 个逻辑链路。而在 MPLS 中对等层的每个路由器需要的通信减少到与其直接连接的路由器，在整个网络上所需的处理传输交换的最高能力按 0（n）要求。

（2）能在数据分组和信元媒质上通用操作

MPLS 对分组和信元媒质上的路由与转发采用通用方法。这就允许对流量工程、QoS、CoS 和其他性能功能要求采用通用方法。这就意味着统一的标记可用于 ATM、帧中继和其他的链路层媒质。

（3）容易管理

对多种类型的媒质，使用通用的路由协议、通用的标记分配方法，可以期望简化 MPLS 网的网络管理。

（4）路由风暴问题的消除

有了 MPLS 技术，可以不再使用 ATM 网上的下一跳解析协议（Next Hop Resolution Protocol，NHRP）和按需直接建立交换虚拟电路（Switching Virtual Circuit，SVC），这就消除了更新路由引起的争抢 SVC 问题，同时也消除了直接建立 SVC 有关的时延问题。

3. MPLS 与路由协议

LDP 通过逐跳方式建立 LSP 时，利用沿途各 LSR 路由转发表中的信息来确定下一跳，而路由转发表中的信息一般是通过 IGP、BGP 等路由协议收集的。LDP 并不直接和各种路由协议关联，而只是间接使用路由信息。另一方面，通过对 BGP、RSVP 等已有协议进行扩展，也可以支持标签的分发。在 MPLS 的应用中，也可能需要对某些路由协议进行扩展。例如，基于 MPLS 的 VPN 应用需要对 BGP 进行扩展，使 BGP 能够传播 VPN（Virtual Private Network，虚拟专用网）的路由信息；基于 MPLS 的 TE（Traffic Engineering，流量工程）需要对 OSPF 或 IS - IS 协议进行扩展，以携带链路状态信息等。

7.1.4 MPLS 的应用

在 IP 网络中流量控制和 VPN 是非常关键的两项技术，已逐渐成为扩大 IP 网络规模的重要标准。MPLS 兼容现有各种主流网络技术，降低网络成本，在提供 IP 业务时能确保 QoS 和安全性，被认为是下一代最具竞争力的通信网络技术。

最初，MPLS 技术结合了二层交换技术和三层路由技术，提高了路由查找速度。但是，随着专用集成电路技术的发展，路由查找速度已经不再是阻碍网络发展的瓶颈，这使得 MPLS 在提高转发速度方面不具备明显的优势。但由于 MPLS 结合了 IP 网络强大的三层路由功能和传统二层网络高效的转发机制，在转发平面采用面向连接方式，与现有二层网络转发方式非常相似，这些特点使得 MPLS 能够很容易地实现 IP 与 ATM、帧中继等二层网络的无缝融合，并为 QoS、TE、VPN 等应用提供更好的解决方案。

1. 基于 MPLS 的 VPN

传统的 VPN 一般是通过 GRE、L2TP、PPTP 等隧道协议来实现私有网络间数据流在公网上的传送，LSP 本身就是公网上的隧道，因此，用 MPLS 来实现 VPN 有天然的优势。基于 MPLS 的 VPN 就是通过 LSP 将私有网络的不同分支连接起来，形成一个统一的网络，基于 MPLS 的 VPN 还支持对不同 VPN 间的互通控制。图 7.5 是基于 MPLS 的 VPN 的基本结构，用户边缘设备（Customer Edge，CE）可以是路由器，也可以是交换机或主机。服务商边缘路由器（Provider Edge，PE）位于骨干网络，负责对 VPN 用户进行管理、建立各 PE 间 LSP 连接、同一 VPN 用户各分支间路由分派，PE 间的路由分派通常用 LDP 或扩展的 BGP 实现。基于 MPLS 的 VPN 支持不同分支间 IP 地址复用，并支持不同 VPN 间互通。与传统的路由相比，VPN 路由中需要增加分支和 VPN 的标识信息，这就需要对 BGP 进行扩展，以携带 VPN 路由信息。

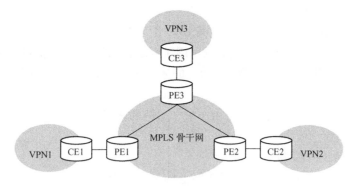

图 7.5　基于 MPLS 的 VPN

2. 基于 MPLS 的流量工程

基于 MPLS 的 TE 和差分服务（Diff - Serv）特性，在保证网络高利用率的同时，可以根据不同数据流的优先级实现差别服务，从而为语音、视频等数据流提供有带宽保证的低延时、低丢包率的服务。由于全网实施流量工程的难度比较大，因此，在实际的组网方案中往往通过差分服务模型来实施 QoS。Diff - Serv 的基本机制是在网络边缘，根据业务的服务质量要求将该业务映射到一定的类别中，利用 IP 分组中的 DS 字段（由 ToS 域而来）唯一地标记该类业务，然后，骨干网络中的各节点根据该字段对各种业务采取预先设定的服务策略，保证相应的服务质量。Diff - Serv 的这种对服务质量的分类和标签机制与 MPLS 的标签分配十分相似，事实上，基于 MPLS 的 Diff - Serv 就是通过将 DS 的分配与 MPLS 的标签分配过程结合来实现的。

7.1.5　LDP 简介

1. LDP 基本概念

LDP 规定了标签分发过程中的各种消息以及相关的处理进程，通过 LDP，LSR 可以把网络层的路由信息直接映射到数据链路层的交换路径上，进而建立起 LSP。LSP 既可以建立在两个相邻的 LSR 之间，也可以建立在两个非直连的 LSR 之间，从而在网络中所有中间节点上都使用标签交换。

（1）LDP 对等体

LDP 对等体是指相互之间存在 LDP 会话、使用 LDP 来交换标签和 FEC 映射关系的两个 LSR。LDP 对等体通过它们之间的 LDP 会话获得对方的标签映射消息。

（2）LDP 会话

LDP 会话用于在 LSR 之间交换标签映射、释放等消息。LDP 会话可以分为两种类型。

1）本地 LDP 会话（Local LDP Session）：建立会话的两个 LSR 之间是直连的。

2）远端 LDP 会话（Remote LDP Session）：建立会话的两个 LSR 之间是非直连的。

（3）LDP 消息类型

LDP 主要使用以下 4 类消息，为保证 LDP 消息的可靠发送，除了发现阶段使用 UDP 传输外，LDP 的 Session 消息、Advertisement 消息和 Notification 消息都使用 TCP 传输。

1）发现（Discovery）消息：用于通告和维护网络中 LSR 的存在。

2）会话（Session）消息：用于建立、维护和终止 LDP 对等体之间的会话。

3）通告（Advertisement）消息：用于创建、改变和删除标签——FEC 绑定。

4）通知（Notification）消息：用于提供建议性的消息和差错通知。

（4）标签空间与 LDP 标识符

LDP 对等体之间分配标签的范围称为标签空间（Label Space）。可以为 LSR 的每个接口指定一个标签空间（Per – interface Label Space），也可以整个 LSR 使用一个标签空间（Per – Platform Label Space）。LDP 标识符（LDP Identifier）用于标识特定 LSR 的标签空间，是一个六字节的数值，格式如下：

<LSR ID > : <标签空间序号 >

其中，LSR ID 占 4 字节，标签空间序号占 2 字节。取值为 1 时表示每个接口指定一个标签空间；取值为 0 时表示整个 LSR 使用一个标签空间。

2. LDP 标签分发

本章前面提到，标签的分发过程有两种模式，主要区别在于标签映射的发布是上游请求（DoD）还是下游主动发布（DU）。图 7.6 为 LDP 标签分发示意图，在图中的 LSP1 上，LSR B 为 LSR C 的上游 LSR。

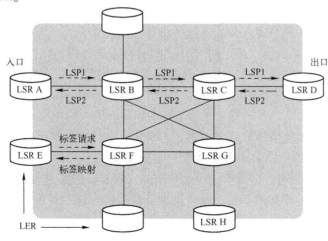

图 7.6　LDP 标签分发示意图

（1）DoD（Downstream – On – Demand）模式

上游 LSR 向下游 LSR 发送标签请求消息（Label Request Message），其中包含 FEC 的描述信息。下游 LSR 为此 FEC 分配标签，并将绑定的标签通过标签映射消息（Label Mapping Message）反馈给上游 LSR，下游 LSR 何时反馈标签映射消息，取决于该 LSR 采用的标签分配控制方式。采用 Ordered 方式时，只有收到它的下游返回的标签映射消息后，才向其上游发送标签映射消息；采用 Independent 方式时，不管有没有收到它的下游返回的标签映射消息，都立即向其上游发送标签映射消息。上游 LSR 一般是根据其路由表中的信息来选择下游 LSR。在图 7.6 中，LSP1 沿途的 LSR 都采用 Ordered 方式，LSP2 上的 LSR F 则采用 Independent 方式。

（2）DU（Downstream Unsolicited）模式

下游 LSR 在 LDP 会话建立成功后，主动向其上游 LSR 发布标签映射消息。上游 LSR 保存标签映射信息，并根据路由表信息来处理收到的标签映射信息。

3. LDP 基本操作

按照先后顺序，LDP 的操作主要包括发现阶段、会话建立与维护、LSP 建立与维护和会话撤销 4 个阶段。

（1）发现阶段

在这一阶段，希望建立会话的 LSR 向相邻 LSR 周期性地发送 Hello 消息，通知相邻节点自己的存在。通过这一过程，LSR 可以自动发现它的 LDP 对等体，而无需进行手工配置。LDP 分为基本发现机制和扩展发现机制两种。

1）基本发现机制。基本发现机制用于发现本地的 LDP 对等体，即通过链路层直接相连的 LSR，建立本地 LDP 会话。这种方式下，LSR 周期性地以 UDP 报文形式从接口发送 LDP 链路 Hello 消息（LDP Link Hello）、发往标识"子网内所有路由器"的组播地址，LDP 链路 Hello 消息带有接口的 LDP 标识符以及其他相关信息，如果 LSR 在某个接口收到了 LDP 链路 Hello 消息，则表明在该接口（链路层）存在 LDP 对等体。

2）扩展发现机制。扩展发现机制用于发现远端的 LDP 对等体，即不通过链路层直接相连的 LSR 建立远端 LDP 会话。这种方式下，LSR 周期性以 UDP 报文形式向指定的 IP 地址发送 LDP 目标 Hello 消息（LDP Targeted Hello），LDP 目标 Hello 消息带有 LSR 的 LDP 标识符及其他相关信息，如果 LSR 收到 LDP 目标 Hello 消息，则表明在网络层存在 LDP 对等体。

（2）会话建立与维护

发现邻居之后，LSR 开始建立会话。这一过程又可分为两步：第一步，建立传输层连接，在 LSR 之间建立 TCP 连接；第二步，对 LSR 之间的会话进行初始化，协商会话中涉及的各种参数，如 LDP 版本、标签分发方式、定时器值、标签空间等。会话建立后，通过不断地发送 Hello 消息和 Keepalive 消息来维护这个会话。

（3）LSP 建立与维护

LSP 的建立过程实际就是将 FEC 和标签进行绑定，并将这种绑定通告 LSP 上相邻 LSR。这个过程是通过 LDP 实现的，以 DoD 模式为例，主要步骤如下：

1）当网络的路由改变时，如果有一个边缘节点发现自己的路由表中出现了新的目的地址，并且这一地址不属于任何现有的 FEC，则该边缘节点需要为这一目的地址建立一个新的 FEC。边缘 LSR 决定该 FEC 将要使用的路由，向其下游 LSR 发起标签请求消息，并指明是要为哪个 FEC 分配标签。

2）收到标签请求消息的下游 LSR 记录这一请求消息，根据本地的路由表找出对应该 FEC

的下一跳，继续向下游 LSR 发出标签请求消息。

3）当标签请求消息到达目的节点或 MPLS 网络的出口节点时，如果此节点尚有可供分配的标签，并且判定上述标签请求消息合法，则该节点为 FEC 分配标签，并向上游发出标签映射消息，标签映射消息中包含分配的标签等信息。

4）收到标签映射消息的 LSR 检查本地存储的标签请求消息状态。对于某一 FEC 的标签映射消息，如果数据库中记录了相应的标签请求消息，则 LSR 将为该 FEC 进行标签分配，并在其标签转发表中增加相应的条目，然后向上游 LSR 发送标签映射消息。

5）当入口 LSR 收到标签映射消息时，它也需要在标签转发表中增加相应的条目。这时，就完成了 LSP 的建立，接下来就可以对该 FEC 对应的数据分组进行标签转发了。

（4）会话撤销

LDP 通过检测 Hello 消息来判断邻接关系，通过检测 Keepalive 消息来判断会话的完整性。LDP 在维持邻接关系和 LDP 会话中使用到以下两种不同的定时器。

1）Hello 保持定时器：LDP 对等体之间，通过周期性发送 Hello 消息表明自己希望继续维持这种邻接关系。如果 Hello 保持定时器超时仍没有收到新的 Hello 消息，则删除 Hello 邻接关系。

2）Keepalive 定时器：LDP 对等体之间通过 LDP 会话连接传送的 Keepalive 消息来维持 LDP 会话。如果会话保持定时器超时仍没有收到任何 Keepalive 消息，则关闭连接，结束 LDP 会话。

4. LDP 环路检测

在 MPLS 域中建立 LSP 也要防止产生环路，LDP 环路检测机制可以检测 LSP 环路的出现，并避免发生环路。如果对 MPLS 域进行环路检测，则必须在所有 LSR 上都配置环路检测，但在建立 LDP 会话时，并不要求双方的环路检测配置一致。LDP 环路检测有以下两种方式。

1）最大跳数。在传递标签绑定（或者标签请求）的消息中包含跳数信息，每经过一跳该值就加一。当该值超过规定的最大值时即认为出现环路，LSP 建立失败。

2）路径向量。在传递标签绑定（或者标签请求）的消息中记录路径信息，每经过一跳，相应的设备就检查自己的 LSR ID 是否在此记录中。当表示路径向量记录表中已有本 LSR 的记录或路径的跳数超过设置的最大值时，认为出现环路，LSP 建立失败。如果记录中没有自己的 LSR ID，就会将其添加到该记录中。

5. LDP GR

在 MPLS LDP 会话建立过程中，LDP 设备需要进行 FT（Fault Tolerance，容错）和 GR（Graceful Restart，平滑重启）能力协商。如果双方都是 GR 设备，建立的会话就具有 FT/GR 感知能力。但是如果有一方是非 GR 设备，建立的会话就不具备 FT/GR 感知能力。为了支持 GR 能力，GR 设备需要备份 FEC 和标签信息。

假设 LDP 会话具有 GR 能力，当 GR Restarter 发生重启时，GR Helper 邻居在检测到对应的 LDP 会话进入 Down 状态后，将继续保持与 GR Restarter 的邻居关系以及会话信息，直到重连定时器（Reconnect Timer）超时。在重连定时器超时前，如果邻居收到了该 GR Restarter 的会话建立请求，则它将保留该会话的 LSP（Label Switching Path，标签交换路径）和标签信息，并恢复与该 GR Restarter 的会话连接。否则，将删除与该会话有关的所有 LSP 和标签信息。

会话恢复后，GR Restarter 与其邻居会分别启动各自的邻居存活状态定时器（Neighbor Liveliness Timer）和恢复定时器（Recovery Timer），同时恢复该会话的所有 LSP 值，然后互相发送标签映射和标签请求消息。GR Restarter 与其邻居收到映射消息后会删除 LSP Stale 标记，并在邻居存活状态定时器和恢复定时器超时后删除该会话的所有 LSP 信息。在重启过程中，数据层面上的 LSP 信息将被保留，因此 MPLS 报文转发将不会中断。

7.1.6　流量工程与 MPLS TE

Internet 流量工程就是对 Internet 流量进行测量、建模、描述和控制，并且通过这些知识和技术去达到特定的性能目标，包括让流量在网络中迅速可靠地传输，提高网络资源的有效利用率和对网络容量进行合理规划。MPLS TE 是指基于 MPLS 的流量工程技术，MPLS TE 相关的技术包括：多协议标签交换（MPLS）、进行了流量工程扩展的资源预留协议（RSVP – TE）、基于约束的标签分配协议（CR – LDP）、基于约束的路由协议（QoS 路由技术）、进行了流量工程扩展的链路状态路由协议（OSPF – TE 和 IS – IS TE）、快速重路由技术（FRR）。

1. 流量工程

（1）流量工程的作用

网络拥塞是影响骨干网络性能的主要问题，拥塞的原因可能是网络资源不足，也可能是网络资源负载不均衡导致的局部拥塞，TE（Traffic Engineering，流量工程）解决的是由于负载不均衡导致的拥塞。流量工程通过实时监控网络的流量和网络单元的负载，动态调整流量管理参数、路由参数和资源约束参数等，使网络运行状态迁移到理想状态，优化网络资源的使用，避免负载不均衡导致的拥塞。总的来说，流量工程的性能指标包括以下两个方面。

1）面向业务的性能指标。增强业务的 QoS 性能，例如对分组丢失、时延、吞吐量以及 SLA（Service Level Agreements，服务等级协定）的影响。

2）面向资源的性能指标。优化资源利用。带宽是一种重要的资源，对带宽资源进行高效管理是流量工程的一项中心任务。

（2）流量工程的解决方案

现有的 IGP 协议都是拓扑驱动的，只考虑网络的连接情况，不能灵活反映带宽和流量特性这类动态状况。解决 IGP 上述缺点的方法之一是使用重叠模型（Overlay），如 IP over ATM、IP over FR 等。重叠模型在网络的物理拓扑结构之上提供了一个虚拟拓扑结构，从而扩展了网络设计的空间，为支持流量与资源控制提供了许多重要功能，可以实现多种流量工程策略。然而，由于协议之间往往存在很大差异，重叠模型在可扩展性方面存在不足，为了在大型骨干网络中部署流量工程，必须采用一种可扩展性好、简单的解决方案，MPLS TE 就是应这一需求而提出的。

2. MPLS TE

MPLS 本身具有一些不同于 IGP 的特性，其中就有实现流量工程所需要的，例如：MPLS 支持显式 LSP 路由、LSP 较传统单个 IP 分组转发更便于管理和维护、CR – LDP 可以实现流量工程的各种策略、基于 MPLS 的流量工程的资源消耗较其他实现方式更低。

MPLS TE 结合了 MPLS 技术与流量工程，通过建立到达指定路径的 LSP 隧道进行资源预留，使网络流量绕开拥塞节点，达到平衡网络流量的目的。在资源紧张的情况下，MPLS TE 能够抢占低优先级 LSP 隧道带宽资源，满足大带宽 LSP 或重要用户的需求。同时，当 LSP 隧道故障或网络的某一节点发生拥塞时，MPLS TE 可以通过备份路径和 FRR（Fast ReRoute，快速重路由）提供保护。使用 MPLS TE，网络管理员只需要建立一些 LSP 和旁路拥塞节点，就可以消除网络拥塞。随着 LSP 数量的增长，还可以使用专门的离线工具进行业务量分析。MPLS TE 主要提供下述功能：

1）提供通过非 IGP 最短路径转发 IP 分组的能力，可以让流量容易地绕过网络中的拥塞点。

2）为流量提供带宽保证，通过 MPLS TE 技术传输的流量不会由于链路带宽不够而被丢弃。

3）为流量提供稳定可靠传输的保证，在链路或者传输节点出现故障的情况下，通过 MPLS TE 技术保证的流量所受影响尽可能小，且对上层业务不可见。

4）可以从链路或者节点故障中动态恢复，通过适应一套新的约束来改变骨干网的拓扑。

5）起用不等价负载均衡，允许使用不是由 IGP 学习到的路由。

6）在确定穿越骨干网的显式路由时，它计算链路带宽以及数据流的规模。

7）不需要手工配置网络设备来建立显式路由，而且可以依靠 MPLS 流量工程功能来理解骨干网拓扑结构以及自动的信令过程。

3. LSP 隧道

对于一条 LSP，一旦在 Ingress 节点为报文分配了标签，流量的转发就完全由标签决定了。流量对 LSP 的中间节点是透明的，从这个意义上来说，一条 LSP 可以看做是一条 LSP 隧道。

4. MPLS TE 隧道

在部署重路由（Reroute）或需要将流量通过多条路径传输时，可能需要用到多条 LSP 隧道。在 TE 中，这样的一组 LSP 隧道称为 TE 隧道（Traffic Engineered Tunnel）。

7.1.7　MPLS L3VPN

MPLS L3VPN 是服务提供商 VPN 解决方案中一种基于 PE 的 L3VPN 技术，它使用 BGP 在服务提供商骨干网上发布 VPN 路由，使用 MPLS 在服务提供商骨干网上转发 VPN 报文。MPLS L3VPN 组网方式灵活、可扩展性好，并能够方便地支持 MPLS QoS 和 MPLS TE，因此得到越来越多的应用。MPLS L3VPN 模型由三部分组成：CE、PE 和 P，其原理与 MPLS L2VPN 中的 CE、PE 和 P 相同，此处不再叙述。图 7.7 是一个 MPLS L3VPN 组网方案的示意图。

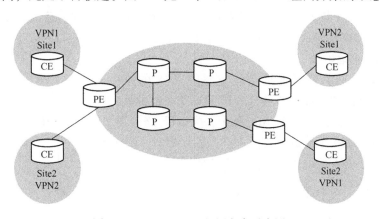

图 7.7　MPLS L3VPN 组网方案示意图

CE 和 PE 的划分主要是根据 SP 与用户的管理范围，CE 和 PE 是两者管理范围的边界。CE 设备通常是一台路由器，当 CE 与直接相连的 PE 建立邻接关系后，CE 把本站点的 VPN 路由发布给 PE，并从 PE 学到远端 VPN 的路由。CE 与 PE 之间使用 BGP/IGP 交换路由信息，也可以使用静态路由。PE 从 CE 学到 CE 本地的 VPN 路由信息后，通过 BGP 与其他 PE 交换 VPN 路由信息。PE 路由器只维护与它直接相连的 VPN 的路由信息，不维护服务提供商网络中的所有 VPN 路由。P 路由器只维护到 PE 的路由，不需要了解任何 VPN 路由信息。当在 MPLS 骨干网上传输 VPN 流量时，入口 PE 作为 Ingress LSR（Label Switch Router，标签交换路由器），出口 PE 作为 Egress LSR，P 路由器则作为 Transit LSR。

1. Site（站点）

对于多个连接到同一服务提供商网络的 Site，通过制定策略，可以将它们划分为不同的集合（Set），只有属于相同集合的 Site 之间才能通过服务提供商网络互访，这种集合就是 VPN。Site 的含义可以从下述几个方面理解：

1）Site 是指相互之间具备 IP 连通性的一组 IP 系统，并且，这组 IP 系统的 IP 连通性无需通过服务提供商网络实现。

2）Site 的划分是根据设备的拓扑关系，而不是地理位置，尽管在大多数情况下一个 Site 中的设备地理位置相邻。

3）一个 Site 中的设备可以属于多个 VPN，换言之，一个 Site 可以属于多个 VPN。

4）Site 通过 CE 连接到服务提供商网络，一个 Site 可以包含多个 CE，但一个 CE 只属于一个 Site。

2. 地址空间重叠

VPN 是一种私有网络，不同的 VPN 独立管理自己使用的地址范围，也称为地址空间（Address Space）。不同 VPN 的地址空间可能会在一定范围内重合，比如，VPN1 和 VPN2 都使用了 10.110.10.0/24 网段的地址，这就发生了地址空间重叠（Overlapping Address Spaces）。

3. VPN 实例

在 MPLS VPN 中，不同 VPN 之间的路由隔离通过 VPN 实例（VPN – Instance）实现。PE 为每个直接相连的 Site 建立并维护专门的 VPN 实例。VPN 实例中包含对应 Site 的 VPN 成员关系和路由规则。如果一个 Site 中的用户同时属于多个 VPN，则该 Site 的 VPN 实例中将包括所有这些 VPN 的信息。为保证 VPN 数据的独立性和安全性，PE 上每个 VPN 实例都有相对独立的路由表和 LFIB（Label Forwarding Information Base，标签转发表）。具体来说，VPN 实例中的信息包括标签转发表、IP 路由表、与 VPN 实例绑定的接口以及 VPN 实例的管理信息。VPN 实例的管理信息包括 RD（Route Distinguisher，路由标识符）、路由过滤策略、成员接口列表等。

4. VPN – IPv4 地址

传统 BGP 无法正确处理地址空间重叠的 VPN 的路由。假设 VPN1 和 VPN2 都使用了 10.110.10.0/24 网段的地址，并各自发布了一条去往此网段的路由，BGP 将只会选择其中一条路由，从而导致去往另一个 VPN 的路由丢失。PE 路由器之间使用 MP – BGP 来发布 VPN 路由，并使用 VPN – IPv4 地址族来解决上述问题。VPN – IPv4 地址共有 12 个字节，包括 8 字节的 RD 和 4 字节的 IPv4 地址前缀，如图 7.8 所示。

图 7.8　VPN – IPv4 地址结构

PE 从 CE 接收到普通 IPv4 路由后，需要将这些私网 VPN 路由发布给对端 PE。私网路由的独立性是通过为这些路由附加 RD 实现的。SP 可以独立地分配 RD，但必须保证 RD 的全局唯一性。这样，即使来自不同服务提供商的 VPN 使用了同样的 IPv4 地址空间，PE 路由器也可以向各 VPN 发布不同的路由。建议为 PE 上每个 VPN 实例配置专门的 RD，以保证到达同一 CE 的路由都使用相同的 RD。RD 为 0 的 VPN – IPv4 地址相当于全局唯一的 IPv4 地址。

RD 的作用是添加到一个特定的 IPv4 前缀，使之成为全局唯一的 VPN – IPv4 前缀。RD 或者是与自治系统号（ASN）相关的，在这种情况下，RD 是由一个自治系统号和一个任意的数组成；或者是与 IP 地址相关的，在这种情况下，RD 是由一个 IP 地址和一个任意的数组成。RD 有两种格式，通过 2 字节的类型字段 Type 区分：

1）类型字段 Type 为 0 时，管理器子字段（Administrator）占 2 字节，分配数值子字段（Assigned Number）占 4 字节，格式为：16 字节自治系统号:32 字节用户自定义数字。例如：100:1

2）类型字段 Type 为 1 时，Administrator 子字段占 4 字节，Assigned Number 子字段占 2 字节，格式为：32 字节 IPv4 地址:16 字节用户自定义数字。例如：172.1.1.1:1。

为保证 RD 的全局唯一性，建议不要将 Administrator 子字段的值设置为私有 AS 号或私有 IP 地址。

5. VPN Target 属性

MPLS L3VPN 使用 BGP 扩展团体属性——VPN Target（也称为 Route Target）来控制 VPN 路由信息的发布。PE 路由器上的 VPN 实例有两类 VPN Target 属性。

1）Export Target 属性：在本地 PE 将从与自己直接相连的 Site 学到的 VPN – IPv4 路由发布给其他 PE 之前，为这些路由设置 Export Target 属性。

2）Import Target 属性：PE 在接收到其他 PE 路由器发布的 VPN – IPv4 路由时，检查其 Export Target 属性，只有当此属性与 PE 上 VPN 实例的 Import Target 属性匹配时，才把路由加入到相应的 VPN 路由表中。也就是说，VPN Target 属性定义了一条 VPN – IPv4 路由可以为哪些 Site 所接收，以及 PE 路由器可以接收哪些 Site 发送来的路由。

与 RD 类似，VPN Target 也有两种格式：

1）16 字节自治系统号:32 字节用户自定义数字，例如：100:1。

2）32 字节 IPv4 地址:16 字节用户自定义数字，例如：172.1.1.1:1。

6. MP – BGP

MP – BGP（Multiprotocol Extensions for BGP – 4）在 PE 路由器之间传播 VPN 组成信息和路由。MP – BGP 向下兼容，既可以支持传统的 IPv4 地址族，又可以支持其他地址族（比如 VPN – IPv4 地址族）。使用 MP – BGP 既确保 VPN 的私网路由只在 VPN 内发布，又实现了 MPLS VPN 成员间的通信。

7. 路由策略（Routing Policy）

在通过入口、出口扩展团体来控制 VPN 路由发布的基础上，如果需要更精确地控制 VPN 路由的引入和发布，可以使用入方向或出方向路由策略。入方向路由策略根据路由的 VPN Target 属性进一步过滤可引入到 VPN 实例的路由，它可以拒绝接收引入列表中的团体选定的路由，而出方向路由策略则可以拒绝发布输出列表中的团体选定的路由。VPN 实例创建完成后，可以选择是否需要配置入方向或出方向路由策略。

8. 隧道策略（Tunneling Policy）

隧道策略用于选择特定 VPN 实例的报文使用的隧道。隧道策略是可选配的，VPN 实例创建完成后，就可以配置隧道策略。默认情况下，选择 LSP 作为隧道，不进行负载分担（负载分担条数为 1）。另外，隧道策略只在同一 AS 域内生效。

7.1.8 MPLS L2VPN

1. 传统的 VPN

传统的基于 ATM 或 FR 技术的 VPN 应用非常广泛，它们能在不同 VPN 间共享运营商的网络结构。这种 VPN 的不足至少有以下两点。

1) 依赖于专用的介质（如 ATM 或 FR）。为提供基于 ATM 的 VPN 服务，运营商必须建立覆盖全部服务范围的 ATM 网络；为提供基于 FR 的 VPN 服务，又需要建立覆盖全部服务范围的 FR 网络，在网络建设上造成浪费。

2) 部署复杂。尤其是向已有的 VPN 加入新的 Site 时，需要同时修改所有接入此 VPN 站点的边缘节点的配置。

由于以上缺点，新的 VPN 替代方案应运而生，MPLS L2VPN 就是其中的一种。

2. MPLS L2VPN

MPLS L2VPN 提供基于 MPLS 网络的二层 VPN 服务，使运营商可以在统一的 MPLS 网络上提供基于不同数据链路的二层 VPN，包括 ATM、FR、VLAN、Ethernet、PPP 等。同时，MPLS 网络仍可以提供传统 IP、MPLS L3VPN、流量工程和 QoS 等服务。

简单来说，MPLS L2VPN 就是在 MPLS 网络上透明传输用户二层数据。从用户的角度来看，MPLS 网络是一个二层交换网络，可以在不同节点间建立二层连接。MPLS L2VPN 组网示意图见图 7.9。以 ATM 为例，每个用户边缘设备（Customer Edge，CE）配置一条 ATM 虚电路（Virtual Circuit，VC），通过 MPLS 网络与远端 CE 相连，这与通过 ATM 网络实现互连类似。

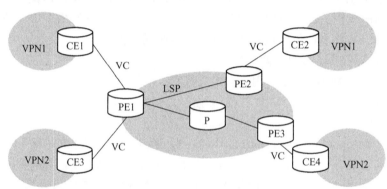

图 7.9　MPLS L2VPN 组网示意图

3. 与 MPLS L3VPN 相比

相对于 MPLS L3VPN，MPLS L2VPN 具有以下优点。

1) 可扩展性强。MPLS L2VPN 只建立二层连接关系，不引入和管理用户的路由信息。这大大减轻了 PE（Provider Edge，服务提供商边缘设备）甚至整个 SP（Service Provider，服务提供商）网络的负担，使服务提供商能支持更多的 VPN 和接入更多的用户。

2) 可靠性和私网路由的安全性得到保证。由于不引入用户的路由信息，MPLS L2VPN 不能获得和处理用户路由，保证了用户 VPN 路由的安全。

3) 支持多种网络层协议。包括 IP、IPX、SNA 等。

4. MPLS L2VPN 的基本概念

在 MPLS L2VPN 中，CE、PE、P 的概念与 MPLS L3VPN 一样，原理也相似。

1) CE 设备：用户网络边缘设备，有接口直接与 SP 相连。CE 可以是路由器，也可以是一台主机。CE "感知"不到 VPN 的存在，也不需要必须支持 MPLS。

2) PE 路由器：服务提供商边缘路由器，是服务提供商网络的边缘设备，与用户的 CE 直接相连。在 MPLS 网络中，对 VPN 的所有处理都发生在 PE 上。

3）P 路由器：服务提供商网络中的骨干路由器，不与 CE 直接相连。P 设备只需要具备基本 MPLS 转发能力。

MPLS L2VPN 通过标签栈实现用户报文在 MPLS 网络中的透明传送：外层标签（称为 Tunnel 标签）用于将报文从一个 PE 传递到另一个 PE；内层标签（称为 VC 标签）用于区分不同 VPN 中的不同连接；接收方 PE 根据 VC 标签决定将报文转发给哪个 CE。图 7.8 是 MPLS L2VPN 转发过程中标签栈变化的示意图。在图 7.10 中，L2PDU 是链路层报文，PDU（Protocol Data Unit）是协议数据单元，T 是 Tunnel 标签，V 是 VC 标签，T '表示转发过程中外层标签被替换。

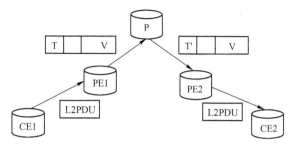

图 7.10　MPLS L2VPN 转发过程中标签栈变化示意图

7.2　IPv6 技术与物联网

目前，互联网所采用的协议族是 TCP/IP 协议族，是 TCP/IP 协议族的核心协议。IPv6 是 Internet Protocol Version 6 的缩写，IPv6 是 IETF（互联网工程任务组，Internet Engineering Task Force）设计的用于替代现行版本 IPv4 的下一代协议。

7.2.1　IPv4 的局限性

物联网丰富的应用和庞大的节点规模既带来了商业上的巨大潜力，同时也带来了技术上的挑战。目前，互联网使用的 IPv4 已凸显出其问题和局限性。

1. IPv4 面临地址枯竭

首先，物联网由众多的节点连接构成，无论是采用自组织方式，还是采用现有的公众网进行连接，这些节点之间的通信必然牵涉到寻址问题。随着互联网本身的快速发展，IPv4 的地址已经日渐匮乏。从目前的地址消耗速度来看，IPv4 地址空间已经不可能再满足物联网对网络地址的庞大需求。从另一方面来看，物联网对海量地址的需求，也对地址分配方式提出了要求。海量地址的分配无法使用手工分配，使用传统 DHCP 的分配方式对网络中的 DHCP 服务器也提出了极高的性能和可靠性要求，可能造成 DHCP 服务器性能不足，成为网络应用的一个瓶颈。

2. IPv4 节点移动性不足

目前互联网的移动性不足也造成了物联网移动能力的瓶颈，IPv4 协议在设计之初并没有充分考虑到节点移动性带来的路由问题。即当一个节点离开了它原有的网络，如何再保证这个节点访问可达性的问题。由于 IP 网络路由的聚合特性，在网络路由器中路由条目都是按子网来进行汇聚的。当节点离开原有网络，其原来的 IP 地址离开了该子网，而节点移动到目的子网后，网络路由器设备的路由表中并没有该节点的路由信息（为了不破坏全网路由的汇聚，也不允许目的子网中存在移动节点的路由），这样会导致外部节点无法找到移动后的节点。因此如何支持节点的移动能力是需要通过特殊机制实现的，在 IPv4 中 IETF 提出了 MIPv4（移动 IP）的机制来支持节点的移动，但这样的机制引入了著名的三角路由问题。对于少量节点的移动，该问题引起的网络资源损耗较小，而对于大量节点的移动，特别是物联网中特有的节点群移动和层移动，会导致网络资源被迅速耗尽，使网络处于瘫痪的状态。IPv4 网络体系的局限性示意图见图 7.11。

3. IPv4 网络质量保证

网络质量保证也是物联网发展过程中必须解决的问题。目前，IPv4 网络中实现 QoS 有两种技术，一种是采用资源预留（Interserv）的方式，利用 RsVP 等协议为数据流保留一定的网络资源，在数据包传送过程中保证其传输的质量。另一种是采用 Diffserv 技术，由 IP 包自身携带优先级标记，网络设备根据这些优先

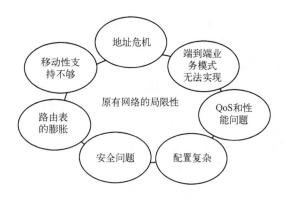

图 7.11 IPv4 网络体系的局限性

级标记来决定包的转发优先策略。IPv4 网络中服务质量的划分基本是从流的类型出发，使用 Diffserv 来实现端到端服务质量保证。这样的分配方式仅考虑了业务网络侧的质量需求，并没有考虑业务应用侧的质量需求。例如，一个普通视频业务比一个基于物联网的手术应用对服务质量的需求要低，因此物联网中的服务质量保障必须与具体的应用相结合。

4. IPv4 的安全性和可靠性

物联网节点的安全性和可靠性也需要重点考虑。由于物联网节点限于成本约束，很多都是基于简单硬件的，不可能处理复杂的应用层加密算法，同时，单节点的可靠性也不可能做得很高，其可靠性主要还是依靠多节点冗余来保证。因此，靠传统的应用层加密技术和网络冗余技术很难满足物联网的需求。

7.2.2 IPv6 简介

IPv6 包由 IPv6 包头、扩展包头和上层协议数据单元 3 部分组成。IPv6 包扩展包头中的分段包头中指明了 IPv6 包的分段情况。其中不可分段部分包括 IPv6 包头、Hop – by – Hop 选项包头、目的地选项包头（适用于中转路由器）和路由包头；可分段部分包括认证包头、ESP 协议包头、目的地选项包头（适用于最终目的地）和上层协议数据单元。需要注意的是，在 IPv6 中，只有源节点才能对负载进行分段，并且 IPv6 超大包不能使用该项服务。

1. IPv6 包头格式

IPv6 包头经过改进，效率大为提高，IPv4 包头结构和 IPv6 包头结构分别见表 7.1、表 7.2。新的格式引入了扩展包头的概念，使支持可选项功能的灵活性有所增强。IPv6 包头长度固定为 40 字节，去掉了 IPv4 中一切可选项，只包括 8 个必要的字段，因此尽管 IPv6 地址长度为 IPv4 的 4 倍，IPv6 包头长度仅为 IPv4 包头长度的 2 倍。其中的各个字段分别为。

表 7.1 IPv4 包头结构

版本号 （4 比特）	包头长度 （4 比特）	服务类型 （8 比特）	数据包长度 （16 比特）		
标识位（16 比特）			标志位（3 比特）	分段偏移（16 比特）	
存活时间（8 比特）		协议号（8 比特）	包头校验和（16 比特）		
源地址（32 比特）					
目的地址（32 比特）					
选项（8 比特）		……		填充	
32 比特					

表 7.2　IPv6 包头结构

版本号（4 比特）	优先级（4 比特）	流标识（24 比特）
负载长度（16 比特）	下一包头（8 比特）	跳数限制（8 比特）
源地址（128 比特）		
目的地址（128 比特）		

1）Version（版本号）：4 比特，IP 协议版本号。

2）Traffic Class（优先级）：8 比特，指示 IPv6 数据流通信类别或优先级。功能类似于 IPv4 的服务类型（TOS）字段。

3）Flow Label（流标记）：20 比特，IPv6 新增字段，标记需要 IPv6 路由器特殊处理的数据流。该字段用于某些对连接的服务质量有特殊要求的通信，诸如音频或视频等实时数据传输。在 IPv6 中，同一信源和信宿之间可以有多种不同的数据流，彼此之间以非"0"流标记区分。如果不要求路由器做特殊处理，则该字段值置为"0"。

4）Payload Length（负载长度）：16 比特负载长度。负载长度包括扩展头和上层 PDU，16 位最多可表示 65 535 字节负载长度。超过这一字节数的负载，该字段值置为"0"，使用扩展头逐个跳段（Hop－by－Hop）选项中的巨量负载（Jumbo Payload）选项。

5）Next Header（下一包头）：8 比特，识别紧跟 IPv6 头后的包头类型，如扩展头（有的话）或某个传输层协议头（诸如 TCP、UDP 或者 ICMPv6）。

6）Hop Limit（跳数限制）：8 比特，类似于 IPv4 的 TTL（生命期）字段，用包在路由器之间的转发次数来限定包的生命期。包每经过一次转发，该字段减 1，减到 0 时就把这个包丢弃。

7）Source Address（源地址）：128 比特，发送方主机地址。

8）Destination Address（目的地址）：128 比特，在大多数情况下，目的地址即信宿地址。但如果存在路由扩展头的话，目的地址可能是发送方路由表中下一个路由器接口。

IPv4 包头与 IPv6 包头的比较，见表 7.3。

表 7.3　IPv4 包头与 IPv6 包头的比较

IPv4 包头的字段	IPv6 包头的字段	IPv4 包头与 IPv6 包头的比较
版本号（比特）	版本号（比特）	功能相同，但 IPv6 包头包含一个新值
包头长度（4 比特）	－ － －	在 IPv6 中被去掉了，基本 IPv6 包头总是固定 40 个字节
服务类型（8 比特）	流量分类（比特）	在两种包头中，执行相同的功能
－ － －	流标识（比特）	新增字段，用来标记 IPv6 数据包的流
数据包长度（16 比特）	负载长度（16 比特）	在两种包头中，执行相同的功能
标识位（16 比特）	－ － －	因为在 IPv6 中分段处理的不同，所以在 IPv6 中被去掉了
标志位（3 比特）	－ － －	因为在 IPv6 中分段处理的不同，所以在 IPv6 中被去掉了
分段偏移（13 比特）	－ － －	因为在 IPv6 中分段处理的不同，所以在 IPv6 中被去掉了
存活时间（8 比特）	跳数限制（8 比特）	在两种包头中，执行相同的功能
协议号（8 比特）	下一包头（8 比特）	在两种包头中，执行相同的功能
包头检验和（16 比特）	－ － －	在 IPv6 中被去掉了，链路层技术和高层协议处理以及错误控制
源地址（32 比特）	源地址（128 比特）	在 IPv6 中，源地址被扩展了

2. IPv6 扩展包头

IPv6 包头设计中对原 IPv4 包头所做的一项重要改进就是将所有可选字段移出 IPv6 包头，置于扩展头中。由于除 Hop - by - Hop 选项扩展头外，其他扩展头不受中转路由器检查或处理，这样就能提高路由器处理包含选项的 IPv6 分组的性能。

通常，一个典型的 IPv6 包，没有扩展头。仅当需要路由器或目的节点做某些特殊处理时，才由发送方添加一个或多个扩展头。与 IPv4 不同，IPv6 扩展头长度任意，不受 40 个字节的限制，以便于日后扩充新增选项，这一特征加上选项的处理方式使得 IPv6 选项能得以真正的利用。但是为了提高处理选项头和传输层协议的性能，扩展头总是 8 字节长度的整数倍。扩展包头在 IPv6 中为可选项。如果存在，扩展包头则紧随包头字段。IPv6 扩展包头具有以下特性：

1）它们按 64 位排列，其系统开销远远低于 IPv4 选项。

2）不像 IPv4 那样有大小限制。唯一的限制就是 IPv6 数据包的大小。

3）它们仅由目的节点处理。唯一的例外就是 Hop - by - Hop（逐段跳转）包头选项。

4）基本 IPv6 包头的 Next Header（下一包头）字段识别扩展包头。

目前，RFC 2460 中定义了以下 6 个 IPv6 扩展包头：Hop - by - Hop（逐个跳段）选项包头、目的包头、路由包头、分段包头、认证包头和 ESP 协议包头。当同一 IPv6 数据包内存在多个扩展包头时，其发生顺序如下：

1）逐跳（Hop - by - Hop）包头携带需由发送路径上的所有节点检验的信息。当逐跳选项存在时，其始终紧随基本 IPv6 包头之后。

2）目的（Destination）包头携带仅能由目的节点检验的附加信息。

3）路由（Routing）包头由源节点使用，以列出数据包通过路径到达其目的地所需的所有节点。

4）分段（Fragmentation）包头由源节点使用，以表明数据包已经被分为片段，适合在最大传输单元（MTU 大小）内使用。与 IPv4 不同的是，在 IPv6 内，数据包分段与组装是通过端节点完成，而非通过路由器完成，这进一步提高了 IPv6 网络的效率。

5）认证包头（AH）与封装安全有效负载（ESP）包头用于 IPSec 中，以提供安全服务，确保数据包的认证、完整性和保密性。

6）ESP 协议包头提供加密服务。

3. IPv6 数据包上层协议数据单元

IPv6 数据包即上层协议数据单元（Protocol Data Unit，PDU）。PDU 由传输头及其负载（如 ICMPv6 消息或 UDP 消息等）组成。而 IPv6 包有效负载则包括 IPv6 扩展头和 PDU，通常所能允许的最大字节数为 65 535 字节，大于该字节数的负载可通过使用扩展头中的 Jumbo Payload 选项进行发送。

7.2.3 IPv6 地址和路由技术

用于网络适配器的传统接口标识可使用称为 IEEE 802 地址的 48 比特地址。此地址由 24 比特公司 ID（也称为制造商 ID）和 24 比特扩展 ID（也称为底板 ID）组成。公司 ID（唯一指派给每个网络适配器的制造商）和底板 ID（在装配时唯一指派给每个网络适配器）的组合，即可生成全局唯一的 48 比特地址。这个 48 比特地址也称为物理地址、硬件地址或媒体访问控制（MAC）地址。IEEE EUI - 64 地址代表网络接口寻址的新标准。公司 ID 仍然是 24 比特长度，但扩展 ID 是 40 比特，从而为网络适配器制造商创建了更大的地址空间。IPV6 中共有单播、任播和多播 3 种类型的 IP 地址，长度为 128 比特。

1. 地址和地址前缀的文本表示法

IPv6 地址的一般格式为：X:X:X:X:X:X:X:X

IPv6 地址长 128 比特，可以表示成由 ":" 隔开的 8 个 16 比特段。例如：

FEDC:BA98:7654:FEDC:BA98:7654:3210

每一个 X 代表 4 位的十六进制数，没有必要写出前导的 0，例如 0000 可以写为 0。

IPv6 地址可以使用压缩表示法，"::" 标识一组或多组十六进制的 0。例如：

1080:0:0:0:8:800:200C:417A = =1080::8:800:200C:417A

FF01:0:0:0:0:0:0:101 = FF01::101

0:0:0:0:0:0:0:1 = =::1

0:0:0:0:0:0:0:0 = =::

当处理 IPv6 和 IPv4 混合环境的时候，可以有另一种便利的表示法：

X:X:X:X:X:X:d.d.d.d

X 代表十六进数（用于嵌入在 IPv6 中的 IPv4 数据的表示），d 代表十进制，4 个 d 表示标准的 IP 地址格式。

地址前缀的文本表述格式为：IPv6 地址/前缀长度。

2. 地址类型

IPv6 地址类型见表 7.4。

表 7.4　IPv6 地址类型

地址类型	前缀	IPv6 记号	地址类型	前缀	IPv6 记号
未指定地址	00...0（128 比特）	::/128	Link_Local 单播	1111111010	FF80::/10
环回地址	00···1（128 比特）	::1/128	Site_Local 单播	1111111011	FEC0::/10
多播地址	11111111	FF00::/8	可聚集全局单播地址	001···	2000::/3

3. 单播地址

单播地址标识了这种类型地址的作用域内的单个接口。地址的作用域是指 IPv6 网络的一个区域，在这个区域中，此地址是唯一的。单播地址有全球单播（Global Unicast）、本站点单播（Site – Local Unicast）和本链路单播（Link – Local Unicast）三种类型。

（1）接口标志符

唯一标识一个接口，要求在一个子网前缀下是唯一的。对于所有除了二进制 0000 开始的单播地址，接口标志符要有 64 比特，并且按照改进的 EUI – 64 格式构建，例如通过在 MAC 地址的公司标识符后插入 FFFE 并设置全球/本地比特为 1，可以将 MAC 地址转变为 EUI – 64 格式的接口标识符。

对于 MAC 地址为 0000.0C0A.2C51，其二进制可表示为：

00000000 00000000 00001100 00001010 00101100 01010001

在分配的公司和制造商标识值之间插入 FFFE

00000000 00000000 0000110011111111 11111110 00001010 00101100 01010001

全球/本地比特设为 1，表示全球范围

00000010 00000000 00001100 11111111 11111110 00001010 00101100 01010001

EUI – 64 标识：0200：0CFF：FE0A：2C51

（2）未指定地址

0：0：0：0：0：0：0：0 表示未指定地址，它不能应用于任何一个节点。它的一个用途是一个刚初始化的主机不知道自身的 IP 地址，在发送的数据包的源地址可以使用该未指定地址。该地址决不能被用做目的地址。源地址是该地址的报文也决不应该被路由器所转发。

（3）环回地址

单播地址 0：0：0：0：0：0：0：1 被称为环回地址。不应该被指定到任何一个物理接口，用于节点向自身发送报文，被当做 Link_Local Scope 处理。环回地址决不能被用做离开节点的报文的源地址，该地址作为目的地址的报文也决不能离开本节点以及被路由器转发。如果接口收到的目的地址是环回地址的报文必须被丢弃。

（4）全局单播地址

全局单播地址的格式见表 7.5。

表 7.5　全局单播地址格式

FP（3 比特）	TLA ID（13 比特）	RES（8 比特）	NLA ID（24 比特）	SLA ID（16 比特）	Interface ID（64 比特）

1）FP：Format Prefix（001）格式前缀。

2）TLA ID：Top – Level Aggregation Identifier 顶层聚集标识。

3）RES：Reserved for Future Use 保留字段。

4）NLA ID：Next – Level Aggregation Identifier 次级聚集标识。

5）SLA ID：Site – Level Aggregation Identifier 站点级聚集标识。

6）Interface ID：Interface Identifier 接口标识。

（5）带有嵌入 IPv4 地址的 IPv6 地址

1）兼容 IPv4 的 IPv6 地址。该传输机制，允许在 IPv4 传输框架上使用动态 IPv6 隧道。使用该技术的 IPv6 节点的单播地址在低 32 比特携带了一个全局的 IPv4 地址，该类型的地址命名为"兼容 IPv4 的 IPv6 地址"，其格式见表 7.6。注意：该 IPv4 地址必须是全局唯一的单播地址。

表 7.6　兼容 IPv4 的 IPv6 地址格式

0……0（80 比特）	0..0（16 比特）	IPv4 地址（32 比特）

2）映射 IPv4 的 IPv6 地址。用于将 IPv4 地址表示为 IPv6 地址，其格式见表 7.7。

表 7.7　映射 IPv4 的 IPv6 地址格式

0……0（80 比特）	1..1（16 比特）	IPv4 地址（32 比特）

（6）局部使用的 IPv6 单播地址

有 Link_Lcoal 和 Site_Local 两类局部单播地址。

1）Link_Local：其格式见表 7.8。该地址用于单个的链路中的寻址，例如邻居发现、自动地址配置等（不经过路由器）。路由器决不能将 Link_Local 类型源地址或目的地址的报文转发到其他链路。

表 7.8　局部使用的 IPv6 单播地址格式

1111111010 (10 比特即 FE80)	0（54 比特）	接口 ID（64 比特）

2）Site_Local：其格式见表 7.9。该地址用于在无需全局前缀的一个 Site 范围内的寻址。路由器决不应该将有 Site_Local 的源地址或目的地址的报文转发到该 Site 外面。

表 7.9　Site_Local 地址格式

1111111011（10 比特）	子网 ID（54 比特）	接口 ID（64 比特）

4. 任播地址

任播地址标识多个接口，在适当的单播路由拓扑结构中，寻址到任播地址的数据包最终会被发送给一个唯一的接口——由这个地址所标识的距离最近的接口。因为 IPv6 中并没有定义广播地址，所以对应于原来 IPv4 中所有类型的广播寻址，在 IPv6 中都用多播寻址来执行。标识一组接口，往往属于不同节点，送到任播地址的报文将被送到该组地址中"最近的"一个，"最近"的含义是根据路由协议对于距离的定义，该类地址从单播地址空间中分配，使用任意已定义的单播地址格式。因此，任播地址从语义上无法和单播地址进行区分，当一个单播地址被赋予多个节点的时候它就是一个任播地址，被赋予该地址的节点必须被明确地配置为"知道该地址是任播地址"。任播地址可以标识在某一特定子网上的所有路由器组成的集合，也可以标识使报文到达某一路由器集合从而可到达特定的路由区域。

子网路由器的任播地址是预定义的，其格式见表 7.10。子网前缀标识了一个特定的链路。任播地址语义上和链路接口的接口标志符设置为 0 的单播地址是相同的。发给子网路由器任播地址的报文将会被发送到该子网的一台路由器，要求所有的子网路由器都支持该路由器所在端口的子网的子网路由器地址。子网路由器任播地址用于一个节点想要和一组路由器之一进行通信而设计。

表 7.10　子网路由器的任播地址格式

N 比特子网前缀	0（128 − n 位）

5. 多播地址

多播地址标识零个或多个接口，在适当的多播路由拓扑结构中，寻址多播地址的数据包最终会发送给由这个地址所标识的所有接口。多播地址标识一组接口（一般情况下属于不同节点），发现多播地址的报文会传递到它的每一个成员。IPv6 中已经没有广播地址了，它的功能被多播地址取代。多播地址格式见表 7.11。

表 7.11　多播地址格式

11111111（8 比特）	标志（4 比特）	范围（4 比特）	组 ID（112 比特）

1）前导字节 0xFF 是多播地址的开始标志。

2）标志：格式为"000T"，其中，T = 0 代表由 IANA（Internet Assigned Number Authority）分配的周知的多播地址；T = 1 代表暂时的多播地址。

3）范围：用于限制多播组的范围。

4）组 ID：在给定范围内标识多播组。

6. 节点所需地址

主机需要识别如下地址：每一个接口的本链路地址、所有分配的单播地址、环回地址、所有节点多播地址、与每个单播和任播地址对应的被请求节点多播地址、该节点所属的任何其他组的多播地址。

除上述地址外，路由器还需要识别如下地址：每个路由器接口的子网任播地址、其他的所有配置的任播地址、所有路由器多播地址。

7.2.4　IPv4、IPv6 的过渡技术

由于 Internet 的规模以及目前网络中数量庞大的 IPv4 用户和设备，IPv4 到 IPv6 的过渡不可能一次性实现，必须是一个循序渐进的过程，在体验 IPv6 带来的好处的同时仍能与网络中其余的 IPv4 用户通信。能否顺利地实现从 IPv4 到 IPv6 的过渡是 IPv6 能否取得成功的一个重要因素。实际上，IPv6 在设计的过程中就已经考虑到了 IPv4 到 IPv6 的过渡问题，并提供了一些特性使过渡过程简化。

1. 过度的原则

在 IPv4 到 IPv6 过渡的过程中，必须遵循如下的原则：

1）保证 IPv4 和 IPv6 主机之间的互通。

2）在更新过程中避免设备之间的依赖性（即某个设备的更新不依赖于其他设备的更新）。

3）对于网络管理者和终端用户来说，过渡过程易于理解和实现。

4）过渡可以逐个进行。

5）用户、运营商可以自己决定何时过渡以及如何过渡。

2. 过度的目标和主流技术

IPv4 到 IPv6 过渡的目标主要分 IP 层的过渡策略与技术、链路层对 IPv6 的支持、IPv6 对上层的影响 3 个方面。对于 IPv4 向 IPv6 技术的演进策略，业界提出了许多解决方案，特别是 IETF 组织专门成立了一个研究此演变的研究小组 NGTRANS，已提交了各种演进策略草案，并力图使之成为标准。

（1）双栈策略

实现 IPv6 节点与 IPv4 节点互通的最直接的方式是在 IPv6 节点中加入 IPv4 协议栈。具有双协议栈的节点称作"IPv6/v4 节点"，这些节点既可以收发 IPv4 分组，也可以收发 IPv6 分组。它们可以使用 IPv4 与 IPv4 节点互通，也可以直接使用 IPv6 与 IPv6 节点互通。双栈技术不需要构造隧道，但后面介绍的隧道技术中要用到双栈。IPv6/v4 节点可以只支持手工配置隧道，也可以既支持手工配置也支持自动隧道。

（2）隧道技术

在 IPv6 发展初期，必然有许多局部的纯 IPv6 网络，这些 IPv6 网络被 IPv4 骨干网络隔离开来，为了使这些孤立的"IPv6 岛"互通，就要采取隧道技术的方式来解决。利用穿越现存 IPv4 互联网的隧道技术将许多个"IPv6 孤岛"连接起来，逐步扩大 IPv6 的实现范围。

1）隧道技术的工作机理。在 IPv6 网络与 IPv4 网络间的隧道入口处，路由器将 IPv6 的数据分组封装入 IPv4 中，IPv4 分组的源地址和目的地址分别是隧道入口和出口的 IPv4 地址，在隧道的出口处再将 IPv6 分组取出转发给目的节点。

2）TB（Tunnel Broker，隧道代理）。对于独立的 IPv6 用户，要通过现有的 IPv4 网络连接 IPv6 网络上，必须使用隧道技术。但是手工配置隧道的扩展性很差，TB 的主要目的就是简化隧道的配置，提供自动的配置手段。对于已经建立起 IPv6 的 ISP 来说，使用 TB 技术为网络用户的扩展提供了一个方便的手段。从这个意义上说，TB 可以看做是一个虚拟的 IPv6 ISP，它

为已经连接到 IPv4 网络上的用户提供连接到 IPv6 网络的手段，而连接到 IPv4 网络上的用户就是 TB 的客户。

（3）双栈转换机制（DSTM）

使用双栈转换机制，IPv6 网络中的双栈节点与一个 IPv4 网络中的 IPv4 主机可以互相通信。DSTM 的基本组成部分包括如下部分。

1）DHCPv6 服务器：为 IPv6 网络中的双栈主机分配一个临时的 IPv4 全网唯一地址，同时保留这个临时分配的 IPv4 地址与主机 IPv6 永久地址之间的映射关系，此外提供 IPv6 隧道的隧道末端信息。

2）动态隧道端口 DTI：每个 DSTM 主机上都有一个 IPv4 端口，用于将 IPv4 报文打包到 IPv6 报文里。

3）DSTM Deamon：与 DHCPv6 客户端协同工作，实现 IPv6 地址与 IPv4 地址之间的解析。

（4）协议转换技术

其主要思想是在 IPv6 节点与 IPv4 节点的通信时需借助中间的协议转换服务器，此协议转换服务器的主要功能是把网络层协议头进行 IPv6/IPv4 间的转换，以适应对端的协议类型。其优点是能有效解决 IPv4 节点与 IPv6 节点互通的问题，但是不能支持所有的应用。

（5）SOCKS64

一个是在客户端里引入 SOCKS 库，这个过程称为 "socks 化"，它处在应用层和 socket 之间，对应用层的 socket API 和 DNS 名字解析 API 进行替换；另一个是 SOCKS 网关，它安装在 IPv6/IPv4 双栈节点上，是一个增强型的 SOCKS 服务器，能实现客户端和目的端之间任何协议组合的中继。

（6）传输层中继

传输层中继（Transport Relay）与 SOCKS64 的工作机理相似，只不过它是在传输层中继器进行传输层的 "协议翻译"，而 SOCKS64 是在网络层进行协议翻译。它相对于 SOCKS64，可以避免 "IP 分组分片" 和 "ICMP 报文转换" 带来的问题，因为每个连接都是真正的 IPv4 或 IPv6 连接，但同样无法解决网络应用程序数据中含有网络地址信息所带来的地址无法转换的问题。

（7）应用层代理网关

应用层代理网关（ALG）与 SOCKS64、传输层中继等技术一样，都是在 IPv4 与 IPv6 间提供一个双栈网关，提供 "协议翻译" 的功能，只不过 ALG 是在应用层级进行协议翻译。这样可以有效解决应用程序中带有网络地址的问题，但 ALG 必须针对每个业务编写单独的 ALG 代理，同时还需要客户端应用也在不同程序上支持 ALG 代理，灵活性很差。显然，此技术必须与其他过渡技术综合使用，才有推广意义。

从以上过渡策略技术可以看出，双栈、隧道是主流，所有的过渡技术都是基于双栈实现的。由于应用环境不同，不同的过渡策略各有优劣。网络的演进过程中将是多种过渡技术的综合，应根据运营商具体的网络情况进行分析，取长补短，统筹兼顾，正确决策，平滑过渡。

7.2.5 IPv6 的物联网技术解决方案

自从业界提出 IPv6 概念以来，它就和移动互联网紧紧联系在一起，物联网的兴起更是 IPv6 发展的催化剂，从物联网的特点上看，IPv6 是建设和发展物联网的重要基石。

1. 充足的地址空间

近乎无限的 IP 地址空间是 IPv6 的最大优势。与 IPv4 相比，IPv6 可提供的理论地址空间上限是 43 亿×43 亿×43 亿×43 亿，足以满足任何可预计的地址空间分配。形象地说，地球上的每一粒沙子都可以拥有一个 IPv6 地址。另一方面，IPv6 采用了无状态地址分配的方案来解决高效率海量地址分配的问题。其基本思想是网络侧不管理 IPv6 地址的状态，包括节点应该使用什么样的地址、地址的有效期有多长等，且基本不参与地址的分配过程。

2. 层次化的网络结构，提高了路由效率

由于地址空间庞大，同一组织机构如 ISP 在其网络中可以只使用一个前缀，这样 ISP 就可以把所有客户聚合成一个前缀并发布出去。分层聚合使全局路由表项数量很少，转发效率更高。此外，客户使用多个 ISP 接入时，可以使用不同的前缀，不会对路由表的聚合造成影响。

3. IPv6 报文头简洁、灵活，效率更高，易于扩展

IPv6 废弃了 IPv4 中无用的或者影响性能的字段，IPv6 新增了流标签（Flow Label）字段，用来标识特定的用户数据流或通信量类型。使用流标签具有两点好处：第一，它可以和任意的流关联，需要标识不同的流时，只需对流标签做相应改动；第二，流标签在 IPv6 报文头部，使用 IPSec 时对转发路由器可见，因此转发路由器在使用 IPv6 报文 IPSec 的情况下仍然可以通过流标签、源地址、目的地址针对特定的流进行 QoS 处理。IPv6 新增扩展头概念，新增选项时不必修改现有结构就能做到，理论上可以无限扩展，体现了灵活性。

4. 支持自动配置，即插即用

IPv6 协议支持通过地址自动配置方式使主机自动发现网络并获取 IPv6 地址，提高了内部网络的可管理性，使用户设备如 PC、移动电话、无线设备等可以即插即用。

5. 支持端到端安全

IPSee 是 IPv6 协议基本定义中的一部分，任何部署的节点都必须支持，而 IPv4 只通过选项支持，实际部署中多数节点都不支持。IPv6 扩展了对认证、数据一致性和数据保密的支持。

6. 支持移动性

IPv6 协议规定必须支持移动特性，任何 IPv6 节点都可以使用移动 IP 功能。和移动 IPv4 相比，移动 IPv6 使用邻居发现功能可直接实现外地网络的发现并得到转交地址，而不必使用外地代理。同时，利用路由扩展头和目的地址扩展头，移动节点和对等节点之间可以直接通信，解决了移动 IPv4 的三角路由、源地址过滤问题，移动通信处理效率更高且对应用层透明。因此，与移动 IPv4 相比，IPv6 具有明显的优势，它是到目前为止最优秀的支持移动接入的网络协议。

7. 新增任播地址类型

IPv6 取消了广播地址类型，以更丰富的多播地址代替，同时增加了任播（Anycast）类型，用于向组内任何成员发送包（通常是最近的组成员）。在 DNS、Web 等集群服务中，可以很好地解决服务器间的负载分担问题，IPv6 具有很多适合物联网大规模应用的特性。

8. IPv6 的服务质量技术

在网络服务质量保障方面，IPv6 在其数据包结构中定义了流量类别字段和流标签字段。流量类别字段有 8 位，和 IPv4 的服务类型（ToS）字段功能相同，用于对报文的业务类别进行标识；流标签字段有 20 位，用于标识属于同一业务流的包。流标签和源地址、目的地址一起唯一标识了一个业务流，同一个流中的所有包具有相同的流标签，以便对有同样 QoS 要求的流进行快速、相同的处理。

7.3 下一代网络 NGN

随着产业界的融合趋势，电话网、计算机网、有线电视网趋于融合，网络面临的压力越来越大。网络负荷在不断增大，业务需求也趋于多样化，运营商必须提供越来越多的多媒体业务才能吸引住用户，而这些新型的多样性业务，是目前 PSTN、PLMN 网络所难以提供的。与此同时，飞速发展的数据网已经对 PSTN、PLMN 业务形成分流，并将逐渐成为承载语音业务的基石，运营商已经积累了丰富的 VoIP 运营经验，但 H. 323 VoIP 只满足分组语音的基本需求，缺乏丰富的业务功能。在这一发展背景下，基于软交换技术的 NGN 网络应运而生。

7.3.1 概述

NGN 又称为下一代网络（Next Generation Network），是电信史上的一块里程碑，它属于一种综合、开放的网络构架，提供语音、数据和多媒体等业务。NGN 可在统一的分组网络上融合通信、信息、电子商务和交易等业务，满足多样化、个性化业务需求，在继承的基础上实现与各种业务网络（PSTN/ISDN、PLMN、IN、Internet）之间的互通，在全网内快速提供新的语音、数据、图像融合业务。

1. NGN 研究的背景

随着互联网的广泛应用，出现了两个重要的发展趋势：一是计算机网络、电信网络与有线电视网络融合；二是基于 IP 技术的新型公共电信网络的快速发展。下一代互联网（Next Generation Internet，NGI）与下一代网络的概念不同，NGI 讨论的是下一代互联网技术，而 NGN 讨论的是互联网应用给传统的电信业带来的技术演变导致新型的下一代电信网络出现的问题。

随着互联网的广泛应用，现代通信产业出现了 3 个重要的发展趋势：移动业务超过了固定业务、数据业务超过了语音业务、分组交换业务超过了数据交换业务。这 3 个发展趋势反映出电信市场的业务调整方向，从目前的研究工作来看，有 3 个技术的发展趋势已经明朗：

1）计算机网络的 IP 技术可以将传统电信业的所有设备都变成互联网的终端。

2）软交换技术可以使各种新的电信业务方便地加载到电信网络，加快了电话网、移动通信网与互联网的融合。

3）第 3 代移动通信技术将数据业务带入移动计算的时代。

下一代网络概念的提出顺应了新一轮电信技术发展的需要，也是电信运营商技术转型的必然选择，NGN 技术必将在我国物联网应用推广方面发挥重大的作用。

2. NGN 的主要特征

1）NGN 是一种建立在 IP 技术基础上的新型公共电信网络。NGN 能够容纳各种类型的信息，提供可靠的服务质量保证，支持语音、数据与视频的多媒体业务，具有快速灵活的新业务生成能力。NGN 已成为全球电信产业竞争的焦点。

2）NGN 是整个电信网络框架的变革。NGN 研究涉及框架结构、互联互通、服务质量、移动节点管理、可管理的 IP 网络以及 NGN 演进过程等问题。NGN 不是现有电信网与 IP 网络的简单延伸和叠加，而是整个电信网络框架的变革。

3）IPv6 技术、MPLS 技术将对 NGN 的发展产生重大的影响。NGN 涵盖的内容从主干网、城域网到接入网。尽管 NGN 的概念是由电信界提出的，下一代互联网（NGI）的概念是由计算机界提出的，但是它们之间有非常紧密的联系，从技术上是相通的。从长远发展的角度看，IPv6 技术与多协议标记交换（MPLS）技术将对 NGN 的发展产生重大的影响。

4）开放的网络构架体系。将传统交换机的功能模块分离成为独立的网络部件，各个部件可以按相应的功能划分，各自独立发展。部件间的协议接口基于相应的标准。部件化使得原有的电信网络逐步走向开放，运营商可以根据业务的需要自由组合各部分的功能产品来组建网络。部件间协议接口的标准化可以实现各种异构网的互通。

5）业务驱动。业务与呼叫控制分离，呼叫与承载分离。分离的目标是使业务真正独立于网络，灵活有效地实现业务的提供。用户可以自行配置和定义自己的业务特征，不必关心承载业务的网络形式以及终端类型，使得业务和应用的提供有较大的灵活性。

6）基于统一协议的基于分组的网络。现有的信息网络，无论是电信网、计算机网还是有线电视网，不可能以其中某一网络为基础平台来生长信息基础设施，但近几年随着 IP 的发展，才使人们真正认识到电信网络、计算机网络及有线电视网络将最终汇集到统一的 IP 网络，即人们通常所说的"三网"融合大趋势，IP 协议使得各种以 IP 为基础的业务都能在不同的网上实现互通，人们首次具有了统一的为三大网都能接受的通信协议，从技术上为国家信息基础设施（NII）奠定了最坚实的基础。

3. NGN 网络特点

1）开放分布式网络结构。采用软交换技术，将传统交换机的功能模块分离为独立网络部件，各部件按相应功能进行划分，独立发展。采用业务与呼叫控制分离、呼叫控制与承载分离技术，实现开放分布式网络结构，使业务独立于网络。通过开放式协议和接口，可灵活、快速地提供业务，个人用户可自己定义业务特征，而不必关心承载业务的网络形式和终端类型。

2）高速分组化核心承载。核心承载网采用高速包交换网络，可实现电信网、计算机网和有线电视网三网融合，同时支持语音、数据、视频等业务。

3）独立的网络控制层。网络控制层即软交换，采用独立开放的计算机平台，将呼叫控制从媒体网关中分离出来，通过软件实现基本呼叫控制功能，包括呼叫选路、管理控制和信令互通，使业务提供者可自由结合承载业务与控制协议，提供开放的 API 接口，从而可使第三方快速、灵活、有效地实现业务提供。

4）网络互通和网络设备网关化。通过接入媒体网关、中继媒体网关和信令网关等网关，可实现与 PSTN、PLMN、IN、Internet 等网络的互通，有效地继承原有网络的业务。

5）多样化接入方式。普通用户可通过智能分组语音终端、多媒体终端接入，通过接入媒体网关、综合接入设备（IAD）来满足用户的语音、数据和视频业务的共存需求。

6）高效。因为 NGN 网络能实现业务与呼叫控制的分离，为业务真正地从网络中独立出来，有效缩短新业务的开发周期提供了良好的条件。同时，随着多网互通的实现，许多新兴业务也应运而生。

7）多用户。NGN 综合了固定电话网、移动电话网和 IP 网络的优势，使得模拟用户、数字用户、移动用户、ADSL 用户、ISDN 用户、IP 窄带网络用户、IP 宽带网络用户甚至是通过卫星接入的用户都能作为下一代网络中的一员相互通信。

8）多媒体。语音、视频以及其他多媒体流在下一代网络中的实时传输成为 NGN 的又一亮点。

9）资源共享。国际互联网的丰富信息资源一直是电信运营商面前的一块肥肉，由于采用了 IP 技术，NGN 的出现使得在呼叫过程中获取国际互联网的资源不再是难事。

10）低成本。采用了相对廉价的 IP 等网络作为中间传输的载体，因而 NGN 的通信费用将大大降低，这种优势尤其体现在长途、越洋电话上。

7.3.2 NGN 的网络构架

1. NGN 的网络架构

NGN 将传统交换机的功能模块分离成为独立的网络部件，各个部件可以按相应的功能划分各自独立发展，部件间的协议接口基于相应的标准，其网络构架见图7.12。

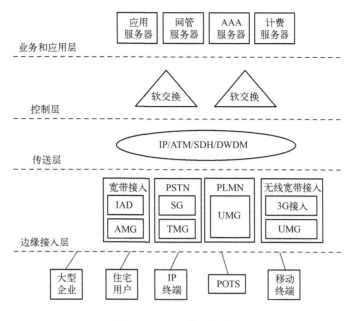

图 7.12　NGN 的网络构架

（1）从网络结构横向分层的观点来看

NGN 主要可分为边缘接入和核心网络两大部分。

1）边缘接入：由各种宽窄带接入设备、各种类型的接入服务器、边缘交换机/路由器和各种网络互通设备构成。

2）核心网络：由基于 DWDM 光传送网连接骨干 ATM 交换机和/或骨干 IP 路由器构成。

（2）从网络功能纵向分层的观点来看

根据不同的功能可将网络分解成以下 4 个功能层面。

1）业务和应用层：处理业务逻辑，其功能包括 IN（智能网）业务逻辑、AAA（认证、鉴权、计费）和地址解析，且通过使用基于标准的协议和 API 来发展业务应用。

2）控制层：负责呼叫逻辑，处理呼叫请求，并指示传送层建立合适的承载连接。控制层的核心设备是软交换，软交换需要支持众多的协议接口，以实现与不同类型网络的互通。

3）传送层：指 NGN 的承载网络。负责建立和管理承载连接，并对这些连接进行交换和路由，用以响应控制层的控制命令，可以是 IP 网或 ATM 网。

4）边缘接入层：由各类媒体网关和综合接入设备（IAD）组成，通过各种接入手段将各类用户连接至网络，并将信息格式转换成为能够在分组网络上传递的信息格式。

2. NGN 的主要业务

NGN 不仅提供现有的电话业务和智能网业务，还可以提供与互联网应用结合的业务、多媒体业务等。另外，通过提供开放的接口，引入业务网络的概念，也就是说将来业务开发商和网络提供商可以按照一个标准的协议或接口分别进行开发，快速提供各种各样的业务，使得新业务的开发和引入能够迅速实现。

1）PSTN 的语音业务基本的 PSTN/ISDN 语音业务、标准补充业务、CENTREX 业务和智能业务。

2）与 Internet 相结合的业务 Click to Dail、WEB 800、Instant Messaging、同步浏览、个人通信管理。

3）多媒体业务桌面视频呼叫/会议、协同应用、流媒体服务。

4）开放的业务接口（API）：NGN 不仅能够提供上述业务，更重要的是能够提供新业务开发和接入的标准接口。这些接口包括 JAIN、PARLAY、SIP。

3．NGN 支持的协议

NGN 功能实体之间需要采用标准的通信协议，这些协议主要由 ITU – T 和 IETF 等国际标准化组织定义。

（1）呼叫控制协议

呼叫控制协议有 SIP、SIP – T 和 BICC 协议。

1）SIP（Session Initiation Protocol）由 IETF 制定，用来建立、修改和终结多媒体会话的应用层协议，有较好的扩展能力。

2）SIP – T（SIP for Telephones）将传统电话网信令（目前仅对 ISUP 消息）通过"封装"和"翻译"转化为 SIP 消息，提供了用 SIP 实现传统 PSTN 网与 SIP 网络的互连机制。在 NGN 中，SIP 终端同软交换之间、软交换同应用服务器之间运行 SIP 协议，同时 SIP（SIP – T）已被软交换接受为通用的接口标准，以实现软交换之间的互连。

3）BICC 协议由 ITU – T 制定，源于 N – ISUP 信令。为了实现与现有网络的互通，软交换设备还需支持传统电话网和早期 VoIP 网络使用的 ISUP、H. 323 等呼叫控制协议。

（2）媒体网关控制协议

媒体网关控制协议有 MGCP 和 Megaco/H. 248 协议。

1）MGCP（媒体网关控制协议）是 IETF 的一个草案，是目前使用最多的媒体网关控制协议。

2）Megaco/H. 248 协议由 IETF 和 ITU – T 联合开发，它是在 MGCP 协议的基础上，结合了其他媒体网关控制协议的一些特点发展而成，它提供了控制媒体建立、连接、释放的命令与保证这些信令执行的机制，同时也可以携带一些随路呼叫信令。

（3）基于 IP 的媒体传送协议

NGN 使用 RTP/RTCP 协议作为媒体传送协议。

（4）业务层协议

可使用的业务层协议和 API 包括 SIP、PARLAY、JAIN。为实现传统智能网业务，软交换设备还应支持 INAP 协议。

（5）基于 IP 的 PSTN 信令传送协议

基于 IP 的 PSTN 信令传送协议主要有 IUA、M3UA、M2PA，这些信令协议均基于 SCTP/IP 进行传递。

（6）其他类型协议

网络管理协议（SNMP）、资源配置管理协议（COPS）、认证计费鉴权协议（RADIUS）、网络时间同步协议（NTP）。

4．NGN 的功能

NGN 在原有的 PSTN、ISDN 和智能网等业务的基础上又增加了许多特有的业务。

1）入口业务。主要是针对用户的终端环境，为其提供监控、协调等功能，并能为用户提供个性化的业务环境。它是 VHE 的基本功能组成部分。

2）增强型多媒体会话业务。保持多方会话，不会因为有会话方的加入或离开，以及会话方终端的变换而终止会话。

3）可视电话。能建立在移动/固定、移动/移动、固定/固定电话之间的可视呼叫。

4）Click to Dial。能在个人业务环境或 Web 会话中提供 Click to Dial 的业务，直接对在线用户或服务器发出呼叫。

5）Web 会议业务。能通过 WEB Browser 来组织多方的多媒体会议。

6）增强型会话等待。允许用户处理实时的呼叫。

7）语音识别业务。能自动识别语音并相应地做出标准的或事先用户设定的操作。

8）Text→Speech→Text。支持文本到语音双向转换。

9）基本定位业务。主要用在手机上，提供实际的地理位置。

10）个人路由策略。根据不同的时间，系统对照用户的 Routing Profile 有选择地把入呼叫转移到不同的话机上。

11）VOD。视频点播业务，用户可以根据需要订阅不同的视频流服务。

12）增强型的呼叫功能。因为呼叫类型的增加，参与呼叫用户类型的增加，从而相应的呼叫/会话的转移等业务也得到了相应加强。同时还增加了会话合并功能，即两个出呼叫或入呼叫可以整合成一个三方会话。

5. 现有电信网络如何演进到 NGN

中国拥有遍布全国的电路交换网络，现有电信网络在语音业务方面已经相当成熟。如何保护现有资金和保护现有电信业务的收益是电信网络演进至 NGN 的需要解决的问题。

1）从网络接入层上的演进。宽带接入建设为用户提供宽带的且面向分组的接入，可以为用户提供更加高速的接入方式。现在各地智能小区的建设已经全面展开，意味着面向 NGN 的演进的开始。

2）从长途网络层面上的演进。利用集成的或独立的中继网关，旁路部分语音话务到 IP 或 ATM 网络上，利用 SoftSwitch 进行路由控制和业务的提供，称之为中继旁路的策略。利用这种方式可以减缓现在的电路交换网络的拥塞问题。

3）从 Local 交换网络层面上的演进。市话局是具有最大部分投资的点，拥有大量的用户机架以及许多 Local 的电话业务数据，改造将是最为困难的。可以利用综合的具有大容量的宽带接入设备取代现有的用户架，以独立的 Access Gateway 接入到 IP 网络或 ATM 网络，升级 SoftSwitch 和应用服务器以支持 Local 的电话业务和 IN 业务。

6. NGN 应用与业务层

（1）NGN 应用领域

NGN 用于处理业务逻辑，其功能包括 IN（智能网）业务逻辑、AAA（认证、鉴权、计费）和地址解析，且通过使用基于标准的协议和 API 来发展业务应用。

（2）NGN 业务领域

NGN 不仅提供现有的电话业务和智能网业务，还提供与互联网应用结合的业务、多媒体业务等。

7. NGN 控制层

NGN 控制层负责呼叫逻辑，处理呼叫请求，并指示传送层建立合适的承载连接。软交换与 IMS 技术均可应用于 NGN 的控制层，需要支持众多的协议接口，以实现与不同类型网络的互通。

8. NGN 传输层

NGN 传输层即指 NGN 的承载网络。用于负责建立和管理承载连接，并对这些连接进行交换和路由，用以响应控制层的控制命令。传输层可用多种形式，如 IP、ATM、SDH、WDM、ASON 等。在 NGN 网络中，NGN QoS 将在 IP 网络上为电信业务提供质量保证，而不是提供一个通用的 IP 流量的 QoS 解决方案。对于现有 NGN QoS 还存在很多问题。

9. NGN 接入层

边缘接入层由各类媒体网关和综合接入设备（IAD）组成，通过各种接入手段将各类用户连接至网络，并将信息格式转换成为能够在分组网络上传递的信息格式。通过宽带接入、PSTN、PLMN 和无线接入等实现。

10. NGN 承载技术

NGN 目前得到很多新技术的鼎力支持。NGN 的关键技术主要为软交换技术、高速路由/交换技术、大容量光传送技术和宽带接入技术。

7.3.3　NGN 网络系统 QoS 问题

1. NGN QoS 的目标

NGN QoS 不同于传统的 IP QoS，NGN QoS 希望能够在 IP 网络上为电信业务提供质量保证。因此，NGN 关注的是业务的 QoS 保证，而传统的 IP QoS 研究的是通用流量的 QoS。从这个意义上说，NGN QoS 可以理解为电信级的 IP QoS。

2. NGN QoS 的思路

随着 DWDM、ASON 等光传输技术的发展，传输层可以提供的链路带宽越来越宽，智能化越来越高，价格也越来越便宜。许多专家相信，过量提供（Over - Provision）可以解决 IP 的 QoS 问题，辅以一定的流量工程技术，就可以提供 NGN QoS。然而，这种方式尽管在短期内可行，但从长远来看，仍存在许多问题。

1）资源的利用率问题。过量提供通常都是以牺牲资源利用的效率为代价的，尽管链路比较便宜，但是网络建设和运营的综合成本仍然较高，不断的升级扩容会给运营商带来极大的压力。

2）网络流量的均衡问题。IP 网络的流量分布极不均衡，随时间变化很大。过量提供要求网络的每一条链路都要保持"轻载"，这在实际中很难实现，即使采用流量工程（TE）技术，也难以有效地动态调节流量。

3）城域接入问题。QoS 问题是一个端到端的问题，网络边缘的 QoS 往往更难以控制，因此过量提供无法解决边缘接入的 QoS 问题。

4）用户流量的需求是无穷的。事实证明，无论网络的带宽增长有多快，增长的带宽都将很快被用户的流量消耗掉。视频通信、IPTV、BT 文件下载、虚拟现实、在线游戏、网络存储等应用将会消耗掉运营商能够提供的所有带宽。

因此，在 IP 网络中建立有效的 QoS 机制，特别是针对业务流量建立 QoS 机制，而不是依赖于简单的过量提供是 NGN 业务承载的当务之急。由于 IP 在提供 QoS 上存在一"固有"缺陷，许多专家认为 IP 至少不适合要求高度服务保证的电信业务的承载，因此应当采用电信网络的 QoS 机制。通过仔细分析 PSTN/ATM 的 QoS 机制，可以发现 PSTN/ATM 的 QoS 能力实际上是有许多其他（非技术的）有利条件的：

1）在 PSTN/ATM 上承载的业务较为单一，PSTN 仅承载语音业务，ATM 目前也是仅仅提供专线业务。单一的业务使得流量特征比较简单，易于预测，而这些使得网络的规划可以非常逼近实际的流量，从而保证网络路径上不存在严重的拥塞。对于 IP 而言，IP 上的应用类型众多，流量复杂，研究表明，Internet 的流量模型符合"长相关"的分形特征，这就使得 Internet 的流量从数学上是不可预测的。

2）PSTN/ATM 上承载的电信业务以点对点通信模式为主，而当前 IP 上的应用业务除了点对点模式外，还存在大量的 C/S 模式和多点模式。业务模式的差异使得 IP 网络上流量流向十分复杂，难以控制。

3）PSTN/ATM 的业务流量较低，尽管目前的 PSTN 交换机处理的话务量已经很高，但还是远远比不上 IP 网络骨干的 GB 级路由器处理的流量。巨大的流量压力使得 IP 网络无法实现精细的基于"流"或者"连接"的 QoS 控制。

因此，简单地照搬现有的 PSTN/ATM 技术未必能够解决业务和网络更为复杂的 NGN 的 QoS 问题。然而，如果能够把 NGN 的业务和网络复杂性进行分解和隔离，就有可能在 IP 上通过借鉴一些电信网的 QoS 机制来解决 NGN 的 QoS 问题。一个最简单的思路是在 IP 上引入资源管理设备，并根据业务构建逻辑叠加网，通过这个逻辑叠加网实现业务流量的隔离。这样，NGN 就变成由多个逻辑叠加网构成的多业务网，但是在每个逻辑叠加网络中仅承载单一（或者同一类型）的业务。因此，可以借助电信网的一些 QoS 机制来提供保证。

最终解决 NGN 的 QoS 的方法既不能单纯地采用 IP 过载的机制，也不能照搬 PSTN/ATM 的 QoS 技术，而应该是两种技术的融合。总之，QoS 的本质问题是一个折中问题。我们认为，只有在现有 IP 的基础架构上，结合电信网络的一些 QoS 机制和方法，才能够实现满足业务需求的 NGN QoS。

3. NGN QoS 的核心

NGN QoS 的核心是资源/流量管理的问题，深入分析 IP 难以获得有效 QoS 的原因，其根本在于 IP 是一个终端控制的网络。具体体现在：

1）流量的发送不受网络限制。网络中流量的发送受终端控制，事实上，在 TCP 协议中，流量的拥塞控制依赖于终端的自律，而非网络的控制。

2）流量的流向不可预测。IP 是一个无连接每包路由的网络，不但流量的流向对网络是透明的，而且流量的传输路径也是不断变化的。

3）业务流不可管理。IP 仅仅对包进行处理，对流不识别、不处理。业务流的控制在终端进行。

在传统的 BestEffort 网络中，上述因素使得 IP 网络的拥塞几乎是不可避免的，特别是放到一个较长的周期去考察的话，短时间的、突发性的拥塞是难以有效控制的。在 NGN 中，如果要解决网络的拥塞，提供有效的 QoS 保证，就需要解决上述问题。而这些问题的关键是流量管理的问题，对于网络而言，流量管理的本质是资源管理。如何限制流量的进入？如何引导流量的流向，并为其保证足够的资源（带宽）？如何根据业务的需求对流量进行管理和控制？这些都是实现 NGN QoS 的关键。

实际上，现有的 IP QoS 技术也都试图从不同的侧面去解决上述问题。Intserv 欲通过引入信令机制（RSVP）在网络中预留资源，并要求实际的流量和流向满足预留的资源要求，以实现 QoS。然而，端到端的资源建立和维护的成本太高，不具备良好的扩展性。Diffserv 试图通过优先级区分的方法将需要保证的流量和不需要保证的流量隔离开来，达到限制流量的目的（低优先级的流量在网络拥塞时会被丢弃）。然而，由于无法控制流向，就无法完全避免局部的拥塞，加之缺乏上层的业务信息，流量的优先级往往只能够通过判定流量的应用类型判定，因此无法做到基于"业务流"的标记。Diffserv 可以实现相对的 QoS 保证，但是 Diffserv 较低的资源利用率（只有当网络优先级流量的资源利用率低于 10% 时，才能保证这部分流量的

QoS）和不能提供绝对的 QoS 保证，使得它很难成为一个解决 NGN QoS 的理想方案。

随着 NGN QoS 研究的深入，目前针对 NGN QoS 的解决方案有很多，但需要指出的是，NGN QoS 的解决需要一个长期的过程。如何在现有网络的基础上，分步骤、分阶段地实现向 NGN QoS 目标网络的演进，是一个需要不断探索和创新的问题。

4. 当前的 QoS 解决方案

目前，对于业务的 QoS 保证可以在多个层面上采用多种技术结合实现。实现一个理想的 NGN QoS 需要较长的时间。对于现有 NGN 业务的 QoS，一般可以采取如下的方法：

1）为业务建立（IP）专网。

2）采用现有的、简单的 QoS 体系，如 Intserv/Diffserv，实现粗粒度的 QoS。

3）在应用层上解决问题，利用应用层技术（如 CDN）缓解网络的 QoS 压力。

4）网络层的改造，包括容量扩充（实现过量提供）、部署流量工程。

5）直接采用传输层技术，如利用 ASON 等智能光交换等技术实现。

上述方法在实现的复杂性、性能功能、可扩展性、可操作性、运维复杂性、实施成本、业务可管理性等方面各有不同。目前，方法 1）、3）最常见，方法 4）虽然在实施上有一定难度，但是也已被广泛采用。专网的方式在实现上比较简单，也能够提供较好的 QoS 保证，但是在多业务的支持和扩展性以及随业务快速变化的灵活性方面则会受到限制。

近年来，利用应用层的技术实现 QoS 得到越来越多的关注和应用，典型的例子是内容分发网络（CDN）技术和点对点（P2P）技术。图 7.13 是一个利用 CDN 等应用层技术实现多层面视频流媒体 QoS 保证的示意图。图 7.13 中，对宽带流媒体的服务质量控制可以分为 3 个层次实现。

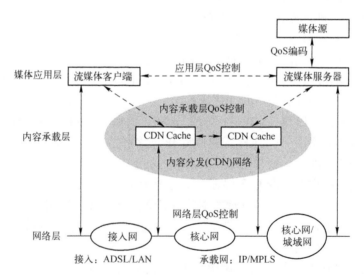

图 7.13　利用 CDN 等应用层技术实现多层面视频流媒体 QoS 保证的示意图

1）应用层服务质量控制。主要涉及编码的 QoS 考虑、应用层传输协议的 QoS 控制机制以及媒体服务器的 QoS 控制等。

2）内容承载层服务质量控制。通过一个叠加的内容承载层，可以有效地解决流媒体传输的 QoS 问题。

3）网络层服务质量控制。通过网络的 QoS 能力为流媒体传输提供 QoS 保证。

多个层面的 QoS 机制的综合应用可以有效地解决流媒体业务的 QoS 保证，同时避免对现有网络的大规模改造。

5. 对 NGN QoS 问题的思考

近年来，NGN QoS 成为各运营商和网络设备提供商关注的焦点。但是，QoS 问题是一个十分复杂的问题，NGN QoS 的最终解决也需要一个长期的过程。在对 NGN QoS 的研究和实验中，应该把握如下的原则：

1）以满足 NGN 业务的 QoS 需求为导向。

2）保持 IP 的基本优点，即简单性和灵活性。

3）充分考虑业务的 QoS 管理机制。

4）尽量对用户透明，隐藏网络的复杂性。

5）具有可操作性，能够在现有网络上应用和部署。

6）QoS 的部署应分阶段、分步骤进行。

7.3.4 NGN 的关键技术

NGN 需要得到许多新技术的支持，目前为大多数人所接受的 NGN 相关技术是：采用软交换技术实现端到端业务的交换；采用 IP 技术承载各种业务，实现三网融合；采用 IPv6 技术解决地址问题，提高网络整体吞吐量；采用 MPLS（多协议标签交换）实现 IP 层和多种链路层协议（ATM/FR、PPP、以太网，或 SDH、光波）的结合；采用 OTN（光传输网）和光交换网络解决传输和高带宽交换问题；采用宽带接入手段解决"最后一公里"的用户接入问题。因此，实现 NGN 的关键技术将是软交换技术、高速路由/交换技术、大容量光传送技术和宽带接入技术，其中软交换技术是 NGN 的核心技术。

1. 软交换（Softswitch）技术

作为 NGN 的核心技术，软交换是一种基于软件的分布式交换和控制平台。软交换的概念基于新的网络功能模型分层（分为接入层、媒体/传送层、控制层与网络业务层 4 层）概念，从而对各种功能做不同程度的集成，把它们分离开来，通过各种接口协议，使业务提供者可以非常灵活地将业务传送和控制协议结合起来，实现业务融合和业务转移，非常适用于不同网络并存互通的需要，也适用于从语音网向多业务/多媒体网的演进。

2. 高速路由/交换技术

高速路由器处于 NGN 的传送层，实现高速多媒体数据流的路由和交换，是 NGN 的交通枢纽。NGN 的发展方向处理大容量、高带宽的传输/路由/交换以外，还必须提供大大优于目前 IP 网络的 QoS。IPv6 和 MPLS 提供了这个可能性。作为网络协议，NGN 将基于 IPv6。IPv6 相对于 IPv4 的主要优势是：扩大了地址空间，提高了网络的整体吞吐量，服务质量得到很大改善，安全性有了更好的保证，支持即插即用和移动性，更好地实现了多播功能。MPLS 是一种将网络第三层的 IP 选路/寻址与网络第二层的高速数据交换相结合的新技术。它集电路交换和现有选路方式的优势，能够解决当前网络中存在的很多问题，尤其是 QoS 和安全性问题。

3. 大容量光传送技术

光纤传输技术。NGN 需要更高的速率，更大的容量。但到目前为止，能够看到的并能实现的最理想的传送媒介仍然是光。因为只有利用光谱才能带来充裕的带宽。光纤高速传输技术现正沿着扩大单一波长传输容量、超长距离传输和密集波分复用（DWDM）系统 3 个方向在发展。

光交换与智能光网技术。只有高速传输是不够的，NGN 需要更加灵活、更加有效的光传送网。组网技术现正从具有分插复用和交叉连接功能的光联网向利用光交换机构成的智能光网发展，即从环形网向网状网发展，从光－电－光交换向全光交换发展。智能光网能在容量灵活性、成本有效性、网络可扩展性、业务提供灵活性、用户自助性、覆盖性和可靠性等方面，比点到点传输系统和光联网具有更多的优越性。

4. 宽带接入技术

NGN 必须有宽带接入技术的支持，因为只有接入网的带宽瓶颈被打开，各种宽带服务与应用才能开展起来，网络容量的潜力才能真正发挥。这方面的技术五花八门，其中主要技术有高速数字用户线（VDSL），基于以太网无源光网（EPON）的光纤到家（FTTH），自由空间光系统（FSO）、无线局域网（WLAN）。

7.3.5 融合接入网络技术与 NGN

接入网作为电信网的最边缘网络，它在电信网中直接连接最终客户，是各种技术融合和业务切入的基础。随着电信客户业务的不断丰富，接入网应该具有更灵活丰富的业务接入手段、更高的带宽、更可靠的网络、更全面有效的网络管理、更低的成本、更迅捷的服务。与此同时，处于转型期的电信运营商也在积极考虑如何更好地规划接入网络，对现有的网络进行优化，从而更有效地满足客户的需求，提供更高品质的电信服务。

基于这些考虑，人们提出了构建融合接入网络的概念——利用综合业务接入平台和综合网络管理平台来实现业务融合、技术融合、网络融合、管理融合 4 个方面的融合，通过这 4 种融合来构建一个低成本、灵活、易管理的新型接入网，如图 7.14 所示。

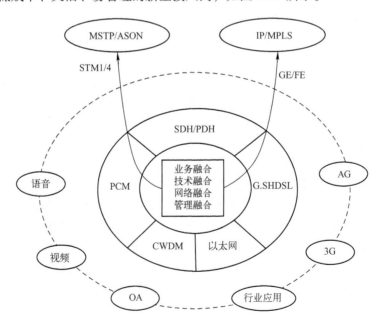

图 7.14 融合接入网络的概念

1. 业务融合

伴随着各类行业信息化建设的蓬勃兴起，电信运营商的客户的业务呈现多样化的趋势，涵盖了语音、视频、行业应用、OA、互联网等多种业务。此外，随着 3G、NGN 网络的发展，接入层网络还将面对更加丰富的业务。同时，光纤网络技术的快速发展使得运营商也在考虑，如何通过一根光纤和一台设备来为用户提供综合性的业务接入。各种客户业务可以通过同一个接入平台和一路光纤来进行承载，为每个客户提供一条或多条业务通道，最大限度地保障客户业务的安全性和可靠性，实现多业务的一站式接入解决方案。在降低了运营商接入层网络建设成本的同时，也为最终客户提供更为合理的解决方案。

2. 技术融合

众所周知，接入网的技术非常广泛，包括了 PCM、PDH、SDH、Ethernet、DSL 等多种技术，带宽从 N×64K 到 N×2M，甚至是千兆，传输介质既包括铜缆也包括光纤。在实际组网应用中，往往一种技术或设备无法解决所有客户的接入需求，对于不同客户需要提供不同的接入解决方案，从而造成接入网上多家厂商、多种设备共存的现状，这给网络的统一管理带来了难以逾越的障碍，也给网络建设和运营维护工作增加了极大的负担。

综合业务接入平台可实现接入网多项技术的融合，采取开放式的设计结构，除了上述提到的各种技术之外，还可将 CWDM、PON 等技术引入该平台，通过不同的业务模块为用户提供综合接入手段。这给运营商带来的好处是通过一个统一的平台就可以实现各种接入方案，满足各类客户的接入需求，不论是对于固网运营商还是移动运营商来说，都可以构建一张面向全业务的弹性接入网，大大简化了运营商的网络结构和维护手段，并使得实现接入网的统一管理成为可能。

3. 网络融合

未来的承载网络必然向着 IP 化的方向发展，从目前城域网的发展现状来看，特别是大客户业务的承载还主要是通过 SDH/MSTP/ASON 网络来实现的，而 IP 城域网则更多地承载着对于 QoS 要求不高的公众宽带业务或商业客户业务。随着 QoS 以及安全问题的逐步解决，IP 承载逐渐会成为主流，但这需要相当长的一段时期。在这段过渡期内，众多的客户业务必然面临着 TDM 或 IP 承载的双重选择。针对这一网络应用的特点，人们提出了"双网双核心"的设计理念：即在一个综合业务接入平台既可以基于 VC3/VC12/64 k 时隙来实现客户业务的接入，同时也可以基于以太网技术来实现 IP 业务接入，能够同时面向 TDM 和 IP 承载网，相当于在一个统一的接入平台上实现 TDM 和 Ethernet/IP 两类接入网，从而实现了网络的融合。这两类接入网既能够实现相互独立，也可以根据应用需要实现网间的业务切换，充分保证接入网具备高度的灵活性。

4. 管理融合

目前，接入网络的管理仍然以网元管理为主，但随着大客户对服务质量要求的不断提高，对于运营商的网管系统也提出了更高的标准，部分客户甚至提出了直接参与对自身网络监控的要求，那么如何提高接入网的管理能力就成为摆在运营商面前的一个亟待解决的问题。在综合业务接入平台的基础之上，可以设计一个基于网络和客户管理的综合管理平台，将网元管理与大客户资源管理有机地融合在一起。基于网络的管理即通过 NMS 网管系统能够对不同厂商的设备实施管理和控制，实现对接入网的综合管理，实现网络故障分析和故障定位、网络性能综合分析等功能。通过对接入网的统一管理和维护，能够极大地提高网络运维效率，使得客户服务变得更加迅捷。

7.4 3GPP

3GPP 是领先的 3G 技术规范机构，是由欧洲的 ETSI、日本的 ARIB 和 TTC、韩国的 TTA

以及美国的 T1 在 1998 年底发起成立的，旨在研究制定并推广基于演进的 GSM 核心网络的 3G 标准，即 WCDMA、TD – SCDMA、EDGE 等。3GPP 的目标是实现由 2 G 网络到 3 G 网络的平滑过渡，保证未来技术的后向兼容性，支持轻松建网及系统间的漫游和兼容。

7.4.1 移动通信的发展历程及关键技术

回顾近十年的发展，可以说，移动通信技术的发展开辟了一个巨大的市场，而市场的需求又推动了移动通信技术进步和国际标准的制定。就在第三代移动通信发展之际，世界已开始研究第四代移动通信。

1. 第一代移动通信技术

第一代移动通信系统（如 AMPS 和 TACS 等）是采用 FDMA 制式的模拟蜂窝系统。由于受到传输带宽的限制，不能进行移动通信的长途漫游，只能是一种区域性的移动通信系统。第一代移动通信有多种制式，我国主要采用的是 TACS。第一代移动通信有很多不足之处，比如容量有限、制式太多、互不兼容、保密性差、通话质量不高、不能提供数据业务、不能提供自动漫游等。

2. 第二代移动通信技术

第二代移动通信系统主要采用的是数字的时分多址（TDMA）技术和码分多址（CDMA）技术，主要业务是语音，其主要特性是提供数字化的语音业务及低速数据业务。它克服了模拟移动通信系统的弱点，语音质量、保密性能得到较大的提高，并可进行省内、省际自动漫游。第二代移动通信替代第一代移动通信系统完成模拟技术向数字技术的转变，但由于第二代采用不同的制式，移动通信标准不统一，用户只能在同一制式覆盖的范围内进行漫游，因而无法进行全球漫游，由于第二代数字移动通信系统带宽有限，限制了数据业务的应用，也无法实现高速率的业务，如移动的多媒体业务。

2.5 G 主要解决数字移动通信系统传输速率低和直接上互联网的问题。GSM 增加了分组无线业务 GPRS 和 EDGE 技术，速率从 9.6 Kbit/s 提高到 120 Kbit/s；CDMA 发展成 CDMA1X，速率从 9.6 Kbit/s 提高到 150 Kbit/s 左右。

第二代移动通信技术全球主要有 GSM 和 CDMA 两种体制，GSM 技术标准由欧洲提出，目前全球绝大多数国家使用这一标准，CDMA 由美国高通公司提出，目前在美国、韩国等国家使用。

3. 第三代移动通信技术

为了解决正在运行的第二代数字移动通信系统所面临的问题，满足人们不断增长的对于数据传输能力和更好的频谱利用率的迫切要求，国际电信联盟（ITU）早在 1985 年提出 3G，称为未来公众陆地移动通信系统（FPLMTS），1996 年 ITU 将 FPLMTS 正式更名为 IMT – 2000标准（International Mobile Telecommunication 2000），统称为 3G 系统，即国际移动通信系统。

第三代移动通信技术与前面两代相比有更宽的带宽，其传输速度最低为 384 Kbit/s，最高为 2 Mbit/s，带宽可达 5 MHz 以上，不仅能传输语音，还能传输数据，从而提供快捷、方便的无线应用。能够实现高速数据传输和宽带多媒体服务是第三代移动通信的另一个主要特点，第三代移动通信网络能将高速移动接入和基于互联网协议的服务结合起来，提高无线频率利用效率。提供包括卫星在内的全球覆盖，并实现有线和无线以及不同无线网络之间业务的无缝连接，满足多媒体业务的要求，从而为用户提供更经济、内容更丰富的无线通信服务。

7.4.2 3G 主流标准简介

2000 年 5 月，ITU 正式公布第三代移动通信标准 IMT－2000（国际移动电话2000），我国提交的时分同步码分多址（TD－SCDMA）正式成为国际标准，与欧洲宽带码分多址（WCDMA）、美国的码分多址（CDMA2000）标准一起成为 3G 主流的三大标准之一。

1. WCDMA

WCDMA（Wideband Code Division Multiple Access）源于欧洲和日本的几种技术融合，是一种由 3GPP 具体制定、基于 GSM MAP 的核心网络，是无线接口的第三代移动通信系统。WCDMA 是一个 ITU 标准，它是从码分多址演变来的，在官方上被认为是 IMT－2000 的直接扩展，与现在市场上通常提供的技术相比，它能够为移动和手持无线设备提供更高的数据速率。

WCDMA 采用直扩（MC）模式，载波带宽为 5 MHz，数据传送可达到每秒 2 Mbit/s（室内）及 384 Kbit/s（移动空间）。它采用 MC FDD 双工模式，与 GSM 网络有良好的兼容性和互操作性。作为一项新技术，它在技术成熟性方面不及 CDMA2000，但其优势在于 GSM 的广泛采用能为其升级带来方便，因此，近段时间也备受各大厂商的青睐。WCDMA 采用最新的异步传输模式（ATM）微信元传输协议，能够允许在一条线路上传送更多的语音呼叫，呼叫数由现在的 30 个提高到 300 个，在人口密集的地区线路将不再容易堵塞。另外，WCDMA 还采用了自适应天线和微小区技术，大大地提高了系统的容量。

2. CDMA2000

CDMA2000（Code Division Multiple Access2000）由美国高通北美公司为主导提出，美国的摩托罗拉、Lucent 和韩国的三星参与，韩国现在成为该标准的主导者。这套系统是从窄频 CDMA ONE 数字标准衍生出来的，可以从原有的 CDMA ONE 结构直接升级到 3 G，建设成本低廉。但目前使用 CDMA 的地区只有日、韩和北美，所以 CDMA2000 的支持者比 WCDMA 少，不过 CDMA2000 的研发技术却是目前各标准中进度最快的。

CDMA2000 采用多载波（DS）方式，载波带宽为 1.25 MHz。CDMA2000 和 WCDMA 在原理上没有本质的区别，都起源于 CDMA（IS－95）系统技术，但 CDMA2000 做到了对 CDMA（IS－95）系统的完全兼容，成熟性和可靠性比较有保障，为技术的延续性带来了明显的好处，同时也使 CDMA2000 成为从第二代向第三代移动通信过渡最平滑的选择。但是，CDMA2000 的多载传输方式与 WCDMA 的直扩模式相比，对频率资源有极大的浪费，而且它所处的频段与 IMT－2000 规定的频段也产生了矛盾。

3. TD－SCDMA

TD－SCDMA（Time Division－Synchronous Code Division Multiple Access）即时分同步的码分多址技术，TD－SCDMA 标准成为第一个由中国提出、以我国知识产权为主、被国际上广泛接受和认可的无线通信国际标准，这是我国电信史上重要的里程碑。在 TD－SCDMA 技术上，我国与德国西门子公司联合开发，主要采用同步码分多址技术、智能天线技术和软件无线技术等。

TD－SCDMA 采用 TDD 双工模式，载波带宽为 1.6 MHz，TDD 是一种优越的双工模式，因为在第三代移动通信中，需要大约 400 MHz 的频谱资源，在 3 GHz 以下是很难实现的。而 TDD 则能使用各种频率资源，不需要成对的频率，能节省未来紧张的频率资源，而且设备成本比 FDD 系统低 20% ~ 50%。特别是对上下行不对称、不同传输速率的数据业务来说，TDD 更能显示出其优越性。另外，TD－SCDMA 独特的智能天线技术，能大大提高系统的容量，特别是对 CDMA 系统的容量能增加 50%，而且降低了基站的发射功率，减少了干扰。TD－SCDMA 软件无线技术能利用软件修改硬件，在设计、测试方面非常方便，不同系统间的兼容性也易于实现。当然 TD – SCDMA 也存在一些缺陷，它在技术的成熟性、抗衰落和终端用户的移动速度方面不如另外两种技术，需要广纳合作伙伴一起完善。

TD – SCDMA、WCDMA 和 CDMA2000 通信系统标准的主要技术性能比较见表 7.12。

表 7.12　三种主流通信系统标准的主要技术性能比较

	WCDMA	TD – SCDMA	CDMA2000
载频间隔/MHz	5	1.6	1.25
码片速率/（Mc/s）	3.84	1.28	1.2288
帧长/ms	10	10（分为两个子帧）	20
基站同步	不需要	需要	需要，典型方法是 GPS
功率控制	快速功控：上、下行 1500 Hz	0～200 Hz	反向：800 Hz，前向：慢速、快速功控
下行发射分级	支持	支持	支持
频率间切换	支持，可用压缩模式进行测量	支持，可用空闲时隙进行测量	支持
检测方式	相干解调	联合检测	相干解调
信道估计	公共导频	DwPCH、UpPCH、中间码	前向、反向导频
编码方式	卷积码 Turbo 码	卷积码 Turbo 码	卷积码 Turbo 码

7.4.3　3GPP 核心网络发展概述

UMTS（Universal Mobile Telecommunications System）即通用移动通信系统，是国际标准化组织 3GPP 制定的全球 3G 标准之一。它的主体包括 CDMA 接入网络和分组化的核心网络等一系列技术规范和接口协议。UMTS 作为一个完整的 3G 移动通信技术标准，并不仅限于定义空中接口。除 WCDMA 作为首选空中接口技术获得不断完善外，UMTS 还相继引入了 TD – SCD-MA 和 HSDPA 技术。

1. 核心网络的定义

核心网络由一系列完成用户位置管理、网络功能和业务控制等功能的物理实体组成，物理实体包括 MSC、HLR、SCP、SMC、GSN 等。核心网络又分为归属网络、拜访网络和传送网络三类。

2. IMT – 2000

为了实现人类移动通信发展的目标，ITU 在 1985 年提出了第三代移动通信系统的概念，当时被称为未来公共陆地移动通信系统（FPLMTS）。后来考虑该系统预计 2000 年左右开始商用，且工作于 2000 MHz 频段，故 1996 年 ITU 采纳日本等国的建议，将 FPLMTS 更名为国际移动通信系统 IMT – 2000。

第三代系统的主要目标是将包括卫星在内的所有网络融合为可以替代众多网络功能的统一系统，它能够提供宽带业务并实现全球无缝覆盖。为了保护运营公司在现有网络设施上的投资，第二代系统向第三代系统的演进遵循平滑过渡的原则，现有的 GSM、D – AMPS、IS – 136 等第二代系统均将演变成为第三代系统的核心网络，从而形成一个核心网家族，核心网家族的不同成员之间通过 NNI 接口联结起来，成为一个整体，从而实现全球漫游。在核心网络家族的外围，形成一个庞大的无线接入家族，现有的几乎所有的无线接入技术以及 WCDMA 等第三代无线接入技术均将成为其成员。

3G 技术方案已基本上统一到 CDMA 技术上，通过融合，目前形成 WCDMA、CDMA2000、TD – SCDMA 三种主流技术标准。

3. 3GPP 标准组织

IMT-2000 的网络采用了"家族概念"，受限于家族概念，ITU 无法制定详细协议规范，3G 的标准化工作实际上是由 3GPP (3th Generation Partner Project，第三代伙伴关系计划) 和 3GPP2 两个标准化组织来推动和实施的。

3GPP 成立于 1998 年 12 月，由欧洲的 ETSI、日本 ARIB、韩国 TTA 和美国的 T1 等组成。采用欧洲和日本的 WCDMA 技术，构筑新的无线接入网络，核心交换侧则在现有的 GSM 移动交换网络基础上平滑演进，提供更加多样化的业务。UTRA (Universal Tetrestrial Radio Access) 为无线接口的标准。1999 年的 1 月，3GPP2 也正式成立，由美国的 TIA、日本 ARIB、韩国 TTA 等组成。无线接入技术采用 CDMA2000~1UWC-136 为标准，CDMA2000 这一技术在很大程度上采用了高通公司的专利。核心网采用 ANSI/IS41。

4. 3GPP 标准版本

为了满足新的市场需求，3GPP 规范不断增添新特性来增强自身能力。为了向开发商提供稳定的实施平台并添加新特性，3GPP 使用并行版本体制，所有版本如下。

（1）99 版本

最早出现的各种第三代规范被汇编成最初的 99 版本，于 2000 年 3 月完成，后续版本不再以年份命名。99 版本的主要内容为：

1）新型 WCDMA 无线接入。引入了一套新的空中接口标准，运用了新的无线接口技术，即 WCDMA 技术，引入了适于分组数据传输的协议和机制，数据速率可支持 144 Kbit/s、384 Kbit/s 及 2 Mbit/s。99 版本的核心网仍是基于 GSM 的加以演变的 WCDMA 核心网。

2）3GPP 标准为业务的开发提供了 3 种机制，即针对 IP 业务的 CAMEL 功能、开放业务结构（简称 OSA）和会话启始协议（简称 SIP），并在不同的版本中给出了相应的定义。

3）99 版本对 GSM 中的业务有了进一步的增强，传输速率、频率利用率和系统容量都大大提高。

4）99 版本在业务方面除了支持基本的电信业务和承载业务外，也可支持所有的补充业务，另外它还支持基于定位的业务（LCS）、号码携带业务（MNP）、64 Kbit/s 电路数据承载、电路域多媒体业务以及开放业务结构等。

（2）Release4

目前最新的全套 3GPP 规范被命名为 Release4。R4 规范在 2001 年 3 月"冻结"，意为自即日起对 R4 只允许进行必要的修正而推出修订版，不再添加新特性。所有 R4 规范均拥有一个"4. x. y"形式的版本号。R4 无线网络技术规范中没有网络结构的改变，而是增加了一些接口协议的增强功能和特性，主要包括低码片速率 TDD、UTRA FDD 直放站、Node B 同步、对 Iub 和 Iur 上的 AAL2 连接的 QoS 优化、Iu 上无线接入承载（RAB）的 QoS 协商、Iur 和 Iub 的无线资源管理（RRM）的优化、增强的 RAB 支持、Iub 和 Iur 以及 Iu 上传输承载的修改过程 WCD-MA1800/1900、软切换中 DSCH 功率控制的改进等。R4 在核心网上的主要特性如下。

1）电路域的呼叫与承载分离：将移动交换中心（MSC）分为 MSC 服务器（MSC Server）和媒体网关（MGW），使呼叫控制和承载完全分开。

2）核心网内的七号信令传输第三阶段（Stage3）：支持七号信令在两个核心网络功能实体间以基于不同网络的方式来传输，如基于 MTP、IP 和 ATM 网传输。

3）R4 在业务上对 99 版本做了进一步的增强，可以支持电路域的多媒体消息业务，增强紧急呼叫业务、MexE、实时传真（支持 3 类传真业务）以及由运营商决定的阻断（允许运营商完全或根据要求在分组数据协议建立阶段阻断用户接入）。

（3）Release5

如果规范在冻结期后发现需要添加新特性，则制定一个新版本规范。目前，新特性正在添加到 Release5（R5）中。第一个 R5 的版本已在 2002 年 3 月冻结，R5 形成全套规范之后即可在 2002 年 6 月完全冻结。未能及时添加到 R5 中的新特性将包含在后续版本 R6 中。所有 R5 规范均拥有一个"7. x. y"形式的版本号。3GPP R5 将完成对 IP 多媒体子系统（IMS）的定义，如路由选取以及多媒体会话的主要部分。R5 的完成将为转向全 IP 网络的运营商提供一个开始建设的依据。R5 计划的主要特性有：

1）UTRAN 中的 IP 传输、高速下行分组数据业务的接入（HSDPA）、混合 ARQII/III、支持 RAB 增强功能、对 Iub/Iur 的无线资源管理的优化、UE 定位增强功能、相同域内不同 RAN 节点与多个核心网节点的连接以及其他原有 R5 的功能。

2）R5 在核心网方面的主要特性包括：用 M3UA（SCCP – User Adaptation）传输七号信令、IMS 业务实现、紧急呼叫增强功能以及网络安全性的增强。另外，R5 在网络接口上可支持 UTRAN 至 GERAN 的 Iu 和 Iur – g 接口，从而实现 WCDMA 与 EDGE 的互通。

3）在业务应用上，R5 主要准备在以下几方面加强：支持基于 IP 的多媒体业务、CAMEL Phase4、全球文本电话（GTT）以及 Push 业务。

4）由于 IP 多媒体子系统是 R5 的一个主要特性，3GPP 技术标准组对其进行了多次讨论与研究。IMS 定位在完成现有电路域未能为运营商提供的多媒体业务，而不是代替现已成熟的电路域业务，从而更好地兼容 99 版本来完成系统平滑演进的过程。3GPP 的标准化进程实际是 99 版本、R4 和 R5 并行的过程，完善 99 版本和 R4 需要占用大量的时间。为避免重复制定某项标准并考虑与固定网标准的统一，3GPP 决定有关 IMS 的部分标准将直接采用 IETF 和 ITU – T 的标准。

（4）Release6

R6 版本正在研究和完善之中，其网络架构与 R5 相同，主要进行业务研究以及与其他网络互通研究，在 R6 又引入了 HSUPA。

7. 4. 4　3GPP R99 核心网络技术

R99 接入部分主要定义了全新的 5 MHz 每载频的宽带码分多址接入网，采纳了功率控制、软切换及更软切换等 CDMA 关键技术，基站只做基带处理和扩频，接入系统智能集中于 RNC 统一管理，引入了适于分组数据传输的协议和机制，数据速率可支持 144 Kbit/s、384 Kbit/s，理论上可达 2 Mbit/s。基站和 RNC 之间采用基于 ATM 的 Iub 接口，RNC 通过基于 ATM AAL2 的 Iu – CS 和 AAL5 的 Iu – PS 分别与核心网的 CS 域和 PS 域相连。

在核心网定义的过程中，R99 充分考虑到了向下兼容 GPRS，其电路域与 GSM 完全兼容，通过编解码转换器实现语音由 ATM AAL2 至 64K 电路的转换，以便与 GSMMSC 互通。分组域仍然采用了 GPRSSGSN 和 GGSN 的网络结构，相对于 GPRS，增加了服务级别的概念，分组域的业务质量得到保证、带宽增加。从系统角度来看，系统仍然采用分组域和电路域分别承载与处理的方式，分别接入 PSTN 和公用数据网。从一般观点来看，R99 比较成熟，较适用于需要立即部署网络的新运营商，同时也适用于拥有 GSM/GPRS 网络的既有移动网络运营商，因其充分考虑了对现有产品的向下兼容及投资保护，目前的商业部署全都采用了 R99。

1. 3GPP R99 的特点

（1）优点

1）技术成熟，风险小。

2）多厂商供货环境形成。

3）互联互通测试基本完成。

（2）缺点

1）核心网因为考虑向下兼容，其发展滞后于接入网，接入网已分组化的 AAL2 话音仍须经过编解码转换器转化为 64K 电路，降低了语音质量，核心网的传输资源利用率低。

2）核心网仍采用过时的 TDM 技术，虽然技术成熟，互通性好，价格合理，但未来存在技术过时、厂家后续开发力度不够、备品备件不足、新业务跟不上的问题，从 5～10 年期投资的角度来看，仍属投资浪费。

3）分组域和电路域两网并行，不仅投资增加，而且网管复杂程度提高，网络未来维护费用较高，演进思路不清晰。

4）网络智能仍然基于节点，全网新业务部署仍需逐点升级，耗时且成本高。

2. 3GPP R99 网络构架

UMTS（Universal Mobile Telecommunications System，通用移动通信系统）是采用 WCDMA 空中接口技术的第三代移动通信系统，通常也把 UMTS 系统称为 WCDMA 通信系统。UMTS 系统采用了与第二代移动通信系统类似的结构，包括无线接入网络（Radio Access Network，RAN）和核心网络（Core Network，CN）。其中无线接入网络用于处理所有与无线有关的功能，而 CN 处理 UMTS 系统内所有的语音呼叫和数据连接，并实现与外部网络的交换和路由功能。

从 3GPP R99 标准的角度来看，UE 和 UTRAN（UMTS 的陆地无线接入网络）由全新的协议构成，其设计基于 WCDMA 无线技术。而 CN 则采用了 GSM/GPRS 的定义，这样可以实现网络的平滑过渡，此外在第三代网络建设的初期可以实现全球漫游。WCDMA 无线侧（UTRAN）采用宽带码分多址（WCDMA）无线接入技术。

（1）UMTS 网络构成

UMTS 网络主要由 CN、UTRAN、UE（User Equipment）和外部网络组成，其中前三部分是 UMTS 网络的主体。UE 和 UTRAN 间的接口称为 Uu 接口，是无线接口，又称为空中接口。UTRAN 和 CN 之间的接口称为 Iu 接口，是有线接口。UMTS 网络单元构成见图 7.15，图中只画出主要的实体。

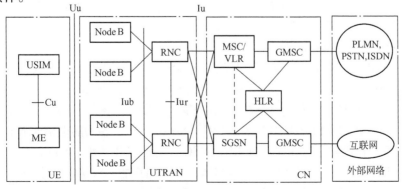

图 7.15　UMTS 网络构成示意图

1）UE（用户终端设备）。UE 通过 Uu 接口与网络设备进行数据交互，为用户提供电路域和分组域内的各种业务功能，包括普通语音、数据通信、移动多媒体、Internet 应用（如 E - mail、WWW 浏览、FTP 等）。UE 由 UMTS 用户识别模块（UMTS Subscriber Identity Module, USIM）和移动设备（Mobile Equipment, ME）组成，其中移动设备提供应用和服务，UMTS 用户识别模块提供用户身份识别。

2）UTRAN（UMTS 陆地无线接入网）。由基站 Node B（即无线收发信机）和无线网络控制器（Radio Network Controller, RNC）两部分组成。Node B 通过 Iub 接口与 RNC 互连，通过 Uu 接口与 UE 进行通信，主要完成 Uu 接口物理层协议的处理。它的主要功能是扩频、调制、信道编码及解扩、解调、信道解码，还包括基带信号和射频信号的相互转换等功能。RNC 主要完成连接建立和断开、切换、宏分集合并、无线资源管理控制等功能，RNC 之间的通信主要通过 Iur 接口完成。RNC 具体功能如下：执行系统信息广播与系统接入控制功能；切换和 RNC 迁移等移动性管理功能；宏分集合并、功率控制、无线承载分配等无线资源管理和控制功能。

3）CN（核心网络）。CN 即核心网络，负责与其他网络的连接和对 UE 的通信与管理。在 R99 系统中，不同协议版本的核心网设备有所区别。从总体上来说，R99 版本的核心网分为电路域和分组域两大块，R4 版本的核心网也一样，只是把 R99 电路域中 MSC 的功能改由 MSC Server 和 MGW 两个独立的实体来实现。R5 版本的核心网相对 R4 来说增加了一个 IP 多媒体域，其他的与 R4 基本相同。CN 从逻辑上分为电路交换域（Circuit Switched Domain, CS）、分组交换域（Packet Switched Domain, PS）和广播域（Broadcast Domain, BC）。CS 域设备是指为用户提供"电路型业务"或提供相关信令连接的实体。CS 域特有的实体包括：MSC、GMSC、VLR。PS 域为用户提供"分组型数据业务"，PS 域特有的实体包括 SGSN 和 GGSN。其他设备如 HLR（或 HSS）、AuC、EIR 等为 CS 域与 PS 域共用。

CN 由以下物理实体组成：

- 移动业务交换中心/访问位置寄存器（Mobile Switch Center/Visitor Location Register, MSC/VLR）。
- 网关移动业务交换中心（Gateway Mobile Switch Center, GMSC）。
- 服务 GPRS 支撑节点（Serving GPRS Supporting Node, SGSN）。
- 网关 GPRS 支持节点（Gateway GPRS Supporting Node, SGSN）。
- 归属位置寄存器（Home Location Register, HLR）。

4）External Network（外部网络）。外部网络可以分为电路交换网络（CS Network）和分组交换网络（PS Network）两类，前者提供电路交换的连接服务，如通话服务；后者提供数据包的连接服务，Internet 属于分组数据交换网络。

（2）R99 核心网的主要功能实体

1）HLR：HLR（归属位置寄存器）是核心网 CS 域和 PS 域共有的功能节点，它通过 C 接口与 MSC/VLR 或 GMSC 相连，通过 Gr 接口与 SGSN 相连，通过 Gc 接口与 GGSN 相连。HLR 的主要功能是提供用户的签约信息存放、新业务支持、增强的鉴权等功能。完成移动用户的数据管理（MSISDN、IMSI、PDP ADDRESS、LMU INDICATOR、签约的电信业务和补充业务及其业务的适用范围）和位置信息管理（MSRN、MSC 号码、VLR 号码、SGSN 号码、GMLC 等）。

2）AUC：是 CS 域和 PS 域共用的功能实体，存储用户的鉴权信息（密钥）。

3）EIR：是 CS 域和 PS 域共用的功能实体，存储用户的 IMEI 信息。

4）SMS - GMSC 和 SMS IWMSC：是 CS 域和 PS 域共用的功能实体，SMS - GMSC 用于保证

短消息正确地由 SC 发送至移动用户。SMS IWMSC 用于保证短消息正确地由用户发送至 SC。

5）MSC/VLR：MSC/VLR 是核心网 CS 域功能节点，它通过 Iu_CS 接口与 UTRAN 相连，通过 PSTN/ISDN 接口与外部网络（PSTN、ISDN 等）相连，通过 C/D 接口与 HLR/AUC 相连，通过 E 接口与其他 MSC/VLR、GMSC 或 SMC 相连，通过 CAP 接口与 SCP 相连，通过 Gs 接口与 SGSN 相连。MSC/VLR 的主要功能是提供 CS 域的呼叫控制、移动性管理、鉴权和加密等功能。

6）GMSC：GMSC 是移动网 CS 域与外部网络之间的网关节点，是可选功能节点，它通过 PSTN/ISDN 接口与外部网络（PSTN、ISDN、其他 PLMN）相连，通过 C 接口与 HLR 相连，通过 CAP 接口与 SCP 相连。它的主要功能是完成 VMSC 功能中的呼入呼叫的路由功能及与固定网等外部网络的网间结算功能。

7）SGSN：SGSN（服务 GPRS 支持节点）是核心网 PS 域功能节点，它通过 Iu_PS 接口与 UTRAN 相连，通过 Gn/Gp 接口与 GGSN 相连，通过 Gr 接口与 HLR/AUC 相连，通过 Gs 接口与 MSC/VLR，通过 CAP 接口与 SCP 相连，通过 Gd 接口与 SMC 相连，通过 Ga 接口与 CG 相连，通过 Gn/Gp 接口与 SGSN 相连。SGSN 的主要功能是提供 PS 域的路由转发、移动性管理、会话管理、鉴权和加密等功能。

8）GGSN：GGSN（网关 GPRS 支持节点）是核心网 PS 域功能节点，通过 Gn/Gp 接口与 SGSN 相连，通过 Gi 接口与外部数据网络（Internet/Intranet）相连。GGSN 提供数据包在移动网和外部数据网之间的路由和封装。GGSN 主要功能是同外部 IP 分组网络的接口功能，GGSN 需要提供 UE 接入外部分组网络的关口功能，从外部网的观点来看，GGSN 就好像是可寻址移动网络中所有用户 IP 的路由器，需要同外部网络交换路由信息。

3. UTRAN 的结构

UTRAN 的结构如图 7.16 所示，图中只画出主要的实体。

（1）UTRAN 包含一个或几个无线网络子系统（RNS）

一个 RNS 由一个无线网络控制器（RNC）和一个或多个基站（Node B）组成。RNC 与 CN 之间的接口是 Iu 接口，Node B 和 RNC 通过 Iub 接口连接。在 UTRAN 内部，无线网络控制器（RNC）之间通过 Iur 互联，Iur 可以通过 RNC 之间的直接物理连接或传输网连接。RNC 用来分配和控制与之相连或相关的 Node B 的无线资源。Node B 则完成 Iub 接口和 Uu 接口之间的数据流的转换，同时也参与一部分无线资源管理。

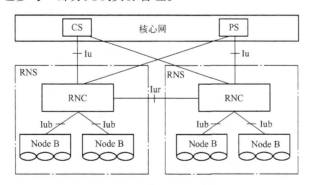

图 7.16　UTRAN 的结构

（2）系统接口

UTRAN 主要有如下接口。

1）Cu 接口：Cu 接口是 USIM 卡和 ME 之间的电气接口，Cu 接口采用标准接口。

2）Uu 接口：Uu 接口是 WCDMA 的无线接口。UE 通过 Uu 接口接入到 UMTS 系统的固定网络部分，可以说 Uu 接口是 UMTS 系统中最重要的开放接口。

3）Iur 接口：Iur 接口是连接 RNC 之间的接口，Iur 接口是 UMTS 系统特有的接口，用于对 RAN 中移动台的移动管理。比如在不同的 RNC 之间进行软切换时，移动台所有数据都是通过 Iur 接口从正在工作的 RNC 传到候选 RNC。Iur 是开放的标准接口。

4）Iub 接口：Iub 接口是连接 Node B 与 RNC 的接口，Iub 接口也是一个开放的标准接口，这也使通过 Iub 接口相连接的 RNC 与 Node B 可以分别由不同的设备制造商提供。

5）Iu 接口：Iu 接口是连接 UTRAN 和 CN 的接口。类似于 GSM 系统的 A 接口和 Gb 接口。Iu 接口是一个开放的标准接口，这也使通过 Iu 接口相连接的 UTRAN 与 CN 可以分别由不同的设备制造商提供。Iu 接口可以分为电路域的 Iu – CS 接口和分组域的 Iu – PS 接口。

（3）UTRAN 完成的功能

1）和总体系统接入控制有关的功能：准入控制、拥塞控制、系统信息广播。

2）和安全与私有性有关的功能：无线信道加密/解密、消息完整性保护。

3）和移动性有关的功能：切换、SRNS 迁移。

4）和无线资源管理、控制有关的功能：无线资源配置和操作、无线环境勘测、宏分集控制（FDD）、无线承载连接建立和释放（RB 控制）、无线承载的分配和回收、动态信道分配 DCA（TDD）、无线协议功能、RF 功率控制、RF 功率设置。

5）时间提前量设置（TDD）。

6）无线信道编码。

7）无线信道解码。

8）信道编码控制。

9）初始（随机）接入检测和处理。

10）NAS 消息的 CN 分发功能。

4. RNC

RNC（Radio Network Controller），即无线网络控制器，用于控制 UTRAN 的无线资源。它通常通过 Iu 接口与电路域（MSC）和分组域（SGSN）以及广播域（BC）相连，在移动台和 UTRAN 之间的无线资源控制（RRC）协议在此终止。它在逻辑上对应 GSM 网络中的基站控制器（BSC）。控制 Node B 的 RNC 称为该 Node B 的控制 RNC（CRNC），CRNC 负责对其控制的小区的无线资源进行管理。如果在一个移动台与 UTRAN 的连接中用到了超过一个 RNS 的无线资源，那么这些涉及的 RNS 可以分为服务 RNS（SRNS）和漂移 RNS（DRNS）。

1）服务 RNS（SRNS）：管理 UE 和 UTRAN 之间的无线连接。它是对应于该 UE 的 Iu 接口（Uu 接口）的终止点。无线接入承载的参数映射到传输信道的参数，是否进行越区切换，开环功率控制等基本的无线资源管理都是由 SRNS 中的 SRNC（服务 RNC）来完成的。一个与 UTRAN 相连的 UE 有且只能有一个 SRNC。

2）漂移 RNS（DRNS）：除了 SRNS 以外，UE 所用到的 RNS 称为 DRNS。其对应的 RNC 则是 DRNC。一个用户可以没有，也可以有一个或多个 DRNS。

通常在实际的 RNC 中包含了所有 CRNC、SRNC 和 DRNC 的功能。

5. R99 CS 域主要接口

1）RNC 与 MSC 间的 Iu – CS 接口：完成用户侧信令的接入及语音通道承载的建立。

2）MSC 与 VLR 之间的 B 接口：完成用户的移动性管理、位置更新和补充业务的激活等功能。此接口为内部接口，标准不规范。

3）MSC 与 HLR 之间的 C 接口：获取用户的 MSRN 和与智能业务相关的用户状态、用户位置等信息。

4）VLR 与 HLR 之间的 D 接口：同 C 接口功能相似。

5）MSC 之间的 E 接口：用于两个 MSC 之间的切换过程。同时，若一个 MSC 兼作 SC，当向一个用户发送或接收短消息时，也需在此接口传送信息。

6）MSC 与 EIR 之间的 F 接口：交换相关信息，用于 EIR 验证用户的 IMEI 状态信息。

7）VLR 之间的 G 接口：当用户从一个 VLR 移动至另一个 VLR 时，用于交换用户的 IMSI 和鉴权参数信息。

6. R99 PS 域主要接口

1）SGSN 与 HLR 之间的 Gr 接口：完成用户位置信息的交换和用户签约信息的管理。同 C 接口功能相似。

2）SGSN 与 GGSN 之间的 Gn、Gp 接口：采用 GTP 协议，在 GSN 设备间建立隧道，传送数据包。

3）GGSN 与 HLR 之间的 Gc 接口：可选接口。

4）SGSN 与 EIR 之间的 Gf 接口：可选接口。

5）GGSN 与外部网络之间的 Gi 接口：可选接口。

7. R99 网络向未来网络的演进策略

（1）策略 1

直接过渡至全 IP 网络。通过升级分组域及叠加 IMS 域，实现到全 IP 的过渡，见图 7.17。

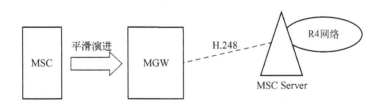

图 7.17 R99 网络演进（策略 1）示意图

（2）策略 2

先过渡到 R4 网络，再升级至全 IP 网络。改造 R99 电路域网络为软交换结构、IP 承载的网络，升级分组域及叠加 IMS 域，实现到全 IP 网络的过渡，见图 7.18。

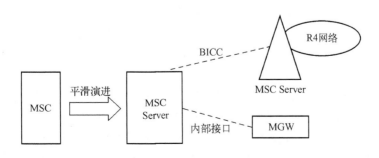

图 7.18 R99 网络演进（策略 2）示意图

7.4.5　3GPP R4 核心网络技术

R4 版本中 PS 域的功能实体 SGSN 和 GGSN 没有改变，与外界的接口也没有改变。CS 域的功能实体仍然包括 MSC、VLR、HLR、AuC、EIR 等设备，相互间关系也没有改变。3GPP R99 和 3GPP R4 核心网络结构对照图见图 7.19，由于 R99 与 R4 的分组域无变化，故图中未画出。但为了支持全 IP 网络发展需要，R4 版本中 CS 域实体有以下变化。

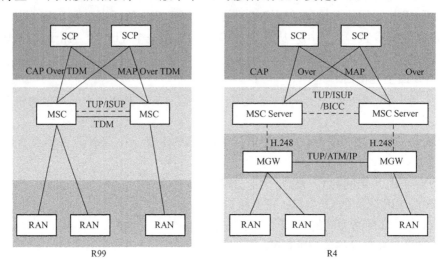

图 7.19　3GPP R99 和 3GPP R4 核心网络结构对照图

1. MSC

MSC 根据需要可分成 MSC 服务器（MSC Server，仅用于处理信令）和电路交换媒体网关（CS – MGW，用于处理用户数据）两个不同的实体，MSC Server 和 CS – MGW 共同完成 MSC 功能，对应的 GMSC 也分成 GMSC Server 和 CS – MGW。

（1）MSC 服务器（MSC Server）

MSC Server 主要由 MSC 的呼叫控制和移动控制组成，负责完成 CS 域的呼叫处理等功能。MSC Server 终接用户 – 网络信令，并将其转换成网络 – 网络信令。MSC Server 也可包含 VLR 以处理移动用户的业务数据和 CAMEL 相关数据。MSC Server 可通过接口控制 CS – MGW 中媒体通道的关于连接控制的部分呼叫状态。

（2）电路交换媒体网关（CS – MGW）

CS – MGW 是 PSTN/PLMN 的传输终接点，并且通过 Iu 接口连接核心网和 UTRAN。CS – MGW 可以是从电路交换网络来的承载通道的终接点，也可是分组网来的媒体流（例如，IP 网中的 RTP 流）的终接点。在 Iu 接口上，CS – MGW 可支持媒体转换、承载控制和有效载荷处理（例如，多媒体数字信号编解码器、回音消除器、会议桥等），可支持 CS 业务的不同 Iu 选项（基于 AAL2/ATM 或基于 RTP/UDP/IP）。

CS – MGW 与 MSC 服务器和 GMSC 服务器相连，进行资源控制，拥有并使用如回音消除器等资源，可具有多媒体数字信号编解码器。CS – MGW 可具有必要的资源以支持 UMTS/GSM 传输媒体。还可要求 H. 248 裁剪器支持附加的多媒体数字信号编解码器和成帧协议等。CS – MGW 的承载控制和有效载荷处理能力也用于支持移动性功能，如 SRNS 重分配/切换和定位。目前期待 H. 248 标准机制可运用于支持这些功能。

2. HLR

HLR 可更新为归属位置服务器（HSS）。

3. R－SGW

R4 新增了漫游信令网关（R－SGW）实体。在基于 7 号信令的 R4 之前的网络和基于 IP 传输信令的 R99 之后网络之间，R－SGW 完成传输层信令的双向转换（Sigtran SCTP/IP 对 No.7 MTP）。R－SGW 不对 MAP/CAP 消息进行翻译，但对 SCCP 层之下消息进行翻译，以保证信令能够正确传送。为支持 R4 版本之前的 CS 终端，R－SGW 实现不同版本网络中 MAP－E 和 MAP－G 消息的正确互通。也就是，保证 R4 网络实体中基于 IP 传输的 MAP 消息，与 MSC/VLR（R4 版本前）中基于 No.7 传输的 MAP 消息能够互通。在 R4 网络中也新增一些接口协议，如表 7.13 所示。

表 7.13　R4 核心网外部接口名称与含义

接　口　名	连　接　实　体	信令与协议
A	MSC—BSC	BSSAP
Iu－CS	MSC—RNS	RANAP
B	MSC—VLR	
C	MSC—HLR	MAP
D	VLR—HLR	MAP
E	MSC—MSC	MAP
F	MSC—EIR	MAP
G	VLR—VLR	MAP
Gs	MSC—SGSN	BSSAP＋
H	HLR—AuC	
	MSC—PSTN/ISDN/PSPDN	TUP/ISUP
Ga	SGSN—CG	GTP'
Gb	SGSN—BSC	BSSGP
Gc	GGSN—HLR	MAP
Gd	SGSN—SM－GMSC/IWMSC	MAP
Ge	SGSN—SCP	CAP
Gf	SGSN—EIR	MAP
Gi	GGSN—PDN	TCP/IP
Gp	GSN—GSN（Inter PLMN）	GTP
Gn	GSN—GSN（Intra PLMN）	GTP
Gr	SGSN—HLR	MAP
Iu－PS	SGSN—RNC	RANAP
Mc	（G）MSC Server—CS－MGW	H.248
Nc	MSC Server—GMSC Server	ISUP/TUP/BICC
Nb	CS－MGW—CS－MGW	
Mh	HSS—R－SGW	

7.4.6　3GPP R5 核心网络技术

R5 版本的网络结构及接口形式和 R4 版本基本一致。差别主要是：当 PLMN 包括 IM 子系统时，HLR 被 HSS 所替代；另外，BSS 和 CS－MSC、MSC－Server 之间同时支持 A 接口及 Iu－CS 接口，BSC 和 SGSN 之间支持 Gb 及 Iu－PS 接口。为简洁起见，不再赘述 R5 的接口协议。

图 7.20 是 R5 版本的 IMS 基本网络结构，主要表示的是 IMS 域的功能实体和接口。图中所有功能实体都可作为独立的物理设备。R5 新增的物理实体如下。

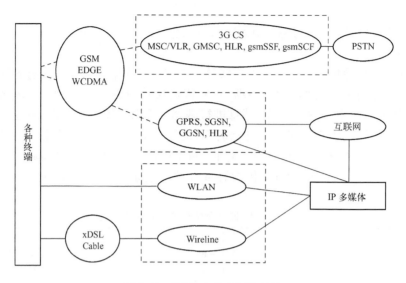

图 7.20　R5 IMS 基本网络结构

1. 归属位置服务器（HSS）

当网络具有 IM 子系统时，需要利用 HSS 替代 HLR。HSS 是网络中移动用户的主数据库，存储支持网络实体完成呼叫/会话处理相关的业务信息。例如，HSS 通过进行鉴权、授权、名称/地址解析、位置依赖等，以支持呼叫控制服务器能顺利完成漫游/路由等流程。

和 HLR 一样，HSS 负责维护管理有关用户识别码、地址信息、安全信息、位置信息、签约服务等用户信息。基于这些信息，HSS 可支持不同控制系统（CS 域控制、PS 域控制、IM 控制等）的 CC/SM 实体。HSS 的基本结构与接口如图 7.21 所示。

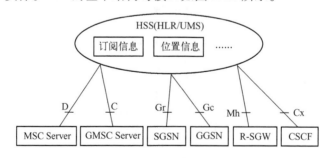

图 7.21　HSS 的基本结构与接口

HSS 可集成不同类型的信息，在增强核心网对应用和服务域的业务支持的同时，对上层屏蔽不同类型的网络结构。HSS 支持的功能包括：IM 子系统请求的用户控制功能；PS 域请求的有关 HLR 功能子集；CS 域部分的 HLR 功能（如果容许用户接入 CS 域或漫游到传统网络）。

2. 呼叫状态控制功能（CSCF）

CSCF 的功能形式有：Proxy CSCF（P–CSCF）、Serving CSCF（S–CSCF）或 Interrogating CSCF（I–CSCF）。P–CSCF 是 UE 在 IM 子系统中的第一个接入点。S–CSCF 为处理网络中的会话状态。I–CSCF 主要用于路由相应的 SIP 呼叫请求，类似电路域 GMSC 的作用。CSCF 完成以下功能。

（1）ICGW（入呼网关，在 I–CSCF 中实现）

1）作为第一个接入点，完成入呼的路由功能。

2）入呼业务的触发（如呼叫的显示/呼叫的无条件转发）。

3）地址的查询处理。

4）与 HSS 通信。

（2）CCF（呼叫控制功能，在 S - CSCF 中实现）

1）呼叫的建立/终结与状态/事件的管理。

2）与 MRF 交互支持多方或其他业务。

3）用于计费、审核、监听等所有事件的上报。

4）接收与处理应用层的登记。

5）地址的查询处理。

6）向应用与业务网络（VHE/OSA）提供业务触发机制（Service Capabilities Features）。

7）可向服务网络触发位置业务。

8）检查呼出的权限。

（3）SPD（业务描述数据库）

1）与归属网络的 HSS 交互获取 IM 域的用户签约信息，并可根据与归属网络签定的 SLA 将签约数据存储。

2）通知归属网络最初的用户接入（包括 CSCF 的信令传输地址，用户的 ID 等）。

3）缓存接入的相关信息。

（4）AH（寻址处理）

1）分析、转换、修改、映射地址。

2）网络之间互联路由的地址处理。

3. 媒体网关控制功能（MGCF）

1）控制 IM - MGW 中媒体信道中关于连接控制的部分呼叫状态。

2）与 CSCF 通信。

3）根据从传统网络来的呼叫路由号码选择 CSCF。

4）进行 ISUP 与 IM 子系统的呼叫控制协议的转换。

5）接收带外信息并转发到 CSCF/IM - MGW。

4. IP 多媒体 - 媒体网关（IM - MGW）

IM - MGW 是来自电路交换网络的承载通道和来自组网的媒体流的终节点。IM - MGW 可支持媒体转换、承载控制和有效载荷处理（例如，多媒体数字信号编解码器、回音消除器、会议桥等）。IM - MGW 的功能如下：

1）与 MGCF，MSC 服务器和 GMSC 服务器相连，进行资源控制。

2）拥有并使用如回音消除器等资源。

3）可能需要具有多媒体数字信号编解码器。CS - MGW 可具有必要的资源以支持 UMTS/GSM 传输媒体，还可要求 H. 248 裁剪器支持附加的多媒体数字信号编解码器和成帧协议等。

5. 信令传输网关功能（T - SGW）

1）将来自或去往 PSTN/PLMN 的呼叫相关的信令映射为 IP 承载，并将它发送到 MSGCF 或从 MGCF 接收。

2）必须提供 PSTN/PLMN 与 IP 的传输层地址映射。

6. 多媒体资源功能（MRF）

1）完成多方呼叫与多媒体会议功能，与 H. 323 的 MCU 功能相同。

2）在多方呼叫与多媒体会议中负责承载控制（与 GGSN 和 IM – MGW 一起完成）。

3）与 CSCF 通信，完成多方呼叫与多媒体会话中的业务确认功能。

7.3GPP R5 主要特点

1）R5 重点引入 IP 多媒体功能。

2）新增 IP 多媒体域 IMS，提供实时 IP 多媒体业务。

3）基于 SIP 的多媒体呼叫信令。

4）PS 域和 IMS 为网络发展的重点。

5）基于 IPv6 协议，增强的 QoS 保证功能。

6）增强的业务。CAMEL IV、PUSH、增强的 OSA/VHE 业务环境。

7.5 3G – LTE – 4G

有预测显示，受消费者在智能手机和平板电脑上观看视频的推动，到 2015 年，全球移动设备发送的移动数据将较 2010 年增长 26 倍以上。2010 年移动宽带用户超过固定宽带用户，这意味着，移动宽带用户数仅用 8 年时间就超过固定宽带，而移动语音用户数超过固定语音用户数用了 16 年时间。可见，移动宽带化具有非常强大的后发优势。另一方面，3G 的单位带宽成本已经逐渐接近固网，并且远低于 2G/2.5G 的带宽成本。WCDMA 的 HSDPA 技术每兆流量成本是 ADSL 技术的 2 倍，是 GPRS 的 42 倍，宽带移动化已经具有较好的发展基础。在积极推动 3G/4G 商业应用的同时，必须注意 3G/4G 是物联网产业链上重要的一环，并且存在着重大的产业发展机遇。

7.5.1 3G

国际电信联盟在 2000 年 5 月确定 WCDMA、CDMA2000、TD – SCDMA 三大主流无线接口标准，2007 年，WiMAX 被接受为 3G 标准之一。CDMA 系统以其频率规划简单、系统容量大、频率复用系数高、抗多径能力强、通信质量好、软容量、软切换等特点显示出巨大的发展潜力。

1. 3G 的基本概念

第三代移动通信技术简称为 3G，是指支持高速数据传输的蜂窝移动通信技术。3G 服务能够同时支持语音通话信号及电子邮件、即时通信数字信号的高速传输。3G 主要特征是可提供移动宽带多媒体业务。1995 年问世的第一代模拟制式手机（1G）只能进行语音通话；1996 到 1997 年出现的第二代 GSM、CDMA 等数字制式手机（2G）增加了接收数据的功能，如接收电子邮件或网页。

3G 与 2G 的主要区别是在传输声音和数据的速度上的提升，3G 能够在全球范围内更好地实现无线漫游，提供网页浏览、电话会议、电子商务、音乐、视频等多种信息服务。为了提供这种服务，无线网络必须能够支持不同的数据传输速度。3G 可以根据室内、室外和移动环境中不同应用的需求，分别支持不同的传输速率。同时，3G 也要考虑与已有 2G 系统的兼容性。

2. 3G 技术的起源

1942 年，美国女演员海蒂·拉玛和她的丈夫提出一个 Spectrum（频谱）的技术概念，这个被称为"展布频谱技术"（也称码分扩频技术）的技术理论最终演变成我们今天的 3G 技术，展布频谱技术就是 3G 技术的基础原理。

最初研究这个技术是为了帮助美国军方制造出能够对付德国的电波干扰或防窃听的军事通信系统，因此这个技术最初是用于军事。二战结束后因为暂时失去了价值，美国军方封存了这项技术，但它的概念已使很多国家对此产生了兴趣，多国在 20 世纪 60 年代都对此技术展开了研究，但进展不大。

3. 3G 的发展历程

直到 1985 年，高通公司在美国的圣迭戈成立，这个公司利用美国军方解禁的"展布频谱技术"开发出一个名为"CDMA"（Code Division Multiple Access，码分多址）的新通信技术。现在世界 3G 技术的三大标准都是在 CDMA 的技术基础上开发出来的，CDMA 就是 3G 的基础原理，而展布频谱技术就是 CDMA 的基础原理。2000 年 5 月，国际电信联盟正式公布第三代移动通信标准，我国提交的 TD – SCDMA 正式成为国际标准，与欧洲 WCDMA、美国 CDMA2000 成为 3G 时代最主流的三大技术之一。2008 年 12 月 31 日，国务院通过决议，同意启动 3G 牌照发放工作。

4. 3G 的应用

中国的 3G 之路刚刚开始，最先普及的 3G 应用是"无线宽带上网"，而无线互联网的流媒体业务将逐渐成为主导。3G 的核心应用如下。

（1）宽带上网

宽带上网是 3G 手机的一项很重要的功能，能在手机上收发语音邮件、写博客、聊天、搜索、下载图铃等。

（2）手机办公

随着带宽的增加，手机办公越来越受到青睐。手机办公使得办公人员可以随时随地与单位的信息系统保持联系，完成办公功能。这包括移动办公、移动执法、移动商务等。与传统的 OA 系统相比，手机办公摆脱了传统 OA 局限于局域网的桎梏，办公人员可以随时随地访问政府和企业的数据库，进行实时办公和处理业务，极大地提高了办公的效率。

（3）视频通话

3G 时代，传统的语音通话已经是个很弱的功能了，到时候视频通话和语音信箱等新业务才是主流，传统的语音通话资费会降低，而视觉冲击力强、快速直接的视频通话会更加普及和飞速发展。依靠 3G 网络的高速数据传输，3G 手机用户也可以"面谈"了。

（4）手机电视

从运营商层面来说，3G 牌照的发放解决了一个很大的技术障碍，TD 和 CMMB 等标准的建设也推动了整个行业的发展。手机流媒体软件会成为 3G 时代使用最多的手机电视软件，在视频影像的流畅和画面质量上不断提升，突破技术瓶颈，真正大规模被应用。

（5）无线搜索

对用户来说，这是比较实用型的移动网络服务，也能让人快速接受。随时随地用手机搜索将会变成更多手机用户一种平常的生活习惯。

（6）手机音乐

在无线互联网发展成熟的日本，手机音乐是最为亮丽的一道风景线，通过手机上网下载音乐的速度是计算机的 50 倍。3G 时代，只要在手机上安装一款手机音乐软件，就能通过手机网络，随时随地让手机变身音乐魔盒，轻松收纳无数首歌曲，下载速度更快，耗费流量几乎可以忽略不计。

（7）手机购物

不少人都有在淘宝上购物的经历，但手机商城对不少人来说还是个新鲜事。事实上，移动电子商务是 3G 时代手机上网用户的最爱。目前，90% 的日本、韩国手机用户都已经习惯在手机上消费，甚至是购买大米、洗衣粉这样的日常生活用品。专家预计，中国未来手机购物会有一个高速增长期，用户只要开通手机上网服务，就可以通过手机查询商品信息，并在线支付购买产品。高速 3G 可以让手机购物变得更实在，高质量的图片与视频会话能使商家与消费者的距离拉近，提高购物体验，让手机购物变为新潮流。

（8）手机网游

与计算机的网游相比，手机网游的体验并不好，但方便携带，随时可以玩，这种利用了零碎时间的网游是目前年轻人的新宠，也是 3G 时代的一个重要资本增长点。3G 时代到来之后，游戏平台会更加稳定和快速，兼容性更高，让用户在游戏的视觉和效果方面体验更好。

（9）手机电视

通过 3G 手机收看电视是 3G 用户非常希望得到的一种有用的服务。依靠 3G 网络的高速数据传输功能，用户可以在旅行过程中或上下班途中观看新闻、球赛和电视剧。

（10）位置服务

互联网让基于位置的服务从军事、地质勘测等专业领域走向普通大众，也衍生出多种多样的业务模式和盈利模式。相对来说，在基于位置服务的应用上，手机比计算机更有优势，因为"位置"和"身份"是手机与生俱来的优势，手机可以提供基于位置且计算机所无法提供的应用，如导航、基于位置的游戏，流动资产追踪和人物追踪和救援服务等，与身份相结合可以提供更好的地图查询和周边信息查询服务。利用 3G 网络高带宽的优点和卫星辅助定位技术，实现高精度定位，定位精度能够达到 5 ~ 50 m，可以开展城市导航、出租车辆定位、人员定位、基于位置的游戏、合法的跟踪、高精度的紧急救护等业务。

（11）区域触发定位

区域触发定位是指用户接近某个区域时，通信系统自动收集用户的位置信息，提示或通知用户，以实现保安通知、人员监控、银行运钞车监控、区域广告等业务。

（12）移动多媒体会议电话、会议电视服务

3G 网络高带宽的优点使得移动多媒体会议电话、会议电视服务由原来只能由专用网络提供，变成通过 3G 公用移动通信网络向中、小企业提供。

（13）高速移动企业接入

企业管理者可以在旅途或车上，使用笔记本电脑或其他 3G 终端设备，通过 3G 网络访问企业网络，处理业务问题。

（14）无线社区

互联网社区的发展经历了以话题为中心的新闻组、BBS，以个人展示为中心的博客，发展到现在以关系为中心的 SNS。移动互联网经历着类似的发展路线，论坛社区成就了 3G 门户，移动博客则直接为移动 SNS 所取代。相对来说，手机更适合 SNS，因为 SNS 不需要太出色的屏幕展现，更强调个人动态的展示。

（15）手机电子书

相对来说，手机电子书在亚洲发展得更好，在日本，手机电子书已经成为除了手机音乐和手机游戏之外重要的移动互联网应用。

（16）无线广告

移动互联网与移动通信最大的差异就在于盈利模式的多样化。传统移动业务基本采取"一手交钱、一手交货"的盈利模式，而移动互联网则更倾向于互联网的盈利模式，既可以向客户收费，也可以通过广告、交易提成等向商家收费，这就为无线广告带来了商机。

7.5.2 LTE

长期演进 LTE（Long Term Evolution）项目是 3G 的演进，始于 2004 年 3GPP 多伦多会议。LTE 并非人们普遍误解的 4G 技术，而是 3G 与 4G 技术之间的一个过渡，是 3.9G 的全球标准，它改进并增强了 3G 的空中接入技术，采用 OFDM（正交频分复用技术）和 MIMO（多输入多输出）作为其无线网络演进的唯一标准。在 20 MHz 频谱带宽下能够提供下行 326 Mbit/s 与上行 86 Mbit/s 的峰值速率。改善了小区边缘用户的性能，提高小区容量和降低系统延迟。

1. LTE 概念

LTE 被视为从 3G 向 4G 演进的主流技术，包含了一些很重要的部分，如等待时间的减少、更高的用户数据速率、系统容量和覆盖的改善以及运营成本的降低。3GPP 长期演进（LTE）项目是近两年来 3GPP 启动的最大的新技术研发项目，这种以 OFDM/FDMA 为核心的技术可以被看做"准 4G"技术。3GPP LTE 项目的主要性能目标包括：在 20 MHz 频谱带宽能够提供下行 100 Mbit/s、上行 50 Mbit/s 的峰值速率；改善小区边缘用户的性能；提高小区容量；降低系统延迟，用户平面内部单向传输时延低于 5 ms，控制平面从睡眠状态到激活状态迁移时间低于 50 ms，从驻留状态到激活状态的迁移时间小于 100 ms；支持 100 km 半径的小区覆盖；能够为 350 km/h 高速移动用户提供大于 100 Kbit/s 的接入服务；支持成对或非成对频谱，并可灵活配置 1.25 ~ 20 MHz 多种带宽。

2. LTE 的主要技术特征

3GPP 从"系统性能要求"、"网络的部署场景"、"网络架构"、"业务支持能力"等方面对 LTE 进行了详细的描述。与 3G 相比，LTE 具有如下技术特征：

1）通信速率有了提高，下行峰值速率为 100 Mbit/s、上行为 50 Mbit/s。

2）提高了频谱效率，下行链路 5（bit/s）/Hz，（3 ~ 4 倍于 R6 版本的 HSDPA）；上行链路 2.5（bit/s）/Hz，是 R6 版本 HSU - PA 的 2 ~ 3 倍。

3）以分组域业务为主要目标，系统在整体架构上将基于分组交换。

4）QoS 保证，通过系统设计和严格的 QoS 机制，保证实时业务（如 VoIP）的服务质量。

5）系统部署灵活，能够支持 1.25 ~ 20 MHz 的多种系统带宽，并支持"paired"和"unpaired"的频谱分配，保证了将来在系统部署上的灵活性。

6）降低无线网络时延：子帧长度 0.5 ms 和 0.675 ms，解决了向下兼容的问题并降低了网络时延，U - plan 时延小于 5 ms，C - plan 时延小于 100 ms。

7）增加了小区边界比特速率，在保持目前基站位置不变的情况下增加小区边界比特速率。

8）强调向下兼容，支持已有的 3G 系统和非 3GPP 规范系统的协同运作。与 3G 相比，LTE 具有高数据速率、分组传送、延迟降低、广域覆盖和向下兼容等优势。

3. TD - LTE 的三大技术特点

在无线移动通信标准的发展演进上，TD - SCDMA 的一些特点越来越受到重视，LTE 等后续各项标准也采纳了这些技术，并且吸收了一些 TD - SCDMA 的设计思想。TDD 的双工技术、基于 OFDM 的多址接入技术、基于 MIMO/SA 的多天线技术是 TD - LTE 标准的三个关键技术。

（1）基于 TDD 的双工技术

在 TDD 方式里面，TDD 时间切换的双工方式是在一个帧结构中定义了它的双工过程。通过国内各家企业的共同合作与努力，在 2007 年 10 月，形成一个单独完整的双工帧结构的 LTE - TDD 规范。在讨论 TDD 系统的同时要考虑 FDD（频分双工）系统，在 TDD/FDD 双模中，LTE 规范提供了技术和标准的共同性。

（2）OFDM 技术

其中有两个关键点，一是 OFDM 技术和 MIMO 技术如何结合，使移动通信系统性能进一步提升；二是 OFDM 技术在蜂窝移动通信组网的条件下，如何克服同频组网带来的问题。

（3）基于 MIMO/SA 的多天线技术

智能天线技术是通过赋形，提供覆盖和干扰协调能力的技术。MIMO 技术通过多天线提供不同的传输能力，提供空间复用的增益，这两种技术在 LTE 以及 LTE 的后续演进系统中是非常重要的技术。同时，MIMO 技术和智能天线技术在后续演进上的结合也很重要。

7.5.3　4G

4G 是第四代移动通信及其技术的简称，是集 3G 与 WLAN 于一体并能够传输高质量视频图像以及图像传输质量与高清晰度电视不相上下的技术产品。4G 系统能够以 100 Mbit/s 的速度下载，比拨号上网快 2000 倍，上传的速度也能达到 20 Mbit/s，并能够满足几乎所有用户对于无线服务的要求。而在用户最为关注的价格方面，4G 与固定宽带网络在价格方面不相上下，而且计费方式更加灵活机动，用户完全可以根据自身的需求确定所需的服务。此外，4G 可以在 DSL 和有线电视调制解调器没有覆盖的地方部署，然后再扩展到整个地区。很明显，4G 有着不可比拟的优越性。

1. 4G 的概念

就在 3G 通信技术正处于酝酿之中时，更高的技术应用已经在实验室进行研发。因此在人们期待第三代移动通信系统所带来的优质服务的同时，第四代移动通信系统的最新技术也在实验室悄然进行并在深圳等地试点部署。

4G 通信技术并没有脱离以前的通信技术，而是以传统通信技术为基础，并利用了一些新的通信技术来不断提高无线通信的网络效率和功能。如果说 3G 能为人们提供一个高速传输的无线通信环境的话，那么 4G 通信会是一种超高速无线网络，一种不需要电缆的信息超级高速公路，这种新网络可使电话用户以无线及三维空间虚拟实境连线。

与传统的通信技术相比，4G 通信技术最明显的优势在于通话质量及数据通信速度。然而，在通话品质方面，移动电话消费者还是能接受的。随着技术的发展与应用，现有移动电话网中手机的通话质量还在进一步提高。数据通信速度的高速化是一个很大优点，它的最大数据传输速率达到 100 Mbit/s。另外由于技术的先进性确保了成本投资的大大减少，未来的 4G 通信费用更低。

为了充分利用 4G 通信给人们带来的先进服务，人们还必须借助各种各样的 4G 终端才能实现，而不少通信运营商正是看到了未来通信的巨大市场潜力，已经开始把眼光瞄准到生产 4G 通信终端产品上。例如生产具有高速分组通信功能的小型终端、生产对应配备摄像机的可视电话以及电影电视剧的影像发送服务的终端，或者是生产与计算机相匹配的卡式数据通信专用终端。有了这些通信终端后，手机用户就可以随心所欲地享受高质量的通信了。

2. 4G 系统网络结构及其关键技术

4G 移动系统网络结构可分为三层：物理网络层、中间环境层、应用网络层。物理网络层提供接入和路由选择功能，它们由无线和核心网的结合格式完成。中间环境层的功能有 QoS 映射、地址变换和完全性管理等。物理网络层与中间环境层及其应用环境之间的接口是开放的，它使发展和提供新的应用及服务变得更为容易，提供无缝高数据率的无线服务，并运行于多个频带。这一服务能自适应多个无线标准及多模终端能力，跨越多个运营者和服务，提供大范围服务。

第四代移动通信系统的关键技术包括信道传输；抗干扰性强的高速接入技术、调制和信息传输技术；高性能、小型化和低成本的自适应阵列智能天线；大容量、低成本的无线接口和光接口；系统管理资源；软件无线电、网络结构协议等。第四代移动通信系统主要是以正交频分复用（OFDM）为技术核心。OFDM技术的特点是网络结构高度可扩展，具有良好的抗噪声性能和抗多信道干扰能力，可以提供无线数据技术质量更高（速率高、时延小）的服务和更好的性能价格比，能为4G无线网提供更好的方案。

4G移动通信对加速增长的广带无线连接的要求提供技术上的回应，对跨越公众的和专用的、室内和室外的多种无线系统和网络保证提供无缝的服务。通过对最适合的可用网络提供用户所需求的最佳服务，能应对基于互联网通信所期望的增长，增添新的频段，使频谱资源大扩展，提供不同类型的通信接口，运用路由技术为主的网络架构，以傅里叶变换来发展硬件架构实现第四代网络架构。移动通信会向数据化、高速化、宽带化、频段更高化方向发展，移动数据、移动IP预计会成为未来移动网的主流业务。

3. 4G的主要优势

如果说2G、3G通信对于人类信息化的发展是微不足道的话，那么4G通信却给了人们真正的沟通自由，并彻底改变人们的生活方式甚至社会形态。

（1）通信速度更快

由于人们研究4G通信的最初目的就是提高蜂窝电话和其他移动装置无线访问Internet的速率，因此4G通信给人印象最深刻的特征莫过于它具有更快的无线通信速度。从移动通信系统数据传输速率做比较，第一代模拟式仅提供语音服务；第二代数位式移动通信系统传输速率也只有9.6 Kbit/s，最高可达32 Kbit/s，如PHS；而第三代移动通信系统数据传输速率可达到2 Mbit/s；专家则预估，第四代移动通信系统可以达到10 Mbit/s至20 Mbit/s，甚至最高可达到每秒高达100 Mbit/s速度传输无线信息。

（2）网络频谱更宽

要想使4G通信达到100 Mbit/s的传输，通信运营商必须在3G通信网络的基础上，进行大幅度的改造和研究，以便使4G网络在通信带宽上比3G网络的蜂窝系统的带宽高出许多。据有关专家估计，每个4G信道会占有100 MHz的频谱，相当于WCDMA 3G网络的20倍。

（3）通信更加灵活

从严格意义上说，4G手机的功能，已不能简单划归"电话机"的范畴，毕竟语音资料的传输只是4G移动电话的功能之一而已，因此未来4G手机更应该算得上是一台小型计算机了。从外观和式样上看，4G手机会有更惊人的突破，人们可以想象的是眼镜、手表、化妆盒、旅游鞋。总之，以方便和个性为前提，任何一件能看到的物品都有可能成为4G终端，只是人们还不知应该怎么称呼它。未来的4G通信使人们不仅可以随时随地通信，更可以双向下载传递资料、图画、影像，当然更可以和从未谋面的陌生人网上联线游戏。也许有被网上定位系统永远锁定无处遁形的苦恼，但是与它据此提供的地图带来的便利和安全相比，这简直可以忽略不计。

（4）智能性能更高

第四代移动通信的智能性更高，不仅表现于4G通信的终端设备的设计和操作具有智能化，例如对菜单和滚动操作的依赖程度会大大降低，更重要的4G手机可以实现许多难以想象的功能。例如4G手机能根据环境、时间以及其他设定的因素来适时地提醒手机的主人此时该做什么事，或者不该做什么事。4G手机可以把电影院票房资料直接下载到PDA之上，这些资料能够把售票情况、座位情况显示得清清楚楚，大家可以根据这些信息来进行在线购买自己满意的电影票。4G 手机可以被看做是一台手提电视，用来看体育比赛之类的各种现场直播。

（5）兼容性能更平滑

要使 4G 通信尽快地被人们接受，不仅考虑它的功能强大，还应该考虑到现有通信的基础，以便让更多的现有通信用户在投资最少的情况下就能很轻易地过渡到 4G 通信。因此，从这个角度来看，第四代移动通信系统应当具备全球漫游、接口开放、能与多种网络互联、终端多样化以及能从第三代平稳过渡等特点。

（6）提供各种增值服务

4G 通信并不是从 3G 通信的基础上经过简单的升级而演变过来的，它们的核心技术根本是不同的，3G 移动通信系统主要是以 CDMA 为核心技术，而 4G 移动通信系统技术则以正交多任务分频技术（OFDM）最受瞩目。利用这种技术人们可以实现例如无线区域环路（WLL）、数字音讯广播（DAB）等方面的无线通信增值服务。

考虑到与 3G 通信的过渡性，第四代移动通信系统不会在未来仅仅只采用 OFDM 一种技术，CDMA 技术会在第四代移动通信系统中，与 OFDM 技术相互配合以便发挥出更大的作用，甚至未来的第四代移动通信系统也会有新的整合技术如 OFDM/CDMA 产生。前文所提到的数字音讯广播，其实它真正运用的技术是 OFDM/FDMA 的整合技术，同样是利用两种技术的结合。因此，未来以 OFDM 为核心技术的第四代移动通信系统，也会结合这两项技术的优点。

（7）实现更高质量的多媒体通信

尽管第三代移动通信系统也能实现各种多媒体通信，但未来的 4G 通信能满足第三代移动通信尚不能达到的在覆盖范围、通信质量、造价上支持高速数据和高分辨率多媒体服务的需要。第四代移动通信系统提供的无线多媒体通信服务包括语音、数据、影像等大量信息透过宽频的信道传送出去，为此，第四代移动通信系统也称为"多媒体移动通信"。

（8）频率使用效率更高

相比第三代移动通信技术来说，第四代移动通信技术在开发研制过程中使用和引入许多功能强大的突破性技术。例如一些光纤通信产品公司为了进一步提高无线互联网的主干带宽，引入了交换层级技术，这种技术能同时涵盖不同类型的通信接口，也就是说第四代移动通信主要是运用路由技术（Routing）为主的网络架构。由于利用了几项不同的技术，所以无线频率的使用比第二代和第三代系统有效得多。按照最乐观的情况估计，这种有效性可以让更多的人使用与以前相同数量的无线频谱做更多的事情，而且做这些事情的时候速度相当快。

（9）通信费用更加便宜

由于 4G 通信不仅解决了与 3G 通信的兼容性问题，让更多的现有通信用户能轻易地升级到 4G 通信，而且 4G 通信引入了许多尖端的通信技术，这些技术保证了 4G 通信能提供一种灵活性非常高的系统操作方式。因此相对其他技术来说，4G 通信部署起来就容易且迅速得多。同时在建设 4G 通信网络系统时，通信营运商们会考虑直接在 3G 通信网络的基础设施之上，采用逐步引入的方法，这样就能够有效地降低运行者和用户的费用。

7.6 移动互联网

随着 3G 时代和物联网时代的来临，移动信息传递速度大幅度提升，用户的信息服务需求向互动化、多媒体化、个性化转变，移动互联网产业系统朝着细分市场、差异化竞争和个性化服务的方向发展。移动通信与互联网正在通过整合产业资源，形成移动互联网产业链。这个产业链由电信运营商、设备提供商、终端提供商、服务提供商、内容提供商、芯片提供商等产业部门组成，并且逐步向商务、金融、物流等行业领域延伸。

7.6.1 移动互联网概述

1. 移动互联网的基本概念

移动互联网就是将移动通信和互联网二者结合起来成为一体。目前，移动通信和互联网成为当今世界发展最快、市场潜力最大、前景最诱人的两大技术和业务。手机访问的互联网站点主要有两种类型，一是 Web 站点向 PC 终端提供访问内容，这是目前的主要方式。手机也可以访问 Web 站点，但是现阶段受到网络和终端的局限，大量手机还无法访问 Web 站点，而且很多 Web 站点的内容也不适合在手机上直接展现。二是 WAP 站点向手机终端提供访问内容，是在现有的网络和终端条件下，专门向手机提供访问内容而产生的新类型的站点。

移动互联网的概念是相对传统的桌面互联网而言的，移动互联可以随时随地且在移动中接入互联网并使用业务。与此类似的还有无线互联网的概念，强调以无线方式而非有线方式接入互联网并使用互联网业务。一般来说移动互联网与无线互联网并不完全等同，前者强调使用蜂窝移动通信网接入互联网，因此常常特指手机终端采用移动通信网（如 2G、3G、E3G）接入互联网，后者强调接入互联网的方式是无线接入，除了蜂窝网外还包括各种无线接入技术，例如便携式计算机采用 802.11（WiFi）技术接入互联网。

2. 移动互联网发展的方向

随着移动通信技术和 Web 应用技术的不断发展与创新，移动互联网业务将成为继宽带技术后互联网发展的又一个推动力，为互联网的发展提供一个新的平台，使得互联网更加普及，并以移动应用特有的随身性、可鉴权、可身份识别等优势为传统的互联网类业务提供新的发展空间和可持续发展的新商业模式。同时，移动互联网业务的发展为移动通信带来了无尽的应用空间，促进了移动网络宽带化的深入发展。移动互联网业务从最初简单的文本浏览、图铃下载等形式发展到固定互联网业务与移动业务深度融合的形式，正成为电信运营商的重点业务发展战略。

（1）固定互联网业务向移动终端复制

通过固定互联网业务向移动终端的复制从而实现移动互联网与固定互联网相似的业务体验，这是移动互联网业务发展的基础。由于目前固定互联网的业务发展较为成熟，因此移动互联网现阶段业务发展的主要方向是实现固定互联网业务的复制。

（2）移动通信业务的互联网化

移动通信业务的互联网化即使移动通信原有业务互联网化，目前此类业务并不太多，意大利的"3 公司"与"Skype 公司"合作推出的移动 VoIP 业务属于这一类。

（3）融合移动通信与互联网特点而进行的业务创新

移动互联网业务发展的方向是将移动通信的网络能力与互联网的应用能力进行聚合，从而创新出适合移动终端的互联网业务，如移动 Web2.0 业务、移动位置类互联网业务等，这也是移动互联网有别于固定互联网的发展方向。聚合移动通信与互联网能力后将产生各种新业务，移动通信网络具有很独特的信息与很强的业务能力，特别是与移动性和用户相关的能力是其所独有的。互联网的应用技术和开放性接口则非常适合业务创新，特别是 Web2.0 的架构与技术给大规模、个性化的业务创新创造了良好条件。

（4）手机 PC 化和 PC 手机化

2010 年智能手机的功能和能力基本等同于 8 年前的 PC。从当前微博的发展可以看到，移动互联网的优势十分明显。现在手机越来越像计算机，而计算机越来越像手机，这两者的界限越来越模糊。

（5）移动互联网用户数发展迅猛

1）移动应用的多样性持续激发用户需求。新兴应用激发了用户的需求，刺激用户转变成为移动互联网网民，用户对移动互联网应用逐步从工具类应用向内容类应用和社交类应用迁移，例如微博、Flipboard、手机阅读、LBS、移动 SNS 等新兴应用的兴起，用户对此类应用不仅有一定需求，且对应用有一定粘性。

2）移动互联网终端奠定了用户高速增长的基础。智能终端为移动互联网用户兴起奠定了有力的基础，智能手机、平板电脑、电子阅读器、车载导航等移动互联网终端承载了移动应用，伴随终端种类的多样性，终端价格的持续走低，用户使用移动互联网终端的机会也将增加。

3）互联网巨头厂商的推动促使 PC 网民转化。移动互联网的开放不再把用户捆绑在运营商体系之内，借助互联网的开发放模式，互联网厂商及移动互联网厂商纷纷进入市场，用户对移动互联网的认知不再停留在"移动的互联网"，更多互联网应用的迁移促使更多的 PC 用户转换成为移动互联网用户。

7.6.2 移动互联网与物联网的关系

1. 移动互联网与物联网

移动互联网在网络传输、终端等方面，都有现实的应用优势。当物联网深入人们的工作、生活之后，也给移动互联网应用带来了更多的机会。

（1）手机终端可以集合读写器的功能

目前，RFID 的读写器成本很高，尤其是超高频应用的读写器，一般都在万元左右。手机终端作为某些应用场合的读写器，不但节约了购买成本，更且在便捷性方面有了更大的提高，用户可以不必随身携带多个读写器设备。中国移动的手机二维码应用，就是此类应用的初步尝试。

（2）手机终端也可以集合标签的功能

手机终端不但可以作为读写器，同样可以承担标签的功能，对于各种常用的卡类服务，均可以集合在手机中实现。2006 年在厦门试行的 NFC 公交卡项目，就是此类模式的一种变形。随着技术与应用环境的成熟，各种银行卡、公交卡、门禁卡等均可在手机中集成。

（3）移动网络可以局部替代物联网传输

服务使用者可以在局部环节上使用移动网络来进行数据的存取。中国的移动运营商对物联网的重视，也是基于此点的考虑。

以上是移动互联网在物联网融合方面的一些优势，物联网的服务体系非常大，其应用也将覆盖到人们生存环境的各个角落。移动互联网的应用在未来将与物联网形成很好的结合，手机上网也将不再仅仅是娱乐，真正的移动互联网时代才刚刚开始。

2. 3G/4G 与物联网

3G/4G 带来了巨大的机会，尤其是物联网时代，3G/4G 将促进物联网有效发挥无缝通信的巨大威力。与之相辅相成的是，物联网实现了人与物、物与物的通信。进入 3G/4G 时代后，接入网络的智能手机、智能家电、传感器终端等的数量越来越多。另外，随着物联网逐渐向云计算、泛在网发展，每一个终端都可能成为服务器，这些发展更加需要借助 IPv6 优势来解决问题和拓展能力。国内的运营商在推进下一代互联网建设的同时，从终端研制、网络设计、软件研发等方面全面推进 IPv6 与物联网应用的融合，借助 IPv6 提升物联网基础通信能力，利用 IPv6 特性拓展物联网技术和应用能力。

7.6.3 移动互联网的关键技术

移动互联网业务实现需要终端、移动接入/宽带无线接入、业务提供系统的协调配合，涉及的主要技术有智能终端技术、移动宽带接入技术、互联网业务实现技术。移动互联网业务的发展正是得益于智能手机性能的不断提高、移动通信网络技术的不断升级、基于 Web2.0 业务整合技术的创新发展。

1. 智能终端技术

手机终端和 PC 在通用性上有很大差别，传统手机终端基本是厂家私有操作系统，不开放、业务难以通用，为适配终端需要针对不同的手机进行定制，阻碍了移动互联网业务的推广和普及。未来手机要向智能化发展，同时终端运行环境具备开放性，可屏蔽操作系统间的差异，提高业务互操作性。

智能手机（Smart Phone）是指"像个人计算机一样，具有独立的操作系统，可以由用户自行安装软件、游戏等第三方服务商提供的程序，通过此类程序来不断对手机的功能进行扩充，并可以通过移动通信网络来实现无线网络接入的一类手机的总称"。另外智能手机通常还有应用程序必须是可定制、可动态配置、支持多进程、拥有自己独立的内存空间、可多业务并发、能够提供开发包供第三方进行业务开发等技术特点。

为适应互联网业务实现，智能终端平台有逐渐开放的趋势。终端上的业务开发由互联网世界中的软件开发商或个人提供、业务控制由互联网公司所控制，电信运营商只提供通信管道。例如，谷歌与众多运营商、手机厂商联合推出的 Android 手机开源联盟，Nokia 宣布全资收购 Symbian 并将走向开源。

2. 移动宽带接入技术

3G 移动通信技术的成熟和全球规模部署使得移动无线上网时代阔步到来。3G 技术制式主要有 WCDMA、CDMA2000 和 TD－SCDMA 标准，基于 WCDMA 的 HSDPA 和基于 CDMA2000 的 1xEV－DO 是已规模商用的两种 3G 无线宽带技术，其中 HSDPA 商用以 3.6 Mbit/s 和 7.2 Mbit/s 接入速率为主，理论可最大实现 14.4 Mbit/s 接入；EVDO 商用以 RevA 版本为主、支持 3.1 Mbit/s 的峰值接入速率，RevB 版本支持 9.3 Mbit/s 接入。随着一些 3G 增强型技术的研究和应用，接入速率可以进一步提升。

3GPP 长期演进（LTE）项目是近年来 3GPP 启动的最大的新技术研发项目，这种以 OFDM/FDMA 为核心的技术被看做"准 4G"技术，其改进并增强了 3G 的空中接入技术，采用 OFDM 和 MIMO 作为其无线网络演进的标准，可以在 20 MHz 频谱宽带提供下行 100 Mbit/s、上行 50 Mbit/s 的峰值速率。从高速率、频率的配置及全 IP 网络架构方面看，LTE 可大大降低移动互联网接入的每比特传输成本，将是移动宽带发展历程上的重要阶段。

3. 互联网业务实现技术

互联网技术近年来最大的一个发展就是从 Web1.0 到 Web2.0。Web1.0 只能单向发布信息，形象地说就是只能发帖、没有互动；Web2.0 不仅可以发布信息，而且还可以互动，例如跟帖、留言、博客、播客等。3G 网络能力的提升和 Web2.0 的发展大大增强了移动互联网类增值业务的互动性。Web2.0 是多种互联网新兴技术和应用的集合，典型的技术应用有 Mash-up、Widget、Wiki 等。

（1）Mashup

Mashup 应用是指从两处以上的不同地方获取数据，整合到一起而形成的具有统一体验的互联网应用或网站。未来基于移动网络的 Mashup 应用有广泛的应用发展前景，可结合移动网的特色应用，将众多业务聚合生成新业务，给移动网和互联网带来新的活力。例如，可为互联网服务客户提供移动位置服务、计费实现组件、鉴权实现组件等，可结合移动网络的信息技术能力、通信能力、QoS 的保障方式提供更好的用户体验。Mashup 的数据传输采用的是跨平台的、轻量级的、结构化的、面向内容的 Web 协议，这样的通信方式促进了 Web 服务以及 Mashup 技术的发展，简化了 Web 服务与 Mashup 服务之间的沟通成本，提高了沟通效率。在这些协议中，最典型的是 XMP－RPC、SOAP 和 REST。

（2）Widget

Widget 是一种供用户自己制作和下载的工具集合，可在计算机的桌面、网页、手机终端上单独执行，无需通过浏览器便可连接到网络。Widget 技术实现了桌面应用和网络服务的结合，用户可以不用从浏览器登录网站就可以获得网络信息。另外它提供了一个平台，用户可以自由地创建、发布、共享各类业务应用。

（3）Wiki

Wiki 是指一种超文本系统，同时也包括一组支持这种写作的辅助工具，支持面向社群的协作式写作。Wiki 编辑简单，允许对编程语言一无所知的人们随意对网站内容进行编辑，可在 Web 的基础上对 Wiki 文本进行浏览、创建、更改、发布。Wiki 系统还支持面向社群的协作式写作，是人们进行信息共享和协同工作的有效工具。Wiki 方便用户基于开放式互联网环境建立某领域的知识共享，有利于彰显 Web2.0 互联网业务个性化的特征。Wikipedia（维基百科）是目前 Wiki 业务最流行的应用之一。

4. SaaS

SaaS（Software－as－a－Service）的意思是软件即服务，SaaS 的中文名称为软营或软件运营，SaaS 是基于互联网提供软件服务的软件应用模式。作为一种在 21 世纪开始兴起的创新的软件应用模式，SaaS 是软件科技发展的最新趋势。

SaaS 提供商为企业搭建信息化所需要的所有网络基础设施及软件、硬件运作平台，并负责所有前期的实施、后期的维护等一系列服务。企业无需购买软硬件、建设机房、招聘 IT 人员，即可通过互联网使用信息系统，就像打开自来水龙头就能用水一样，企业根据实际需要，从 SaaS 提供商租赁软件服务。

SaaS 是一种软件布局模型，其应用专为网络交付而设计，便于用户通过互联网托管、部署及接入。SaaS 应用软件的价格通常为"全包"费用，囊括了通常的应用软件许可证费、软件维护费以及技术支持费，将其统一为每个用户的月度租用费。对于广大中小型企业来说，SaaS 是采用先进技术实施信息化的最好途径。但 SaaS 绝不仅仅适用于中小型企业，所有规模的企业都可以从 SaaS 中获利。

5. 云计算技术

云计算（Cloud Computing）是由分布式计算（Distributed Computing）、并行处理（Parallel Computing）、网格计算（Grid Computing）发展来的，是一种新兴的商业计算模型。目前，对于云计算的认识在不断地发展变化，云计算仍没有普遍一致的定义。云计算专家刘鹏给出如下定义："云计算将计算任务分布在大量计算机构成的资源池上，使各种应用系统能够根据需要获取计算力、存储空间和各种软件服务"。

云计算模式即为电厂集中供电模式，在云计算模式下，用户的计算机会变得十分简单，不需要大的内存、硬盘和各种应用软件，就可以满足我们的需求，因为用户的计算机除了通过浏览器给"云"发送指令和接收数据外基本上什么都不用做，便可以使用云服务提供商的计算资源、存储空间和各种应用软件。这就像连接"显示器"和"主机"的电线无限长，从而可以把显示器放在使用者的面前，而主机放在远到甚至计算机使用者本人也不知道的地方。云计算把连接"显示器"和"主机"的电线变成了网络，把"主机"变成云服务提供商的服务器集群。

在云计算环境下，用户的使用观念也会发生彻底的变化，从"购买产品"向"购买服务"转变，因为他们直接面对的将不再是复杂的硬件和软件，而是最终的服务。用户不需要拥有看得见、摸得着的硬件设施，也不需要为机房支付设备供电、空调制冷、专人维护等费用，并且不需要等待漫长的供货周期、项目实施等冗长的时间，只需要把钱汇给云计算服务提供商，就会马上得到需要的服务。

7.6.4 移动互联网技术框架

在业务模式上，互联网的开放性和移动网络的天然"封闭性"有所不同，互联网是开放的，运营商的网络以提供通道为主，随着 P2P 业务和高带宽业务的出现，固定互联网存在的管理困难、安全性差等问题变得越来越突出，而移动网络天然具备可靠的认证、计费机制，可以在业务接入、用户使用上进行控制。另外，由于无线网络频谱资源的稀缺性，无线网络的通道不可能无限制地扩大，因此如何发挥移动网络的天然优势，构建可信任的、资源可管控的移动互联网成为了移动互联网的研究热点。

1. 移动互联网的业务需求

随着移动互联网产业链的迅速发展，开始出现了业务同质化严重、业务互通性差、用户体验不好等问题。如何在发展阶段找到多方共赢的业务模式，促进产业良性的发展需要积极的探索，并需要在网络架构上满足移动互联网业务模式的发展。

移动互联网有其特有的特点，相比固定互联网，其优势在于移动网随时随地的无线网络覆盖，具有安全、可靠的认证机制，可以非常及时地获取用户的在线状态，包括漫游、位置、闲忙状态信息以及终端能力信息。业务端到端流程可控，包括业务接入、用户行为分析、网络资源状况等，其劣势主要在于无线频谱资源的稀缺性，移动网是多用户共享有限频谱，即使频谱效率再高，也不能满足众多用户的高速上网需求，移动终端操作系统不统一，厂商众多，业务互通性差也是阻碍移动互联网发展的突出问题。传统的互联网运营商是依靠提供业务接入管道挣钱，而从移动互联网的特点看，管道资源其实也是受限的。因此，也需要做好管道可控、可管，可提供差异化服务等。

（1）合理利用网络资源

SP（服务提供商）的群发、广播都会大量占用网络资源。有些 SP 利用运营商网络进行无限制的群发，损害了正常用户对网络资源的使用。另一个风险是 P2P 业务，P2P 业务是基于互联网的很好应用，但业务模式的不合理导致了收入分配的严重不均衡，BT 用户付出了很少的费用，就占有了大量的网络资源，使大多数用户正常的网络服务得不到保障。而运营商网络资源有限，必须对这些业务进行合理的控制，保证正常的业务使用，合理地利用网络资源在技术上要求可以控制 SP 的接入，并可以识别不同的业务种类，针对这些业务的服务质量要求合理地分配资源。

（2）具备有效的监管机制

市场发展初期，许多 SP 利用监管政策上的漏洞和运营商运营增值业务经验的缺乏，违规操作，通过欺诈的手段赚钱的 SP 不在少数。运营商需要加强对 SP 的控制，识别 SP 的欺诈手段，形成良性的移动互联网业务价值链。有效的监管机制在技术上要求网络具备防范 SP 欺诈的能力，具有完善的鉴权认证机制，同时也要为合作 SP 的内容提供资源、版权管理上的保障，确保 SP 的利益。

（3）具有业务和内容适配能力

一方面，开放互联网的创新业务层出不穷，一些好的业务需要能突破移动网的封闭性和网络复杂性，被快速地引入到移动互联网中，这需要降低技术的门槛，促进移动网和互联网的融合；另一方面，移动互联网用户的移动终端在屏幕大小、终端能力、终端应用 API、操作系统等方面千差万别，所以引入的业务和内容需要适配不同厂商、操作系统的终端，使用户依然具有良好的业务体验。移动网络和终端要保障用户使用移动互联网业务的良好体验．要求具备开放的业务运行环境，较好的内容适配能力，同时还要兼顾无线资源的合理利用，不像传统 PC 上互联网，不用过多考虑网络带宽。

2. 移动互联网技术架构

移动互联网的出现带来了移动网和互联网融合发展的新时代，移动网和互联网的融合也会是在应用、网络和终端多层面的融合。为了能满足移动互联网的特点和业务模式需求，在移动互联网技术架构中要具有接入控制、内容适配、业务管控、资源调度、终端适配等功能。构建这样的架构需要从终端技术、承载网络技术、业务网络技术端到端的考虑。

图 7.22 给出了满足移动互联网业务模式需求的技术架构。这是一种开放和可控的移动互联网架构，将移动网络的特有能力通过业务接入网关开放给第三方（互联网应用），并结合移动网络的端到端 QoS 控制机制，实现业务接入的控制和资源的合理分配。同时利用了互联网 Web2.0 的 Mashup 技术，将互联网上已有的应用整合为适合移动终端的应用，便于已有互联网应用的引入。

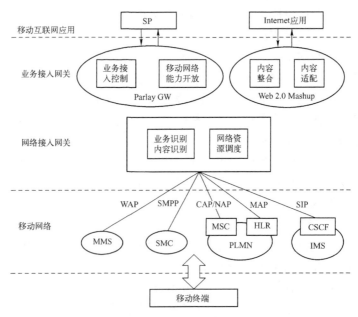

图 7.22 满足移动互联网业务模式需求的技术架构

将移动网络的特有能力通过标准的接口开放给第三方，便于开发出具有移动特色的互联网应用。通过内容的整合、适配，便于已有互联网应用的引入，将互联网上已有的应用整合为移动终端适合的内容。网络接入网关可以识别接入到移动网络中的应用，并可基于应用提供相应的接入策略和资源分配策略。

（1）移动互联网应用

移动互联网应用是指提供给移动终端的互联网应用，这些应用中有一些典型的互联网应用，如 Web 网页浏览、在线视频共享、邮件、内容下载等。也有基于移动网络特有能力的应用，如短信、彩信、铃音等。有基于 Web1.0 模式的应用，也有基于 Web2.0 模式的应用。

（2）业务接入

通过业务接入网关向第三方应用开放移动网络能力 API 和业务生成环境，使互联网应用可以方便地调用移动网络开放的能力，提供具有移动网络特点的应用。对业务接入移动网络进行认证，认证 SP 的签约能力，为优质 SP 提供更好的网络资源。通过业务管理对用户进行认证，防止 SP 的欺诈。实现对互联网内容的整合和适配，如内容裁剪、内容格式转换、频道管理，使内容更适合移动终端对其的识别和展示。

（3）网络接入

网络接入网关开放移动网络的特有能力，如语音、短信、彩信、定位和 WAP 等，并提供移动网络中的业务执行环境。网络接入网关能识别上下行的业务信息、服务质量要求等，并可基于这些信息提供按业务、内容区分的资源控制和计费策略。网络接入网关根据业务的签约信息，动态进行网络资源调度，最大程度地满足业务的 QoS 要求。

（4）移动网络

提供移动特有语音、数据业务能力及业务分发管道，并配合网络资源调度，合理分配无线网络资源。

（5）终端

支持业务互操作性。可以通过中间件，为各种应用、客户端屏蔽厂家私有、不开放接口，提供通用接口。终端具有智能化和较强的处理能力，可以在应用平台和终端上进行更多的业务逻辑处理，尽量减少空中接口的数据信息传递压力。

习题与思考题

7-01　什么是 MPLS？MPLS 的提出有何意义？

7-02　简述标签分发协议的概念。

7-03　简述 LSR 的体系结构。

7-04　与常规路由器网相比，MPLS 有什么明显的优点？

7-05　什么是 LDP 协议？

7-06　流量工程的作用是什么？

7-07　简述 IPv4 的局限性。

7-08　在 IPv4 到 IPv6 过渡的过程中，应该遵循哪些原则？

7-09　简述 3G 技术的起源和发展历程。

7-10　简述 LTE 的主要技术特征。

7-11　什么是移动互联网？

第8章　物联网支撑技术

在高性能计算、普适计算与云计算的支撑下，将网络内海量的信息资源通过计算分析，整合成一个可以互联互通的大型智能网络，为上层服务管理和大规模行业应用建立起一个高效、可靠和可信的技术支撑平台。物联网支撑技术是"智慧"的来源，如通过能力超级强大的中心计算及存储机群和智能信息处理技术，对网络内的海量信息进行实时高速处理，对数据进行智能化挖掘、管理、控制与存储。

8.1　物联网的计算工具

计算科学在我国国防建设、国民经济建设、前沿高新技术和基础科学研究中起着重要作用，尤其在能源、地球环境科学、气象科学、航空航天、药物研制与生命科学、重大工程与装备研究领域中需求迫切。计算科学是国家科技创新的主要研究手段之一，也是支撑物联网运行的重要计算工具与环境。

8.1.1　计算机技术发展趋势

进入 21 世纪，计算机技术正在朝着高性能、广泛应用与智能化的方向发展。

1. 高性能

提高计算机的性能主要有两个途径：一是提高器件的速度，二是采用多 CPU 的结构。20 世纪 80 年代的个人计算机286、386 的 CPU 芯片工作频率只有几十 MHz，20 世纪 90 年代初，集成电路集成度已达到 100 万门以上，从超大规模集成电路开始进入特大规模集成电路时期。由于精简指令集计算（RISC）技术的成熟与普及，CPU 性能年增长率由 20 世纪 80 年代的 35% 发展到 20 世纪 90 年代的 60%，奔腾系列微处理器的主频已经达到 GHz 量级。

提高计算机性能有三种基本的方法。第一种方法是让一台计算机不是使用一个 CPU，而是使用几百个或者几千个 CPU。第二种方法是将成百上千台计算机通过网络互联起来，组成计算机集群。第三种方法是研究运算速度更快的量子计算机、生物计算机与光计算机。

2. 广泛应用

计算机技术发展的另一个方向是应用广度的扩展。近年来随着互联网的广泛应用，使得计算机渗透到各个行业和社会生活的方方面面。网格计算、普适计算与云计算正是为了适应计算机应用的扩展而出现的新的技术模式。

3. 智能化

计算机技术发展的第三个方向是向应用的深度与信息处理智能化方向发展。互联网的信息浩若瀚海，怎样在海量信息中自动搜索出我们所需要的信息，这是网络环境智能搜索技术目前研究的热点课题。未来的计算机应该是朝着能够看懂人的手势、听懂人类语言的方向发展，使计算机具有智能是计算机科学研究的一个重要方向。

高性能计算、普适计算与云计算已经成为 21 世纪计算机技术研究的重要热点问题，成为支撑物联网的重要计算工具。同时，科学家认为现有的芯片制造方法大约在未来的 10 多年内达到极限，为此世界各国研究人员正在加紧研究量子计算机、生物计算机与光计算机。

8.1.2 我国高性能计算技术的发展

经过几十年的不懈努力，我国计算机技术已取得很大的发展，"银河"、"天河"和"曙光"等高性能计算机技术的发展，使得我国继美国、日本、欧盟之后，成为具备研制千万亿次以上能力计算机的国家。

1. 高性能计算研究的现状

高性能计算（High Performance Computing，HPC）又称为超级计算，是世界公认的高新技术制高点和 21 世纪最重要的科学领域之一。高性能计算机也称为超级计算机或巨型计算机。HPC 是计算机科学的一个分支，研究并行算法和开发相关软件，致力于开发高性能计算机。

世界各国纷纷投入巨资研制开发高性能计算机系统，以提升综合国力和科技竞争力。在国际高性能计算研究中，最有影响力的是"高性能计算机世界 500 强（HPC TOP500）排行榜"。2010 年 5 月 31 日公布的最新 HPC TOP500 名单中，由我国曙光公司研制生产的"星云"高性能计算机实测 Linpack 性能达到每秒 1.271 千万亿次，居世界超级计算机第二位，它表明中国高性能计算机的发展已达到世界领先水平。

2. "银河"与"天河一号"超级计算机

1983 年 12 月 22 日，中国第一台每秒钟运算一亿次以上的"银河"巨型计算机由国防科技大学研制成功。它填补了国内巨型计算机的空白，标志着中国进入了世界研制巨型计算机的行列。

2009 年国防科技大学研制成功了我国首台千万亿次超级计算系统"天河一号"，运算速度可以达到每秒 1.206 千万亿次。"天河一号"配置了 6144 个通用处理器，5120 个加速处理器，内存总容量 98TB，点对点通信带宽 40 Gbit/s，共享磁盘总容量为 1PB。如果就计算量而言，"天河一号"计算机一天的计算量，相当于一台配置 Intel 双核 CPU、主频为 2.5 GHz 的微机 160 年的计算量；就共享存储的总容量而言，"天河一号"的存储量相当于 4 个藏书量为 2700 万册的国家图书馆。

"天河一号"具有极为广泛的应用前景，主要的应用领域包括：石油勘探数据处理、生物医药研究、航空航天装备研制、资源勘测和卫星遥感数据处理、金融工程数据分析、气象预报和气候预测、海洋环境数值模拟、短临地震预报、新材料开发和设计、建筑工程设计、基础理论研究等。

3. "曙光"超级计算机

"曙光"计算机公司是我国目前唯一的国产全系列高性能计算机生产厂商，迄今已推出"天演"、"天阔"、"天潮"三大系列多种型号的服务器和工作站。曙光公司推出的曙光 3000 计算机运算速度达到每秒钟 4.032 千亿次，曙光 4000 计算机运算速度达到每秒钟 11 万亿次，曙光 5000 计算机运算速度达到每秒钟 230 万亿次。计算速度超千万亿次的"星云"高性能计算机将用于科学计算、互联网智能搜索、基因测序等领域。

4. "天河二号"超级计算机系统

2013 年 6 月 17 日由国防科技大学研制的"天河二号"超级计算机系统，以峰值计算速度每秒 5.49 亿亿次、持续计算速度每秒 3.39 亿亿次双精度浮点运算的优异性能，位居第 41 届世界超级计算机 500 强榜首。这是继 2010 年"天河一号"首次夺冠后，中国超级计算机再次夺冠。"天河二号"是当今世界上运算速度最快的超级计算机，综合技术处于国际领先水平，研制过程中突破了新型异构多态体系结构等 9 大核心关键技术，具有高性能、低能耗、应用广、易使用和性价比高 5 大特点。"天河二号"超级计算机系统对提升我国综合国力具有十分重要的战略意义，为解决经济社会和科技发展重大挑战问题提供了更为先进的手段。

8.1.3 普适计算技术

1. 普适计算的基本概念

1991 年，美国 Xerox PAPC 实验室的 Mark Weiser 正式提出了普适计算（Pervasive Computing，或 Ubiquitous Computing）的概念。1999 年，欧洲研究团体 ISTAG 提出了环境智能（Ambient Intelligence）的概念。环境智能与普适计算的概念类似，研究的方向也大致相同。

（1）普适计算的重要特征

普适计算的重要特征是"无处不在"与"不可见"。"无处不在"是指随时随地访问信息的能力，"不可见"是指在物理环境中提供多个传感器、嵌入式设备、移动设备以及其他任何一种有计算能力的设备，这些设备可以在用户不察觉的情况下进行计算、通信，提供各种服务，以最大限度地减少用户的介入。

（2）信息空间与物理空间的融合

普适计算体现出信息空间与物理空间的融合。普适计算是一种建立在分布式计算、通信网络、移动计算、嵌入式系统、传感器等技术基础上的新型计算模式，它反映出人类对于信息服务需求的提高，具有随时、随地享受计算资源、信息资源与信息服务的能力，以实现人类生活的物理空间与计算机提供的信息空间的融合。

（3）普适计算的核心

普适计算的核心是"以人为本"，而不是以计算机为本。普适计算强调把计算机嵌入到环境与日常工具中去，让计算机本身从人们的视线中"消失"，从而将人们的注意力回到要完成的任务本身。人类活动是普适计算空间中实现信息空间与物理空间融合的纽带，而实现普适计算的关键是"智能"。

（4）普适计算的重点

普适计算的重点在于提供面向用户的、统一的、自适应的网络服务。普适计算的网络环境包括互联网、移动网络、电话网、电视网和各种无线网络。普适计算的设备包括计算机、手机、传感器、汽车、家电等能够联网的设备。普适计算的服务内容包括计算、管理、控制、信息浏览等。

2. 普适计算研究的主要问题

普适计算最终的目标是实现物理空间与信息空间的完全融合，这一点和物联网非常相似。因此，了解普适计算需要研究的问题，对于理解物联网的研究领域有很大的帮助。已经有很多学者开展了对普适计算的研究工作，研究的方向主要集中在以下几个方面。

（1）理论建模

普适计算是建立在多个研究领域基础上的全新计算模式，因此它具有前所未有的复杂性与多样性。要解决普适计算系统的规划、设计、部署、评估，保证系统的可用性、可扩展性、可维护性与安全性，就必须研究适应于普适计算"无处不在"的时空特性、"自然透明"的人机交互特性的工作模型。普适计算理论模型的研究目前主要集中在层次结构模型和智能影子模型两个方面。层次结构模型主要参考计算机网络的开放系统互连（OSI）参考模型，分为环境层、物理层、资源层、抽象层与意图层 5 层。也有学者将模型的层次分为基件层、集成层与普适世界层 3 层。智能影子模型是借鉴物理场的概念，将普适计算环境中的每一个人都作为一个独立的场源，建立对应的体验场，对人与环境状态的变化进行描述。

（2）自然透明的人机交互

普适计算设计的核心是"以人为本"，这就意味着普适计算系统对人具有自然和透明交互以及意识和感知能力。普适计算系统应该具有人机关系的和谐性、交互途径的隐含性、感知通道的多样性等特点。在普适计算环境中，交互方式从原来的用户必须面对计算机，扩展到用户生活的三维空间。交互方式要符合人的习惯，并且要尽可能不分散人对工作本身的注意力。自然人机交互的研究主要集中在笔式交互、基于语音的交互、基于视觉的交互。研究涉及用户存在位置的判断、用户身份的识别、用户视线的跟踪，以及用户姿态、行为、表情的识别等问题。关于人机交互自然性与和谐性的研究也正在逐步深入。

（3）无缝的应用迁移

为了在普适计算环境中为用户提供"随时随地的"、"透明的"数字化服务，必须解决无缝的应用迁移的问题。随着用户的移动，伴随发生的任务计算必须保持持续进行，同时，任务计算应该可以灵活、无干扰地移动。无缝的移动要在移动计算的基础上，着重从软件体系的角度去解决计算用户的移动所带来的软件流动问题。无缝的应用迁移的研究主要集中在服务自主发现、资源动态绑定、运行现场重构等方面。资源动态绑定包括资源直接移动、资源复制移动、资源远程引用、重新资源绑定等几种情况。

（4）上下文感知

普适计算环境必须具有自适应、自配置、自进化能力，所提供的服务能够和谐地辅助人的工作，尽可能地减少对用户工作的干扰，减少用户对自己的行为方式和对周围环境的关注，将注意力集中于工作本身。上下文感知计算就是要根据上下文的变化，自动地做出相应的改变和配置，为用户提供适合的服务。因此，普适计算系统必须能够知道整个物理环境、计算环境、用户状态的静止信息与动态信息，能够根据具体情况采取上下文感知的方式，自主、自动地为用户提供透明的服务。由此可见，上下文感知是实现服务自主性、自发性与无缝的应用迁移的关键。上下文感知的研究主要集中在上下文获取、上下文建模、上下文存储和管理、上下文推理等方面。在这些问题之中，上下文正确地获取是基础。传感器具有分布性、异构性、多态性，这使得如何采用一种方式去获取多种传感器数据变得比较困难。目前，RFID 已经成为上下文感知中最重要的手段，智能手机作为普适计算的一种重要的终端，发挥着越来越重要的作用。

（5）安全性

普适计算的安全性研究是刚刚开展的研究领域。为了提供智能化、透明的个性化服务，普适计算必须收集大量与人活动相关的上下文。在普适计算环境中，个人信息与环境信息高度结合，智能数据感知设备所采集的数据包括环境与人的信息。人的所作所为，甚至个人感觉、感情都会被数字化之后再存储起来，这就使得普适计算中的隐私和信息安全变得越来越重要，也越来越困难。Marc Weiser 认为，普适计算的思想就是使计算机技术从用户的意识中彻底"消失"。在物理世界中结合计算处理能力与控制能力，将人与人、人与机器、机器与机器的交互最终统一为人与自然的交互，达到"环境智能化"的境界。可以看出，普适计算与物联网从设计目标到工作模式都有很多相似之处，因此普适计算的研究领域、研究课题、研究方法与研究成果对于物联网技术的研究有着重要的借鉴作用。

3. 云计算技术的研究与应用

云计算的"云端"就在技术支撑层，主要通过数据中心来提供服务。

（1）云计算技术的特点

云计算（Cloud Computing）是支撑物联网的重要计算环境之一。因此，了解云计算的基本概念，对于理解物联网的工作原理和实现方法具有重要的意义。

1）云计算是一种新的计算模式。云计算是一种基于互联网的计算模式，它将计算、数据、应用等资源作为服务通过互联网提供给用户。在云计算环境中，用户不需要了解"云"中基础设施的细节，不必具备相应的专业知识，也无需直接进行控制，而只需要关注自己真正需要什么样的资源，以及如何通过网络来得到相应的服务。云计算工作模式的示意图见图 8.1。

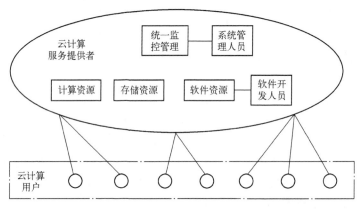

图 8.1　云计算工作模式的示意图

2）云计算是互联网计算模式的商业实现方式。提供资源的网络被称为"云"。在互联网中，成千上万台计算机和服务器连接到专业网络公司搭建的能进行存储、计算的数据中心形成"云"。"云"可以理解成互联网中的计算机群，这个群可以包括几万台计算机，也可以包括上百万台计算机。"云"中的资源在使用者看来是可以无限扩展的。用户可以使用计算机和各种通信设备，通过有线和无线的方式接入到数据中心，随时获取、实时使用、按需扩展计算和存储资源，按实际使用的资源付费。目前微软、雅虎、亚马逊等公司正在建设这样的"云"。

3）云计算的优点是安全、方便，共享的资源可以按需扩展。云计算提供了可靠、安全的数据存储中心，用户可以不用再担心数据丢失、病毒入侵。这种使用方式对于用户端的设备要求很低。用户可以使用一台普通的个人计算机，也可以使用一部手机，就能够完成用户需要的访问与计算。

4）云计算更适合于中小企业和低端用户。由于用户可以根据自己的需要，按需使用云计算中的存储与计算资源，因此云计算模式更适用于中小企业，可以降低中小企业的产品设计、生产管理、电子商务的成本。苹果公司推出的平板电脑 iPad 的关键功能全都聚焦在互联网上，包括浏览网页、收发电子邮件、观赏影片照片、听音乐和玩游戏。当有人质疑 iPad 的存储容量太小时，苹果公司的回答是：当一切都可以在云计算中完成时，硬件的存储空间早已不是重点。

5）云计算体现了软件即服务的理念。软件即服务（SaaS）是 21 世纪开始兴起的、基于互联网的软件应用模式，而云计算恰恰体现了软件即服务的理念。云计算通过浏览器把程序传给成千上万的用户。从用户的角度来看，他们将省去在服务器和软件购买、授权方面的开支。从供应商的角度来看，这样只需要维持一个程序就可以了，从而降低了运营成本。云计算可以将开发环境作为一种服务向用户提供，使得用户能够开发出更多的互联网应用程序。

（2）云计算与网格计算

云计算（Cloud Computing）是分布式处理（Distributed Computing）、并行处理（Parallel

Computing）和网格计算（Grid Computing）的发展，或者说是这些计算机科学概念的商业实现。云计算的资源相对集中，主要以数据中心的形式提供底层资源的使用，并不强调虚拟组织（VO）的概念。云计算从诞生开始就是针对企业商业应用，商业模型比较清晰。云计算是以相对集中的资源，运行分散的应用（大量分散的应用在若干大的中心执行）。

分布式计算是利用互联网上的计算机的中央处理器的闲置处理能力来解决大型计算问题的一种计算科学。相对于网格计算（Grid Computing）和分布式计算，云计算拥有四个明显的特点。第一是低成本，这是最突出的特点；第二是虚拟机的支持，使得在网络环境下的一些原来比较难做的事情现在比较容易处理；第三是镜像部署的执行，这样就能够使得过去很难处理的异构程序的执行互操作变得比较容易处理；第四是强调服务化，服务化有一些新的机制，特别是更适合商业运行的机制。

网格计算出现于20世纪90年代，它是伴随着互联网应用的发展而出现的一种专门针对复杂科学计算而出现的新型计算模式。这种计算模式利用互联网将分散在不同地理位置的计算机组织成一台"虚拟的超级计算机"，其中每一个参与计算的计算机就是一个"节点"，而成千上万个节点就形成了一个"网格"。这种"虚拟的超级计算机"的特点是计算能力强并能够充分地利用互联网上空闲的计算资源。网格计算是超级计算机与计算机集群的延伸，它的应用主要是针对大型、复杂的科学计算问题，例如DNA等生物信息学的计算问题。这一点是网格计算与云计算的主要区别。

网格的基本形态是跨地区、跨国家的一种独立管理的资源结合。网格的资源都是异构的，并不是进行统一布置、统一安排的形态。另外网格的使用通常是让分布的用户构成虚拟组织（VO），在这样统一的网格基础平台上用虚拟组织形态从不同的自治域访问资源。此外，网格一般由所在地区、国家、国际公共组织资助，支持的数据模型很广，从海量数据到专用数据以及到大小各异的临时数据集合，这是网格目前的基本形态。可以看出，网格计算和云计算有相似之处，特别是计算的并行与合作的特点，但它们的区别也是明显的。

1）网格计算的思路是聚合分布资源，支持虚拟组织，提供高层次的服务，例如分布协同科学研究等。而云计算的资源相对集中，主要以数据中心的形式提供底层资源的使用，并不强调虚拟组织（VO）的概念。

2）网格计算用聚合资源来支持挑战性的应用，这是初衷，因为高性能计算的资源不够用，要把分散的资源聚合起来。2004年以后，逐渐强调适应普遍的信息化应用，特别在中国做的网格跟国外不太一样，就是强调支持信息化的应用。但云计算的普适性更强，从一开始就支持广泛企业计算、Web应用等。

3）在对待异构性方面，二者理念上有所不同。网格计算用中间件屏蔽异构系统，力图使用户面向同样的环境，把困难留在中间件，让中间件完成任务。而云计算实际上承认异构，用镜像执行，或者提供服务的机制来解决异构性的问题。当然，不同的云计算系统还不太一样，例如，Google使用自己专用的内部平台来支持。

4）网格计算按照执行作业形式使用，在一个阶段内完成作业而产生数据。云计算支持持久服务，用户可以利用云计算作为其部分IT基础设施，实现业务的托管和外包。

5）网格计算更多地面向科研应用，商业模型不清晰。云计算从诞生开始就是针对企业商业应用，商业模型比较清晰。

总之，云计算是以相对集中的资源，运行分散的应用（大量分散的应用在若干大的中心执行）。而网格计算则是聚合分散的资源，支持大型集中式应用（一个大的应用分到多处执行）。但从根本上来说，从应对 Internet 应用的特征特点来说，它们是一致的，为了完成在 Internet 情况下支持应用，解决异构性、资源共享等问题。

高性能计算、普适计算、云计算与物联网、智慧地球成为 21 世纪研究与发展的重点，它们将计算变为一种公共设施，以服务租用的模式向用户提供服务，这些理念摆脱了传统自建信息系统的习惯模式。未来的网络应用，从手机、GPS 等移动装置，到搜索引擎、网络信箱等基本的网络服务，以及数字地球中大数据量的分析、大型物流的跟踪与规划、大型工程设计都可以通过云计算环境实现。高性能计算、普适计算与云计算将成为物联网重要的计算环境。

8.2 海量信息存储

信息化时代的到来，为人类创造了太多的数字信息，并远远超过了现有的存储能力，正迷失在海量信息之中。根据 IDC 的统计，目前我们的存储能力甚至不足以支持 2009 年一年所产生的全部信息，约有35%的信息我们无力存储，并且这个缺口只会随着时间的推移越来越大。伴随着物联网技术应用进程的加快，海量信息存储的矛盾日益凸显。于是，构建一个高性能、高可用的统一存储系统，以其高效的整体性能、出色的高可用性以及丰富的数据管理功能，充分满足各类存储应用需求，应对现在及未来的业务和海量数据存储及管理的苛刻要求，变得尤为重要。

8.2.1 网络存储技术

随着科学计算和各种网络应用的快速发展，人类产生的信息量越来越多。这使得数据的存储越来越被人们所关注，从而使得存储部件在整个计算机系统结构中所处的地位也越来越重要。存储由单一的磁盘、磁带转向磁盘阵列，进而发展到今天日益流行的存储网络，如 DAS、NAS、SAN 和 iSC2SI 等。大规模的数据应用需求不断涌现，使得海量数据存储及其应用也成为一个新的发展方向。

1. 网络存储技术

网络存储是指在特定的环境下，通过专用数据交换设备、磁盘阵列、磁带库等存储介质以及专用的存储软件，利用原有网络构建一个存储专用网络，从而为用户提供统一的信息存取和共享服务。

（1）直接连接存储

DAS（Direct At tached Storage，直接连接存储）又称 BAS（Bus Access Storage，总线附接存储）这种存储方式已经有近四十年的历史了。在这种方式中，存储设备是通过电缆直接连接至一台服务器上，I/O 请求直接发送到存储设备。它依赖于服务器，其本身也是硬件的堆叠，不带有任何操作系统。DAS 的数据存储是整个服务器结构的一部分，存储设备中的信息必须通过系统服务器才能提供信息共享服务。DAS 数据存储设备不是独立的存储系统，向 DAS 设备中存取数据时，数据必须通过相应的服务器或客户端来完成。连接方式主要有内置、SCSI 接口和光纤通道。DAS 主要应用环境包括：

1）服务器在地理分布上很分散，通过其他方式（如 SAN、NAS 等）在它们之间进行互连非常困难。

2）存储系统必须被直接连接到应用服务器。

3）包括数据库应用和应用服务器在内的应用系统，必须直接连接到存储器上。

（2）网络连接存储

NAS（Network At tached Storage，网络连接存储）是一种将分布、独立的数据整合为大型、集中化管理的数据中心，以便于对不同主机和应用服务器进行访问的技术。在 NAS 存储结构中，存储系统不再通过 I/O 总线附属于某个服务器或客户机，而直接通过网络接口与网络直接相连，由用户通过网络访问。NAS 实际上是一个带有瘦服务器的存储设备，其作用类似于一个专用的文件服务器。这种专用存储服务器去掉了通用服务器原有的不适用的大多数计算功能，而仅仅提供文件系统功能。与传统以服务器为中心的存储系统相比，数据不再通过服务器内存转发，而直接在客户机和存储设备间传送，服务器仅起控制管理的作用。NAS 由核心处理器、文件服务管理工具、一个或多个硬盘驱动组成。

NAS 是一种专用数据存储服务器，它以数据为中心，将存储设备与服务器彻底分离，集中管理数据，从而释放带宽、提高性能、降低总拥有成本、保护投资。其成本远远低于使用服务器存储，而效率却远远高于后者。

NAS 数据存储有以下三方面的优点。第一，NAS 适用于那些需要通过网络将文件数据传送到多台客户机上的用户，NAS 设备在数据必须长距离传送的环境中可以很好地发挥作用。第二，NAS 设备非常易于部署，可以使 NAS 主机、客户机和其他设备广泛分布在整个企业的网络环境中，NAS 可以提供可靠的文件级数据整合，因为文件锁定是由设备自身来处理的。第三，NAS 应用于高效的文件共享任务中，例如 UNIX 中的 NFS 和 Windows NT 中的 CIFS，其中基于网络的文件级锁定提供了高级并发访问保护的功能。

（3）存储域网络

SAN（Storage Area Network，存储域网络）是一种将存储设备、连接设备和接口集成在一个高速网络中的技术。SAN 本身就是一个存储网络，承担了数据存储任务，SAN 网络与 LAN 业务网络相隔离，存储数据流不会占用业务网络带宽。在 SAN 网络中，所有的数据传输在高速、高带宽的网络中进行，SAN 存储实现的是直接对物理硬件的块级存储访问，提高了存储的性能和升级能力。

SAN 的支撑技术是光纤通道（Fiber Channel，FC）技术，这是 ANSI 为网络和通道 I/O 接口建立的一个标准集成。支持 HIPPI、IPI、SCSI、IP、ATM 等多种高级协议，它的最大特性是将网络和设备的通信协议与传输物理介质隔离开。这样多种协议可在同一个物理连接上同时传送，高性能存储体和宽带网络使用单 I/O 接口使得系统的成本和复杂程度大大降低。

早期的 SAN 采用的是 FC 技术，所以，以前的 SAN 多指采用光纤通道的存储局域网络，到 iSCSI 协议出现以后，为了区分，业界就把 SAN 分为 FC – SAN 和 IP – SAN。

iSCSI（互联网小型计算机系统接口）是一种在 TCP/IP 上进行数据块传输的标准。它是由 Cisco 和 IBM 两家发起的，并且得到了各大存储厂商的大力支持。iSCSI 可以实现在 IP 网络上运行 SCSI 协议，使其能够在诸如高速千兆以太网上进行快速的数据存取备份操作。

iSCSI 标准在 2003 年 2 月 11 日由 IETF（互联网工程任务组）认证通过。iSCSI 继承了 SCSI 和 TCP/IP 协议两大传统技术，为 iSCSI 的发展奠定了坚实的基础。基于 iSCSI 的存储系统只需要不多的投资便可实现 SAN 存储功能，甚至直接利用现有的 TCP/IP 网络。相对于以往的网络存储技术，它解决了开放性、容量、传输速度、兼容性、安全性等问题，其优越的性能使其备受关注与青睐。在实际工作时，是将 SCSI 命令和数据封装到 TCP/IP 包中，然后通过 IP 网络进行传输。主要应用环境包括：

1）对数据安全性、存储性能要求高。

2）在系统级方面具有很强的可扩展性和灵活性。

3）物理上集中、逻辑上又彼此独立的数据管理。

4）要求对分散数据高速集中备份等。

目前广泛应用于 ISP、金融和证券等行业。

2. 网络存储技术的特点

（1）DAS 模式

DAS 模式具有前期投入成本低、技术比较成熟、结构简单、不需要复杂的软件和技术、常使用 IDE 或 SCSI 硬盘、维护和运行成本较低、对网络没有影响等优点。

DAS 模式的缺点包括：

1）扩展性差。服务器与存储设备直接连接的方式导致出现新的应用需求时，只能为新增的服务器单独配置存储设备，造成重复投资。

2）资源利用率低。DAS 方式的存储长期来看存储空间无法充分利用。不同的应用服务器面对的存储数据量是不一致的，同时业务发展的状况也决定着存储数据量的变化。因此，出现了部分应用对应的存储空间不够用，另一些却有大量的存储空间闲置，从而造成资源浪费。

3）可管理性差。DAS 方式数据依然是分散的，不易于共享。不同的应用各有一套存储设备，管理分散。

4）异构化严重。DAS 方式使得企业在不同阶段采购了不同型号、不同厂商的存储设备，设备之间异构化现象严重，导致维护成本居高不下。总之，DAS 模式除了上面的缺点还有传输距离短、安全性能相对较低、服务器负担过重等缺点。

（2）NAS 模式

NAS 模式的优点包括：

1）NAS 设备可以实现数据集中管理。

2）具有容错功能，整个网络无单点故障。

3）容易扩充，系统伸缩性很强。

4）具有完整的跨平台的文件共享功能，支持异构网络环境下的文件，支持多操作系统，专用的操作系统支持不同的文件系统，提供不同操作系统的文件共享。

5）NAS 作为一个单独的文件服务器存在于网络中，供网络用户使用，不受影响。

6）支持即插即用，连接方便。NAS 通过 TCP/IP 网络连接到应用服务器，因此可以基于已有的企业网络方便连接。

7）NAS 把消耗大量 CPU 的操作交由 NAS 设备完成，服务器的性能得以提高。

8）NAS 设备不依赖于某个特定的服务器，可以通过多个服务器来提高数据的可靠性，并且在备份时不会影响服务器。

9）NAS 设备可以直接连到网络上，无需复杂的配置，支持多种应用系统平台，易于扩展，维护成本较低。

NAS 模式的缺点包括：

1）NAS 设备与客户机通过企业网进行连接，因此数据备份或存储过程中会占用网络的带宽。这必然会影响企业内部网络上的其他网络应用，共用网络带宽成为限制 NAS 性能的主要问题。因此，NAS 系统数据传输速率不高，千兆位以太网只能达到 30 250 MB/s。

2）NAS 的可扩展性受到设备大小的限制。增加另一台 NAS 设备非常容易，但是要想将两个 NAS 设备的存储空间无缝合并不容易，因为 NAS 设备通常具有独特的网络标识符，存储空间的扩大有限。只能提供文件存储空间，不能完全满足数据库应用的要求。

3）NAS 访问需要经过文件系统格式转换，所以是以文件级来访问。不适合 Block 级的应用，尤其是要求使用裸设备的数据库系统。

4）前期安装和设备成本较高。

（3）SAN 模式

SAN 模式的优点包括：

1）设备整合，多台服务器可以通过存储网络同时访问后端存储系统，不必为每台服务器单独购买存储设备，降低存储设备异构化程度，减轻维护工作量，降低维护费用。

2）数据集中，不同应用和服务器的数据实现了物理上的集中，空间调整和数据复制等工作可以在一台设备上完成，大大提高了存储资源利用率，可实现大容量存储设备数据共享。

3）高扩展性，存储网络架构使得服务器可以方便地接入现有的 SAN 环境，较好地适应应用变化的需求。

4）总体拥有成本低，存储设备的整合和数据集中管理，大大降低了重复投资率和长期管理维护成本。

与 DAS 和 NAS 存储相比，SAN 的优势还在于所有的数据处理都不是由服务器完成的，服务器仅作为网络任务的调度，在 SAN 模式中，所有的数据传输在高速、高带宽的网络中进行。由于具备传输速率高、提供设备级存储空间、扩展性好、容灾容错、高可靠性、快速有效的数据备份、大容量存储设备数据共享等特点，SAN 目前正逐渐成为海量存储的主流模式。

SAN 模式的缺点包括：

1）技术处于发展阶段，尚无统一的标准。

2）实现要求复杂，维护技术难度大，普通用户难以胜任。

3）价格高，SAN 的连接一般采用光纤通道，因此必须有专门的光纤集线器、光纤交换机以及有光纤接口的磁盘阵列，这些设备目前的价格是很高的。SAN 和 NAS 从总的成本上比较，平均每 GB 的数据，SAN 是 NAS 费用的 4～7 倍。

3. 存储模式的选择

目前，国内外几种比较成熟的存储模式各有优缺点和自己的使用环境，因此对存储模式的选择不能一概而论，而应该根据对海量存储系统的应用需求、网络的带宽和经费等综合考虑，根据不同的情况选择不同的存储模式。

DAS 这种存储方式通常也能存储一定数量的信息数据，但其数据的共享具有很大的局限性，服务器无法扩展为更大的集群，在数据访问速度和存储扩展上，较难形成大规模集群存储的能力，因此 DAS 比较适合数据基本固定不变，操作系统单一，数据集中管理，对数据的实时性和安全性不高，比如电子图书等。另外，由于 DAS 只需将以前的接口方式如内置、SCSI 改为光纤通道，就可以提高带宽，提高响应速度。经费不是很充足的情况下，DAS 也是不错的选择。

NAS 实现多台服务器之间文件系统的共享，适合于存储容量需求大而对传输速度要求不高的场合。例如，文件服务器、中小企业应用等。但对于以大规模的查询检索为主要服务内容的数字图书馆来说，NAS 不太适合。NAS 主要基于文件的共享来实现，不太适合大型计算系统。如果用户的大多数数据存取是只读方式，且数据库小、存取量低，NAS 还是比较适合的。

SAN 模式中，数据系统与服务器无关，服务器仅作为网络任务的调度，数据访问速度不依赖于服务器主机的速度，因此降低了对服务器的性能要求，节约了成本。SAN 在数据传输和扩展性方面表现优秀，并能够有效地管理设备。在通用应用服务器和存储设备之间数据传输，不会占用 LAN 上的带宽，特别适合大型企业网络应用环境，如电信、银行、证券、气象、电子商务、服务集群、远程灾难恢复、互联网数据服务等领域。

DAS、NAS 和 SAN 都是目前的主流存储技术，各自具有不同的优点并运用于不同的应用领域，在实际的应用中，应根据具体的需求来选取适合的解决方案。存储方案的选择要着眼于实际需求、一定时期的经济目标和目前的经济基础，综合考虑和决策。

4. 多层智能化存储网络

多层智能化存储网络可以降低存储系统的总体运营成本。通过将业界最强大、最灵活的硬件架构与多层的网络和存储管理智能结合在一起，可以帮助客户建设高可用的、可扩展的存储网络，并为其提供先进的安全性和统一的管理。多层智能化存储网络可以提供各种智能化网络功能，例如多协议、多传输集成；虚拟 SAN；全面的安全性；先进的流量管理；完善的诊断功能；统一的 SAN 管理。

（1）单一交换架构存储网络的扩展性

可以在交换层部署性能强大而高效的 ISL 链路，端口通道功能让用户最多可以将 16 条物理链路集成到一个逻辑链路中。这个逻辑链路可以包括设备中的任何端口，从而确保了在某个端口、ASIC 或者模块发生故障时，该逻辑链路仍然可以继续使用。在任何一条物理链路发生故障时，该逻辑链路能够继续运行。此外，利用交换结构最短路径优先（FSPF）的多路径功能，实现在 16 个等长的路径上进行智能负载均衡，并能在某个交换机发生故障时动态地重新设置数据传输的路由。

（2）采用 VSAN 技术

多层智能化存储网络在业界首次采用了虚拟 SAN 技术。这种技术可以在一个单一的 SAN 结构中创建多个基于硬件的独立环境，从而提高 SAN 的使用效率。每个 VSAN 都可以作为一个常规的 SAN 进行单独分区，并拥有它自己的交换服务，从而提高可扩展性和恢复能力。VSAN 不仅可以降低 SAN 基础设施的成本，还可以确保数据传输的绝对隔离和安全，保持对各个 VSAN 配置的独立控制。

（3）有助于加强投资保护的多协议智能

多层智能化存储网络所特有的交换架构让它可以无缝地集成新的传输协议，以获得最大限度的灵活性。目前，多层智能化存储网络可以用于部署成本最优化的存储网络，用户可以通过部署 2Gbit/s 光纤通道使用高性能的应用，利用基于以太网的 iSCSI 以低廉的成本连接到共享的存储空间，以及用 FCIP 在数据中心之间建立连接。

（4）全面的安全性

为了满足人们对于在存储网络中实现无懈可击的安全性的需求，多层智能化存储网络针对所有可能的被攻击点采用了广泛的安全措施。为了防范未经授权的管理访问，多层智能化存储网络采用了 SSH、RADIUS、SNMPv3 和角色访问控制（Role – based Access Control）等技术。为了防止攻击威胁到控制流量的安全，多层智能化存储网络还采用了光纤通道安全（FC – SP）协议。FC – SP 可以在整个交换结构中提供保密性、数据源认证和面向无连接的完整性。多层智能化存储网络用 VSAN 技术确保了数据传输的安全，以隔离同一交换结构中的不同数据传输，并利用硬分区和软分区技术来满足 VSAN 中的传输隔离要求。基于硬件的 ACL 可以提供更加精确的高级安全选项。

（5）先进的诊断和故障修复工具

多层智能化存储网络的多层智能包括多种先进的网络分析和调试工具。为了在大规模的存储网络中进行故障管理，多层智能化存储网络可以获取数据流的详细路径和时限，并利用交换端口分析工具（SPAN）有效地捕获网络流量。在捕获到流量之后，就可以管理流量。此外，多层智能化存储网络还可以集成自动通报功能，以提高可靠性，加快解决问题的速度并降低服务成本。

（6）便于管理

要实现存储网络的潜在能力就意味着要提供相应的管理功能。为了满足所有用户的需求，多层智能化存储网络可以提供三种主要的管理模式：命令行界面，图形界面以及与第三方存储管理工具集成。

5. 存储网络的未来发展

DAS、SAS、SAN 和 NAS 之间的区别将变得越来越模糊，所有的技术在用户的存储需求下接受挑战。传统的客户端服务器的计算模式将会演化成具有任意连接性的全球存储网络，在这种情况下，数据的利用率会得到提高，分布式数据也会得到更加优化的存储。

多层智能化存储网络为嵌入各种智能化存储服务提供一个开放的平台。多层智能化存储网络用一种层次化的方式来实现网络和存储智能，为存储网络的发展开辟了一个新的纪元。

只有采用了存储虚拟化的技术，才能真正屏蔽具体存储设备的物理细节，为用户提供统一集中的存储管理。采用存储虚拟化技术，用户可以实现存储网络的共用设施目标。

（1）存储管理的自动化与智能化

在虚拟存储环境下，所有的存储资源在逻辑上被映射为一个整体，对用户来说是单一视图的透明存储，而单个存储设备的容量、速度等物理特性却被屏蔽掉了。无论后台的物理存储是什么设备，服务器及其应用系统看到的都是客户非常熟悉的存储设备的逻辑映像。系统管理员不必关心自己的后台存储，只需专注于管理存储空间本身，所有的存储管理操作如系统升级、改变RAID 级别、初始化逻辑卷、建立和分配虚拟磁盘、存储空间扩容等比从前的任何存储技术都更容易，存储管理变得轻松无比。与现有的 SAN 相比，存储管理的复杂性大大降低了。

（2）提高存储效率

主要表现在消除被束缚的容量、整体使用率达到更高的水平。虚拟化存储技术解决了这种存储空间使用上的浪费，它把系统中各个分散的存储空间整合起来，形成一个连续编址的逻辑存储空间，突破了单个物理磁盘的容量限制，客户几乎可以 100% 地使用磁盘容量，而且由于存储池扩展时能自动重新分配数据和利用高效的快照技术降低容量需求，从而极大地提高了存储资源的利用率。

（3）降低成本

由于历史的原因，许多企业不得不面对各种各样的异构环境，包括不同操作平台的服务器和不同厂商、不同型号的存储设备。采用存储虚拟化技术，可以支持物理磁盘空间动态扩展，这样用户不必抛弃现有的设备，可以融入到系统中来，保障了用户的已有投资，从而降低了用户成本，实现了存储容量的动态扩展，增加了用户的回报。

8.2.2 数据中心

DAS、NAS、SAN 只能满足中等规模商业需求。数据中心不仅包括计算机系统和配套设备（如通信和存储设备等），还包括冗余的数据通信连接、环境控制设备、监控设备及安全装置，是一个大型的系统工程。通过高度的安全性和可靠性提供及时持续的数据服务，为物联网应用提供良好的支持。典型的数据中心是 Google/Hadoop。

1. 定义

数据中心（Internet Data Center，IDC）是利用 IP 网络互联技术，通过向用户提供网络带宽和机房环境的租用服务，使用户的服务器及其附属设备接入互联网的互联网平台产品。

2. IDC 发展的意义

在传统的分布式处理模式下,网站内所有的信息分布在内部各个服务器上,信息的管理、信息的可用性受到了很大的限制,不能充分发挥应有的作用,而且系统的升级和新业务的开发部署也都不能及时适应 Internet 快速变化的要求。在这种状况下,以信息为中心的集中处理模式再次走上了历史舞台,而构建企业信息基础设施则更是集中处理模式的重中之重。

对于 Internet 网站来说,死机会带来巨大的经济损失以及不可估量的网络用户的流失,如果死机的时间较长则可能危及整个网站的生命。因此整个 IT 系统的高可用性变得非常重要,而作为信息系统核心的数据部分的高可用性更是重中之重。服务器的死机可以通过多台服务器冗余来保护,但是如果服务器上的数据没有得到有效的保护或成为访问瓶颈,则可能成为致命的缺陷。另外,分布式的环境给信息系统管理带来了巨大的障碍,数据分布在众多的平台和服务器之上,备份和管理的工作变得越来越复杂,多个服务器上分散的数据很难共享,而且这种分散的存储模式也带来了巨大的资源浪费,系统管理人员无法在多个系统间有效地调度存储资源。再有,这种处理模式也不利于新业务的快速部署,而更快的测试、部署新的应用意味着更快的抢占市场,吸引用户,这在 Internet 中无疑有着举足轻重的意义。存储系统重点是对整个网站内的数据进行整合,建立起真正的企业存储平台,在统一的企业存储平台上建立集中式的处理中心,更有效地完成业务处理,并极大地提高系统的可管理性,降低系统的管理难度及管理开销,提高信息的可用性和共享性。

对于 IDC 的概念,目前还没有一个统一的标准,但可以将其理解为公共的商业化的 Internet "机房",同时它也是一种 IT 专业服务,是 IT 工业的重要基础设施。IDC 不仅是一个服务概念,而且是一个网络的概念,它构成了网络基础资源的一部分,就像骨干网、接入网一样,提供了一种高端的数据传输的服务和高速接入服务。IDC 提供的主要业务包括主机托管(如机位、机架、VIP 机房出租)、资源出租(如虚拟主机业务、数据存储服务)、系统维护(如系统配置、数据备份、故障排除服务)、管理服务(如带宽管理、流量分析、负载均衡、入侵检测、系统漏洞诊断),以及其他支撑、运行服务等。

3. IDC 的特点

1)高密度。IDC 可以满足新一代越来越高密度的 IT 设备对电源和制冷的要求。

2)灵活性。IDC 有更多的空间来放置新服务器、存储设备和基础设施设备。

3)绿色数据中心。能源成本占数据中心运营成本的比例越来越高,只有低于一半的电力用于 IT 负荷,而其余的电力则用于供电和散热系统等基础设施,IDC 更加节能环保。

4)数据中心外包。IDC 的虚拟化带来更多的数据中心外包、主机托管等需求,系统成本大大降低。

5)可靠性。关键数据的安全对全球经济的影响越来越大,IDC 采用多种技术使系统更加可靠安全。

4. 组网结构

无线 DDN 系统分为监测点和数据中心两部分,具体接入方式有监测点接入和数据中心接入两种。监测点接入方式是监测点通过 RS-232、RS-485 或以太网接口与 GPRS DTU 传输模块连接,然后设置 DTU 相关参数,每一个 GPRS DTU 传输模块装入一个中国移动的数据 SIM 卡即可;数据中心接入方式主要分以下两大类。

(1)采用 Internet 接入

数据中心采用宽带 ADSL 接入方式,优点是带宽大、费用经济,缺点是安全性较差、延时比专线接入稍大；采用局域网共享上网方式，情况基本同ADSL接入类似，但注意接入时需做端口映射；采用电话线拨号上网方式，接入带宽较窄，所以只适合于点数较少且数据量小的组网方式。

（2）网络运营商接入

数据中心采用无线网络运营商接入，主要有以下两种连接方式。第一种方式是采用网络运营商机房专线接入方式，优点是带宽大、延时小、安全性高，但租用此专线价格较贵，特别适合银行、POS机组网等对安全性要求较高的用户，在子站非常多的情况下也推荐采用此种方式。第二种方式是采用GPRS无线接入方式，在数据中心接一台GPRS MODEM，通过数据中心的PC拨号上网，其优点是组网迅速、费用较低，缺点是带宽窄、延时大。

5. 数据中心发展趋势

（1）高度的灵活性和适应性

企业级的数据中心的发展趋势是具备高度的灵活性和适应性，比如能根据外部需求做出快速变化。虚拟化技术和模块化数据中心等，都是比较好的解决方法。最新的概念和技术诸如云计算、虚拟化、后操作系统、分散建造数据中心、更多自定义服务器体系架构都在推动数据中心向未来迈进，IT部门能按照用户的个性化需求来提供按需定制的服务，而不必担心空间或者能源的浪费和过度配置，目标就是创建操作便捷、适宜发展的数据中心资源。所有的一切都是为了实现数据中心的灵活性，更好地适应需求的变化。

（2）绿色数据中心成趋势

绿色数据中心的含义就是提高数据中心的能源效率，尽量减少数据中心的整体用电量，尽量增大数据中心整体用电中用于IT系统的比例，尽量减少用于非计算设备（电源转换、冷却等）的用电消耗。绿色数据中心（Green Data Center）是指数据机房中的IT系统、照明和电气等能取得最大化的能源效率和最小化的环境影响。绿色数据中心是数据中心发展的必然。总的来说，我们可以从建筑节能、运营管理、能源效率等方面来衡量一个数据中心是否为"绿色"。绿色数据中心的"绿色"具体体现在整体的设计规划以及机房空调、UPS、服务器等IT设备、管理软件应用上，要具备节能环保、高可靠可用性和合理性。

（3）多层次混合数据中心设计

单一的设计方法抬高了数据中心的建设和运营成本，而多层次设计方法因其选用最为合理、实用的设施规模而有效控制了投资成本和运营开销。一种行业标准分级系统（Industry-standard Classification System）把数据中心设施定义为I～IV层级。第IV层级要求满足最高可用性要求，而多层次混合设计首先通过业务需求分析来评估和优化相关应用，同时发掘哪里需要采用冗余的技术和基础设施来支持关键业务应用。需求类似的应用被分别集中到相应的数据中心层级，即配置相应冗余度和可扩展性的同一区域（或同一层级）。

多层次混合设计首先通过业务需求分析来评估和优化相关应用，同时发掘哪里需要采用冗余的技术和基础设施来支持关键业务应用。需求类似的应用被分别集中到相应的数据中心层级，即配置相应冗余度和可扩展性的同一区域（或同一层级）。建设第II层级和第IV层级相结合的基础设施相比于全部采用第IV层级的基础设施可以为企业节省上百万美元。惠普多层级混合设计成本分析工具（Cost Analysis Tool）可以反映不同设施设计方案的调整对投资成本的影响。例如，一个5万平方英尺的数据中心采用多层级混合设计相比单纯采用IV层级设计标准，可以节省近24%的建设成本。此外，多层级分区设计降低了数据中心的能源和空间需求，显著降低运营成本。

8.2.3 Hadoop

Hadoop 是一个分布式系统基础架构，用户可以在不了解分布式底层细节的情况下，开发分布式程序，充分利用集群的威力高速运算和存储。Hadoop 实现了一个分布式文件系统（Hadoop Distributed File System，HDFS）。HDFS 有着高容错性的特点，并且设计部署在低廉的硬件上。它提供高传输率来访问应用程序的数据，适合那些有着超大数据集（Large Data Set）的应用程序。Hadoop 是 Apache 下面的一个分布式并行计算框架，是从 Lunece 中抽取出来的一个框架。Hadoop 的核心设计思想是 MapReduce 和 HDFS，其中 MapReduce 是 Google 提出的一个软件架构，用于大规模数据集（大于 1TB）的并行运算。

1. Hadoop 的概念

Hadoop 不是一个缩写，它是一个虚构的名字。Hadoop 由 Apache Software Foundation 公司于 2005 年作为 Lucene 的子项目 Nutch 的一部分正式引入。它受到最先由 Google Lab 开发的 MapReduce 和 Google File System 的启发。2006 年 3 月，MapReduce 和 Nutch Distributed File System（NDFS）分别被纳入称为 Hadoop 的项目中。

Hadoop 是最受欢迎的在 Internet 上对搜索关键字进行内容分类的工具，但它也可以解决许多要求极大伸缩性的问题。例如，如果要搜索一个 10TB 的巨型文件，在传统的系统上，这将需要很长的时间，但是 Hadoop 在设计时就考虑到这些问题，因此能大大提高效率。HDFS 为了做到可靠性创建了多份数据块的备份，并将它们放置在服务器群的计算节点中，MapReduce 就可以在它们所在的节点上处理这些数据了。

2. HDFS 设计的前提和目标

1）硬件错误是常态，而非异常情况，HDFS 可能是由成百上千的 Server 组成，任何一个组件都有可能一直失效，因此错误检测和快速、自动的恢复是 HDFS 的核心架构目标。

2）运行在 HDFS 上的应用与一般的应用不同，它们主要是以流式读为主，做批量处理；相比关注数据访问的低延迟问题，更关键的在于数据访问的高吞吐量。

3）HDFS 以支持大数据集合为目标，一个存储在上面的典型文件大小一般都在千兆至 T 字节，一个单一 HDFS 实例应该能支撑数以千万计的文件。

4）HDFS 应用对文件要求的是 write - one - read - many 访问模型。一个文件经过创建、写，关闭之后就不需要改变。这一假设简化了数据一致性问题，使高吞吐量的数据访问成为可能。典型的如 MapReduce 框架，或者一个 Web Crawler 应用都很适合这个模型。

5）移动计算的代价比移动数据的代价低。一个应用请求的计算，离它操作的数据越近就越高效，这在数据达到海量级别的时候更是如此。将计算移动到数据附近，比将数据移动到应用所在显然更好，HDFS 提供给应用这样的接口。

6）在异构的软硬件平台间的可移植性。

2. HDFS 的组成和功能

（1）HDFS

Hadoop 框架中最核心的设计就是 MapReduce 和 HDFS。简单地说，MapReduce 就是"任务的分解与结果的汇总"。HDFS 为分布式计算存储提供了底层支持，HDFS 对外部客户机而言，HDFS 就像一个传统的分级文件系统，可以创建、删除、移动或重命名文件等。

HDFS 的架构是基于一组特定的节点构建的，这是由它自身的特点决定的，HDFS 基本结构见图 8.2。这些节点包括 Namenode 和 Datanode，Namenode 在 HDFS 内部提供元数据服务，Datanode 为 HDFS 提供存储块，由于仅存在一个 Namenode，因此这是 HDFS 的一个缺点。块的大小（通常为 64 MB）和复制的块数量在创建文件时由客户机决定，文件切分成块（默认大小 64 MB），以块为单位，每个块有多个副本存储在不同的机器上，副本数可在文件生成时指定（默认 3）。HDFS 内部的所有通信都基于标准的 TCP/IP 协议。

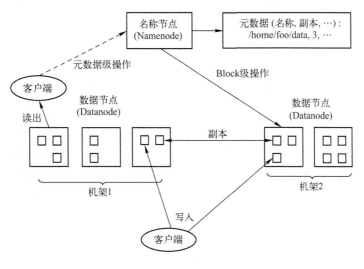

图 8.2　HDFS 基本结构

（2）Namenode

Namenode 是一个中心服务器，可以控制所有文件操作。为简化系统的设计和实现，采用单一节点，负责管理文件系统的名字空间以及客户端对文件的访问。Namenode 全权管理数据块的复制，它周期性地从集群中的每个 Datanode 接收心跳信号和块状态报告，接收到心跳信号意味着该 Datanode 节点工作正常，块状态报告包含了一个该 Datanode 上所有数据块的列表。Namenode 执行文件系统的 namespace 操作，例如打开、关闭、重命名文件和目录，同时决定 block 到具体 Datanode 节点的映射。Datanode 在 Namenode 的指挥下进行 Block 的创建、删除和复制。Namenode 和 Datanode 都可以运行在普通而廉价的计算机上。

实际的 I/O 事务并没有经过 Namenode，只有表示 Datanode 和块的文件映射的元数据经过 Namenode。当外部客户机发送请求要求创建文件时，Namenode 会以块标识和该块的第一个副本的 Datanode IP 地址作为响应。这个 Namenode 还会通知其他将要接收该块的副本的 Datanode。Namenode 在一个称为 FsImage 的文件中存储所有关于文件系统名称空间的信息。这个文件和一个包含所有事务的记录文件（这里是 EditLog）将存储在 Namenode 的本地文件系统上。FsImage 和 EditLog 文件也需要复制副本，以防文件损坏或 Namenode 系统丢失。

（3）Datanode

Datanode 也是一个通常在 HDFS 实例中的单独机器上运行的软件。Hadoop 集群包含一个 Namenode 和大量 Datanode。Datanode 通常以机架的形式组织，机架通过一个交换机将所有系统连接起来。Hadoop 的一个假设是：机架内部节点之间的传输速度快于机架间节点的传输速度。Datanode 响应来自 HDFS 客户机的读/写请求，还响应创建、删除和复制来自 Namenode 的块的命令。Namenode 依赖来自每个 Datanode 的定期心跳（Heartbeat）消息，每条消息都包含一个块报告，NameNode 可以根据这个报告验证块映射和其他文件系统元数据。如果 DataNode 不能发送心跳消息，Namenode 将采取修复措施，重新复制在该节点上丢失的块。

Datanode 在本地文件系统存储文件块数据，以及块数据的校验和。可以创建、删除、移动或重命名文件，当文件创建、写入和关闭之后不能修改文件内容。一个数据块在 Datanode 以文件存储在磁盘上，包括两个文件，一个是数据本身，一个是元数据包括数据块的长度、块数据的校验和以及时间戳。Datanode 启动后向 Namenode 注册，通过后，周期性（1 h）地向 Namenode 上报所有的块信息。心跳是每 3 s 一次，心跳返回结果带有 Namenode 给该 Datanode 的命令如复制块数据到另一台机器，或删除某个数据块。如果超过 10 min 没有收到某个 Datanode 的心跳，则认为该节点不可用。

（4）文件操作

HDFS 并不是一个万能的文件系统。它的主要目的是支持以流的形式访问写入的大型文件。如果客户机想将文件写到 HDFS 上，首先需要将该文件缓存到本地的临时存储。如果缓存的数据大于所需的 HDFS 块大小，创建文件的请求将发送给 Namenode。Namenode 将以 Datanode 标识和目标块响应客户机。同时也通知将要保存文件块副本的 Datanode。当客户机开始将临时文件发送给第一个 Datanode 时，将立即通过管道方式将块内容转发给副本 Datanode。客户机也负责创建保存在相同 HDFS 名称空间中的校验和（Checksum）文件。在最后的文件块发送之后，Namenode 将文件创建提交到它的持久化元数据存储（在 EditLog 和 FsImage 文件）。

（5）Reduce

Reduce 就是将分解后多任务处理的结果汇总起来，得出最后的分析结果。在分布式系统中，机器集群就可以看做是硬件资源池，将并行的任务拆分，然后交由每一个空闲机器资源去处理，能够极大地提高计算效率。任务分解处理以后，那就需要将处理以后的结果再汇总起来，这就是 Reduce 要做的工作。

（6）HDFS 关键运行机制

HDFS 是一个大规模的分布式文件系统，采用 Master/Slave 架构。一个 HDFS 集群由一个 Namenode 和一定数目的 Datanode 组成。Namenode 是一个中心服务器，负责管理文件系统的 Namespace 和客户端对文件的访问。Datanode 在集群中一般是一个节点一个，负责管理节点上它们附带的存储。

1）保障可靠性的措施：一个名字节点和多个数据节点数据复制（冗余机制）。

2）存放的位置（机架感知策略）：故障检测。

3）数据节点：心跳包（检测是否死机）、块报告（安全模式下检测）、数据完整性检测（校验和比较）。

4）名字节点（日志文件、镜像文件）：空间回收机制。

5）读文件流程：客户端联系 Namenode，得到所有数据块信息以及数据块对应的所有数据服务器的位置信息，并尝试从某个数据块对应的一组数据服务器中选出一个进行连接，数据被一个包一个包地发送回客户端，等到整个数据块的数据都被读取完了，就会断开此链接，尝试连接下一个数据块对应的数据服务器，整个流程依次如此反复，直到所有数据读完为止。

（7）Hadoop 源代码

Hadoop 的源代码现在已经对外公布，用户可以从它的官方网站上下载源代码并自己编译，从而安装在 Linux 或者 Windows 机器上。

3. Hadoop 的特点

1）扩容能力。能可靠地存储和处理千兆字节（PB）数据。

2）成本低。可以通过普通机器组成的服务器群来分发以及处理数据。这些服务器群总计可达数千个节点。

3）高效率。通过分发数据，Hadoop 可以在数据所在的节点上并行地处理它们，这使得处理非常快速。

4）可靠性。Hadoop 能自动地维护数据的多份复制，并且在任务失败后能自动地重新部署计算任务。

5）移植性与通用性。Hadoop 的框架代码采用 Java 编写，这就保证了其良好的移植性与通用性。

4. 关于 HDFS 的应用范围

目前，雅虎北京全球软件研发中心、中国移动研究院、英特尔研究院、金山软件、百度、腾讯、新浪、搜狐、淘宝、IBM、Facebook、Amazon、Yahoo 等都在使用 HDFS。

1）HDFS 适合以下应用：存储并管理 PB 级数据、处理非结构化数据、注重数据处理的吞吐量、"一次写入多次读出"的应用。

2）HDFS 不适合以下应用：存储小文件、大量的随机读、需要对文件进行修改。

8.2.4　云存储

1. 什么是云存储

云存储是在云计算（Cloud Computing）的概念上延伸和发展出来的一个新的概念。云计算是分布式处理（Distributed Computing）、并行处理（Parallel Computing）和网格计算（Grid Computing）的发展，是通过网络将庞大的计算处理程序自动分拆成无数个较小的子程序，再交由多部服务器所组成的庞大系统，经计算分析之后将处理结果回传给用户。通过云计算技术，网络服务提供者可以在数秒之内，处理数以千万计甚至亿计的信息，达到和"超级计算机"同样强大的网络服务。云存储技术是对现有存储方式的一种变革，存储变为一种付费的服务。

2. 云存储与云计算

云存储的概念与云计算类似，它是指通过集群应用、网格技术或分布式文件系统等功能，将网络中大量各种不同类型的存储设备通过应用软件集合起来协同工作，共同对外提供数据存储和业务访问功能的一个服务系统。可以借用广域网和互联网的结构来进一步解释云存储。

（1）云状的网络结构

在常见的局域网系统中，为了能更好地使用局域网，一般来讲，使用者需要知道网络中每一个软硬件的型号和配置，以及 IP 地址和子网掩码等细节。而广域网和互联网对于具体的使用者是完全透明的，我们经常用一个云状的图形来表示广域网和互联网。虽然云状的图形中包含了许许多多的交换机、路由器、防火墙和服务器，但对具体的广域网、互联网用户来讲，这些都是不需要知道的。这个云状图形代表的是广域网和互联网带给大家的互联互通的网络服务，无论在任何地方，通过一个网络接入线缆和一个用户、密码，就可以接入广域网和互联网，享受网络带给我们的服务。

参考云状的网络结构，创建一个新型的云状结构的存储系统，这个存储系统由多个存储设备组成，通过集群功能、分布式文件系统或类似网格计算等功能联合起来协同工作，并通过一定的应用软件或应用接口，对用户提供一定类型的存储服务和访问服务。当我们使用某一个独立的存储设备时，必须非常清楚这个存储设备是什么型号、什么接口和传输协议，必须清楚地知道存储系统中有多少块磁盘，分别是什么型号、多大容量，必须清楚存储设备和服务器之间采用什么样的连接线缆。为了保证数据安全和业务的连续性，还需要建立相应的数据备份系统和容灾系统。除此之外，对存储设备进行定期的状态监控、维护、软硬件更新和升级也是必需的。如果采用云存储，那么上面所提到的一切对使用者来讲都不需要了。云状存储系统中的所有设备对使用者来讲都是完全透明的，任何地方的任何一个经过授权的使用者都可以通过一根接入线缆与云存储连接，对云存储进行数据访问。

（2）云存储不是存储

如同云状的广域网和互联网一样，云存储对使用者来讲，不是指某一个具体的设备，而是指一个由许许多多个存储设备和服务器所构成的集合体。使用者使用云存储，并不是使用某一个存储设备，而是使用整个云存储系统带来的一种数据访问服务。所以严格来讲，云存储不是存储，而是一种服务。云存储的核心是应用软件与存储设备相结合，通过应用软件来实现存储设备向存储服务的转变。

3. 云存储的结构模型

与传统的存储设备相比，云存储不仅仅是一个硬件，而是一个网络设备、存储设备、服务器、应用软件、公用访问接口、接入网和客户端程序等多个部分组成的复杂系统。各部分以存储设备为核心，通过应用软件来对外提供数据存储和业务访问服务。云存储结构模型见图8.3。云存储系统的结构模型由4层组成。

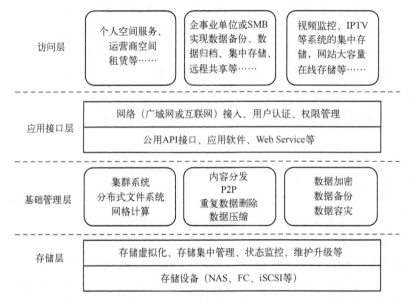

图 8.3　云存储结构模型

（1）存储层

存储层是云存储最基础的部分。存储设备可以是 FC 光纤通道存储设备，可以是 NAS 和 iSCSI 等 IP 存储设备，也可以是 SCSI 或 SAS 等 DAS 存储设备。云存储中的存储设备往往数量庞大且分布于不同地域，彼此之间通过广域网、互联网或者 FC 光纤通道网络连接在一起。存储设备之上是一个统一存储设备管理系统，可以实现存储设备的逻辑虚拟化管理、多链路冗余管理，以及硬件设备的状态监控和故障维护。

（2）基础管理层

基础管理层是云存储最核心的部分，也是云存储中最难以实现的部分。基础管理层通过集群、分布式文件系统和网格计算等技术，实现云存储中多个存储设备之间的协同工作，使多个存储设备可以对外提供同一种服务，并提供更大更强更好的数据访问性能。CDN 内容分发系统、数据加密技术保证云存储中的数据不会被未授权的用户所访问，同时，通过各种数据备份、容灾技术和措施可以保证云存储中的数据不会丢失，保证云存储自身的安全和稳定。

（3）应用接口层

应用接口层是云存储最灵活多变的部分。不同的云存储运营单位可以根据实际业务类型，开发不同的应用服务接口，提供不同的应用服务。比如视频监控应用平台、IPTV和视频点播应用平台、网络硬盘引用平台、远程数据备份应用平台等。

（4）访问层

任何一个授权用户都可以通过标准的公用应用接口来登录云存储系统，享受云存储服务。云存储运营单位不同，云存储提供的访问类型和访问手段也不同。

4. 云存储的技术前提

从上面的云存储结构模型可知，云存储系统是一个多设备、多应用、多服务协同工作的集合体，它的实现要以多种技术的发展为前提。

（1）宽带网络的发展

真正的云存储系统将会是一个多区域分布、遍布全国甚至于遍布全球的庞大公用系统，使用者需要通过ADSL、DDN等宽带接入设备来连接云存储，而不是通过FC、SCSI或以太网线缆直接连接到一台独立的、私有的存储设备上。只有宽带网络得到充足的发展，使用者才有可能获得足够大的数据传输带宽，实现大容量数据的传输，真正享受到云存储服务，否则只能是空谈。

（2）WEB2.0技术

Web2.0技术的核心是分享。只有通过Web2.0技术，云存储的使用者才有可能通过PC、手机、移动多媒体等多种设备，实现数据、文档、图片和音视频等内容的集中存储和资料共享。Web2.0技术的发展使得使用者的应用方式和可得服务更加灵活和多样。

（3）应用存储的发展

云存储不仅仅是存储，更多的是应用。应用存储是一种在存储设备中集成了应用软件功能的存储设备，它不仅具有数据存储功能，还具有应用软件功能，可以看做是服务器和存储设备的集合体。应用存储技术的发展可以大量减少云存储中服务器的数量，从而降低系统建设成本，减少系统中由服务器造成的单点故障和性能瓶颈，减少数据传输环节，提供系统性能和效率，保证整个系统的高效稳定运行。

（4）集群技术、网格技术和分布式文件系统

云存储系统是一个多存储设备、多应用、多服务协同工作的集合体，任何一个单点的存储系统都不是云存储。既然是由多个存储设备构成，不同存储设备之间就需要通过集群技术、分布式文件系统和网格计算等技术，实现多个存储设备之间的协同工作，使多个存储设备可以对外提供同一种服务，并提供更大更强更好的数据访问性能。如果没有这些技术的存在，云存储就不可能真正实现，所谓的云存储只能是一个一个的独立系统，不能形成云状结构。

（5）CDN内容分发、P2P技术、数据压缩技术

CDN内容分发、P2P技术、数据压缩技术、重复数据删除技术、数据加密技术保证云存储中的数据不会被未授权的用户所访问，同时，通过各种数据备份和容灾技术保证云存储中的数据不会丢失，保证云存储自身的安全和稳定。

（6）存储虚拟化技术、存储网络化管理技术

云存储中的存储设备数量庞大且分布在不同地域，如何实现不同厂商、不同型号甚至于不同类型（如FC存储和IP存储）的多台设备之间的逻辑卷管理、存储虚拟化管理和多链路冗

余管理将会是一个巨大的难题，这个问题得不到解决，存储设备就会是整个云存储系统的性能瓶颈，结构上也无法形成一个整体，而且还会带来后期容量和性能扩展难等问题。

云存储中的存储设备数量庞大、分布地域广造成的另外一个问题就是存储设备运营管理问题。虽然这些问题对云存储的使用者来讲根本不需要关心，但对于云存储的运营单位来讲，却必须要通过切实可行和有效的手段来解决集中管理难、状态监控难、故障维护难、人力成本高等问题。因此，云存储必须要具有一个高效的类似与网络管理软件一样的集中管理平台，可实现云存储系统中存储设备、服务器和网络设备的集中管理和状态监控。

5. 云计算和云存储的关系

云计算系统的建设目标是将运行在 PC 上或单个服务器上的独立的、个人化的运算迁移到一个数量庞大服务器"云"中，由这个云系统来负责处理用户的请求，并输出结果，它是一个以数据运算和处理为核心的系统。

云存储是在云计算（Cloud Computing）概念上延伸和发展出来的一个新的概念，是指通过集群应用、网格技术或分布式文件系统等功能，将网络中大量各种不同类型的存储设备通过应用软件集合起来协同工作，共同对外提供数据存储和业务访问功能的一个系统。当云计算系统运算和处理的核心是大量数据的存储和管理时，云计算系统中就需要配置大量的存储设备，那么云计算系统就转变成为一个云存储系统，所以云存储是一个以数据存储和管理为核心的云计算系统。与云计算系统相比，云存储可以认为是配置了大容量存储空间的一个云计算系统。从架构模型来看，云存储系统比云计算系统多了一个存储层，同时，在基础管理也多了很多与数据管理和数据安全有关的功能，两者在访问层和应用接口层则是完全相同的。

6. 云存储的两大架构

云存储是一种架构，而不是一种服务。你是否拥有或租赁了这种架构是一个次要问题。从根本上来看，通过添加标准硬件和共享标准网络（公共互联网或私有的企业内部网）的访问，云存储很容易扩展云容量和性能。事实证明，管理数百台服务器，使得其感觉上去就像是一个单一的、大型的存储池设备是一项相当具有挑战性的工作。早期的供应商（如 Amazon）承担了这一重任，并通过在线出租的形式来赢利。其他供应商（如 Google）雇用了大量的工程师在其防火墙内部来实施这种管理，并且定制存储节点以在其上运行应用程序。由于摩尔定律压低了磁盘和 CPU 的商品价格，云存储渐渐成为了数据中心一项具有高度突破性的技术。

构建一个云存储或大规模可扩展的 NAS 系统的架构方法分为两类：一种是通过服务来架构，另一种是通过软件或硬件设备来架构。对于那些寻求构建私有云存储以满足其消费的企业 IT 管理者或是对于那些寻求构建公共云存储产品从而以服务的形式来提供存储的服务提供商来说，这些方法与他们息息相关。传统的系统利用紧耦合对称架构，这种架构的设计旨在解决 HPC（高性能计算、超级运算）问题，现在其正在向外扩展成为云存储，从而满足快速呈现的市场需求。下一代架构已经采用了松弛耦合非对称架构，集中元数据和控制操作，这种架构并不非常适合高性能 HPC，但是这种设计旨在解决云部署的大容量存储需求。

（1）紧耦合对称（TCS）架构

构建 TCS 系统是为了解决单一文件性能所面临的挑战，这种挑战限制了传统 NAS 系统的发展。HPC 系统所具有的优势迅速压倒了存储，因为它们需要的单一文件 I/O 操作要比单一设备的 I/O 操作多得多。业内对此的回应是创建利用 TCS 架构的产品，很多节点同时伴随着分布式锁管理（锁定文件不同部分的写操作）和缓存一致性功能。这种解决方案对于单文件吞吐量问题很有效，几个不同行业的很多 HPC 客户已经采用了这种解决方案。这种解决方案很先进，需要一定程度的技术经验才能安装和使用。

（2）松弛耦合非对称（LCA）架构

LCA 系统采用不同的方法来向外扩展。它不是通过执行某个策略来使每个节点知道每个行动所执行的操作，而是利用一个数据路径之外的中央元数据控制服务器。集中控制提供了很多好处，允许进行新层次的扩展。

1）存储节点可以将重点放在提供读/写服务的要求上，而不需要来自网络节点的确认信息。

2）节点可以利用不同的商品硬件 CPU 和存储配置，而且仍然在云存储中发挥作用。

3）用户可以利用硬件性能或虚拟化实例来调整云存储。

4）消除节点之间共享的大量状态开销，也可以消除用户计算机互联的需要，如光纤通道或 Infiniband，从而进一步降低成本。

5）异构硬件的混合和匹配，使用户能够在需要的时候在当前经济规模的基础上扩大存储，同时还能提供永久的数据可用性。

6）拥有集中元数据意味着，存储节点可以旋转地进行深层次应用程序归档，而且在控制节点上，元数据经常都是可用的。

8.3 数据挖掘与智能决策

物联网需要通过大量的传感器采集、存储和海量的数据处理，如何经济、合理、安全地存储数据是实现物联网应用系统的一个富有挑战性的课题。数据库与数据仓库技术是支撑物联网应用系统的重要工具。了解数据库技术的发展，对于理解物联网系统的基本工作原理是有益的。

8.3.1 数据库与数据仓库技术

数据库技术经过 30 余年的研究与发展，已经形成了较为完整的理论体系和应用技术。

1. 数据库技术的发展

目前，传统的数据库技术与其他相关技术结合，已经出现了许多新型的数据库系统，如面向对象数据库、分布式数据库、多媒体数据库、并行数据库、演绎数据库、主动数据库、工程数据库、时态数据库、工作流数据库、模糊数据库以及数据仓库等，形成了许多数据库技术的新的分支和新的应用。

（1）面向对象数据库

面向对象数据库采用面向对象数据模型，是面向对象技术与传统数据库技术相结合的产物。面向对象数据模型能够完整地描述现实世界的数据结构，具有丰富的表达能力。目前，在许多关系数据库系统中已经引入并具备了面向对象数据库系统的某些特性。

（2）分布式数据库

分布式数据库（Distributed DataBase，DDB）是传统数据库技术与网络技术相结合的产物。一个分布式数据库是物理上分散在计算机网络各节点，但在逻辑上属于同一系统的数据集合。它具有局部自治与全局共享性、数据的冗余性、数据的独立性、系统的透明性等特点。分布式数据库管理系统（DDBMS）支持分布式数据库的建立、使用与维护，负责实现局部数据管理、数据通信、分布式数据管理以及数据字典管理等功能。分布式数据库在物联网系统中将有广泛的应用前景。

（3）多媒体数据库

多媒体数据库（Multimedia DataBase，MDB）是传统数据库技术与多媒体技术相结合的产物，是以数据库的方式存储计算机中的文字、图形、图像、音频和视频等多媒体信息。多媒体数据库管理系统（MDBMS）是一个支持多媒体数据库的建立、使用与维护的软件系统，负责实现对多媒体对象的存储、处理、检索和输出等功能。多媒体数据库研究的主要内容包括多媒体的数据模型、MDBMS的体系结构、多媒体数据的存取与组织技术、多媒体查询语音、MDB的同步控制，以及多媒体数据压缩技术。

（4）并行数据库

并行数据库（Parallel DataBase，PDB）是传统数据库技术与并行技术相结合的产物，它在并行体系结构的支持下，实现数据库操作处理的并行化，以提高数据库的效率。超级并行机的发展推动了并行数据库技术的发展。并行数据库的设计目标是提高大型数据库系统的查询与处理效率，而提高效率的途径不仅是依靠软件手段，更重要的是依靠硬件的多 CPU 的并行操作来实现。并行数据库技术研究的主要内容包括：并行数据库体系结构、并行操作算法、并行查询优化、并行数据库的物理设计、并行数据库的数据加载和再组织技术问题。

（5）演绎数据库

演绎数据库（Deductive DataBase，DeDB）是传统数据库技术与逻辑理论相结合的产物，是指具有演绎推理能力的数据库。通常，它用一个数据库管理系统和一个规则管理系统来实现。将推理用的事实数据存放在数据库中，称为外延数据库；用逻辑规则定义要导出的事实，称为内涵数据库。演绎数据库关键要研究如何有效地计算逻辑规则推理。演绎数据库技术主要研究内容包括：逻辑理论、逻辑语言、递归查询处理与优化算法、演绎数据库体系结构等。演绎数据库系统不仅可应用于事务处理等传统的数据库应用领域，而且将在科学研究、工程设计、信息管理和决策支持中表现出优势。

（6）主动数据库

主动数据库（Active DataBase，Active DB）是相对于传统数据库的被动性而言的，它是数据库技术与人工智能技术相结合的产物。传统数据库及其管理系统是一个被动的系统，它只能被动地按照用户所给出的明确请求，执行相应的数据库操作，完成某个应用事务。而主动数据库则打破了常规，它除了具有传统数据库的被动服务功能之外，还提供主动服务功能。这是因为在许多实际应用领域，如计算机集成制造系统、管理信息系统、办公自动化系统中，往往需要数据库系统在某种情况下能够根据当前状态主动地做出反应，执行某些操作，向用户提供所需的信息。主动数据库的目标是提供对紧急情况及时反应的功能，同时又提高数据库管理系统的模块化程度。

2. 数据仓库

（1）概念

面对当今大量的信息和数据，用科学的方法整理和分析，为企业经营提供精确的分析和准确的判断，比以往任何时候都显得更为迫切。数据仓库技术就是基于数学及统计学严谨逻辑思维并达成"科学的判断、有效的行为"的一个工具，也是一种达成"数据整合、知识管理"的有效手段。数据仓库是面向主题的、集成的、与时间相关的、不可修改的数据集合，这是数据仓库技术特征的定位。应用数据仓库技术使系统能够面向复杂数据分析、高层决策支持，提供来自不同的应用系统的集成化数据和历史数据，为决策者进行全局范围内的战略决策和长期趋势分析提供有效的支持。数据仓库采用全新的数据组织方式，对大量的原始数据进行采集、转换、加工，并按照主题进行重组，提取有用的信息。数据仓库系统需提供工具层，包括联机分析处理工具、预测分析工具和数据挖掘工具。

（2）特点

数据仓库最根本的特点是物理地存放数据，而且这些数据并不是最新的、专有的，而是来源于其他数据库。数据仓库的建立并不是要取代数据库，而是要建立在一个较全面和完善的信息应用的基础上，用于支持高层决策分析，而事务处理数据库在企业的信息环境中承担的是日常操作性的任务。数据仓库是数据库技术的一种新的应用，到目前为止，数据仓库还是用关系数据库管理系统来管理其中的数据。

8.3.2 数据挖掘技术

目前工商企业、科研机构、政府部门都已积累了海量的、以不同形式存储的数据，要从中发现有价值的信息、规律、模式或知识，达到为决策服务的目的，已成为十分艰巨的任务。

1. 数据挖掘技术的由来

（1）数据爆炸但知识贫乏

随着数据库技术的迅速发展以及数据库管理系统的广泛应用，人们积累的数据越来越多。激增的数据背后隐藏着许多重要的信息，人们希望能够对其进行更高层次的分析，以便更好地利用这些数据。目前的数据库系统可以高效地实现数据的录入、查询、统计等功能，但无法发现数据中存在的关系和规则，无法根据现有的数据预测未来的发展趋势。由于缺乏挖掘数据背后隐藏的知识的手段，导致了"数据爆炸但知识贫乏"的现象。

（2）支持数据挖掘技术的基础

数据挖掘技术是人们长期对数据库技术进行研究和开发的结果。从早期的各种商业数据存储在计算机数据库中，发展到可对数据库进行查询和访问，进而发展到对数据库的即时遍历，数据挖掘使数据库技术进入了一个更高级的阶段。它不仅能对过去的数据进行查询和遍历，并且能够找出过去数据之间的潜在联系，从而促进信息的传递。现在，数据挖掘技术已经在商业领域应用，因为支撑这种技术的三种基础技术已经发展成熟，它们分别是海量数据搜集、强大的多处理器计算机和数据挖掘算法。

（3）从商业数据到商业信息的进化

从商业数据到商业信息的进化过程中，每一步前进都是建立在上一步的基础上，数据挖掘是一个逐渐演变的过程，见表8.1。从表中不难看出，第四步进化是革命性的，因为从用户的角度来看，这一阶段的数据库技术已经可以快速地回答商业上的很多问题了。

表8.1 数据挖掘的进化历程

进化阶段	商业问题	支持技术	产品厂家	产品特点
数据搜集 （20世纪60年代）	"过去五年中我的总收入是多少？"	计算机、磁带和磁盘	IBM、CDC	提供历史性的、静态的数据信息
数据访问 （20世纪80年代）	"在新英格兰的分部去年三月的销售额是多少？"	关系数据库（RDBMS），结构化查询语言（SQL），ODBC、Oracle、Sybase、Informix、IBM、Microsoft	Oracle、Sybase、Informix、IBM、Microsoft	在记录级提供历史性的、动态数据信息
数据仓库； 决策支持 （20世纪90年代）	"在新英格兰的分部去年三月的销售额是多少？波士顿此可得出什么结论？"	联机分析处理（OLAP）、多维数据库、数据仓库	Pilot、Comshare、Arbor、Cognos、Microstrategy	在各种层次上提供回溯的、动态的数据信息
数据挖掘 （正在流行）	"下个月波士顿的销售会怎么样？为什么？"	高级算法、多处理器计算机、海量数据库	Pilot、Lockheed、IBM、SGI、其他初创公司	提供预测性的信息

数据挖掘的核心技术历经了数十年的发展，其中包括数理统计、人工智能、机器学习。今天，在这些成熟技术的基础上，加上高性能的关系数据库引擎以及广泛的数据集成，让数据挖掘技术在当前的数据仓库环境中进入了实用的阶段。

2. 数据挖掘的定义

（1）技术上的定义

数据挖掘（Data Mining）就是从大量的、不完全的、有噪声的、模糊的、随机的实际应用数据中，提取隐含在其中的、人们事先不知道的但又是潜在有用的信息和知识的过程。与数据挖掘相近的同义词有数据融合、数据分析和决策支持等。这个定义包括几层含义：数据源必须是真实的、大量的、含噪声的；发现的是用户感兴趣的知识；发现的知识要可接受、可理解、可运用；并不要求发现放之四海皆准的知识，仅支持特定的发现问题。这里所说的知识发现，不是要求发现放之四海而皆准的真理，也不是要去发现崭新的自然科学定理和纯数学公式，更不是什么机器定理证明。实际上，所有发现的知识都是相对的，是有特定前提和约束条件的，是面向特定领域的，同时还要能够易于被用户理解。最好能用自然语言表达所发现的结果。

（2）商业角度的定义

数据挖掘是一种新的商业信息处理技术，其主要特点是对商业数据库中的大量业务数据进行抽取、转换、分析和其他模型化处理，从中提取辅助商业决策的关键性数据。简而言之，数据挖掘其实是一类深层次的数据分析方法，数据分析本身已经有很多年的历史，只不过在过去，数据收集和分析的目的是用于科学研究。另外，由于当时计算能力的限制，对大数据量进行分析的复杂数据分析方法受到很大限制。现在，由于各行业业务自动化的实现，商业领域产生了大量的业务数据，这些数据不再是为了分析的目的而收集的，而是由于商业运作而产生。分析这些数据也不再是单纯为了研究的需要，更主要是为商业决策提供真正有价值的信息，进而获得利润。因此，数据挖掘可以描述为：按企业既定业务目标，对大量的企业数据进行探索和分析，揭示隐藏的、未知的或验证已知的规律，并进一步将其模型化的先进有效的方法。

（3）数据挖掘与传统分析方法的区别

数据挖掘与传统的数据分析（如查询、报表、联机应用分析）的本质区别是数据挖掘是在没有明确假设的前提下去挖掘信息、发现知识。数据挖掘所得到的信息应具有先前未知、有效和可实用三个特征。先前未知的信息是指该信息是预先未曾预料到的，即数据挖掘是要发现那些不能靠直觉发现的信息或知识，甚至是违背直觉的信息或知识，挖掘出的信息越是出乎意料，就可能越有价值。在商业应用中最典型的例子就是一家连锁店通过数据挖掘发现了小孩尿布和啤酒之间有着惊人的联系。

（4）数据挖掘和数据仓库

大部分情况下，数据挖掘都要先把数据从数据仓库拿到数据挖掘库或数据集市中，见图8.4。从数据仓库中直接得到进行数据挖掘的数据有许多好处，数据仓库的数据清理和数据挖掘的数据清理差不多，如果数据在导入数据仓库时已经清理过，那很可能在数据挖掘时就没必要再清理一次了，而且所有的数据不一致的问题都已经解决了。

数据挖掘库可能是数据仓库的一个逻辑上的子集，而不一定是物理上单独的数据库。如果数据仓库的资源已经很紧张，应该建立一个单独的数据挖掘库。数据仓库不是必需的，建立一个巨大的数据仓库，把各个不同源的数据统一在一起，解决所有的数据冲突问题，然后把所有的数据导入到一个数据仓库内，是一项巨大的工程。只是为了数据挖掘，你可以把一个或几个事务数据库导入到一个只读的数据库中，就把它当做数据集市，然后在上面进行数据挖掘，见图 8.5。

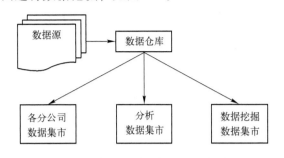
图 8.4　数据挖掘库与数据仓库的关系

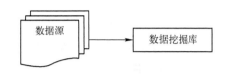
图 8.5　数据挖掘库与事务数据库的关系

（5）数据挖掘和在线分析处理

在线分析处理（OLAP）是决策支持领域的一部分。传统的查询和报表工具是告诉数据库中有什么，OLAP 则更进一步告诉下一步会怎么样以及如果采取这样的措施又会怎么样。用户首先建立一个假设，然后用 OLAP 检索数据库来验证这个假设是否正确。比如，一个分析师想找到什么原因导致了贷款拖欠，他可能先做一个初始的假定，认为低收入的人信用度也低，然后用 OLAP 来验证他这个假设。如果这个假设没有被证实，他可能去察看那些高负债的账户，如果还不行，他也许要把收入和负债一起考虑，一直进行下去，直到找到他想要的结果或放弃。也就是说，OLAP 分析师是建立一系列的假设，然后通过 OLAP 来证实或推翻这些假设来最终得到自己的结论。OLAP 分析过程在本质上是一个演绎推理的过程，但是如果分析的变量达到几十或上百个，那么用 OLAP 手动分析验证这些假设将是一件非常困难和痛苦的事情。

数据挖掘与 OLAP 不同的地方是，数据挖掘不是用于验证某个假定的模式（模型）的正确性，而是在数据库中自己寻找模型。这在本质上是一个归纳的过程。比如，一个用数据挖掘工具的分析师想找到引起贷款拖欠的风险因素。数据挖掘工具可能帮他找到高负债和低收入是引起这个问题）的因素，甚至还可能发现一些分析师从来没有想过或试过的其他因素，比如年龄。

数据挖掘和 OLAP 具有一定的互补性。在利用数据挖掘出来的结论采取行动之前，你也许要验证一下如果采取这样的行动会给公司带来什么样的影响，那么 OLAP 工具能回答这些问题。在知识发现的早期阶段，OLAP 工具还有其他一些用途。可以帮助探索数据，找到哪些是对一个问题比较重要的变量，发现异常数据和互相影响的变量。这都能帮助更好地理解数据，加快知识发现的过程。

（6）数据挖掘与传统的统计分析

数据挖掘得到了人工智能和统计分析的进步所带来的好处，这两门学科都致力于模式发现和预测。数据挖掘不是为了替代传统的统计分析技术，相反，它是统计分析方法学的延伸和扩展。大多数的统计分析技术都基于完善的数学理论和高超的技巧，预测的准确度还是令人满意的，但对使用者的要求很高。而随着计算机计算能力的不断增强，有可能利用计算机强大的计算能力只通过相对简单和固定的方法就能完成同样的功能。一些新兴的技术同样在知识发现领域取得了很好的效果，如神经元网络和决策树，在足够多的数据和计算能力下，它们几乎不用人的关照自动就能完成许多有价值的功能。数据挖掘就是利用了统计和人工智能技术的应用程序，把这些高深复杂的技术封装起来，使人们不用自己掌握这些技术也能完成同样的功能，并且更专注于自己所要解决的问题。

3. 数据挖掘研究内容和本质

随着数据挖掘和知识发现（DMKD）研究逐步走向深入，数据挖掘和知识发现的研究已经形成了 3 根强大的技术支柱：数据库、人工智能和数理统计。目前 DMKD 的主要研究内容包括基础理论、发现算法、数据仓库、可视化技术、定性定量互换模型、知识表示方法、发现知识的维护和再利用、半结构化和非结构化数据中的知识发现以及网上数据挖掘等。数据挖掘所发现的知识最常见的有以下 5 类。

（1）广义知识

广义知识（Generalization）指类别特征的概括性描述知识。根据数据的微观特性发现其表征的、带有普遍性的、较高层次概念的、中观和宏观的知识，反映同类事物共同性质，是对数据的概括、精炼和抽象。

广义知识的发现方法和实现技术有很多，如数据立方体、面向属性的归约等。数据立方体还有其他一些别名，如"多维数据库"、"实现视图"、"OLAP"等，该方法的基本思想是实现某些常用的代价较高的聚集函数的计算，诸如计数、求和、平均、最大值等，并将这些实现视图储存在多维数据库中。既然很多聚集函数需经常重复计算，那么在多维数据立方体中存放预先计算好的结果将能保证快速响应，并可灵活地提供不同角度和不同抽象层次上的数据视图。另一种广义知识发现方法是面向属性的归纳方法，这种方法以类 SQL 语言表示数据挖掘查询，收集数据库中的相关数据集，然后在相关数据集上应用一系列数据推广技术进行数据推广，包括属性删除、概念树提升、属性阈值控制、计数及其他聚集函数传播等。

（2）关联知识

关联知识（Association）反映一个事件和其他事件之间的依赖或关联的知识。如果两项或多项属性之间存在关联，那么其中一项的属性值就可以依据其他属性值进行预测。关联规则的发现可分为两步、第一步是迭代识别所有的频繁项目集，要求频繁项目集的支持率不低于用户设定的最低值；第二步是从频繁项目集中构造可信度不低于用户设定的最低值的规则。识别或发现所有频繁项目集是关联规则发现算法的核心，也是计算量最大的部分。

（3）分类知识

分类知识反映同类事物共同性质的特征型知识和不同事物之间的差异型特征知识，最为典型的分类方法是基于决策树的分类方法，它是从实例集中构造决策树，是一种有指导的学习方法。该方法先根据训练子集（又称为窗口）形成决策树，如果该树不能对所有对象给出正确的分类，那么选择一些例外加入到窗口中，重复该过程一直到形成正确的决策集。最终结果是一棵树，其叶节点是类名，中间节点是带有分枝的属性，该分枝对应该属性的某一可能值。

（4）预测型知识

预测型知识根据时间序列型数据，由历史的和当前的数据去推测未来的数据，也可以认为是以时间为关键属性的关联知识。目前，时间序列预测方法有经典的统计方法、神经网络和机器学习等。1968 年，Box 和 Jenkins 提出了一套比较完善的时间序列建模理论和分析方法，这些经典的数学方法通过建立随机模型，如自回归模型、自回归滑动平均模型、求和自回归滑动平均模型和季节调整模型等，进行时间序列的预测。由于大量的时间序列是非平稳的，其特征参数和数据分布随着时间的推移而发生变化，因此，仅仅通过对某段历史数据的训练，建立单一的神经网络预测模型，还无法完成准确的预测任务。为此，人们提出了基于统计学和基于精确性的再训练方法，当发现现存预测模型不再适用于当前数据时，对模型重新训练，获得新的权重参数，建立新的模型。也有许多系统借助并行算法的计算优势进行时间序列预测。

（5）偏差型知识

偏差型知识是对差异和极端特例的描述，揭示事物偏离常规的异常现象，如标准类外的特例、数据聚类外的离群值等。所有这些知识都可以在不同的概念层次上被发现，并随着概念层次的提升，从微观到中观再到宏观，以满足不同用户、不同层次决策的需要。

5. 数据挖掘的功能

数据挖掘通过预测未来趋势及行为，做出超前的、基于知识的决策。数据挖掘的目标是从数据库中发现隐含的、有意义的知识，主要有以下 5 类功能。

（1）自动预测趋势和行为

数据挖掘自动在大型数据库中寻找预测性信息，以往需要进行大量手工分析的问题如今可以迅速直接由数据本身得出结论。一个典型的例子是市场预测问题，数据挖掘使用过去有关促销的数据来寻找未来投资中回报最大的用户，其他可预测的问题包括预报破产以及认定对指定事件最可能做出反应的群体。

（2）关联分析

数据关联是数据库中存在的一类重要的可被发现的知识。若两个或多个变量的取值之间存在某种规律性，就称为关联。关联可分为简单关联、时序关联、因果关联。关联分析的目的是找出数据库中隐藏的关联网。有时并不知道数据库中数据的关联函数，即使知道也是不确定的，因此关联分析生成的规则带有可信度。

（3）聚类

数据库中的记录可被化分为一系列有意义的子集，即聚类。聚类增强了人们对客观事实的认识，是概念描述和偏差分析的先决条件。聚类技术主要包括传统的模式识别方法和数学分类学。20 世纪 80 年代初，Mchalski 提出了概念聚类技术及其要点是，在划分对象时不仅考虑对象之间的距离，还要求划分出的类具有某种内涵描述，从而避免了传统技术的某些片面性。

（4）概念描述

概念描述就是对某类对象的内涵进行描述，并概括这类对象的有关特征。概念描述分为特征性描述和区别性描述，前者描述某类对象的共同特征，后者描述不同类对象之间的区别。生成一个类的特征性描述只涉及该类对象中所有对象的共性。生成区别性描述的方法很多，如决策树方法、遗传算法等。

（5）偏差检测

数据库中的数据常有一些异常记录，从数据库中检测这些偏差很有意义。偏差包括很多潜在的知识，如分类中的反常实例、不满足规则的特例、观测结果与模型预测值的偏差、量值随时间的变化等。偏差检测的基本方法是，寻找观测结果与参照值之间有意义的差别。

6. 数据挖掘常用技术

（1）人工神经网络

神经网络近来越来越受到人们的关注，因为它为解决大复杂度问题提供了一种相对来说比较有效的简单方法。神经网络可以很容易地解决具有上百个参数的问题（当然实际生物体中存在的神经网络要比这里所说的程序模拟的神经网络要复杂得多）。神经网络常用于分类和回归两类问题的描述，在结构上，可以把一个神经网络划分为输入层、输出层和隐含层，见图8.6。输入层的每个节点对应一个个的预测变量；输出层的节点对应目标变量，可有多个；在输入层和输出层之间是隐含层（对神经网络使用者来说不可见），隐含层的层数和每层节点的个数决定了神经网络的复杂度。

除了输入层的节点，神经网络的每个节点都与很多它前面的节点（称为此节点的输入节点）连接在一起，每个连接对应一个权重 Wxy，此节点的值就是通过它所有输入节点的值与对应连接权重乘积的和作为一个函数的输入而得到，把这个函数称为活动函数或挤压函数。如图8.7中节点4输出到节点6的值可通过如下计算得到：

$$W14 * 节点1的值 + W24 * 节点2的值$$

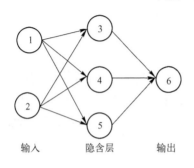 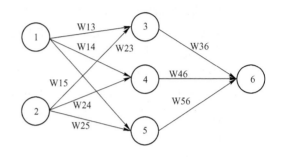

图 8.6　神经元网络　　　　　　图 8.7　带权重 Wxy 的神经元网络

　　神经网络的每个节点都可表示成预测变量（节点1、2）的值或值的组合（节点3～6）。注意节点6的值已经不再是节点1、2的线性组合，因为数据在隐含层中传递时使用了活动函数。实际上如果没有活动函数的话，神经元网络就等价于一个线性回归函数，如果此活动函数是某种特定的非线性函数，那神经网络又等价于逻辑回归。调整节点间连接的权重就是在建立（也称训练）神经网络时要做的工作。最早的也是最基本的权重调整方法是错误回馈法，现在较新的有变化坡度法、类牛顿法、Levenberg – Marquardt 法等。无论采用哪种训练方法，都需要有一些参数来控制训练的过程，如防止训练过度和控制训练的速度。

　　决定神经网络拓扑结构的是隐含层及其所含节点的个数，以及节点之间的连接方式。要从头开始设计一个神经网络，必须要决定隐含层和节点的数目，活动函数的形式，以及对权重做哪些限制等，当然如果采用成熟软件工具的话，它会帮你决定这些事情。在诸多类型的神经网络中，最常用的是前向传播式神经网络，也就是前面图示中所描绘的那种。下面详细讨论一下，为讨论方便假定只含有一层隐含节点。可以认为错误回馈式训练法是变化坡度法的简化，其过程如下。

　　前向传播：数据从输入到输出的过程是一个从前向后的传播过程，后一节点的值通过它前面相连的节点传过来，然后把值按照各个连接权重的大小加权输入活动函数再得到新的值，进一步传播到下一个节点。

　　回馈：当节点的输出值与预期的值不同，也就是发生错误时，神经网络就要"学习"（从错误中学习）。可以把节点间连接的权重看成后一节点对前一节点的"信任"程度（自己向下一节点的输出更容易受其前面那个节点输入的影响）。学习的方法是采用惩罚的方法：如果一节点输出发生错误，那么看它的错误是受哪些输入节点的影响而造成的，是不是它最信任的节点（权重最高的节点）陷害了它（使它出错），如果是，则要降低对它的信任值（降低权重）以惩罚它们，同时升高那些做出正确建议节点的信任值。对那些收到惩罚的节点来说，也需要用同样的方法来进一步惩罚它前面的节点。以此类推，把惩罚一步步向前传播直到输入节点为止。

　　对训练集中的每一条记录都要重复这个步骤，用前向传播得到输出值，如果发生错误，则用回馈法进行学习。当把训练集中的每一条记录都运行过一遍之后，我们称完成一个训练周期。要完成神经网络的训练可能需要很多个训练周期，经常是几百个。训练完成之后得到的神经网络就是在通过训练集里发现的模型，描述了训练集中响应变量受预测变量影响的变化规律。

由于神经网络隐含层中的可变参数太多，如果训练时间足够长的话，神经网络很可能把训练集的所有细节信息都"记"下来，而不是建立一个忽略细节只具有规律性的模型，我们称这种情况为训练过度。显然这种"模型"对训练集会有很高的准确率，而一旦离开训练集应用到其他数据，很可能准确度会急剧下降。为了防止这种训练过度的情况，必须知道在什么时候要停止训练。在有些软件实现中，会在训练的同时用一个测试集来计算神经网络在此测试集上的正确率，一旦这个正确率不再升高甚至开始下降时，那么就认为现在神经网络已经达到做好的状态，可以停止训练了。

神经元网络和统计方法在本质上有很多差别，神经网络的参数可以比统计方法多很多。如图 8.6 中就有 13 个参数（9 个权重和 4 个限制条件）。由于参数如此之多，参数通过各种各样的组合方式来影响输出结果，以至于很难对一个神经网络表示的模型做出直观的解释。实际上神经网络也正是当做"黑盒"来用的，不用去管"盒子"里面是什么，只管用就行了。在大部分情况下，这种限制条件是可以接受的，比如银行可能需要一个笔迹识别软件，但它没必要知道为什么这些线条组合在一起就是一个人的签名，而另外一个相似的则不是。在化学试验、机器人、金融市场的模拟、语言图像的识别等复杂度很高的领域，神经网络都取得了很好的效果。

神经网络的另一个优点是很容易在并行计算机上实现，可以把它的节点分配到不同的 CPU 上并行计算。在使用神经网络时有几点需要注意：第一，神经网络很难解释，目前还没有能对神经网络做出显而易见解释的方法学。第二，神经网络会学习过度，在训练神经网络时一定要恰当地使用一些能严格衡量神经网络的方法，如前面提到的测试集方法和交叉验证法等。这主要是由于神经网络太灵活、可变参数太多，如果给足够的时间，它几乎可以"记住"任何事情。第三，除非问题非常简单，训练一个神经网络可能需要相当可观的时间才能完成。第四，建立神经网络需要做的数据准备工作量很大，要想得到准确度高的模型必须认真地进行数据清洗、整理、转换、选择等工作，对任何数据挖掘技术都是这样，神经网络尤其注重这一点。比如神经网络要求所有的输入变量都必须是 0 ~ 1（或 –1 ~ +1）之间的实数，因此像"地区"之类文本数据必须先做必要的处理之后，才能用做神经网络的输入。

（2）决策树

决策树提供了一种展示类似在什么条件下会得到什么值这类规则的方法。比如，在贷款申请中，要对申请的风险大小做出判断，图 8.8 是为了解决这个问题而建立的一棵决策树，从中可以看到决策树由决策节点、分支和叶子等组成。决策树中最上面的节点称为根节点，是整个决策树的开始。本例中根节点是"收入 > ¥40，000"，

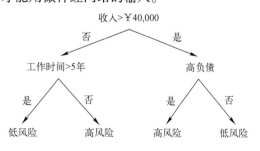

图 8.8　一颗简单的决策树

对此问题的不同回答产生了"是"和"否"两个分支。决策树每个节点的子节点的个数与决策树在用的算法有关。如 CART 算法得到的决策树每个节点有两个分支，这种树称为二叉树。允许节点含有多于两个子节点的树称为多叉树。每个分支要么是一个新的决策节点，要么是树的结尾，称为叶子。在沿着决策树从上到下遍历的过程中，在每个节点都会遇到一个问题，对每个节点上问题的不同回答导致不同的分支，最后会到达一个叶子节点。这个过程就是利用决策树进行分类的过程，利用几个变量（每个变量对应一个问题）来判断所属的类别（最后每个叶子会对应一个类别）。假如负责借贷的银行官员利用上面这棵决策树来决定支持哪些贷款和拒绝哪些贷款，那么他就可以用贷款申请表来运行这棵决策树，用决策树来判断风险的大

小。"年收入 > ¥40，000"和"高负债"的用户被认为是"高风险"，同时"收入 < ¥40，000"但"工作时间 >5 年"的申请，则被认为"低风险"而建议贷款给他。

数据挖掘中决策树可以用于分析数据，也可以用来做预测（就像上面的银行官员用他来预测贷款风险）。常用的算法有 CHAID、CART、Quest 和 C5.0。建立决策树的过程，即树的生长过程是不断地把数据进行切分的过程，每次切分对应一个问题，也对应着一个节点。对每个切分都要求分成的组之间的"差异"最大。各种决策树算法之间的主要区别就是对这个"差异"衡量方式的区别。对具体衡量方式算法的讨论超出了本书的范围，在此只需要把切分看成是把一组数据分成几份，份与份之间尽量不同，而同一份内的数据尽量相同。这个切分的过程也可称为数据的"纯化"。上面的例子中，包含两个类别——低风险和高风险。如果经过一次切分后得到的分组，每个分组中的数据都属于同一个类别，显然达到这样效果的切分方法就是我们所追求的。决策树很擅长处理非数值型数据，这与神经网络只能处理数值型数据比起来，就免去了很多数据预处理工作。甚至有些决策树算法专为处理非数值型数据而设计，因此当采用此种方法建立决策树同时又要处理数值型数据时，反而要进行把数值型数据映射到非数值型数据的预处理。

（3）遗传算法

基于进化理论，并采用遗传结合、遗传变异以及自然选择等设计方法的优化技术。

（4）近邻算法

将数据集合中每一个记录进行分类的方法。

（5）规则推导

从统计意义上对数据中的"如果—那么"规则进行寻找和推导。

上述的遗传算法、近邻算法、规则推导等这些专门的分析工具已经发展了十几年的历史，不过这些工具所面对的数据量通常较小，而现在这些技术已经被直接集成到许多大型的工业标准的数据仓库和联机分析系统中了。

7. 数据挖掘的流程

（1）数据挖掘环境

数据挖掘是指一个完整的过程，该过程从大型数据库中挖掘先前未知的、有效的、可实用的信息，并使用这些信息做出决策或丰富知识，数据挖掘环境示意图见图 8.9。

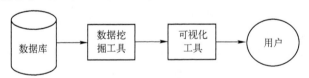

图 8.9　数据挖掘环境示意图

（2）数据挖掘过程

数据挖掘的基本过程和主要步骤见图 8.10，各步骤的大体内容如下。

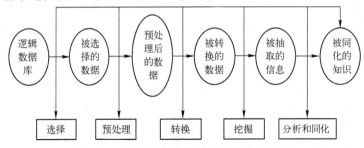

图 8.10　数据挖掘的基本过程和主要步骤

222

1）确定业务对象。清晰地定义出业务问题，认清数据挖掘的目的是数据挖掘的重要一步。挖掘的最后结构是不可预测的，但要探索的问题应是有预见的，为了数据挖掘而数据挖掘则带有盲目性。

2）数据准备。数据准备包括数据的选择、数据的预处理和数据的转换。数据的选择就是搜索所有与业务对象有关的内部和外部的数据信息，并从中选择出适用于数据挖掘的数据；数据的预处理则研究数据的质量，为进一步的分析做准备，并确定将要进行的挖掘操作的类型；数据的转换是将数据转换成一个分析模型，这个分析模型是针对挖掘算法建立的，建立一个真正适合挖掘算法的分析模型是数据挖掘成功的关键。

3）数据挖掘。对所得到的经过转换的数据进行挖掘，除了完善从选择合适的挖掘算法外，其余一切工作都能自动地完成。

4）结果分析。解释并评估结果，其使用的分析方法一般应视数据挖掘操作而定，通常会用到可视化技术。

5）知识的同化。将分析所得到的知识集成到业务信息系统的组织结构中去。

（3）数据挖掘过程工作量

在数据挖掘中被研究的业务对象是整个过程的基础，它驱动了整个数据挖掘过程，也是检验最后结果和指引分析人员完成数据挖掘的依据。图8.10各步骤是按一定顺序完成的，当然整个过程中还会存在步骤间的反馈。数据挖掘的过程并不是自动的，绝大多数的工作需要人工完成。有数据显示，在数据挖掘的工作量中，60%的时间用在数据准备上，这说明了数据挖掘对数据的严格要求，而真正用于挖掘工作的工作量仅占总工作量的10%。

（4）数据挖掘需要的人员

数据挖掘过程的每一步都会需要具有不同专长的人员，他们大体可以分为三类。业务分析人员：要求精通业务，能够解释业务对象，并根据各业务对象确定出用于数据定义和挖掘算法的业务需求；数据分析人员：精通数据分析技术，并对统计学有较熟练的掌握，有能力把业务需求转化为数据挖掘的各步操作，并为每步操作选择合适的技术；数据管理人员：精通数据管理技术，并从数据库或数据仓库中收集数据。

8. 数据挖掘未来研究方向及热点

（1）数据挖掘未来研究方向

当前，DMKD研究方兴未艾，研究焦点可能会集中到以下几个方面：

1）发现语言的形式化描述，即研究专门用于知识发现的数据挖掘语言，也许会像SQL语言一样走向形式化和标准化。

2）寻求数据挖掘过程中的可视化方法，使知识发现的过程能够被用户理解，也便于在知识发现的过程中进行人机交互。

3）研究在网络环境下的数据挖掘技术（WebMining），特别是在互联网上建立DMKD服务器，并且与数据库服务器配合实现WebMining。

4）加强对各种非结构化数据的开采，如对文本数据、图形数据、视频图像数据、声音数据乃至综合多媒体数据的开采。处理的数据将会涉及更多的数据类型，这些数据的类型比较复杂，结构比较独特。为了处理这些复杂的数据，就需要一些新的和更好的分析和建立模型的方法，同时还会涉及为处理这些复杂或独特数据所做的费时和复杂数据准备的一些工具和软件。

5）交互式发现。

6）知识的维护更新。

但是，不管怎样，需求牵引与市场推动是永恒的，DMKD将首先满足信息时代用户的急需，大量的基于DMKD的决策支持软件产品将会问世。只有从数据中有效地提取信息，从信息中及时地发现知识，才能为人类的思维决策和战略发展服务。也只有到那时，数据才能够真正成为与物质、能源相媲美的资源，信息时代才会真正到来。

（2）数据挖掘热点

就目前来看，将来的几个热点包括网站的数据挖掘、生物信息或基因的数据挖掘及其文本的数据挖掘。

1）网站的数据挖掘。随着Web技术的发展，各类电子商务网站风起云涌，建立起一个电子商务网站并不困难，困难的是如何让您的电子商务网站有效益。要想有效益就必须吸引客户，增加能带来效益的客户忠诚度，电子商务业务的竞争比传统的业务竞争更加激烈。网站的内容和层次、用词、标题、奖励方案、服务等任何一个地方都有可能成为吸引客户、同时也可能成为失去客户的因素。而同时电子商务网站每天都可能有上百万次的在线交易，生成大量的记录文件和登记表，如何对这些数据进行分析和挖掘，充分了解客户的喜好、购买模式，甚至是客户一时的冲动，设计出满足于不同客户群体需要的个性化网站，进而增加其竞争力，几乎变得势在必行。在对网站进行数据挖掘时，所需要的数据主要来自于两个方面：一方面是客户的背景信息，该信息主要来自于客户的登记表；另外一部分数据主要来自浏览者的点击量，此数据主要用于考察客户的行为表现。但有的时候，客户对自己的背景信息十分珍重，不肯把这部分信息填写在登记表上，这就会给数据分析和挖掘带来不便。在这种情况之下，就不得不从浏览者的表现数据中来推测客户的背景信息，进而再加以利用。

2）生物信息或基因的数据挖掘。生物信息或基因数据挖掘则完全属于另外一个领域，在商业上很难讲有多大的价值，但对于人类却受益匪浅。例如，基因的组合千变万化，得某种病的人的基因和正常人的基因到底差别多大？能否找出其中不同的地方，进而对其不同之处加以改变，使之成为正常基因？这都需要数据挖掘技术的支持。对于生物信息或基因的数据挖掘和通常的数据挖掘相比，无论在数据的复杂程度、数据量还有分析和建立模型的算法而言，都要复杂得多。

3）文本的数据挖掘。人们很关心的另外一个话题是文本数据挖掘，例如在客户服务中心，把同客户的谈话转化为文本数据，再对这些数据进行挖掘，进而了解客户对服务的满意程度和客户的需求以及客户之间的相互关系等信息。可以看出，无论是在数据结构还是在分析处理方法方面，文本数据挖掘和前面谈到的数据挖掘相差很大。文本数据挖掘并不是一件容易的事情，尤其是在分析方法方面，还有很多需要研究的专题。目前市场上有一些类似的软件，但大部分方法只是把文本移来移去，或简单地计算某些词汇的出现频率，并没有真正的分析功能。

8.3.3 机器学习

"机器学习"是人工智能的核心研究领域之一，其最初的研究动机是为了让计算机系统具有人的学习能力以便实现人工智能，没有学习能力的系统很难被认为是具有智能的。目前被广泛采用的机器学习的定义是"利用经验来改善计算机系统自身的性能"。事实上，由于"经验"在计算机系统中主要是以数据的形式存在的，因此机器学习需要设法对数据进行分析，这就使得它逐渐成为智能数据分析技术的创新源之一，并且为此而受到越来越多的关注。

"数据挖掘"和"知识发现"通常被相提并论，并在许多场合被认为是可以相互替代的术语。对数据挖掘有许多含义接近的定义，例如"识别出巨量数据中有效的、新颖的、潜在有用的、最终可理解的模式的非平凡过程"，顾名思义，数据挖掘就是试图从海量数据中找出有用的知识。大体上看，数据挖掘可以视为机器学习和数据库的交叉，它主要利用机器学习提供的技术来分析海量数据，利用数据库提供的技术来管理海量数据。机器学习和数据挖掘有密切的联系，见图8.11。

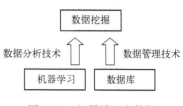

图8.11　机器学习和数据挖掘的关系

1. 什么是机器学习

所谓机器学习，就是要使计算机能模拟人的学习行为，自动地通过学习获取知识和技能，不断改善性能，实现自我完善。作为人工智能的一个研究领域，机器学习的研究工作主要是围绕着以下三个基本方面进行的：

1）学习机理的研究。这是对人类学习机制的研究，即人类获取知识、技能和抽象概念的天赋能力。通过这一研究，将从根本上解决机器学习中存在的种种问题。

2）学习方法的研究。研究人类的学习过程，探索各种可能的学习方法，建立起独立于具体应用领域的学习算法。

3）面向任务的研究。根据特定任务的要求，建立相应的学习系统。

对于机器学习中的学习，至今还没有一个精确的、能被公认的定义。目前，对于学习这一概念有较大影响的观点主要有以下几种：

1）学习是系统改进其性能的过程。

2）学习是获取知识的过程。

3）学习是技能的获取。

4）学习是事物规律的发现过程。

上述各种观点是从不同角度理解"学习"这一概念的，若把它们综合起来可以认为：学习是一个有特定目的的知识获取过程，其内在行为是获取知识、积累经验、发现规律；外部表现是改进性能、适应环境、实现系统的自我完善。

2. 学习系统

所谓学习系统，是指能够一定程度上实现机器学习的系统，如果一个系统在与环境相互作用时，能利用过去与环境作用时得到的信息，提高其性能，那么这样的系统就是学习系统。一个机器学习系统通常应该具有如下主要特征。

1）目的性：即系统必须知道学习什么。

2）结构性：系统必须具备适当的知识存储机构来记忆学到的知识，能够修改和完善知识表示与知识的组织形式。

3）有效性：系统学到的知识应受到实践的检验，新知识必须对改善系统的行为起到有益的作用。

4）开放性：系统的能力应在实际使用过程中、在同环境进行信息交互的过程中不断改进。

3. 机器学习的各种方法

（1）归纳学习

归纳学习是由环境提供一系列正例和反例，通过归纳推理，机器将这些例子进行推广，产生一个或一组一般的概念描述。

（2）类比学习

类比学习是将两个不同领域中的理论的相似性抽取出来，用一个领域求解问题的思想来指导另一个领域的问题求解。

（3）基于解释的学习

基于解释的学习是指已知理论和这一理论的一个实例，通过解释为什么这一实例可以用这一理论来求解，从而产生关于待学概念的一个解释。在这一过程中，系统得到启发，从而建立一套求解类似问题的规范。这种先通过演绎解释，然后通过归纳来构造一般原则的学习方法称为基于解释的学习方法。

（4）遗传算法

遗传算法是借鉴生物遗传机制的一种随机化非线性计算方法。它通过对系统第一代群体及其后代群体中的个体不断地选优汰劣与随机遗传变异来获得对象系统的一个非线性映射模型。这个映射模型就是采用遗传算法对对象系统的第一代群体学习的结果，也就是对象系统的知识表示。

（5）人工神经网络

人工神经网络由一些类似神经元的单元及单元间带权的连接弧构成，其中每个单元具有一个状态。通过各类实例（样本）的反复训练，人工神经网络不断调整各连接弧上的权值及神经元的内部状态，当神经网络达到一定的稳定状态后，神经网络就能恰当地反映网络输入模式对输出模式的映射关系，从而达到学习的目的。一个对象系统通过实例训练获得一个稳定权值分布的神经网络，就是这个对象系统的知识表示。

8.3.4　人工智能技术

物联网从物物相连开始，最终要达到智慧地感知世界的目的，而人工智能就是实现智慧物联网最终目标的技术。

1. 人工智能的基本概念

人工智能（Artificial Intelligence）是计算机科学、控制论、信息论、神经生理学、心理学、语言学等多种学科高度发展、紧密结合、互相渗透而发展起来的一门交叉学科，其诞生的时间可追溯到 20 世纪 50 年代中期。人工智能研究的目标是如何使计算机能够学会运用知识，像人一样完成富有智能的工作。

2. 人工智能技术的研究与应用

当前人工智能技术的研究与应用主要集中在以下几个方面。

（1）自然语言理解

自然语言理解的研究开始于 20 世纪 60 年代初，它是研究用计算机模拟人的语言交互过程，使计算机能理解和运用人类社会的自然语言（如汉语、英语等），实现人机之间通过自然语言的通信，以帮助人类查询资料、解答问题、摘录文献、汇编资料，以及一切有关自然语言信息的加工处理。自然语言理解的研究涉及计算机科学、语言学、心理学、逻辑学、声学、数学等学科。自然语言理解分为语音理解和书面理解两个方面。

语音理解是用口语语音输入，使计算机"听懂"人类的语言，用文字或语音合成方式输出应答。由于理解自然语言涉及对上下文背景知识的处理，同时需要根据这些知识进行一定的推理，因此实现功能较强的语音理解系统仍是一个比较艰巨的任务。目前人工智能研究中，理解有限范围的自然语言对话和理解用自然语言表达的小段文章或故事方面的软件已经取得了较大进展。

书面语言理解是将文字输入到计算机，使计算机"看懂"文字符号，并用文字输出应答。书面语言理解又叫做光学字符识别（Optical Character Recognition，OCR）技术。OCR 技术是指用扫描仪等电子设备获取纸上打印的字符，通过检测和字符比对的方法，翻译并显示在计算机屏幕上。书面语言理解的对象可以是印刷体或手写体。目前已经进入广泛应用的阶段，包括手机在内的很多电子设备都成功地使用了 OCR 技术。

（2）数据库的智能检索

数据库系统是存储某个学科大量事实的计算机系统。随着应用的进一步发展，存储信息量越来越庞大，因此解决智能检索的问题便具有实际意义。将人工智能技术与数据库技术结合起来，建立演绎推理机制，变传统的深度优先搜索为启发式搜索，从而有效地提高了系统的效率，实现数据库智能检索。智能信息检索系统应具有如下的功能：能理解自然语言，允许用自然语言提出各种询问；具有推理能力，能根据存储的事实，演绎出所需的答案；系统拥有一定的常识性知识，以补充学科范围的专业知识，系统根据这些常识，将能演绎出更一般询问的一些答案来。

（3）专家系统

专家系统是人工智能中最重要也是最活跃的一个应用领域，它实现了人工智能从理论研究走向实际应用，从一般推理策略探讨转向运用专门知识的重大突破。专家系统是一个智能计算机程序系统，该系统存储有大量的、按某种格式表示的特定领域专家知识构成的知识库，并且具有类似于专家解决实际问题的推理机制，能够利用人类专家的知识和解决问题的方法，模拟人类专家来处理该领域问题。同时，专家系统应该具有自学习能力。

（4）定理证明

把人证明数学定理和日常生活中的演绎推理变成一系列能在计算机上自动实现的符号演算的过程和技术，称为机器定理证明和自动演绎。机器定理证明是人工智能的重要研究领域，它的成果可应用于问题求解、程序验证和自动程序设计等方面。数学定理证明的过程尽管每一步都很严格，但决定采取什么样的证明步骤，却依赖于经验、直觉、想象力和洞察力，需要人工智能。因此，数学定理的机器证明和其他类型的问题求解，就成为人工智能研究的起点。

（5）博弈

计算机博弈（或机器博弈）就是让计算机学会人类的思考过程，能够像人一样下棋。计算机博弈有两种方式，一是计算机和计算机之间对抗，二是计算机和人之间对抗。在 20 世纪 60 年代就出现了西洋跳棋和国际象棋的程序，并达到了大师级的水平。进入 20 世纪 90 年代后，IBM 公司以其雄厚的硬件基础，支持开发后来被称之为"深蓝"的国际象棋系统，并为此开发了专用的芯片，以提高计算机的搜索速度。1996 年 2 月，与国际象棋世界冠军卡斯帕罗夫进行了第一次比赛，经过 6 个回合的比赛之后，"深蓝"以 2∶4 告负。博弈问题也为搜索策略、机器学习等问题的研究提供了很好的实际应用背景，它所产生的概念和方法对人工智能其他问题的研究也有重要的借鉴意义。

（6）自动程序设计

自动程序设计是指采用自动化手段进行程序设计的技术和过程，也是实现软件自动化的技术。研究自动程序设计的目的是提高软件生产效率和软件产品质量。自动程序设计的任务是设计一个程序系统，它接受关于所设计的程序要求实现某个目标的非常高级的描述作为其输入，然后自动生成一个能完成这个目标的具体程序。自动程序设计具有多种含义。按广义的理解，自动程序设计是尽可能借助计算机系统，特别是自动程序设计系统完成软件开发的过程。软件开发是指从问题的描述、软件功能说明、设计说明，到可执行的程序代码生成、调试、交付使用的全过程。按狭义的理解，自动程序设计是从形式的软件功能规格说明到可执行的程序代码这一过程的自动化。因而，自动程序设计所涉及的基本问题与定理证明和机器人科学有关，要用到人工智能的方法来实现，它也是软件工程和人工智能相结合的课题。

（7）组合调度问题

许多实际问题都属于确定最佳调度或最佳组合的问题，例如互联网中的路由优化问题，物流公司要为物流确定一条最短的运输路线。这类问题的实质是对由几个节点组成的一个图的各条边，寻找一条最小耗费的路径，使得这条路径对每一个节点只经过一次。在大多数这类问题中，随着求解节点规模的增大，求解程序面临的困难程度按指数方式增长。人工智能研究者研究过多种组合调度方法，使"时间—问题大小"曲线的变化尽可能缓慢，为很多类似的路径优化问题找出最佳的解决方法。

（8）感知问题

视觉与听觉都是感知问题。计算机对摄像机输入的视频信息以及话筒输入的声音信息的处理的最有效方法应该是建立在"理解"能力的基础上，使得计算机具有视觉和听觉。视觉是感知问题之一。机器视觉的前沿研究领域包括实时并行处理、主动式定性视觉、动态和时变视觉、三维景物的建模与识别、实时图像压缩传输和复原、多光谱和彩色图像的处理与解释等。机器视觉已在机器人装配、卫星图像处理、工业过程监控、飞行器跟踪和制导以及电视实况转播等领域获得极为广泛的应用。

8.3.5　智能决策支持系统

智能决策支持系统是人工智能（Artificial Intelligence，AI）和决策支持系统 DSS 相结合，应用专家系统（Expert System，ES）技术，使 DSS 能够更充分地应用人类的知识，如关于决策问题的描述性知识、决策过程中的过程性知识、求解问题的推理性知识，通过逻辑推理来帮助解决复杂的决策问题的辅助决策系统。

1. 智能决策支持系统发展简史

DSS 是在管理信息系统（MIS）基础上发展起来的，MIS 是利用数据库技术实现各级管理者的管理业务，在计算机上进行各种事务处理工作，DSS 则是要为各级管理者提供辅助决策的能力。决策支持系统主要是以模型库系统为主体，通过定量分析进行辅助决策。其模型库中的模型已经由数学模型扩大到数据处理模型、图形模型等多种形式，可以概括为广义模型。决策支持系统的本质是将多个广义模型有机组合起来，对数据库中的数据进行处理而形成决策问题大模型。决策支持系统的辅助决策能力从运筹学、管理科学的单模型辅助决策发展到多模型综合决策，使辅助决策能力上了一个新台阶。

20 世纪 80 年代末 90 年代初，决策支持系统与专家系统结合起来，形成了智能决策支持系统（IDSS）。专家系统是定性分析辅助决策，它和以定量分析辅助决策的决策支持系统结合，进一步提高了辅助决策能力。智能决策支持系统是决策支持系统发展的一个新阶段。

2. 什么是智能决策支持系统

智能决策支持系统 IDSS（Intelligence Decision Supporting System，IDSS）的概念最早由美国学者波恩切克（Bonczek）等人于 20 世纪 80 年代提出，它的功能是既能处理定量问题，又能处理定性问题。IDSS 的核心思想是将 AI 与其他相关科学成果相结合，使 DSS 具有人工智能。

3. 智能决策支持系统的结构

较完整与典型的 DSS 结构是在传统三库 DSS 的基础上增设知识库与推理机，在人机对话子系统中加入自然语言处理系统（LS），在四库之间插入问题处理系统（PSS）而构成的四库系统结构。智能决策支持系统结构示意图见图 8.12。

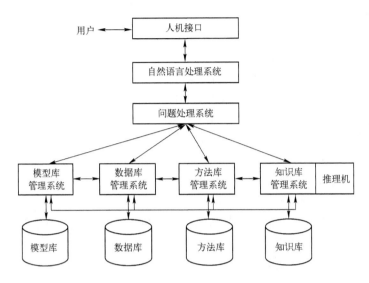

图 8.12　智能决策支持系统结构示意图

（1）智能人机接口

四库系统的智能人机接口接受用自然语言或接近自然语言的方式，表达决策问题及决策目标，这较大程度地改变了人机界面的性能。

（2）问题处理系统

问题处理系统处于 DSS 的中心位置，是联系人与机器及所存储的求解资源的桥梁，主要由问题分析器与问题求解器两部分组成。

1）问题分析器：转换产生的问题描述由问题分析器判断问题的结构化程度，对结构化问题选择或构造模型，采用传统的模型计算求解；对半结构化或非结构化问题，则由规则模型与推理机制来求解。

2）问题处理器：是 IDSS 中最活跃的部件，它既要识别与分析问题，设计求解方案，还要为问题求解调用四库系统中的数据、模型、方法及知识等资源，对半结构化或非结构化问题还要触发推理机做推理或新知识的推求。

（3）知识库子系统

知识库子系统的组成可分为三部分：知识库管理系统、知识库及推理机。

1）知识库管理系统。功能主要有两个：一是回答对知识库知识增、删、改等知识维护的请求；二是回答决策过程中问题分析与判断所需知识的请求。

2）知识库。知识库是知识库子系统的核心，知识库中存储的是那些既不能用数据表示，也不能用模型方法描述的专家知识和经验，也即是决策专家的决策知识和经验知识，同时也包括一些特定问题领域的专门知识。知识库中的知识表示是为描述世界所做的一组约定，是知识的符号化过程。对于同一知识，可有不同的知识表示形式，知识的表示形式直接影响推理方式，并在很大程度上决定着一个系统的能力和通用性，是知识库系统研究的一个重要课题。

3）推理机。推理是指从已知事实推出新事实（结论）的过程，推理机是一组程序，它针对用户问题去处理知识库（规则和事实）。推理原理如下：若事实 M 为真，且有一规则"IF M THEN N"存在，则 N 为真。因此，如果事实"任务 A 是紧急订货"为真，且有一规则"IF 任务 i 是紧急订货 THEN 任务 i 按优先安排计划"存在，则任务 A 就应优先安排计划。

4. 智能决策支持系统的特点

1）基于成熟的技术，容易构造出实用系统。

2）充分利用了各层次的信息资源。

3）基于规则的表达方式，使用户易于掌握使用。

4）具有很强的模块化特性，并且模块重用性好，系统的开发成本低。

5）系统的各部分组合灵活，可实现强大功能，并且易于维护。

6）系统可迅速采用先进的支撑技术，如 AI 技术等。

5. 智能决策支持系统的关键技术

1）模型库系统的设计和实现。它包括模型库的组织结构、模型库管理系统的功能、模型库语言等方面的设计和实现。

2）部件接口。各部件之间的联系是通过接口完成的，部件接口包括对数据部件的数据存取、对模型部件的模型调用和运行、对知识部件的知识推理。

3）系统综合集成。根据实际决策问题的要求，通过集成语言完成对各部件的有机综合，形成一个完整的系统。

模型库系统是一个新概念、新技术，它不同于数据库系统。数据库系统有成熟的理论和产品，模型库系统则没有，它需要研制者自己设计和开发。这样就不可避免地阻碍了决策支持系统的发展。决策支持系统需要对数据、模型、知识、交互 4 个部件进行集成。目前，计算机语言的支持能力有限，数值计算语言（如 FORTRAN、Pascal、C 等）不支持对数据库的操作，而数据库语言（如 FoxPro、Oracle、Sybase 等）的数值计算能力又很薄弱。决策支持系统既要进行数值计算又要进行数据库操作。这个问题再一次为决策支持系统的发展带来障碍。

6. 数据仓库和 OLAP 的决策支持技术

数据仓库和 OLAP 是 20 世纪 90 年代初提出的概念，到 20 世纪 90 年代中期已经形成潮流。在美国，数据仓库已成为仅次于 Internet 之后的又一技术热点。数据仓库是市场激烈竞争的产物，它的目标是达到有效的决策支持。大型企业几乎都建立或计划建立自己的数据仓库，数据库厂商也纷纷推出自己的数据仓库软件。目前，已建立和使用的数据仓库应用系统都取得了明显的经济效益，在市场竞争中显示了强劲的活力。

数据仓库将大量用于事务处理的传统数据库数据进行清理、抽取和转换，并按决策主题的需要进行重新组织。数据仓库的逻辑结构可分为近期基本数据层、历史数据层和综合数据层（其中综合数据是为决策服务的）。数据仓库的物理结构一般采用星型结构的关系数据库。星型结构由事实表和维表组成，多个维表之间形成多维数据结构。星型结构的数据体现了空间的多维立方体。这种高度集中的数据为各种不同决策需求提供了有用的分析基础。

随着数据仓库的发展，OLAP 也得到了迅猛的发展。数据仓库侧重于存储和管理面向决策主题的数据，而 OLAP 则侧重于数据仓库中的数据分析，并将其转换成辅助决策信息。OLAP 的一个重要特点是多维数据分析，这与数据仓库的多维数据组织正好形成相互结合、相互补充的关系。OLAP 技术中比较典型的应用是对多维数据的切片和切块、钻取、旋转等，它便于使用者从不同角度提取有关数据。OLAP 技术还能够利用分析过程对数据进行深入分析和加工。

例如，关键指标数据常常用代数方程进行处理，更复杂的分析则需要建立模型进行计算。

7. 综合决策支持系统

把数据仓库、OLAP、数据开采、模型库结合起来形成的综合决策支持系统，是更高级形式的决策支持系统。其中数据仓库能够实现对决策主题数据的存储和综合，OLAP 实现多维数据分析，数据开采用以挖掘数据库和数据仓库中的知识，模型库实现多个广义模型的组合辅助决策，专家系统利用知识推理进行定性分析。它们在综合决策支持系统中相互补充、相互依赖，发挥各自的辅助决策优势，实现更有效的辅助决策。

综合决策支持系统的结构见图 8.13，综合体系结构包括三个主体。第一个主体是模型库系统和数据库系统的结合，它是决策支持的基础，为决策问题提供定量分析（模型计算）的辅助决策信息。第二个主体是数据仓库、OLAP，它从数据仓库中提取综合数据和信息，这些数据和信息反映了大量数据的内在本质。第三个主体是专家系统和数据开采的结合。数据开采从数据库和数据仓库中挖掘知识，并将其放入专家系统的知识库中，由进行知识推理的专家系统进行定性分析辅助决策。综合体系结构的三个主体既相互补充又相互结合。它可以根据实际问题的规模和复杂程度决定是采用单个主体辅助决策，还是采用两个或是三个主体的相互结合辅助决策。

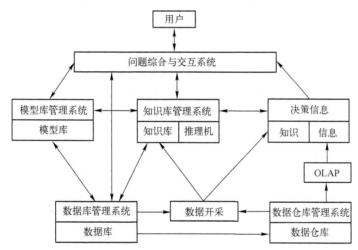

图 8.13 综合决策支持系统的结构图

8.4 搜索引擎

搜索引擎（Search Engine）是一种用于帮助 Internet 用户在互联网上查询信息的搜索工具，它根据一定的策略、运用特定的计算机程序从互联网上搜集信息，并对搜集的信息进行加工整理和组织存储，为用户提供检索服务，从而起到信息导航的作用。网络搜索的难点是如何找到更少的搜索结果，而不是找到更多，其目标是花费最少的时间并找到最精确的信息。

8.4.1 搜索引擎简介

1. 搜索引擎的分类

（1）图片搜索

图片搜索引擎是全新的搜索引擎，如国内的安图搜。基于图片形式特征的抽取方法是：由图片分析软件自动抽取图像的颜色、形状、纹理等特征，建立特征索引库，用户只需将要查找的图片的大致特征描述出来，就可以找出与之具有相近特征的图片。这是一种基于图片特征层次的机械匹配，特别适用于检索目标明确的查询要求（例如对商标的检索），产生的结果也是最接近用户要求的。但目前这种较成熟的检索技术主要应用于图片数据库的检索，在网络上这种检索技术还具有一定的困难。

（2）全文索引

全文索引引擎是名副其实的搜索引擎，如美国的 Google 和中国的百度。它们从互联网提取各个网站的信息，建立起数据库，并能检索与用户查询条件相匹配的记录，按一定的排列顺序返回结果。根据搜索结果来源的不同，全文搜索引擎可分为两类，一类拥有自己的网页抓取、索引、检索系统（Indexer），有独立的蜘蛛 Spider（或爬虫 Crawler 程序、机器人 Robot 程序（这三种称法意义相同））程序，能自建网页数据库，搜索结果直接从自身的数据库中调用，上面提到的 Google 和百度就属于此类；另一类则是租用其他搜索引擎的数据库，并按自定义的格式排列搜索结果，如 Lycos 搜索引擎。

（3）目录索引

目录索引虽然有搜索功能，但严格意义上不能称为真正的搜索引擎，只是按目录分类的网站链接列表而已。用户完全可以按照分类目录找到所需要的信息，不依靠关键词进行查询。目录索引中最具代表性的是美国的 Yahoo 和中国的新浪。

（4）元搜索引擎

元搜索引擎（META Search Engine）接受用户查询请求后，同时在多个搜索引擎上搜索，并将结果返回给用户。在搜索结果排列方面，有的直接按来源排列搜索结果，有的则按自定义的规则将结果重新排列组合。

（5）垂直搜索引擎

垂直搜索引擎为 2006 年后逐步兴起的一类搜索引擎，不同于通用的网页搜索引擎，垂直搜索专注于特定的搜索领域和搜索需求（例如机票搜索、旅游搜索、生活搜索、小说搜索、视频搜索等），在其特定的搜索领域有更好的用户体验。相比通用搜索动辄数千台检索服务器，垂直搜索需要的硬件成本低、用户需求特定、查询的方式多样。

2. 搜索引擎的发展史

（1）Archie

1990 年，加拿大麦吉尔大学（University of McGill）计算机学院的师生开发出 Archie。当时，万维网（World Wide Web）还没有出现，人们通过 FTP 来共享交流资源。Archie 能定期搜集并分析 FTP 服务器上的文件名信息，提供查找分别在各个 FTP 主机中的文件。用户必须输入精确的文件名进行搜索，Archie 告诉用户哪个 FTP 服务器能下载该文件。虽然 Archie 搜集的信息资源不是网页（HTML 文件），但和搜索引擎的基本工作方式是一样的：自动搜集信息资源、建立索引、提供检索服务。所以，Archie 被公认为现代搜索引擎的鼻祖。

（2）Spider

世界上第一个 Spider 程序，是 MIT Matthew Gray 的 World Wide Web Wanderer，用于追踪互联网发展规模。刚开始它只用来统计互联网上的服务器数量，后来则发展为也能够捕获网址（URL）。搜索引擎一般由爬行器（机器人、蜘蛛）、索引生成器、查询检索器三部分组成。

（3）Excite

Excite 的历史可以上溯到 1993 年 2 月，6 个 Stanford University（斯坦福大学）大学生的想法是分析字词关系，以对互联网上的大量信息做更有效的检索。到1993年，这已是一个完全投资项目，他们还发布了一个供Webmasters在自己网站上使用的搜索软件版本，后来被叫做Excite for Web Servers。Excite后来曾以概念搜索闻名，2002年5月，被Infospace收购的Excite停止自己的搜索引擎，改用元搜索引擎Dogpile。

（4）元搜索引擎

1995年，元搜索引擎（Meta Search Engine）诞生。用户只需提交一次搜索请求，由元搜索引擎负责转换处理后提交给多个预先选定的独立搜索引擎，并将从各独立搜索引擎返回的所有查询结果，集中起来处理后再返回给用户。元搜索引擎概念上非常好听，但搜索效果始终不理想，所以没有哪个元搜索引擎有过强势地位。

（5）智能检索

智能检索利用分词词典、同义词典，同音词典改善检索效果，进一步还可在知识层面或者概念层面上辅助查询，通过主题词典、上下位词典、相关同级词典检索处理形成一个知识体系或概念网络，给予用户智能知识提示，最终帮助用户获得最佳的检索效果。

（6）个性化搜索引擎

个性化趋势是搜索引擎的一个未来发展的重要特征和必然趋势之一。一种方式通过搜索引擎的社区化产品（即对注册用户提供服务）方式来组织个人信息，然后在搜索引擎基础信息库的检索中引入个人因素进行分析，获得针对个人不同的搜索结果。但无论是Google的主动选择搜索范围还是Yahoo的在结果中重新组织自己需要的信息，都是一种实验或者创新，短期内无法成为主流的搜索引擎应用产品。

（7）网格技术

由于没有统一的信息组织标准对网络信息资源进行加工处理，难以对无序的网络信息资源进行检索、交接和共享乃至深层次的开发利用，形成信息孤岛。网格技术就是要消除信息孤岛，实现互联网上所有资源的全面连通。

3. 搜索引擎作用

（1）增加流量

一个网站的命脉就是流量，而网站的流量可以分为两类，一类是自然流量，另一类是通过搜索引擎而来的流量。如果搜索引擎能够有效地抓取网站内容，那么对于网站的好处是不言而喻的。在百度和谷歌两大搜索引擎的工作中，百度的工作周期相对来说短一些，大约在10天左右重新访问网站一次，Google大约在15天左右重新访问一次网站。由于一天之内不能游历全球所有的网站，如果推广网站时，能到更多的网站上提交相应的网站信息，也是加快蜘蛛收录网站内容的重要环节。

（2）网络营销

搜索引擎是网站建设中针对"用户使用网站的便利性"所提供的必要功能，同时也是"研究网站用户行为的一个有效工具"。高效的站内检索可以让用户快速准确地找到目标信息，从而更有效地促进产品的销售，而且通过对网站访问者搜索行为的深度分析，对于进一步制定更为有效的网络营销策略具有重要价值。从网络营销的环境看，搜索引擎营销的环境发展为网络营销的推动起到举足轻重的作用，从效果营销看，很多公司之所以可以应用网络营销是利用了搜索引擎营销，就完整型电子商务概念组成来看，网络营销是其中最重要的组成部分，是向终端客户传递信息的重要环节。

（3）商务模式

现在搜索引擎的主流商务模式都是在搜索结果页面放置广告，通过用户的点击向广告主收费。这种模式有两个特点，一是点击付费（Pay Per Click），用户不点击则广告主不用付费。二是竞价排序，根据广告主的付费多少排列结果。AdSense 是 Google 于 2003 年推出的一种新的广告方式，AdSense 使各种规模的第三方网页发布者进入 Google 庞大的广告商网络，Google 在这些第三方网页放置跟网页内容相关的广告，当浏览者点击这些广告时，网页发布者就能获得收入。

4. 搜索引擎的未来展望

随着互联网的发展，网上可以搜寻的网页变得愈来愈多，而网页内容的质素亦变得良莠不齐，没有保证。所以，未来的搜索引擎将会朝着知识型搜索引擎的方向发展，为搜寻者提供更准确、适用的信息。

8.4.2　搜索引擎的组成及工作原理

搜索引擎系统一般由蜘蛛（也叫网页爬行器）、切词器、索引器、查询器几部分组成。蜘蛛负责网页信息的抓取工作，一般情况下切词器和索引器一起使用，它们负责将抓取的网页内容进行切词处理并自动进行标引，建立索引数据库。查询器根据用户查询条件检索索引数据库并对检索结果进行排序和集合运算，如并集、交集运算，再提取网页简单摘要信息反馈给查询用户。

网页爬行主要负责网页的抓取，由 URL 服务器、爬行器、存储器、分析器和 URL 解析器组成，爬行器是该部分的核心；标引入库主要负责对网页内容进行分析，对文档进行标引并存储到数据库里，由标引器和分类器组成，该模块涉及许多文件和数据，有关于桶的操作是该部分的核心；用户查询主要负责分析用户输入的检索表达式，匹配相关文档，把检索结果返回给用户，由查询器和网页级别评定器组成，其中网页等级的计算是该部分的核心。搜索引擎系统体系结构见图 8.14。

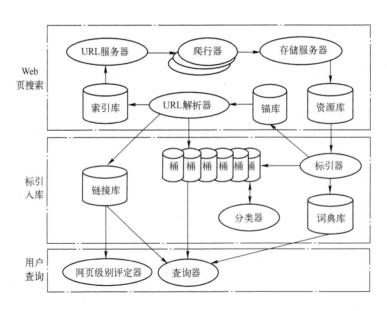

图 8.14　搜索引擎系统体系结构

搜索引擎的主要工作流程是：首先从蜘蛛开始，蜘蛛程序每隔一定的时间自动启动并读取网页 URL 服务器上的 URL 列表，按深度优先或广度优先算法，抓取各 URL 所指定的网站，将抓取的网页分配一个唯一的文档 ID，存入文档数据库。一般在存入文档数据库之前进行一定的压缩处理，并将当前页上的所有超链接存入到 URL 服务器中。在进行抓取的同时，切词器和索引器将已经抓取的网页文档进行切词处理，并按词在网页中出现的位置和频率计算权值，然后将切词结果存入索引数据库。整个抓取和索引工作完成后更新整个索引数据库和文档数据库，这样用户就可以查询最新的网页信息。查询器首先对用户输入的信息进行切词处理，并检索出所有包含检索词的记录，通过计算网页权重和级别对查询记录进行排序并进行集合运算，最后从文档数据库中提取各网页的摘要信息反馈给查询用户。搜索引擎一般由搜索器、索引器、检索器和用户接口 4 个部分组成。

1）搜索器。其功能是在互联网中漫游，发现和搜集信息。

2）索引器。其功能是理解搜索器所搜索到的信息，从中抽取出索引项，用于表示文档以及生成文档库的索引表。

3）检索器。其功能是根据用户的查询在索引库中快速检索文档，进行相关度评价，对将要输出的结果排序，并能按用户的查询需求合理反馈信息。

4）用户接口。其作用是接纳用户查询、显示查询结果、提供个性化查询项。

习题与思考题

8-01　为什么要研究和发展高性能计算技术？

8-02　简述普适计算的概念。

8-03　什么是云计算？发展云计算的意义是什么？

8-04　你所知道的网络存储技术有哪些？

8-05　什么是数据中心？其发展趋势是什么？

8-06　简述 Hadoop 的特点。

8-07　什么是云存储？发展云存储的技术条件什么？

8-08　简述云计算和云存储的关系。

8-09　为什么要对数据进行挖掘？数据挖掘的流程是什么？

8-10　什么是机器学习？它与数据挖掘有什么关系？

8-11　智能决策支持系统的特点什么？画出智能决策支持系统的结构示意图。

8-12　什么是搜索引擎？其难点什么？

第9章　物联网应用接口技术

根据用户的需求，物联网应用接口层构建面向各类行业实际应用的管理平台和运行平台，并根据各种应用的特点集成相关的内容服务。为了更好地提供准确的信息服务，必须结合不同行业的专业知识和业务模型，以完成更加精细和准确的智能化信息管理。如对自然灾害、环境污染等进行预测预警时，需要生态、环保等多学科领域的专门知识和行业专家的经验。

以应用需求为导向的系统设计可以是千差万别的，并不一定所有层次的技术都需要采用。即使在同一个层次上，可以选择的技术方案也可以进行按需配置。但是，优化的协同控制与资源共享首先需要一个合理的顶层系统设计，为应用系统提供必要的整体性能保障。

9.1　行业运营平台

为了实现各种丰富的应用和各类信息的共享，还必须构建一个统一的行业运营平台，为各类用户提供具体业务和服务的接口。

9.1.1　现有业务体系面临的问题

目前，物联网正处于过渡阶段的前期，各种业务应用和管理平台仍处于孤立和垂直的状态，相对比较零散。比如，一个物流应用业务就必须部署一个从无线射频标签接入到物流信息应用系统的多层架构物联网，而城市交通控制应用也要部署从车辆数据采集接入到交通调度应用系统这样一套完整的业务体系。

这样的垂直业务体系虽然在安全和隐私性等方面有显著优势，但是各个单独的业务之间缺乏交互，每个业务都需要重新部署与运营支撑系统的接口设备，既不利于融合业务的开发，也导致了整体资源的浪费。而且，对于单个业务而言，由于独立的业务体系无法便捷获取其他相关业务和环境的资源，单个业务的能力和用户体验都无法实现更大的提升。

在物联网过渡阶段的前期，运营企业将应对来自不同行业的竞争、标准的制定以及商业模式的探索等几方面的挑战。首先，运营商缺少整合运营的支撑平台，行业用户只购买 SIM 卡，运营商仅提供通道，造成运营商在市场中与竞争对手同质化竞争，与行业厂家竞争缺乏优势，收益较低。其次，行业用户需要提供整体解决方案，但运营商目前还无法整合并主导价值链，很难全面满足用户的需求。最后，运营商缺少整合运营的支撑平台，无法对种类繁多的行业终端、个人终端提出统一规范的接入管理规范，同时难以提供端到端的管理和服务支撑，无法实现规模化发展。因此，为避免业务平台的重复建设以及加速行业信息的整合利用，业界普遍认为建设统一的物联网业务运营支撑平台成为迫切需求。

在物联网发展过程中，网络规模不断扩大，标准化的程度进一步加深，不同行业平台之间实现互联互通，从而对规模覆盖的网络的依赖程度加深。在物联网发展的成熟阶段，不同应用平台利用无所不达的网络资源进行协同处理，平台之间的整合力度和水平化程度加强，从而使得运营商充分发挥主导作用，实现物联网业务的规模化运营。

国内外知名的运营商纷纷开始尝试建设统一的物联网业务运营支撑平台，包括国外

Orange、Vodafone、Telenor、AT&T 以及国内中国移动、中国电信等。随着物联网相关技术和业务的快速发展，前期提出的一些建设思路均在不同方面体现出局限性，无法全面满足物联网的发展需求。例如，法国 Orange 的 M2M 平台目前没有实现端到端的安全保障，没有与 BSS/OSS 进行对接。Telenor 针对每个物联网业务仍采用独立的网络平台和业务平台，还无法实现统一管理和运营，同时缺乏对云计算能力的考虑。Vodafone 通过 MVNE（Mobile Virtual Network Enabler）封装自身能力，通过 MVNO（Mobile Virtual Network Operator）使得合作伙伴可以集中于业务的研发，但这种业务模式并不是很适合国内现状。AT&T 正准备与 Jasper Wireless 共同建立 M2M 商用平台，在实现终端厂商和运营商有机结合的同时，电信运营商的产业核心地位将被减弱。在国内，中国移动和中国电信的平台目前仅用于满足有限的 M2M 业务支撑需求，虽然考虑逐步满足物联网应用的接入，但规划中仍缺少对海量计算和海量存储的支持。

可见，传统的垂直架构业务体系无法实现对各个异构接入网的基本能力调用，缺乏一个丰富的业务开发和部署环境，与运营支撑系统之间的接口设备存在重复建设的弊端，也阻碍了物联网对人们"智能"服务的业务需求。

9.1.2 业务平台的需求分析

为了解决现有物联网体系在单个业务的交互性及设备资源重复投资的问题，需要一种新的网络体系架构。由于未来通信网络演进的方向将极大地影响物联网业务体系的发展，而下一代网络正朝着一个扁平的综合网络体系演进，因此，物联网也将适应这一发展方向。为了充分发挥物联网的整体潜能，实现多异构基础网络能力的融合，提升网络的智能服务能力，物联网必须有一个统一的行业运营平台，由该平台向上层的所有应用提供服务，以便单个业务能方便地调用物联接入层各种异构网络数据的基础能力。

1. 物联网的特征

（1）网络基础环境异构

由于物联接入层的网络是由各种功能不同的节点组成，因此，每个接入网络内部的结构和网络能力都不尽相同。整个物联网可看成是一个能够提供丰富的基础能力的异构网络。对于用户来说，可能会频繁地在不同的接入网络中迁移，同时被若干个不同接入网络覆盖。这就要求物联网需要屏蔽各种接入网络底层的细节，为用户自始至终提供无缝的、一致的服务，从而做到依据环境的变化情况，为用户提供最佳的业务体验。可见，不同接入网络的异构性，在物联网整体架构中将趋于统一化。

（2）接入网自组织

由于底层接入网络具有自组织的特性，物联网无需像传统网络一样拥有一个全局的通信基础设施来完成网络控制功能。与此相对应，物联网的业务也呈现自组织的特征，服务与提供这些服务的设备是分布式地嵌入在用户周边的，此周边环境支持本地用户和业务的交互，并不存在任何中心控制基础设施。

随着接入网络数量的增多和规模的增大，融合的物联网系统中，对各接入网络节点的管理、控制、恢复、优化将不可能再以集中式处理，为了实现系统健壮性和扩展性等方面的目标，自治的接入网络管理方法是必需的。进而，业务对接入网络中能力的统一资源配置与重配置等处理过程也将被赋予自组织的特征。

（3）产业链环节多元化

基于物联网的巨大潜力，用户的需求也将日益丰富。如果单靠运营商开发业务，前景将非常有限。为了吸引和满足更多的业务需求，运营商、设备制造商、服务/内容提供商等相关企业必须打造新型的产业链。为此，需要一种开放的物联网体系结构。

在这种开放的体系结构下，运营商可以将自己不具备的或较弱的业务功能外包出去，把大量的功能化业务交付给更加专业的服务/内容提供商实现。通过与服务/内容提供商联盟，运营商不但能弥补自身资源的不足，同时还能降低业务实现的成本，方便功能化业务的集成，促使产业链上新环节的涌现，盘活现有的产业价值链，使多方互利共赢。

（4）安全隐私

物联网中多种异构接入网的融合将出现复杂的商业关系及频繁的接入过程，物联网业务主要处理的是与用户有关的数据，对个人数据信息隐私安全的保护和管理将决定用户对物联网业务的接受度。因此，值得信赖的身份管理以及鉴权授权非常有必要，安全、隐私、信任的重要性不言自明。

2. 业务平台的特征需求

物联网应用通常需要使用到多个异构接入网络的基本功能，为此，物联网的业务平台特征需求可以归纳如下。

（1）自主自治

由于物联网由数量庞大的异构接入网络组成，任何运营商都不能够事无巨细地管理和控制如此大量的设备。所以，物联网的业务平台应当具有更多的自主性，能够最大程度地自管理、自配置、自修复，并根据环境变化自发调整自己的行为。这种自主并不意味着让网络完全独立于人的干预而运行，而是指网络能够按照人的利益和偏好去完成自发的控制过程，从而最终实现业务的开发、部署和实施。

（2）自适应

作为一个通用的业务平台，物联网业务平台将面临更多的变化。这种变化既包括下层基础网络能力的变化，又包括上层应用开发需求的变化。业务平台需要应对产业链的多个环节。为了延长整个业务平台的生命周期，业务平台内部结构需要有相应的适应环境变化的能力。

（3）智能感知

为了具备足够的智能，平台需要具有足够感知的能力，必须能够感知用户的状态和周围的环境，从而根据这些信息调整对业务逻辑判断、业务调用等行为。用户的相关信息是非常丰富的，包括物理位置、生理状况、心理状态、个人历史信息、日常行为习惯等。如何获取需要的信息是智能感知计算实现时的关键技术点。不同的内容来自于各种分布式的数据源，因此业务平台需要对这些信息进行收集管理，并运用一些相关的推理决策机制对这些原始数据进行评估和分析。

（4）安全可信

业务平台所处的网络是以多种无线网接入互联网实现的异构集成网络。开放的无线网络使得恶意攻击者能够随时随地以任意方式对网络发起攻击。此外，这种以用户需求为中心主动向用户提供服务的方式，决定了平台中必定存储着大量的个人隐私以及保密性很强的一些信息，这样的一些信息一旦被人恶意地加以利用或是散布，都将给国家的安全和社会的稳定带来强烈的冲击和影响。因而，要求业务平台提供基于认证和信任的安全机制、个人隐私的保护机制等安全可信保证。

9.1.3 业务平台体系结构

为了满足物联网特征的需求，物联网业务平台必须具有提取并抽象下层网络的能力。将相关的信息封装成标准的业务引擎，向上层应用提供商提供便利的业务开发环境，简化业务的开发难度，缩短业务的开发周期，降低业务的开发风险，而对最终用户进行统一的用户管理和鉴权计费，以增强各种智能化应用的用户体验，同时向平台运营人员提供对用户和业务的统一管理，方便其进行安全维护。

基于以上分析，可以得到新的物联网行业运营平台体系架构，如图9.1所示。该平台包括3大部分：业务接入和部署提供、业务管理支撑、业务平台门户。其中，业务接入和部署提供部分包括3个功能层：业务引擎层、业务适配层、业务部署层；业务管理支撑部分包括5个功能模块：鉴权计费、用户管理、SP/CP（服务提供商、内容提供商）管理、运营统计、网管维护；业务平台门户为维护人员和业务提供商提供标准的平台接口和操作界面。

1. 业务接入和部署提供

该部分功能自底而上设置了业务引擎层、业务适配层、业务部署层共3个功能层。

（1）业务引擎层

业务引擎层负责提取物联网中接入网络和终端的能力，并抽象成为网络和平台相关的基本业务能力，再将这些基本业务能力封装成为独立的业务引擎向上层提供标准的接口，以便进行二次开发和集成。物联网中典型的业务引擎既包括传统电信网络中的基础数据业务和语音业务，又包括无线传感器网络提供的数据采集和位置服务等新型业务。

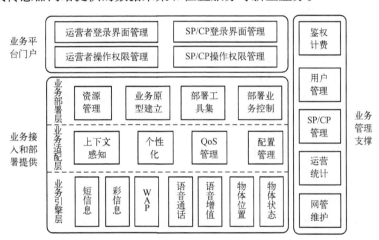

图9.1　行业运营平台架构图

（2）业务适配层

业务适配层根据用户的特征（包括所处环境的状况以及变化趋势、用户的个性化设置以及用户偏好信息）对业务的内容、提供方式以及展现形式进行智能和动态自适应的改变，以匹配用户在特定时间、特定地点、特定场合、特定身份下的个性化需求。为此，本层由多种智能的控制和决策的能力模块组成，如数据融合、上下文感知、服务质量（QoS）管理等。通过这些能力模块，业务平台可以对用户的环境信息进行动态收集、有选择提炼、智能分析和实时反馈，提升单个业务的用户体验。

（3）业务部署层

业务部署层基于部署工具和部署机制，负责建立业务原型、部署业务。为应用提供商的业务软件或业务逻辑分配基础能力引擎资源，确保用户能够最大限度地享受具体业务提供的服务，同时提供资源管理来帮助运营商管理分布式网络上已部署的各种业务。

2. 业务管理支撑

业务管理支撑部分为整个业务平台的正常运转提供管理和运行维护能力。向最终用户提供业务运营和认证计费管理；向应用提供商提供业务统计管理；向第三方运营支持系统/商业支持系统（OSS/BSS）提供开放接口和功能划分，以实现不同系统的整合，避免了重复建设。

3. 业务平台门户

业务平台门户是整个平台面向应用层和物联网运营商的唯一界面，为应用提供商提供业务信息查看和部署操作界面，为平台维护人员提供操作维护界面。

物联网业务平台有效地改变了传统网络垂直架构模式，使得应用层可以便捷地调用各种异构网络的业务能力，使得业务提供方式更加智能，业务生成方式更加多样，业务对底层网络变化更加自适应。同时，便于应用提供商基于异构网络提供的基本业务能力来完成各项业务的运行、维护以及管理。

业务平台应该能向应用提供商提供标准业务引擎和统一的业务开发部署环境，并能与传统的物联网体系有机融合，为各种智能化业务的开发提供基本功能支持，同时向物联网运营者提供对用户和业务的统一管理，有利于物联网的扁平化架构演进，并最终成长为一个以用户为中心的智能服务系统。

9.2 物联网网络管理技术

由于物联网自身的特点，使得其与传统的网络管理有所不同。电信网和互联网的网络管理的五大功能，在物联网时代已经感到滞后而难以适应。物联网的网络管理是一个新的挑战，迄今为止专门针对物联网网络管理的研究较少。因此，本节内容包括了物联网网络管理和相关领域的研究成果。

9.2.1 物联网的网络结构及其特点

物联网是互联网的延伸和发展，是一种将传感器网络接入到互联网的网络结构。传感器网络作为末端的信息感知和传输网络，是一种可以快速建立，不需要预先存在固定的网络底层架构（Infrastructure）的网络体系结构。物联网，特别是传感网中的节点可以动态、频繁地加入或者离开网络，不需要事先通知，也不会中断其他节点间的通信。网络中的节点可以高速移动，从而使节点群快速变化，节点间的链路通断变化频繁。传感器网络使用上的这些特点，导致物联网或者是传感网具有如下几个特点。

1. 网络拓扑变化快

这是因为传感器网络密布于需要拾取信息的环境之中，独立工作。因为传感器数量大，设计寿命的期望值长，结构简单。但是实际上传感器的寿命受环境的影响较大，失效是常事。传感器的失效，往往造成传感器网络拓扑的变化。这一点特别在复杂和多级的物联网系统中表现突出。

2. 传感器网络难以形成网络的节点和中心

传感器网络的设计和操作与其他传统的无线网络不同，它基本没有一个固定的中心实体。在标准的蜂窝无线网中，正是靠这些中心实体来实现协调功能，而传感器网络则必须靠分布算法来实现。因此，传统的基于集中 HLR 和 VLR 的移动管理算法，以及基于基站和 MSC 的媒体接入控制算法，在这里都不再适用。

3. 传感器网络的作用距离一般比较短

传感器网络其自身的通信距离一般在几米、几十米的范围。例如射频电子标签 RFID 中的非接触式 IC 卡，阅读器和应答器之间的作用距离，密耦合的工作环境是二者贴近，近耦合的工作距离一般小于 10 mm，疏耦合的工作距离也就在 50 mm 左右。有源的 RFID，例如电子自动交费系统 ETC，其工作距离在一至数米的范围。

4. 传感器网络数据的数量不大

物联网中，传感器网络是前列的信息采集器件或者设备。由于其工作特点，一般是定时、定点、定量的采集数据并且完成向上一级节点传输。这一点与互联网的工作情况有很大的差距。

5. 物联网网络对数据的安全性有一定的要求

这是因为物联网工作时一般少有人介入，完全依赖网络自动采集数据和传输、存储数据，分析数据并且报告结果和应该采取的措施。如果发生数据的错误，必然引起系统的错误决策和行动。这一点与互联网并不一样。互联网由于使用者具有相当的智能和判断能力，所以在发生网络和数据的安全性受到攻击时，往往可以主动采取措施。

6. 网络终端之间的关联性较低

网络终端之间的关联性较低，使得节点之间的信息传输很少，终端之间的独立性较大。通常，物联网的传感和控制终端工作时通过网络设备或者上一级节点传输信息，所以，传感器之间信息相关性不大，相对比较独立。

7. 网络地址的短缺性导致网络管理的复杂性

众所周知，物联网的各个传感器都应该获得唯一的地址，才能正常地工作。但是，恰恰是 IPv4 的地址数量即将用完，连互联网的地址也已经非常紧张，即将分配完毕。而物联网这样大量使用传感器节点的网络，对于地址的寻求就更加迫切。虽然 IPv6 就是从这一点出发来考虑的，但是由于 IPv6 的部署需要考虑到与 IPv4 的兼容，而巨大的投资并不能立即带来市场的巨大商机。所以运营商对于 IPv6 的部署一直是小心谨慎。目前还是倾向于采取内部的浮动地址加以解决，这样更加增加了物联网管理技术的复杂性。

9.2.2 物联网网络管理的内容和管理模型

国际电联与 ISO（国际标准化组织）合作公布了网络管理的文件 X.700，对应的 ISO 文件为 ISO 7498。对于网络管理，该标准提出了系统管理的 5 个功能域，分别为故障管理、配置管理、计费管理、性能管理和安全管理。在一般情况下，这 5 个功能域基本上涵盖了网络管理的内容，目前的通信网络、计算机网络基本上都是按照这 5 个功能域进行管理的。

1. 物联网网络管理的内容

但是，无论对于物联网的接入部分，即传感器网络，还是对于物联网的主干网络部分，这 5 个功能域显然已经不能全部反映网络管理的实际情况了。这是因为物联网的传感器网络有许多不同于通信网络和互联网的地方。例如，物联网的接入节点数量极大，网络结构形式多异，节点的生效和失效频繁，核心节点的产生和调整往往会改变物联网的拓扑结构。另外，物联网的主干网络在各种形式的网络结构中也有许多新的特点。这些不同导致传统的 5 个功能域已经不能全部反映传感器网络和物联网网络的性能和工作情况了。因为物联网和传感器网络的许多新的问题，不仅以上的功能域不能完成管理的任务，甚至连物联网和传感器网络的覆盖都有许多新的情况需要加以解决。这些问题可以从物联网和传感器网络的特点加以分析。

根据物联网网络管理的需要，物联网网络管理的内容，除普通的互联网和电信网络网络管理的 5 个方面以外，还应该包括以下几个方面：传感器网络中节点的生存、工作管理（包括电源工作情况等）；传感网的自组织特性和传感网的信息传输；传感网拓扑变化及其管理；自组织网络的多跳和分级管理；自组织网络的业务管理等。物联网网络管理的基本内容划分和功能域见图 9.2。

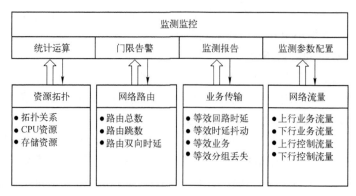

图 9.2　物联网网络管理的基本内容划分和功能域

2. 物联网网络管理的模型

对于物联网网络管理的模型，可以从以下 4 个方面来进行研究。

（1）分布式物联网网络管理模型的研究

该网络管理模型由网管服务器（Network Management System，NMS）、分布式网络代理（Distributed Network Agent，DNA）和网管设备组成，其中 DNA 是基于自组织的网络监测、管理和控制系统的基本单元，具有网络性能监测与控制、安全接入与认证管理、业务分类与计费管理等功能，监测并管理各 DNA 中的网络管理元素。DNA 之间是以自组织的方式形成管理网络，按研究制定的通信机制进行通信，在数据库级别上共享网管信息。各 DNA 定时或在网络管理服务器发送请求时，传递相关的统计信息给网管服务器。这样，大大减轻了网管服务器的处理负荷，也大大减少了管理信息通信量。此外，即使管理站临时失效，也不影响 DNA 的管理，只是延缓了相互之间的通信。用户还可通过图形化用户接口配置管理功能模块，提高用户可感知的 QoS。为实现物联网网络监测、管理与控制的模型，须研究适合 DNA 之间交换信息的通信机制，研究适合于 DNA 网络的拓扑结构、路由机制、节点定位搜索机制、节点加入离开机制，研究邻居节点的发现机制、相应的安全和信任机制，研究网络的稳定性、恢复弹性和容错能力，以实现分布式管理系统对于 DNA 网络动态变化的适应能力和鲁棒性。自组织的 DNA 通信网络平台要监控网络间的通信控制和信息传输，协调网络通信，保证网间数据的可靠安全。除

了研究与对等 DNA 之间的通信模块的设计和实现，同时研究 DNA 与网管服务器、用户以及与内部功能模块的接口。这些机制和结构之间的关系如图 9.3 所示。

（2）DNA 功能模型的设计及原型实现的研究

DNA 是物联网网络监测、管理和控制系统的核心，是其所在管理群内唯一授权的管理者。根据网管服务器和用户的请求策略配置服务功能，采用轮询机制，对群内各设备进行特定数据采集、提取、过滤分析，监控网络的运行状态，感知群内节点的动态，维护本地数据库，独立地完成对本群的管理工作，能够实现有效的业

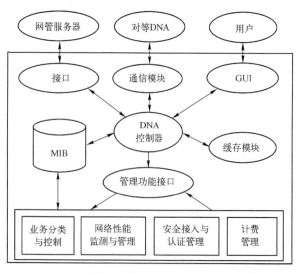

图 9.3　DNA 功能模型

务分类，并按业务特点进行流量控制与整形，以及合理计费等管理功能，并且维护一个本地的 MIB。各 DNA 应能动态地发现其他 DNA，在数据库级别上共享网管信息，并且能实现相互间消息发送和传递，完成彼此之间的定位和通信。同时还要负责维护物联网管理网络的正常运行，实时维护 DNA 节点及备用节点的创建或选择、移动、退出及网络重构。最后能够实现与用户和 NMS 的交互及管理策略的制定。除了研究 DNA 应具备的功能，形成功能模型外，研究并实现 DNA 结构原型系统。

（3）DNA 中性能监测和 QoS 控制功能模型与实现的研究

为了评估网络的服务质量以及动态效率，从而为网络结构调整优化提供参考依据，物联网网络监测与控制系统的基本功能是连续地收集网络中的资源利用、业务传输及网络效率相关参数，如收集网络路由、网络流量、网络拓扑和业务传输的各测度进行分析汇聚和统计，形成汇聚报告，同时根据用户和 NMS 的性能监测管理要求执行监测配置并按此配置进行监测控制，实现统计运算、门限告警、监测报告并根据监测管理策略设置监测参数。研究物联网网络的拓扑发现，对于不同拓扑结构的物联网网络，由于其搜索算法、网络形成机制、节点加入/离开机制、网络波动程度、网络结构（有分级的和平坦的体系结构形式）等都不尽相同，所以必须按照实际网络特性制定不同的拓扑发现策略和测量方法，实现拓扑测量。

（4）物联网网络安全接入与认证研究

由于物联网网络的分散式体系结构、动态路由和拓扑特性，传统的接入认证、密钥分发和协商机制很难应用，因此必须建立物联网访问控制模型和认证体系。传统的访问控制策略主要有自主访问控制（DAC）、强制访问控制（MAC）和基于角色的访问控制（RBAC）策略。然而由于物联网网络环境的特殊性，在此环境下，节点之间均无法确认彼此身份。另外，由于用户出于自身考虑，一般不愿意把自己的相关信息提供给对方，虽可采用匿名等方法来实现这种目的，但却增加了访问控制的难度。此外，在物联网网络环境下大量用户频繁进出网络，使得网络的拓扑频繁变化，也给访问控制带来了复杂性。

建立物联网网络的访问控制策略，首先要建立物联网网络的信任管理模型，在信任模型的基础上，每个节点给出信任权重和可靠度，然后在这个基础上应用相应的访问控制策略。如何建立信任模型，这与网络的环境密切相关，主要是物联网网络的节点可用性、数据源的真实性、节点的匿名性和访问控制等方面的问题。

9.2.3　物联网网络管理协议和应用

总的说来，物联网的网络管理协议还是在 TCP/IP 协议之下的管理。但是也有许多新的特色。例如，如果物联网的节点处于运动之中，则网络管理需要适应被管理对象的移动性。这一方面，目前使用的移动自组网络（Mobile Ad - hoc Network，MANET）可以给我们一些借鉴。MANET 与无线固定网络的不同点在于，MANET 的拓扑结构可以快速变化。MANET 节点的运动方式会根据承载体的不同有明显差异，包括运动速度、运动方向、加速或减速、运动路径、活动高度等。

由于拓扑的快速变化，网络信息（如路由表）寿命可能很短，必须不断更新。为了反映当前网络状况，节点间不得不频繁交换控制信息。而信息的有效时间又很短，部分信息甚至从未使用就已经被丢弃，这使网络的有限带宽资源浪费在信息更新之上。如何节省信息交换，对网络管理提出了新的要求。目前国内外在与物联网相近的网络领域已经有不少研究，并且取得了一些积极的成果。

从网络的工作形态来看，物联网技术与 MANET 更加接近。因此这些网络的网络管理技术有可能率先移植进入物联网领域。MANET 等网络的网络管理特点和相应的网管要求主要体现在以下几个方面。

1）拓扑结构变化频繁。

2）低可靠性、电池容量有限。

3）移动设备的多样性。

4）安全性。

由于 Ad – hoc 网络中节点地位的对等性以及有限的节点能力，集中式网络管理不能适应其实际管理的需要，所以目前 Ad – hoc 网络管理方案以分布式网络管理为主，大致可以分为基于位置的管理方案、基于移动性感知的管理方案以及基于代理和策略驱动的管理方案三类。

1. 基于位置管理的方案

（1）CAANM 方案

CAANM（Clustering Algorithm Applied to the Network Management）方案是 FengYongxin 等人提出的一种基于位置管理的方案，基于 SNMP（Simple Network Management Protocol），采用同 ANMP（Ad – hoc Network Management Protocol）类似的结构，不同之处主要体现在管理者可以直接与代理以及簇头间进行信息交互。CAANM 方案还对 ANMP 的 MIB（管理信息数据库）做了一些改进。

（2）MUQS 方案

MUQS（Management with Uniform Quorum System）方案是由 Haas 等人提出的另一种基于位置管理的方案，在逻辑上使用了两级结构，将网络中的节点分为骨干节点和非骨干节点。这个两级结构仅用于移动性管理，路由协议仍在整个平面进行，即多跳路由可以跨越骨干节点和非骨干节点。

（3）DLM 方案

DLM（Distributed Location Management）方案是由 Yuan. Xue 等人提出的一种分布式位置管理方案，使用的是一种格状的分级寻址模型，不同级别的位置服务器携带不同级别的位置信息，当节点移动时，只有很少一部分位置服务器需要更新。在 DLM 中每个节点具有唯一的 ID，并能通过 GPS 获知自身的位置。在每个节点传输范围相同的情况下，DLM 要求网络最小分区的对角线长度要小于节点的传输范围。与 DLM 方案类似的还有 SLALoM 方案等。

2. 基于移动性感知的管理方案

（1）LFLM 方案

LFLM（Locally Forwarding Location Management）方案是由 Liang. Wang 等人提出的一种能感知节点运动的管理方案。在 LFLM 中使用了一种混合的网络结构，总体上分为两级，第一级是由网络中的节点构成组，每个组具有组头（类似于簇和簇头）。然后由这些组头组成第二级，采用第一级中组的构成方法，在第二级中又形成队。LFLM 是对传统分级网络中基于指针的位置管理方案的一种改进。

（2）GMM 方案

GMM（Group Mobility Management）方案是一种基于节点组移动性的管理方案，通过观察节点群组的运动参数如距离、速度以及网络分裂的加速度等，预测网络的分裂。GMM 的运动模型比较准确，主要是采用了组运动加速度这个参数，从而提高了对节点运动速度的估计准确度，同时也提高了对网络分裂和融合预测的准确性。

（3）PBCA 方案

PBCA（Prediction – based Clustering Approach）方案采用了移动性预测的管理方法虚拟簇、

移动预测模型、分簇算法和协议以及管理结构 4 个方面的内容。

3. 基于代理和策略驱动的管理方案

（1）GMA 方案

GMA（Guerrilla Management Architecture）方案是由 Chien Chung. Shen 等人提出的一种基于策略的管理方案。GMA 中能力较高的节点成为管理节点，承担智能化的管理任务，GMA 采用两级结构。管理者（Supervisor）进行策略的控制和分配，游牧式管理节点（Nomadic Manager）通过相互协同完成整个网络管理。

（2）PBNM 方案

PBNM（Policy–based Network Management）方案是基于策略管理的方案，对标准的公共开放策略服务（COPS）进行了扩展，包括 k–hop 分簇、动态服务冗余、策略协商和自动服务发现 4 个部分。

在 3 类管理方案中，基于位置管理的方案最为简单，管理性能与节点的分布情况以及管理节点的能力相关，适用于节点移动性较低的网络。但随着网络节点移动性的增加，管理开销上升较快，同时管理效率迅速下降。基于移动性感知的管理方案相对基于位置的管理方案而言，由于要完成移动性感知，对节点处理能力要求相对要高一些，同时由于移动性的计算将会增加能量的消耗。基于移动性感知的管理方案通过感知节点移动性，可降低管理开销，获得较好的管理性能，但需要指出的是，一旦网络中节点的群组运动特征不明显时，基于移动性感知的管理方案同基于位置的管理方案相比，并没有什么优势。基于移动性感知的管理方案有较好的适用性，因为在实际的网络中节点的运动行为往往不是孤立出现的，通常具有一定的群组运动特性。基于代理和策略驱动的管理方案是适用范围最广的方案，方案设计的复杂度和难度最大。从某种意义上讲，基于位置的管理方案和基于移动性感知的管理方案只是基于代理和策略驱动的管理的某些特例，但基于代理和策略驱动的管理却与基于位置的管理方案和基于移动性感知的管理方案有明显的区别。基于代理和策略驱动的管理注重管理策略如何交互，而基于位置的管理方案和基于移动性感知的管理方案更多的是注重管理策略的具体实现。基于代理和策略驱动的管理的应用范围较广，由于其策略代理具有复制和迁移等特性，使其能适应网络的动态变化，具有较高的管理效率。

总的来说，针对 MANET 网络管理需求，重点研究其中的几个问题，旨在提供一体化的管理机制，解决共享性、自治性等一系列问题，对系统资源、资源配置、性能、故障、安全、通信等进行统一的管理和维护，以保障网络系统安全、稳定、可靠、高效地运行。物联网网络管理的内容比 MANET 更为复杂，但可以借鉴它的管理形式，丰富其管理内容，扩大其适用范围。

9.3　专家系统

专家系统是一个含有大量的某个领域专家水平的知识与经验，能够利用人类专家的知识和经验来处理该领域问题的智能计算机系统。专家系统处于应用接口层，为用户的各种应用提供"智慧"。

9.3.1　专家系统的基本概念

专家系统是人工智能研究与应用中的重要分支。一方面，专家系统是知识表达、知识推理、知识获取技术的应用对象；另一方面，专家系统也是研究知识表达、知识推理、知识获取技术的试验环境。专家系统也称为知识库专家系统，是基于知识库的知识利用系统，是人工智能的应用工程——"知识工程"的典型代表。专家系统是知识信息处理的系统，是新一代计算机——第五代计算机的技术基础，是第二次计算机技术革命，从数值信息处理转向非数值（知识）信息处理，具有新的转折意义的里程碑。

1. 专家系统的定义

目前，对专家系统尚无一个公认的定义。比较一致的定义是：专家系统是一个在某特定领域内，用人类专家水平去解决该领域中难以用精确数学模型表示的困难问题的计算机程序。

人类专家之所以能成为求解某领域问题的专家，其关键在于他掌握了求解有关领域问题的大量的专门知识。这些知识一部分是书本知识，但主要是在长期实践中逐渐积累起来的经验性知识。因此专家系统的基本思想是让计算机能够存储某一领域的专门知识，并能像专家那样有效地利用这些知识去解决该领域的复杂问题。

2. 专家系统的特点

（1）启发性

通常人们把具有严谨理论依据的专门知识称为逻辑性知识，而把没有严谨理论依据、主要来源于专家经验的知识称为启发性知识。启发性知识很难保证在各种情况下是普遍正确的，但在一定条件下用来解决问题往往能有效地简化问题或快速求得问题的解。使用启发性知识处理问题是人类推理的特征之一。人类专家的技能主要来源于启发性知识，因此，专家系统要达到人类专家处理问题的水平就必须能够存储和利用启发性知识，像专家那样，通过推理和判断来求解问题，专家系统的这个特点称为启发性。

（2）透明性

专门知识大都是人类专家在实践中积累起来的启发性知识，通常只有专家本人掌握。为了使用户对求得的结果放心，专家系统必须具有向用户解释推理过程、回答用户提问的解释功能，使它对用户是透明的。

（3）灵活性

要把专家头脑中的经验知识全部明确地表示出来不是一件容易的事，而要反复多次，不断扩充才能达到。况且这些启发性知识往往是有针对性的，在特定情况下才是正确的，情况变化后也要随之变化。这就要求专家系统具有灵活性，系统中的知识要便于修改、扩充。

3. 专家系统的结构

专家系统的结构是指专家系统各组成部分的构造方法和组织形式。系统结构选择恰当与否，是与专家系统的适用性和有效性密切相关的。选择什么结构最为恰当，要根据系统的应用环境和所执行任务的特点而定。目前对于专家系统的结构尚没有完全一致的看法。

（1）基本结构

实用专家系统的基本结构如图9.4所示，由知识库、数据库、推理机、知识获取、咨询解释和人机接口6部分组成，其中知识库和推理机是核心部分。

1）知识库：用于存放系统求解问题所需要的领域专门知识。

2）数据库：用于存放原始数据和推理过程中得到的各种中间信息。

3）推理机：是用来控制、协调整个专家系统工作的一组程序。

4）知识获取：为知识库的建立、修改和扩充提供手段。

5）咨询解释：负责对推理出的结果做出必要的解释。

6）人机接口：为用户提供直观方便的人机交互手段。

（2）理想结构

专家系统的理想结构如图9.5所示。

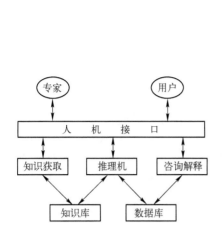

图9.4　专家系统的基本结构

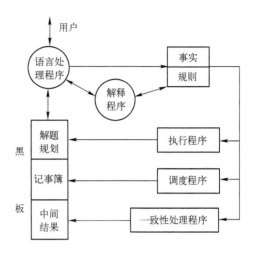

图9.5　专家系统的理想结构

1）语言处理程序：负责用户与系统之间的信息交流和转换。分析用户输入的信息，并将其转换为系统内部表示的形式；回答用户提出的问题；将系统内部存储的信息转换成用户易于理解的形式，显示给用户等。

2）黑板：用于记录系统在求解问题过程中所产生的中间假设和结果。它是沟通系统中各个部件的工作区，黑板中记录着3种信息：解题规划、记事簿和中间结果。

3）解释程序：向用户解释系统的行为。回答用户提出的"为什么获得某些结论"和"为什么不选择另一种可能"等问题。它应能从黑板中找出对回答用户的问题有意义的信息。此外，解释程序还应该能够回答用户提出的一些关于系统自身的问题，如系统求解某种问题的能力如何、系统如何组织与管理其自身知识等。

4）调度程序（调度器）：管理、控制记事簿，决定下一步做哪些工作。在调度程序中可以利用一些策略性知识，指导对记事簿中各个项目的调度。因此，调度程序应根据解题计划和其他信息排定各个项目的优先级，这通常要估计规则应用的效果。

5）执行程序（执行器）：完成调度程序从记事簿上选出的待执行项目。通常情况下，执行程序检验所用规则的条件部分，把条件中的变量约束到黑板中的特定中间结果上，并把规则所预言的变化记录到黑板中。

6）一致性处理程序（协调器）：保持系统所得出结果的前后一致性。当黑板的结果部分表示假设的判断，并且推得一些新数据时，维护一致性工作可以采用可能性修正；当结果部分表示逻辑结论和它们的真值关系时，一致性处理程序可能实现的是真值维护过程。多数专家系统使用某种数值调整方案决定每种潜在的结果的可信程度。这种方法试图确保可以得出可能的结论，同时又避免不一致的结论。

至今还没有一个专家系统的结构包括图9.5中所有部分，而只是根据其任务和特点由其中的几个部分组成。

4. 专家系统与传统程序的区别

传统的程序设计方法可表示为：数据＋算法＝程序。

专家系统程序设计方法可表示为：知识＋推理＝程序。

尽管其形式相似而且均是用计算机软件求解问题，但实质上是不同的。前者按人事先指定的步骤求解问题（即指定它做什么），后者解题的步骤由程序自己（即推理）决定（即由它自己决定做什么）。

传统程序对于一个待解决的问题，首先要根据它的内在规律，建立一个数学和物理模型，然后用数值仿真的方法，以算法的形式将数值信息安排在计算机中，使计算机按数学模型规定的步骤完成数据的处理和计算。解题的全部知识隐含在整个程序中，因而不易实现解释功能。

专家系统对待解决的问题的内在规律往往不能只用数学模型来表示，许多地方还必须用专门的经验知识（又称启发性知识）来表示。这些经验知识是以规则符号、形式语言或网络图等形式表示的。因此，计算机处理的信息还必须有字符信息，而不全是数值信息。问题求解的过程不是按预先确定的步骤进行，而是根据环境、条件及要达到的目的，在控制策略指导下，通过推理搜索而寻找问题解答的过程。在理想的专家系统中，由于知识库和推理机是互相独立的，因此知识和推理是分开的。这样，不仅易于实现解释功能，而且因为在修改知识时只涉及知识库，不会影响程序，使增减知识也很方便。

专家系统和传统的程序在程序设计方面各有特点，其差别大致归纳如表 9.1 所示。

表 9.1　专家系统和传统的程序比较

比 较 项 目	传 统 程 序	专 家 系 统
领域知识的表达	数学模型和算法	规则、框架等知识表示
问题的求解	数值仿真	逻辑推理、判断
处理的信息	数值信息	字符信息
知识及知识处理	混在一起	明确分开
影响可信度的因素	模型和算法的精度	事实和规则的可信度
增大知识的方式	改程序模块，增减困难	修改知识库，容易
解释能力	差	好

5. 专家系统的分类

专家系统可按应用领域、知识表示技术、处理问题的特征和难度、用途性质等分类。

1）按应用领域可分为：医疗专家系统、化学专家系统、地质专家系统等。

2）按知识表示技术可分为：基于逻辑的专家系统、基于规则的专家系统、基于框架的专家系统等。

3）按控制策略可分为：正向推理专家系统、反向推理专家系统、混合推理专家系统等。

4）按用途性质可分为：解释型专家系统、诊断型专家系统、预测型专家系统、规划型专家系统、设计型专家系统、监测型专家系统、教育型专家系统、决策型专家系统、控制型专家系统、咨询型专家系统、调试型专家系统、修理型专家系统等。

6. 专家系统的优点

专家系统的优点包括 8 个方面：

1）专家系统能够高效、准确、周到、迅速和不知疲倦地进行工作。

2）专家系统解决实际问题时不受周围环境的影响，也不可能遗漏忘记。

3）专家系统可以使专家的专长不受时间和空间的限制，以便推广珍贵和稀缺的专家知识与经验。

4）专家系统能促进各领域的发展，它使各领域专家的专业知识和经验得到总结和精炼，能够广泛有力地传播专家的知识、经验和能力。

5）专家系统能汇集多领域专家的知识和经验以及他们协作解决重大问题的能力，它拥有更渊博的知识、更丰富的经验和更强的工作能力。

6）军事专家系统的水平是一个国家国防现代化的重要标志之一。

7）专家系统的研制和应用，具有巨大的经济效益和社会效益。

8）研究专家系统能够促进整个科学技术的发展。

7. 专家系统存在的问题

目前，虽然专家系统的研制和应用已取得了重大进展，但是还存在许多有待解决的问题，例如：

1）知识获取难。通常专家系统的知识获取主要依靠人工移植，由知识工程师将领域专家的知识移植到计算机中，这是间接的、费时的、效率不高的，是目前专家系统设计、开发中的"瓶颈"问题。

2）知识领域窄。目前，一般的专家系统只能在相当窄的专业知识领域内，求解专门性问题，对于相邻领域的边缘性问题，求解能力很差，对于其他不同领域的知识则一无所知。存在所谓知识的"窄台阶"问题，不仅领域窄，而且台阶也薄，只有浅层的、表面的、经验的知识，缺少深层的、本质的、理性的知识。

3）推理能力弱。由于推理方法简单、控制策略不灵活，所以，容易出现"匹配冲突"、"组合爆炸"或"无穷递归"等问题，推理速度慢、效率低，因而，解题能力也弱。

4）智能水平低。目前，一般专家系统还不具备自学习能力和联想功能，不能在运行过程中自我完善、扩充知识；不能通过联想记忆、识别和类比等方式进行推理，只能"鹦鹉学舌"式模仿，不会"举一反三"地发挥。

5）系统层次少。现有的专家系统大多数结构简单、学科单一、缺乏层次。所以，只能应用在专门场合，求解较简单的问题，不适于大系统、复杂问题，如社会经济领域的管理决策问题。

6）建造周期长。采用"手工业、小生产"方式建造专家系统，缺乏实用的专家系统开发工具、知识来源及获取困难等，是专家系统建造周期长的主要原因。

7）实用性能差。现有的许多专家系统都是在"离线"、"非实时"的条件下工作的，系统的可靠性、一致性、快速性、抗干扰性，往往还不适应"在线"、"实时"工作的需要，如专家控制系统。

8. 专家系统的新途径

为了解决上述问题，需要探讨专家系统设计和开发的新途径。

（1）知识获取工具

研究半自动化或自动化的知识获取辅助工具，如智能知识编辑器，"类自然语言"或自然语言的"专家—专家系统"智能接口或对话（交谈）设备，文字、图像识别和感知系统。

（2）综合知识库

研究大型的综合知识库及其管理系统，广义的知识表达技术，如层次型、关系型、网络型，集中或分布式知识库；广义模型化方法（知识模型与数学模型结合）、综合知识表达技术等，以便表达、存储和管理多种学科、专业的知识；多种层次和深度的知识，如经验知识、基本知识、专业知识、常识知识、一般知识、元知识。

（3）自组织推理机

研究自组织推理机及其协调控制机制，以便专家系统能将多种推理方法相互结合、组织起来，如确定性推理与非确定性推理；算法推理与启发推理；定性推理与定量计算；单调推理与非单调推理；串行推理与并行推理；正向、反向与双向推理等。在协调策略控制下，灵活运用，协同解题。

（4）自学习专家系统

研究具有学习和联想功能的专家系统，以及有关学习和联想方法，如示例归纳学习、类比联想学习等。研制和开发相应的归纳推理机、联想知识库等，以构成自学习专家系统。

（5）多级专家系统

研究多学科协同解题、多层次知识利用的多级专家系统。例如，从"大系统控制论"观点设计的"集中—分散"式多级专家系统，由总体专家系统与各专业系统组成，可用于社会经济领域的管理和决策支持。

（6）开发工具与环境

研究实用的专家系统开发工具与开发环境，以便缩短专家系统的设计与开发周期，进行批量或大量生产。

（7）实用化与商品化

研制、设计与开发"在线"、"实时"应用的专家系统；提高系统的可靠性、快速性和抗干扰能力；开发便于在微型计算机或微机网络上实现的专家系统，开发各种应用专家系统技术的智能化产品，如专家控制器、现场故障分析器等。

9.3.2 医疗诊断专家系统 MYCIN 简介

MYCIN 是斯坦福大学的 E. Shatliffe 等人从 1971 年开始研制的，用于诊断和治疗感染性血液病的专家系统。其功能是诊断用户是否患有需要治疗的细菌感染病，给出建议性的诊断结果及处方。MYCIN 是将产生式规则从通用问题求解的研究转移到解决专门领域问题的一个成功典范。

MYCIN 系统的程序是在 TENEX 操作系统的支持下，用 INTERLISP 语言编写的，在 DECKI - 10 型计算机上实现的。MYCIN 编译代码大约占 50 KB 存储空间。其中，知识库大约占 16 KB，临床数据占 28 KB。用户可以和系统进行实时的"人—机"交互。包括咨询解释在内，一次诊断咨询大约不超过 20 min。

1. 知识库

MYCIN 的知识库由表达领域专门知识的产生式规则表示。每一条规则可以描述成如下的形式，例如：

"若　细菌的染色斑是革兰阴性

　　细菌的形态为杠状

　则　细菌可能是肠道感染细菌"

在 MYCIN 中每一条规则还与一个说明其强度的值相联系，以表示所谓"不精确推理"。

MYCIN 系统包括有 400 多条上述形式的产生式。

2. 规则集

设有下述规则：

规则　R1

"若　（1）培养基部位已知

　　（2）样本是本周取的

　　（3）细菌导致一种值得注意的疾病

　则　可以确定感染部位就在相应的培养基上"

规则　R2

"若　（1）培养基部位没有用正规方法消过毒

　　　（2）从培养基所取样本是消过毒的

　　　（3）发现有大量细菌

　则　可以在很大程度上断定，该病菌已导致一种值得注意的疾病"

为了诊断病人的感染部位，系统通过检索规则集中相应的规则，例如 R1，在调用 R1 时，要逐条测试其前提条件是否满足。假设条件（1）和（2）都能满足，但条件（3）需要进一步求证。于是系统又检索能导出条件（3）的规则，例如 R2，再测试 R2 的前提是否满足。这个过程递归地进行下去，就形成了将若干条规则相互连接的"规则链"。

3. 诊断策略

MYCIN 采用反向推理的控制策略。系统的顶层目标是要诊断病人是否患有细菌感染，并确定采用相应的疗法，提出使用抗菌素的建议。推理过程将形成由若干条规则链构成的"与/或"树。MYCIN 用"深度优先法"进行搜索。

4. 不精确推理

MYCIN 用"可信度"$CF(0 \leqslant CF \leqslant 1)$来表示一条规则的强度（即当规则的前提为真时，结论为确定的程度）。CF 通常由专家凭经验给出。在系统运行过程中 CF 通过规则链进行传递，而影响推理的各个子目标，这个过程就构成系统的不精确推理。

带有 CF 值的规则可以表示成下述形式：

规则　R3

"若　（1）培养基是咽喉

　　　（2）细菌特征为链球菌

　则　细菌不是 D 型，可信度 0.8"

5. 解释机制

MYCIN 能够回答用户提出"为什么？"和"怎样得到？"等问题，以解释为什么要这样做和怎样得到结论等推理行为。MYCIN 通过记录系统运行所形成的"与/或"树来实现其解释功能。例如，用户可能提出"为什么我必须回答这个问题？"系统就会显示："为了求证某个子目标"需要相应的信息。而用户提出"怎样得到这个诊断结论？"时，系统就可以将推理的过程显示给用户。

6. 系统结构和推理过程

MYCIN 的系统结构如图 9.6 所示。

MYCIN 的主要推理过程为：

1）诊断用户是否患有需要治疗的细菌感染疾病。

2）判定感染的病菌的类型。

3）决定适用于治疗此类细菌感染的抗菌素药物。

4）针对病人情况，选取最合适的抗菌素治疗处方。

该推理过程如图 9.7 所示。

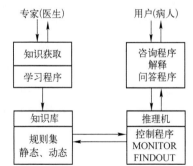

图 9.6　MYCIN 的系统结构

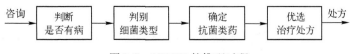

图 9.7　MYCIN 的推理过程

9.3.3 专家系统的设计与开发

1. 专家系统的选题原则

专家系统的研制是一项费时的工作。能否在较短的时间内建立一个实用而成功的专家系统，关键在于被解问题选择得是否适当。经过较长时期的探索和实践，人们总结了一些指导专家系统选题的一般原则。

1）所研制的课题没有确切的数学模型、算法，而是靠领域专家的经验知识，通过启发式的方法来解决；或是需要将基于经验的判断与基于数值分析的结果结合起来而求解。

2）领域专家的知识能清楚地用语言来表达。目前根据感觉和直觉（如品尝专业）或技能（如外科专业）的领域，还不太合适用专家系统来实现。

3）具有有用的、得到承认的经验，而且既有丰富经验、善于表达，又乐于合作的领域专家。

4）限于目前知识、工程技术的水平，研制的问题难度应适中。太简单的（如只需几十条知识的问题），使专家系统失去实用价值；太复杂的问题（如要上万条知识才能解决的问题）使专家系统的结构太复杂，不易实现，即便能实现，该系统处理问题的效率和水平也太低。

5）原始数据不是精确可知的，而是较"模糊"且不完整的问题，宜用专家系统解决。

当然，上述原则也不是绝对的。对一些复杂的大型问题往往要把数值计算和专家经验结合起来（如规划问题），以及虽有数学模型，但计算时间太长、赶不上实时控制的要求，如果加上专家的经验，就能一边计算、一边进行启发性推理，迅速得出结论。

2. 专家系统的设计原则

专家系统是基于计算机软件的典型的知识工程系统，它的设计应遵循软件工程和系统工程的基本原则。在设计过程中应遵循以下原则：

1）领域专家与知识工程师相互合作，是知识获取成功的关键。

2）用户参与专家系统的设计和开发，有助于"人—机"接口设计，以及系统的运行和评价。

3）为了便于实现解释功能、知识获取功能和修改、扩充功能，在程序设计时一定要注意将知识库和推理机分离开来，而且推理机应尽量简化。

4）为了便于统一管理，管理系统的知识尽量使用统一的知识表示方法。

5）为弥补知识的不完整和不精确性，应尽量利用具有不同优点的多来源知识来求解问题。

6）采用专家系统开发工具进行辅助设计，借鉴已有系统经验，提高设计效率。

3. 专家系统的开发步骤

要建造一个专家系统，知识工程师最主要的工作是通过和领域专家的一系列讨论，获取该领域专门问题的专业知识，再进一步概括，形成概念并建立各种关系，然后把这些知识用合适的计算机语言组织起来并建立求解问题的推理机制，建立原型系统，最后通过测试评价，在此基础上进行改进以获得预期的效果。归纳起来，建造专家系统可分3个阶段。

1）进行可行性研究：面对模糊不清的用户要求，首先应明确要达到的目标，并研究技术上实现的可能性。

2）生成系统原型：在前一阶段工作的基础上，生成一个专家系统原型，进而测试其性能。

3）生成实用专家系统：知识的数量在使用中不断增加，达到用户提出的各种要求，形成实用的专家系统。

其中原型设计是关键，但实用阶段也要给予充分重视，否则只是空中楼阁。专家系统原型设计一般可分5个步骤来实现，如图9.8所示。

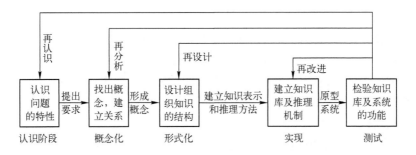

图 9.8　设计原型专家系统的步骤

1）认识阶段。知识工程师和领域专家一起交换意见，探讨对所考虑问题的认识，目的是认识待研究问题的特征及其知识结构。找到问题的知识领域、专业范围、定义、特点、求解的方式和方法及经验等。

2）概念化阶段。这阶段要使认识阶段提出的一些概念和关系变得更明确，将有关知识和经验条理化、层次化、系统化（如用文字或图表来表达它们），使形成的概念和问题求解过程的思路一致。

3）形式化阶段。形式化过程是把上一阶段孤立处理的概念、子问题及信息流特征等用知识工程将其形式化，即根据上阶段的概念建立模型，找出相应的知识表示方法和求解问题的方法，以便在计算机中存储、检索和管理，进行知识库及推理机的设计。这是建造专家系统中最关键和最困难的一步。

4）实现阶段。选取合适的程序设计语言（如 LISP、PROLOG），在相应的计算机上，根据已建立的各种模型，建成专家系统原型。

5）测试阶段。对所设计的原型系统进行性能测试、验证评价，以便进一步修改、扩充和完善。可选择几个具体典型实例作为系统的输入，使系统运行，进一步发现知识库和控制结构的问题。

实用专家系统设计和开发过程是上述步骤不断反馈、逐步进化、完善的过程，直到获得所希望的性能为止。

4. 专家系统的评价

（1）评价的目的

评价专家系统的目的主要是检查程序的正确性和有用性。由领域专家做出的评价有助于确定装入知识的准确性以及由系统提供的建议和结论的准确性。用户的评价结果有助于确定系统的有用性。

在专家系统被用户采纳之前，要进行一些正式的测试和评价，它将影响系统在用户心目中的可依赖性和使用程度。因此，在设计评价时，必须注意其目的（为谁而做？评价什么？）。通常，评价的主要内容有以下几点：

1）系统结论的质量（正确性和可信度等）。

2）系统设计方法的正确性（知识表示方法、推理方法、控制策略、解释方法等的正确性）。

3）人机交互的质量（交互性能、使用方便等）。

4）系统的效能（推理结论，求解结果，咨询建议的技术经济和社会效益，应用范围是否可扩充、更新等）。

5）经济效益（软硬件投资、运行维护费用，设计、开发费用，系统运行取得的直接或间接经济效益等）。

（2）评价的原则

1）复杂的事物或过程不能够以单项标准或数量来做评价。

2）不同的评价标准和进行测定的数据量越多，则构成总体评价的信息也就越多。

3）人们根据各自的兴趣产生出的不同标准之间的差别，会引起争论，结果可能是不同的。只要能够准确地定义测试，就什么都可以经过实验测试。

（3）评价的指标

评价指标根据评价目的和评价原则来制定，各项指标之间应不重复。不同的专家系统，其评价指标是不一样的。某专家系统的评价指标如下。

1）可更新性：反映根据新的输入的变更来修改输出的能力。

2）易使用性：能够明确地理解，与用户的界面友好且容易实现。

3）硬件：可移植性、可使用性和可存取性等。

4）经济效益：解决问题所需要的经费和能够获得的利益。

5）功能：推理能力、知识获取功能和解释功能等。

6）质量：回答的正确性、一致性和完整性。

7）设计周期：研制专家系统所需要的时间（以"人·年"计算）。

（4）评价的方法

通常，评价系统时应按评价内容的层次由低到高逐级进行，即先评价系统的性能，再评价系统的灵活性。逐级评价的优点是便于确定系统未能通过评价的原因所在。例如，如果系统已通过了前面的各种评价，而在用户环境下性能较低、未能通过用户的评价，系统研制人员便可以确定未能通过评价的原因不在于系统本身的性能，而是由于系统的人机接口不完善，致使用户不能正确地使用系统。因此，可以致力于改善系统的使用手段，提高系统的可接受性。

评价专家系统的性能最好采用实际应用后反馈回来的信息为标准，如用于电力系统日负荷计划的专家系统，它可以客观地评价系统的性能。但有些问题不容易短期内获得实际反馈信息（如故障分析专家系统），对这类问题可利用以前积累的资料来评价系统的性能。对于资料积累不太丰富的问题和根本没有或尚未建立反馈渠道的问题，只有借助于同行专家的评议。

5. 专家系统开发工具

专家系统在理论上和实践中都取得了巨大的成功。但目前的专家系统开发大都是以手工方式进行的，使专家系统开发工作受到很大的限制，科技和生产的发展已很有必要将其提高到半自动化甚至自动化的阶段——研究专家系统开发工具，以便构造出更复杂的领域专家系统。

（1）研究开发工具的作用与意义

从建造专家系统的实践中，人们发现：建立一个实用的专家系统是一件非常复杂的事情，尤其是开发人员、知识工程师与专家之间的协作，使事情变得更加复杂。一般来说，开发一个难度适中的专家系统大约需要 8~10 人·年的工作量。由于专家系统的开发工作是系统逐渐进化的过程，并且在开发周期内需要随时根据反馈信息对系统的设计方案进行修改。因此，1 个人工作 4 年，不等于 2 个人工作 2 年，需要恰当的配合。

由于不同领域的知识表示不同，因此在手工开发专家系统时，对不同的领域专家系统必须从头开始建造。由于手工开发的生产能力较低，技术尚不成熟，使得系统难以建成更为复杂、更为全面的系统。

为了提高专家系统设计和开发的效率，缩短研究周期，扩大研制实用专家系统的队伍，迫切需要研究专家系统的开发方法和工具，以便提供一个开发专家系统的计算机辅助手段和环境，提高专家系统生产的产量、质量和自动化水平。

（2）专家系统开发工具的类型

尽管目前有许多开发工具，其部分功能可能会相互覆盖，如人机接口技术、问题的解释、系统的维护和修改等，但就系统构造背景、目标和知识库、推理机提供的功能来说，专家系统的开发工具大致可分为4类。

1）通用程序设计语言。从广义上讲，它是开发专家系统最初的工具。最常用的智能语言是LISP和PROLOG，但也包括FORTRAN、C和扩展BASIC等高级语言。

2）骨架系统。这类工具有EMYCIN、EXPERT、KAS和PC等。它是从许多实践证明有实用价值的专家系统中，将领域知识（包括静态知识和动态知识）独立表示成规则形式，构成特定任务的知识库，而将原有系统的其他部分构成为程序包的集合，可把它称为"预制程序包系统"。当要建造另一个新专家系统时，只要用一种不同类型任务的知识库，代替原有的知识库即可。

但由于不同类型问题的知识表示、控制机制等方面表示方法不同（且还有待进一步深化研究），所以对一个具体的骨架系统，其所适用的知识库的类型、范围还不够广泛。因此，骨架系统还只能适用于建立相同领域的专家系统。

3）通用知识表示语言。这是根据专家系统的不同应用领域和人类智能活动的特征，研制的适合多领域专家系统开发的语言系统。这类工具的典型系统有ROSIE、HEARSAY-III和OPS（OPS5、OPS83）。由于它们并不严格地倾向于特定的领域和范例系统，所以比骨架系统的限制要少些。

这种语言系统试图通过通用知识表示技术和控制通用性的研究，寻找出一套可以按用户的要求去描述所需的知识表示和控制机制的方式。系统允许用元规则（有关规则的规则）或一种语言来描述与其他知识相独立的控制知识，以便去控制系统的推理过程和解释推理的合理性。语言本身并不会有任何特定的推理机制和知识库，但由于人们对知识表示的本质的研究工作尚未取得根本性的进展，所以要想找出一种十分有效的通用知识表示语言有许多困难。因此，这种工具虽可用于广泛的应用领域，但从本质上讲，并不是完全通用的，还有一定的局限性。

4）组合开发工具。组合开发工具不是通用语言，而是一种初级开发环境，它和通用知识表示语言所采取的策略不同，它是在总结目前已知的知识表示形式、控制机制和辅助设施基础上，精心选择其分解为很小的基本构件，构成描述多种类型的推理机制和多种任务的知识库预制件以及建立起这些构件的辅助设施。这种组合开发工具系统可以帮助系统开发者选择各种结构，设计规则语言和使用各种预制件，使其成为一个完善的专家系统。

由于目前很难确定哪一种基于知识的问题求解方法是非常适合某一领域的，所以也就很难确定怎样组织该领域专家系统的生成。从已有的专家系统来看，特定领域知识的处理是与人工智能理论密切相关的，很难应用于其他的领域。因此，专家系统的设计者要么像骨架系统一样，几乎所有的系统设计和实现方法的选择均是针对领域的要求进行的；要么像通用知识表示语言那样，在系统设计和实现方面几乎很少有为特定用户考虑的。这是两种极端的情况，而组合开发工具则是介于二者之间，既要有一定的针对性，希望能得到较高的效率，又要有一定的通用性，使其应用范围可以广泛些。

9.3.4 专家系统在电力系统中的应用

1. 应用的必要性和意义

（1）从电力系统分析方法的历史演变来看

在早期，电力系统的规模和复杂性相对较小，且计算机尚未广泛使用。因此，对于电力系统的分析只是着重于各个元件——发电机、变压器、输电线等特性的研究，并建立相应的数学模型，而对整个电力系统只是经过粗略的、近似的简化，以求得一个解析解，从中得出对整个电力系统行为的定性了解。例如，用于分析单机——无穷大系统和两机系统暂态稳定的等面积法则、电机故障分析的对称分量法等。

随着电力系统规模的不断扩大和运行复杂性的不断增加，上述分析方法已不能适应实际的要求，也就是上述这种定性分析的结果不能真实地反映实际情况。同时，由于计算机性能的迅速提高，各种应用软件的研制成功，将电力系统作为一个整体来建立数学模型，采用数值分析的方法来定量地求得其数值解。例如，基于代数方程数值求解的潮流计算，基于数值积分方法的暂态稳定计算等。从而使电力系统的离线分析进入到一个新阶段。随后，为了提高电力系统运行的安全性和经济性，能量管理系统（EMS）得到了发展，引入了状态估计、在线安全分析与控制、最优潮流等在线应用程序。在这一时期，利用控制理论、数学规划技术的离线和在线决策支持系统得到了迅速发展，这些方法有效地应用于电力系统的运行、规划、设计之中。

尽管计算机的离线与在线应用取得了卓有成效的进展，解决了电力系统中的大量重要问题。但是在电力系统中仍有不少问题需要依靠领域专家（规划、设计人员、调度运行人员等）来解决，有的是依靠专家经验求解，也有的是将基于经验的判断与基于数值分析方法得到的结果融为一体来解决的。主要是由于以下原因：

1）有些问题目前还不可能建立精确的、贴切反映实际的数学模型，包括反映它的约束条件等。

2）由于问题的规模和复杂性太大，即使有大型计算机也难以在时域内得到完全基于数值计算的解。

3）人类专家所采用求解问题的方法有些不能用算法或数学形式来表示，他们的经验来自于知识的积累、来自于心灵深处的体验，是启发式的、直觉的。

由以上看出，专家系统弥补了单纯靠数学求解的不足，它能解决某些传统数学方法求解难或不能解决的问题。专家系统的应用是应运而生。

（2）从求解方法上来看

传统的求解方法是基于控制理论、数学规划和建模与仿真，它们是数值计算，计算机主要用来处理数字。而专家系统用以处理符号，引入了判断、推理、决策等功能。

控制理论和数学规划技术的应用都是把电力系统的问题表示成多维空间，控制理论是微分方程和差分方程求解，数学规划则是线性和非线性代数方程求解。而专家系统也可把问题表示成状态空间与问题空间。它与控制理论和数学规划的差别是，它不仅反映数字（主要反映知识），且可表达不确定性知识。

当问题规模很大时，就要依靠建模和仿真来求解问题。但传统的建模主要是建立问题本身的模型。而专家系统也有建模的问题，但它主要是用来模拟求解问题的专家的行为。这种由模拟问题本身向模拟解题人员行为的变化是一种质的变化，是对传统方法的突破。

由此看出，专家系统在电力系统中的应用将是传统方法的变革。

2. 应用的领域和现状

国际大电网会议（CIGRE）于1986年成立了TF-07课题小组，评估专家系统在电力系统中应用的发展趋势。

通过对15个国家、68个用于电力系统专家系统的调查、综合，该小组于1988年3月发表了一份调查报告。

（1）应用领域

可以把专家系统分成6类，即规划（14.3%）、监视（35.7%）、控制（29.6%）、系统分析（13.3%）、教育和仿真（3.1%）、其他（6.1%）。

1）监视类：包括故障诊断、警报处理、事故评估。这一类在所开发的专家系统中占的比重最大。其主要原因是这一类问题的求解主要依据逻辑判断与推理，有比较容易抽取的知识（较完整的专家经验、运行规程和手册），有相对较小的搜索空间，所以特别适合应用专家系统技术。

2）分析、控制类：包括静态和动态分析、正常状态和紧急状态控制、恢复控制。在这一领域中已经有了许多数值计算和分析的方法，但这些方法在许多场合碰到了难题，特别是在实时性方面，不能满足要求。而专家系统的应用，特别是专家系统与数值计算方法的有效结合将展现很好的前景。因此，这一领域专家系统的研制引起了人们广泛和浓厚的兴趣。

3）规划、教育、仿真类：包括运行规划、装置设计、系统规划、计算机辅助教学、电力系统仿真器。这类专家系统相对较少。其原因是这一类问题需要较多的深层知识，有无限数量的结论，即意味着有很大的搜索空间。

（2）国内研究状况

国内在这一方面的起步并不晚。不少高校和研究单位已经做了大量的工作，在一些初步成果的基础上，1989年5月在东南大学召开了有8所高校和一部分生产、科研单位参加的专家系统在电力系统中应用的学术讨论会，就国内的应用现状、特点、前景进行了分析、讨论，从而推动了这项工作的开展。

目前，关于调度所、发电厂、变电所的操作类专家系统有较快的发展，取得了一部分实用化的经验，并认识到应及时加以总结，提高通用化的程度，加快推广的步伐，在实用中累积经验。关于故障诊断，包括设备的和电力系统的故障诊断多有报道，其中一部分已向实用化迈出了重要一步。关于分析与控制类专家系统大多是一个原型系统，而真正要实用尚需经历一个过程，对于规划一类的专家系统，已开发有用于电站厂址选择的专家系统并取得一部分使用经验，电网规划与设计的专家系统也已有报道。

除上述情况外，专家系统在电力系统中应用在方法上选择何种合适的知识表示，深层知识、深层推理和不确定性推理的引入，如何与已有的数值分析软件结合，如何将专家系统结合进能量管理系统（EMS）构成新一代的EMS等也引起了广泛兴趣和探讨，且取得了不少进展。

总之，这一领域在国内外是一个热门课题。在各种电力系统和计算机学科的学术会议上，这方面的论文、报道都占有一定的比例，并定期召开专家系统在电力系统中应用的国际会议。

习题与思考题

9-01　你认为现有的物联网应用体系面临哪些问题？

9-02　简述物联网业务平台的特征需求。

9-03　查阅相关资料，设计一个物联网业务平台架构。

9-04　物联网网络的特点是什么？

9-05　简述物联网网络管理的主要内容。

9-06　什么是专家系统？请画出专家系统的基本结构。

9-07　简述专家系统的开发步骤。

第 10 章　物联网安全

从保护要素的角度来看，物联网的保护要素仍然是可用性、机密性、可鉴别性与可控性。由此可以形成一个物联网安全体系。其中可用性是从体系上来保障物联网的健壮性、鲁棒性与可生存性；机密性是要构建整体的加密体系来保护物联网的数据隐私；可鉴别性是要构建完整的信任体系来保证所有的行为、来源、数据的完整性等都是真实可信的；可控性是物联网最为特殊的地方，是要采取措施来保证物联网不会因为错误而带来控制方面的灾难，包括控制判断的冗余性、控制命令传输渠道的可生存性、控制结果的风险评估能力等。

总之，物联网安全既蕴含着传统信息安全的各项技术需求，又包括物联网自身特点所面临的特殊需求。

10.1　物联网安全的特殊性

物联网的本质是通过能够获取物体信息的传感器件来进行信息采集，通过泛在网进行信息传输及交换，通过信息处理系统进行信息加工及决策。因此说构造物联网的三要素是传感器件、泛在网络、信息处理设施。

10.1.1　物联网不同于互联网的安全风险

1. 已有的安全方案过时

针对传感网、互联网、移动网、安全多方计算、云计算等一些传统安全解决方案，在物联网环境下可能不再适用。

1）物联网应用环境下，传感网的数量和终端物体的规模巨大，是单个传感网所无法相比的。

2）物联网所连接的终端设备或器件的处理能力将有很大差异，它们之间可能需要相互通信和作用。

3）物联网所处理的数据量将比现在的互联网和移动网大得多。

2. 各层的安全不等于全局的安全

即使分别保证信息感知层、网络传输层和技术支撑层等各层的安全，也不能保证整个物联网系统的安全。

1）物联网是融众多技术和若干层次于一体的大系统，许多安全问题来源于系统整合。

2）物联网的数据共享对安全性提出了更高的要求。

3）物联网的应用将对信息安全提出新的要求，比如隐私保护不属于任一层的安全需求，但却是许多物联网应用的安全需求。

鉴于以上原因，对物联网的安全性应高度重视，从整个物联网系统的全局出发，既重视局部的安全性，又要将各个层面的安全性联系起来，全面考虑，统筹兼顾。

3. 加密机制实施难度大

密码编码学是保障信息安全的基础。在传统 IP 网络中加密的应用通常有点到点加密和端到端加密两种形式。从目前学术界所公认的物联网基础架构来看，不论是点到点加密还是端到端加密，实现起来都有困难，因为在感知层的节点上要运行一个加密/解密程序不仅需要存储开销、高速的 CPU，而且还要消耗节点的能量。因此，在物联网中实现加密机制理论上有可能，但是实际困难多、技术难度大。

4. 认证机制难以统一

传统的认证是区分不同层次的，网络层的认证就负责网络层的身份鉴别，应用层的认证就负责应用层的身份鉴别，两者独立存在。但是在物联网中，大多数情况下，机器都是拥有专门用途和管理需求，业务应用与网络通信紧紧地联系在一起。因此，物联网各层认证能否统一是面临的问题之一。

5. 访问控制更加复杂

访问控制在物联网环境下被赋予了新的内涵，从 TCP/IP 网络中主要给“人”进行访问授权、变成了给机器进行访问授权，有限制地分配、交互共享数据等，在机器与机器之间将变得更加复杂。

6. 网络管理难以准确实施

物联网的管理涉及对网络运行状态进行定量和定性的评价、实时监测和预警等监控技术。但由于物联网中的网络结构的异构、寻址技术未统一、网络拓扑不稳定等原因，物联网管理有关理论和技术仍有待于进一步的研究。

7. 网络边界难以划分

在传统安全防护中，很重要的一个原则就是基于边界的安全隔离和访问控制，并且强调针对不同的安全区域设置有差异化的安全防护策略，在很大程度上依赖各区域之间明显清晰的区域边界。而在物联网中，存储和计算资源高度整合，无线网络普遍应用，安全设备的部署边界已经消失，这也意味着安全设备的部署方式将不再类似于传统的安全建设模型。

8. 设备难以统一管理

在物联网中，设备大小不一、存储和处理能力的不一致，导致管理和安全信息的传递和处理难以统一。设备可能无人值守、丢失、处于运动状态，连接可能时断时续、可信度差，种种因素增加了设备管理的复杂度。

从以上分析可以看到，物联网面临的威胁多种多样，复杂多变，因此，我们要吸收互联网发展过程的经验和教训，做到趋利避害，未雨绸缪，充分认识到物联网面临的安全形势的严峻性，尽早研究保障物联网安全的标准规范，制定物联网安全发展的法律、政策，通过法律、行政、经济等手段，使我国的物联网真正发展成为一个开放、安全、可信任的网络。

10.1.2 物联网安全的特殊性

传统的网络中，网络层的安全和业务层的安全是相互独立的，而物联网的特殊安全问题很大一部分是由于物联网是在现有移动网络基础上集成了感知网络和应用平台带来的，移动网络中的大部分机制仍然可以适用于物联网并能够提供一定的安全性，如认证机制、加密机制等，但需要根据物联网的特征对安全机制进行调整和补充。这使得物联网除了面对传统网络的安全问题之外，还存在着一些与已有移动网络安全不同的特殊安全问题，这些问题主要表现在以下几个方面。

1. 物联网设施的安全问题

由于物联网在很多场合都需要无线传输，信息暴露在公开场所，如果没有采取适当保护，很容易被窃取，也更容易被干扰，这将直接影响到物联网系统的安全。同时，由于物联网的应用可以取代人来完成一些复杂、危险和机械的工作，所以物联网机器多数部署在无人监控的场景中，攻击者可以轻易地接触到这些设备，从而对它们造成破坏，甚至通过本地操作更换机器的软硬件等。因此，物联网机器的本地安全问题也就显得更加复杂和日趋重要。

2. 核心网络的传输与信息安全问题

核心网络具有相对完整的安全保护能力，但由于物联网中节点数量庞大，而且以集群方式存在，因此会导致在数据传播时，由于大量机器数据的发送使网络拥塞，产生拒绝服务攻击。此外，现有通信网络的安全架构都是从人的通信角度设计的，并不适用于机器的通信，使用现有安全机制会割裂物联网机器间的逻辑关系。

3. 物联网业务的安全问题

由于物联网设备可能是先部署后连接网络，而物联网节点又无人看守，所以如何对物联网设备进行远程签约信息和业务信息的配置就成了难题。另外，庞大且多样化的物联网平台必然需要一个强大而统一的安全管理平台，否则，独立的平台会被各式各样的物联网应用所淹没，这使得如何对物联网机器的日志等安全信息进行管理成为新的问题，并且可能割裂网络与业务平台之间的信任关系，导致新一轮安全问题的产生。

4. RFID 系统安全问题

RFID 射频识别是一种非接触式的自动识别技术，它通过射频信号自动识别目标对象并获取相关数据，可识别高速运动物体并可同时识别多个标签，识别工作无需人工干预，操作也非常方便。

而针对 RFID 系统的攻击主要集中于标签信息的截获和对这些信息的破解。在获得了标签中的信息之后，攻击者可以通过伪造等方式对 RFID 系统进行非授权使用。RFID 的安全保护主要依赖于标签信息的加密，但目前的加密机制所提供的保护还不能让人完全放心，RFID 的加密并非绝对安全。一个 RFID 芯片如果设计不良或没有受到保护，还有很多手段可以获取芯片的结构和其中的数据。而且，单纯依赖 RFID 本身的技术特性也无法满足 RFID 系统的安全要求。

根据物联网自身的特点，物联网除了面对移动通信网络的传统网络安全问题外，还存在着一些与已有移动网络安全不同的特殊安全问题。这是由于物联网是由大量的机器构成，缺少人对设备的有效监控，并且数量庞大，设备集群等相关特点造成的。

10.1.3 影响信息安全的其他因素

物联网的信息安全问题将不仅仅是单一层面的问题，还会涉及许多非技术因素和安全策略因素。下述几方面的因素很难通过单一层面或技术手段来实现。

1）教育。让用户意识到信息安全的重要性和如何正确使用物联网服务，以减少机密信息的泄露机会。

2）统一管理。物联网的设备复杂性和数量的巨大使得管理成为迫切要解决的问题，统一的地址分配、运营状态监控和严谨的科学管理方法将使信息安全隐患降低到最小。

3）信息安全保障。找到信息系统安全方面最薄弱环节并进行加强，以提高系统的整体安全程度，包括资源管理、物理环境管理、人力安全管理、信息安全管理等。

4）口令管理。许多系统的安全隐患来自于账户口令的管理。

5）统一安全策略。必须制定出切实可行的安全策略，并在整个物联网环境中应用。

6）计算机取证。在物联网环境的商业活动中，无论采取了什么技术措施，都难以避免恶意行为的发生。因此，计算机取证就显得非常重要，当然这有一定的技术难度，主要是因为计算机平台种类太多，包括多种计算机操作系统、虚拟操作系统、移动设备操作系统等。

7）基础设施的建立。云计算中心将是继 IP 分配、域名管理之后的又一控制互联网甚至物联网的手段之一。目前，IBM、微软等大型跨国公司正在竭力抢占市场，我们应当正视这一局面，建立不同层级的云计算中心，避免信息外流。此外，PKI 公钥基础设施也占据着物联网安全的制高点，关系着物联网的认证机制和信息的机密性、完整性。

8）信息流的控制权。物联网时代，谁控制了信息，谁就控制了世界，但是随着技术的发展，信息流的跨时空性、跨边界性日益明显，国家需要出台相应的法律法规、技术标准，避免信息跨主权国流动。

因此，在物联网的设计和使用过程中，除了需要加强技术手段提高信息安全的保护力度外，还应注重对信息安全有影响的非技术因素，从整体上降低信息被非法获取和使用的几率。

10.1.4　物联网安全的关键技术

1. 密钥管理机制

物联网密钥管理系统面临两个主要问题。第一，如何构建一个贯穿多个网络的统一密钥管理系统，并与物联网的体系结构相适应。第二，如何解决传感网的密钥管理问题，如密钥的分配、更新、组播等问题。

实现统一的密钥管理系统可以采用两种方式。第一，以互联网为中心的集中式管理方式，一旦传感器网络接入互联网，通过密钥中心与传感器网络汇聚点进行交互，实现对网络中节点的密钥管理。第二，以各自网络为中心的分布式管理方式，互联网和移动通信网比较容易解决，但对多跳通信的边缘节点以及由于簇头选择算法和簇头本身的能量消耗，使传感网的密钥管理成为解决问题的关键。

无线传感器网络的密钥管理系统的安全需求如下：

1）密钥生成或更新算法的安全性。

2）前向私密性。

3）后向私密性和可扩展性。

4）抗同谋攻击。

5）源端认证性和新鲜性。

根据这些要求，在密钥管理系统的实现方法中，提出了基于对称密钥系统的方法和基于非对称密钥系统的方法。在基于对称密钥的管理系统方面，从分配方式上也可分为基于密钥分配中心方式、预分配方式、基于分组分簇方式 3 类。典型的解决方法有 SPINS 协议、基于密钥池预分配方式的 E - G 方法和 q - Composite 方法、单密钥空间随机密钥预分配方法、多密钥空间随机密钥预分配方法、对称多项式随机密钥预分配方法、基于地理信息或部署信息的随机密钥预分配方法、低能耗的密钥管理方法等。与非对称密钥系统相比，对称密钥系统在计算复杂度方面具有优势，但在密钥管理和安全性方面有不足。例如，邻居节点间的认证难于实现，节点的加入和退出不够灵活等。

在物联网环境下，如何实现与其他网络密钥管理系统的融合？将非对称密钥系统也应用于无线传感器网络：使用 TinyOS 开发环境的 MICA2 节点上，采用 RSA 算法实现传感器网络外部节点的认证以及 TinySec 密钥的分发；在 MICA2 节点上基于椭圆曲线密码（Ellipse Curve Cryptography，ECC）实现了 TinyOS 的 TinySec 密钥的分发；基于轻量级 ECC 的密钥管理提出了改进的方案，特别是基于椭圆曲线密码体制作为公钥密码系统之一；非对称密钥系统的基于身份标识的加密算法（Identity – Based Encryption，IBE）引起了人们的关注。

2. 数据处理与隐私性

物联网应用不仅面临信息采集的安全性，也要考虑信息传送的私密性，要求信息不能被篡改和非授权用户使用，同时还要考虑到网络的可靠、可信和安全。就传感网而言，在信息的感知采集阶段就要进行相关的安全处理，对 RFID 采集的信息进行轻量级的加密处理后，再传送到汇聚节点。

基于软件的虚拟光学密码系统，由于可以在光波的多个维度进行信息的加密处理，比一般传统的对称加密系统有更高的安全性，数学模型的建立和软件技术的发展极大地推动了该领域的研究和应用推广。基于位置的服务是物联网提供的基本功能，是定位、电子地图、基于位置的数据挖掘和发现、自适应表达等技术的融合。

基于位置的服务面临严峻的隐私保护问题，既是安全问题，也是法律问题。基于位置服务中的隐私内容涉及位置隐私、查询隐私两个方面。这面临一个困难的选择，一方面希望提供尽可能精确的位置服务，另一方面又希望个人的隐私得到保护。

3. 安全路由协议

物联网的路由需要跨越多类网络，如基于 IP 地址的互联网路由协议、基于标识的移动通信网和传感网的路由算法，因此要至少解决多网融合的路由问题、传感网的路由问题两个问题。前者可以考虑将身份标识映射成类似的 IP 地址，实现基于地址的统一路由体系；后者是由于传感网计算资源的局限性和易受到攻击的特点，要设计抗攻击的安全路由算法。

无线传感器节点电量有限、计算能力有限、存储容量有限以及部署野外等特点，使得它极易受到各类攻击。物联网路由面临的威胁及对策分别见表 10.1 和表 10.2。

表 10.1　物联网路由面临的威胁

路 由 协 议	安 全 威 胁
TinyOS 信标	虚假路由信息、选择性转发、污水池、女巫、虫洞、HELLO 泛洪
定向扩散	虚假路由信息、选择性转发、污水池、女巫、虫洞、HELLO 泛洪
地理位置路由	虚假路由信息、选择性转发、女巫
最低成本转发	虚假路由信息、选择性转发、污水池、女巫、虫洞、HELLO 泛洪
谣传路由	虚假路由信息、选择性转发、污水池、女巫、虫洞
能量节约的拓扑维护（SPAN、GAF、CEC、AFECA）	虚假路由信息、女巫、HELLO 泛洪
聚簇路由协议（LEACH、TEEN）	选择性转发、HELLO 泛洪

表 10.2　物联网路由安全对策

攻 击 类 型	安 全 对 策
外部攻击和链路层安全	链路层加密和认证
女巫攻击	身份验证
HELLO 泛洪攻击	双向链路认证
虫洞和污水池	很难防御，必须在设计路由协议时考虑，如基于地理位置路由
选择性转发攻击	多径路由技术
认证广播和泛洪	广播认证，如 μTESLA

针对无线传感器网络中数据传送的特点，目前已提出许多较为有效的路由技术。按路由算法的实现方法划分，洪泛式路由，如 Gossiping 等；以数据为中心的路由，如 Directed Diffusion，SPIN 等；层次式路由，如 LEACH（Low Energy Adaptive Clustering Hierarchy）、TEEN（Threshold Sensitive Energy Efficient Sensor Network Protocol）等；基于位置信息的路由，如 GPSR（Greedy Perimeter Stateless Routing）、GEAR（Geographic and Energy Aware Routing）等。

4. 认证与访问控制

认证指使用者采用某种方式来"证明"自己确实是自己宣称的某人，网络中的认证主要包括身份认证和消息认证。身份认证可以使通信双方确信对方的身份并交换会话密钥。认证的密钥交换中两个最重要的问题是保密性和及时性。消息认证中主要是接收方希望能够保证其接收的消息确实来自真正的发送方。广播认证是一种特殊的消息认证形式，在广播认证中，一方广播的消息被多方认证，传统的认证是区分不同层次的，网络层的认证就负责网络层的身份鉴别，业务层的认证就负责业务层的身份鉴别，两者独立存在。

在物联网中，业务应用与网络通信紧紧地联系在一起，认证有其特殊性。物联网的业务由运营商提供，可以充分利用网络层认证的结果而不需要进行业务层的认证。当业务是敏感业务，需要做业务层的认证。当业务是普通业务，网络认证已经足够，那么就不再需要业务层的认证。在物联网的认证过程中，传感网的认证机制是重要的研究部分。

（1）认证机制

1）基于轻量级公钥算法的认证技术。基于 RSA 公钥算法的 TinyPK 认证方案和基于身份标识的认证算法。

2）基于预共享密钥的认证技术。SNEP 方案中提出两种配置方法：节点之间的共享密钥和每个节点和基站之间的共享密钥。

3）基于单向散列函数的认证方法。

（2）访问控制

访问控制是对用户合法使用资源的认证和控制，目前信息系统的访问控制主要是基于角色的访问控制机制（Role - Based Access Control，RBAC）及其扩展模型。对物联网而言，末端是感知网络，可能是一个感知节点或一个物体，采用用户角色的形式进行资源的控制显得不够灵活。

1）基于角色的访问控制在分布式的网络环境中已呈现出不相适应的地方。

2）节点不是用户，是各类传感器或其他设备，且种类繁多。

3）物联网表现的是信息的感知互动过程，而 RBAC 机制中，一旦用户被指定为某种角色，其可访问资源就相对固定，新的访问控制机制是物联网和互联网都值得研究的问题。

基于属性的访问控制（Attribute - Based Access Control，ABAC）是近几年研究的热点，目前有基于密钥策略和基于密文策略两个发展方向，目标是改善基于属性的加密算法的性能。

5. 入侵检测与容侵容错技术

容侵就是指在网络中存在恶意入侵的情况下，网络仍然能够正常地运行。现阶段无线传感器网络的容侵技术主要集中于网络的拓扑容侵、安全路由容侵、数据传输过程中的容侵机制。无线传感器网络可用性的另一个要求是网络的容错性。无线传感器网络的容错性指的是当部分节点或链路失效后，网络能够进行传输数据的恢复或者网络结构自愈，从而尽可能减小节点或链路失效对无线传感器网络功能的影响。目前相关领域的研究主要集中在网络拓扑中的容错、网络覆盖中的容错和数据检测中的容错机制几个方面。

下面介绍一种无线传感器网络中的容侵框架，该框架包括 3 个部分：

1）判定恶意节点。

2）发现恶意节点后启动容侵机制。

3）通过节点之间的协作，对恶意节点做出处理决定（排除或是恢复）。

根据无线传感器网络中不同的入侵情况，可以设计出不同的容侵机制，如无线传感器网络中的拓扑容侵、路由容侵和数据传输容侵等机制。

6. 决策与控制安全

物联网的数据是一个双向流动的信息流，一是从感知端采集物理世界的各种信息，经过数据的处理，存储在网络的数据库中。二是根据用户的需求，进行数据的挖掘、决策和控制，实现与物理世界中任何互连物体的互动。在数据采集处理中，隐私性等安全问题严峻；在决策控制中，涉及可靠性等安全因素；在传统的无线传感器网络中，侧重对感知端的信息获取，对决策控制的安全考虑不多；在互联网的应用中，侧重于信息的获取与挖掘，较少考虑对第三方的控制，而物联网中对物体的控制将是重要的组成部分，需要进一步的研究。

10.2 物联网分层安全机制

物联网安全的要点是保证信息的完整性、真实性、机密性、隐私性和可用性。完整性就是保证信息和数据不可伪造和篡改；真实性就是采集到的信息和数据应反映实际情况；机密性就是传输的信息和数据对于他方是机密的；隐私性就是保证信息和数据不泄露给他方；可用性就是整个系统应该稳定可靠。

目前，针对物联网的几个逻辑层，已经有许多解决方案，例如密码技术手段等。但需要说明的是，物联网作为一个应用整体，各个层独立的安全措施简单相加不足以提供可靠的安全保障。而且，物联网与几个逻辑层所对应的基础设施之间还存在许多本质区别。最基本的区别可以从下述几点看到。

10.2.1 信息感知层安全机制

信息感知层的任务是全面感知外界信息，或者说是原始信息收集。该层的典型设备包括RFID装置、各类传感器（如红外、超声、温度、湿度、速度等）、图像捕捉装置（摄像头）、全球定位系统（GPS）、激光扫描仪等。这些设备收集的信息通常具有明确的应用目的，因此传统上这些信息直接被处理并应用，如公路摄像头捕捉的图像信息直接用于交通监控。但是在物联网应用中，多种类型的感知信息可能会被同时处理，综合利用，甚至不同感应信息的结果将影响其他控制调节行为，如湿度的感应结果可能会影响到温度或光照控制的调节。同时，物联网应用强调的是信息共享，这是物联网区别于传感网的最大特点之一。比如交通监控录像信息可能还同时被用于公安侦破、城市改造规划设计、城市环境监测等。于是，如何处理这些感知信息将直接影响到信息的有效应用。为了使同样的信息被不同应用领域有效使用，应该有综合处理平台，这就是物联网的智能处理层，因此这些感知信息需要传输到一个处理平台。

1. 信息感知层面临的威胁

1）机密性：多数传感网内部不需要认证和密钥管理，如统一部署的共享一个密钥的传感网。

2）密钥协商：部分传感网内部节点进行数据传输前，需要预先协商会话密钥。

3）节点认证：个别传感网（特别当传感数据共享时）需要节点认证，确保非法节点不能接入。

4）信誉评估：一些重要传感网需要对可能被敌方控制的节点行为进行评估，以降低敌手入侵后的危害（某种程度上相当于入侵检测）。

5）安全路由：几乎所有传感网内部都需要不同的安全路由技术。

2. 信息感知层安全机制

了解了传感网的安全威胁，就容易建立合理的安全机制。在传感网内部，需要有效的密钥管理机制，用于保障传感网内部通信的安全。传感网内部的安全路由、联通性解决方案等都可以相对独立地使用。由于传感网类型的多样性，很难统一要求有哪些安全服务，但机密性和认证性都是必要的。机密性需要在通信时建立一个临时会话密钥，而认证性可以通过对称密码或非对称密码方案解决。使用对称密码的认证方案需要预置节点间的共享密钥，在效率上也比较高，消耗网络节点的资源较少，许多传感网都选用此方案；而使用非对称密码技术的传感网一般具有较好的计算和通信能力，并且对安全性要求更高。在认证的基础上完成密钥协商是建立会话密钥的必要步骤。安全路由和入侵检测等也是传感网应具有的性能。

由于传感网的安全一般不涉及其他网络的安全，因此是相对较独立的问题，有些已有的安全解决方案在物联网环境中也同样适用。但由于物联网环境中，传感网遭受外部攻击的机会增大，因此用于独立传感网的传统安全解决方案需要提升安全等级后才能使用，也就是说在安全的要求上更高，这仅仅是量的要求，没有质的变化。相应地，传感网面临的威胁所涉及的密码技术包括轻量级密码算法、轻量级密码协议、可设定安全等级的密码技术等。

10.2.2 物联接入层和网络传输层安全机制

物联网的物联接入层和网络传输层主要用于把信息感知层收集到的信息安全可靠地传输到技术支撑层和应用接口层，然后根据不同的应用需求进行信息处理，即物联接入层和网络传输层主要是网络基础设施，包括互联网、移动网和一些专业网（如国家电力专用网、广播电视网）等。在信息传输过程中，可能经过一个或多个不同架构的网络进行信息交接。例如，普通电话座机与手机之间的通话就是一个典型的跨网络架构的信息传输实例。在信息传输过程中跨网络传输是很正常的，在物联网环境中这一现象更突出，而且很可能在正常而普通的事件中产生信息安全隐患。

网络环境目前遇到前所未有的安全挑战，而物联网传输层所处的网络环境也存在安全挑战，甚至是更大的挑战。同时，由于不同架构的网络需要相互连通，因此在跨网络架构的安全认证等方面会面临更大挑战。

由于所有与传感网内部节点的通信都需要经过网关节点与外界联系，因此在物联网的传感层，只需要考虑传感网本身的安全性即可。敌方捕获网关节点不等于控制该节点，一个传感网的网关节点实际被敌方控制的可能性很小，因为需要掌握该节点的密钥（与传感网内部节点通信的密钥或与远程信息处理平台共享的密钥），而这是很困难的。如果敌方掌握了一个网关节点与传感网内部节点的共享密钥，那么他就可以控制传感网的网关节点，并由此获得通过该网关节点传出的所有信息。但如果敌方不知道该网关节点与远程信息处理平台的共享密钥，那么他不能篡改发送的信息，只能阻止部分或全部信息的发送，但这样容易被远程信息处理平台觉察到。因此，若能识别一个被敌方控制的传感网，便可以降低甚至避免由敌方控制的传感网传来的虚假信息所造成的损失。

传感网遇到比较普遍的情况是某些普通网络节点被敌方控制而发起的攻击，传感网与这些普通节点交互的所有信息都被敌方获取。敌方的目的可能不仅仅是被动窃听，还通过所控制的网络节点传输一些错误数据。因此，传感网的安全需求应包括对恶意节点行为的判断和对这些节点的阻断，以及在阻断一些恶意节点（假定这些被阻断的节点分布是随机的）后，网络的连通性如何保障。

对传感网络分析（很难说是否为攻击行为，因为有别于主动攻击网络的行为）更为常见的情况是敌方捕获一些网络节点，不需要解析它们的预置密钥或通信密钥（这种解析需要代价和时间），只需要鉴别节点种类，比如检查节点是用于检测温度、湿度还是噪音等。有时候这种分析对敌手是很有用的。因此，安全的传感网络应该有保护其工作类型的安全机制。

既然传感网最终要接入其他外在网络，包括互联网，那么就难免受到来自外在网络的攻击。目前能预期到的主要攻击除了非法访问外，应该是拒绝服务（DOS）攻击了。因为传感网节点的通常资源（计算和通信能力）有限，所以对抗 DOS 攻击的能力比较脆弱，在互联网环境里未被识别为 DOS 攻击的访问就可能使传感网瘫痪，因此，传感网的安全应该包括节点抗 DOS 攻击的能力。考虑到外部访问可能直接针对传感网内部的某个节点（如远程控制启动或关闭红外装置），而传感网内部普通节点的资源一般比网关节点更小，因此，网络抗 DOS 攻击的能力应包括网关节点和普通节点两种情况。

传感网接入互联网或其他类型网络所带来的问题不仅仅是传感网如何对抗外来攻击的问题，更重要的是如何与外部设备相互认证的问题，而认证过程又需要特别考虑传感网资源的有限性，因此，认证机制需要的计算和通信代价都必须尽可能小。此外，对外部互联网来说，其所连接的不同传感网的数量可能是一个庞大的数字，如何区分这些传感网及其内部节点，有效地识别它们，是安全机制能够建立的前提。

在物联网发展过程中，目前的互联网或者下一代互联网将是物联网传输层的核心载体，多数信息要经过互联网传输。互联网遇到的 DOS 和分布式拒绝服务攻击（DDOS）仍然存在，因此需要有更好的防范措施和灾难恢复机制。考虑到物联网所连接的终端设备性能和对网络需求的巨大差异，对网络攻击的防护能力也会有很大差别，因此很难设计通用的安全方案，而应针对不同网络性能和网络需求有不同的防范措施。

1. 物联接入层和网络传输层安全需求

物联网的物联接入层和网络传输层主要用于把感知层收集到的信息安全可靠地传输到信息处理层，然后根据不同的应用需求进行信息处理，主要包括移动网、互联网和一些专业网。在信息传输过程中，可能经过一个或多个不同机制的网络进行信息交接。

如果仅考虑互联网和移动网以及其他一些专用网络，则物联接入层和网络传输层对安全的需求可以概括为以下几点。

1）数据机密性：需要保证数据在传输过程中不泄露其内容。

2）数据完整性：需要保证数据在传输过程中不被非法篡改，或非法篡改的数据容易被检测出。

3）数据流机密性：某些应用场景需要对数据流量信息进行保密，目前只能提供有限的数据流机密性。

4）DDOS 攻击的检测与预防：DDOS 攻击是网络中最常见的攻击现象，在物联网中将会更突出。物联网中需要解决的问题还包括如何对脆弱节点的 DDOS 攻击进行防护。

5）移动网中认证与密钥协商（AKA）机制的一致性或兼容性、跨域认证和跨网络认证（基于 IMSI）：不同无线网络所使用的不同 AKA 机制对跨网认证带来不利。这一问题亟待解决。

2. 物联接入层和网络传输层安全机制

物联接入层和网络传输层的安全机制可分为端到端机密性和节点到节点机密性。对于端到端机密性，需要建立如下安全机制：端到端认证机制、端到端密钥协商机制、密钥管理机制和机密性算法选取机制等。在这些安全机制中，根据需要可以增加数据完整性服务。对于节点到节点机密性，需要节点间的认证和密钥协商协议，这类协议要重点考虑效率因素。机密性算法的选取和数据完整性服务则可以根据需求选取或省略。考虑到跨网络机制面临的威胁，需要建立不同网络环境的认证衔接机制。另外，根据应用层的不同需求，网络通信模式可能区分为单播通信、组播通信和广播通信，针对不同类型的通信模式也应该有相应的认证机制和机密性保护机制。

简而言之，物联接入层和网络传输层的安全机制主要包括如下几个方面：

1）节点认证、数据机密性、完整性、数据流机密性、DDOS 攻击的检测与预防。

2）移动网中 AKA 机制的一致性或兼容性、跨域认证和跨网络认证（基于 IMSI）。

3）相应密码技术。密钥管理（密钥基础设施 PKI 和密钥协商）、端对端加密、节点对节点加密、密码算法和协议等。

4）组播和广播通信的认证性、机密性和完整性安全机制。

10.2.3 技术支撑层安全机制

1. 技术支撑层面临的威胁

技术支撑层是信息到达智能处理平台的处理过程，包括如何从网络中接收信息。在从网络接收信息的过程中，需要判断哪些信息是真正有用的信息，哪些是垃圾信息甚至是恶意信息。在来自于网络的信息中，有些属于一般性数据，用于某些应用过程的输入，而有些可能是操作指令。在这些操作指令中，又有一些可能是多种原因造成的错误指令（如指令发出者的操作失误、网络传输错误、得到恶意修改等），或者是攻击者的恶意指令。如何通过密码技术等手段甄别出真正有用的信息，又如何识别并有效防范恶意信息和指令带来的威胁，是物联网处理层的一个重大安全挑战。

同时，物联网时代需要处理的信息是海量的，需要处理的平台也是分布式的。当不同性质的数据通过一个处理平台处理时，该平台需要多个功能各异的处理平台协同处理。但首先应该知道将哪些数据分配到哪个处理平台，因此数据类别分类是必需的。同时，安全的要求使得许多信息都是以加密形式存在的，因此，如何快速有效地处理海量加密数据是智能处理阶段遇到的另一个重大挑战。

物联网技术支撑层的重要特征是智能，智能的技术实现少不了自动处理技术，其目的是使处理过程方便迅速，而非智能的处理手段可能无法应对海量数据。但自动过程对恶意数据特别是恶意指令信息的判断能力是有限的，而智能也仅限于按照一定规则进行过滤和判断，攻击者很容易避开这些规则，正如垃圾邮件过滤一样，这么多年来一直是一个棘手的问题。因此，技术支撑层的安全挑战包括如下几个方面：

1）来自于超大量终端的海量数据的识别和处理。

2）智能变为低能。

3）自动变为失控（可控性是信息安全的重要指标之一）。

4）灾难控制和恢复。

5）非法人为干预（内部攻击）。

6）设备（特别是移动设备）的丢失。

计算技术的智能处理过程较人类的智力来说还是有本质的区别，但计算机的智能判断在速度上是人类智力判断所无法比拟的，由此，期望物联网环境的智能处理在智能水平上不断提高，而且不能用人的智力去代替。也就是说，只要智能处理过程存在，就可能让攻击者有机会躲过智能处理过程的识别和过滤，从而达到攻击的目的。在这种情况下，智能与低能相当。因此，物联网的传输层需要高智能的处理机制。

如果智能水平很高，那么可以有效识别并自动处理恶意数据和指令。但再好的智能也存在失误的情况，特别在物联网环境中，即使失误概率非常小，但是自动处理过程的数据量非常庞大，因此失误的情况还是很多。在处理发生失误而使攻击者攻击成功后，如何将攻击所造成的损失降低到最小程度，并尽快从灾难中恢复到正常工作状态，是物联网智能处理层的另一重要问题，也是一个重大挑战，因为在技术上没有最好，只有更好。

技术支撑层虽然使用智能的自动处理手段，但还是允许人为干预，而且是必需的。人为干预可能发生在智能处理过程无法做出正确判断的时候，也可能发生在智能处理过程有关键中间结果或最终结果的时候，还可能发生在其他任何原因而需要人为干预的时候。人为干预的目的是为了技术支撑层更好地工作，但也有例外，那就是实施人为干预的人试图实施恶意行为时。来自于人的恶意行为具有很大的不可预测性，防范措施除了技术辅助手段外，更多地需要依靠管理手段。因此，物联网技术支撑层的信息保障还需要科学管理手段。

智能处理平台的大小不同，大的可以是高性能工作站，小的可以是移动设备，如手机等。工作站的威胁是内部人员恶意操作，而移动设备的一个重大威胁是丢失。由于移动设备不仅是信息处理平台，而且其本身通常携带大量重要机密信息，因此，如何降低作为处理平台的移动设备丢失所造成的损失是重要的安全挑战之一。

2. 技术支撑层安全机制

基于物联网智能处理层面临的威胁，需要如下的安全机制。

1）可靠的认证机制和密钥管理方案。

2）高强度数据机密性和完整性服务。

3）可靠的密钥管理机制，包括 PKI 和对称密钥有机结合的机制。

4）可靠的高智能处理手段。

5）入侵检测和病毒检测。

6）恶意指令分析和预防，访问控制及灾难恢复机制。

7）保密日志跟踪和行为分析，恶意行为模型的建立。

8）密文查询、秘密数据挖掘、安全多方计算、安全云计算技术等。

9）移动设备文件（包括秘密文件）的可备份和恢复。

10）移动设备识别、定位和追踪机制。

10.2.4　应用接口层安全机制

由于物联网需要根据不同应用需求对共享数据分配不同的访问权限，而且不同权限访问同一数据可能得到不同的结果。例如，道路交通监控视频数据在用于城市规划时只需要很低的分辨率，因为城市规划需要的是交通堵塞的大概情况；当用于交通管制时就需要清晰一些，因为需要知道交通实际情况，以便能及时发现哪里发生了交通事故，以及交通事故的基本情况等；当用于公安侦查时可能需要更清晰的图像，以便能准确识别汽车牌照等信息。因此，如何以安全方式处理信息是应用中的一项挑战。

随着个人和商业信息的网络化，越来越多的信息被认为是用户隐私信息。需要隐私保护的应用至少包括如下几种：

1）移动用户既需要知道（或被合法知道）其位置信息，又不愿意非法用户获取该信息。

2）用户既需要证明自己合法使用某种业务，又不想让他人知道自己在使用某种业务，如在线游戏。

3）病人急救时需要及时获得该病人的电子病历信息，但又要保护该病历信息不被非法获取，包括病历数据管理员。

4）许多业务需要匿名性，如网络投票。

1. 应用接口层面临的威胁

应用层设计的是综合的或有个体特性的具体应用业务，它所涉及的某些安全问题通过前面几个逻辑层的安全解决方案可能仍然无法解决。在这些问题中，隐私保护就是典型的一种。无论信息感知层、网络传输层还是技术支撑层，都不涉及隐私保护的问题，但它却是一些特殊应用场景的实际需求，即应用层特殊面临的威胁。物联网的数据共享有多种情况，涉及不同权限的数据访问。此外，在应用层还将涉及知识产权保护、计算机取证、计算机数据销毁等面临的威胁和相应技术。

应用层面临的威胁主要来自于下述几个方面：

1）如何根据不同访问权限对同一数据库内容进行筛选。

2）如何提供用户隐私信息保护，同时又能正确认证。

3）如何解决信息泄露追踪问题。

4）如何销毁计算机数据。

5）如何保护电子产品和软件的知识产权。

2. 应用接口层安全机制

基于物联网综合应用层面临的威胁，需要如下的安全机制：

1）有效的数据库访问控制和内容筛选机制。

2）不同场景的隐私信息保护技术。

3）叛逆追踪和其他信息泄露追踪机制。

4）安全的计算机数据销毁技术。

5）安全的电子产品和软件的知识产权保护技术。

针对这些安全机制，需要发展相关的密码技术，包括访问控制、匿名签名、匿名认证、密文验证（包括同态加密）、门限密码、叛逆追踪、数字水印和指纹技术等。

10.3 物联网面临的其他威胁

由于物联网的特性，必然要广泛使用云计算、无线网络和 IPv6 技术，在使用中，它们同样面临着威胁。

10.3.1 云计算面临的安全风险

云计算是指通过网络以按需、易扩展的方式，交付和使用所需的 IT 基础设施资源或服务，提供资源或服务的网络被称为"云"。云计算是并行计算、分布式计算和网格计算技术的进一步发展。云计算改变的是计算分布或分配的模式（Par – Adigm）。根据计算分配模式的不同，云计算又可分为共有云、私有云以及公共云。云计算存在以下潜在的安全风险。

1. 优先访问权风险

一般来说，用户数据都有其机密性。这些用户把数据提交给云计算服务网后，具有数据优先访问权的并不是用户自己，而是云计算服务商。如此一来，就不能排除用户数据被泄露出去的可能性。

2. 管理权限风险

虽然用户把数据交给云计算服务商托管，但数据安全及整合等事宜，最终仍由用户自身负责。但如果云计算服务商拒绝外部机构的审计和安全认证，则意味着用户无法对被托管数据加以有效利用。

3. 数据处所风险

当用户使用云计算服务时，他们并不清楚自己的数据被放置在哪台服务器上，甚至根本不清楚这个服务器放置在哪个国家。

4. 数据隔离风险

在云计算服务平台中，大量用户数据处于共享环境中，即使采用数据加密方式，也不能保证做到万无一失。

5. 数据恢复风险

在目前的网络应用中，重要的数据一般要做到多种方式的备份，甚至要异地备份。如果云计算服务商不能做到完善的设备和数据备份，一旦出现重大事故，用户的数据将不能及时得到恢复，甚至永远丢失。

6. 调查支持风险

由于云计算平台涉及很多用户的数据，因此用户需要对活动情况进行调查时，云计算服务商未必愿意提供，即便使用司法手段调取也可能因为地域或国家的不同而无法调取。

7. 长期发展风险

一旦出现企业用户选定的云计算服务商破产或被他人收购，其既有服务可能被中断或者变得不稳定，很大程度上影响用户对数据的合法使用。

10.3.2 WLAN 面临的六大风险

相比有线网络，无线网络技术增加了使用的灵活性，提高了生产效率，也降低了网络成本。与此同时，无线网络技术既没有物理上也没有逻辑上的隔离措施，给我们带来了新的安全挑战。

1. 非法设备

未经认证的非法设备，尤其是非法 AP，是无线技术出现以来面临的最大挑战。非法设备的极具扩张，严重威胁到了企业网络安全。根据一份调查分析，在一家国内的企业网络中就存在成千上万的非法设备。一个非法的 AP 有可能是软件上的 AP，硬件上的 AP，也有可能是笔记本电脑、扫描器或者其他设备。它们可以提供进入整个企业网络的入口，并且完全绕过现有的所有安全措施。

2. 结构不确定

无线设备之间的结构经常容易变动。当一台运行 Windows XP 的笔记本电脑或者是自动配置客户端就会经常连接到相邻的其他网络中去。这也就意味着，侵入者可以在用户不知情的情况下连接到用户计算机中，获取敏感数据，并进一步使其暴露在风险之中。如果终端还连接到了有线网络中，则面临的风险会更加多样。

Ad–hoc 网络是带有无线网卡的设备之间实现的点对点连接，它不需要使用接入点或者其他用户认证的形式实现网络连接。虽然这种 Ad–hoc 网络在工作站之间传输文件或者连接打印机方面比较方便，但是它缺乏足够的安全性，它可以使黑客很轻易地闯入到用户工作站或者笔记本电脑上。

3. 网络和设备漏洞

不安全的无线局域网设备，比如访问接入点和用户工作站，都会严重威胁到无线和有线网络安全。这些不安全设备会成为黑客们的猎物，通过使用专门的工具来破解加密和认证系统。

未配置的 AP 的漏洞。一个未恰当配置的 AP 会给企业的无线网络造成严重的安全隐患。

大多数访问接入点的默认设置并不包括身份认证和加密这样的东西，因此，这种廉价的访问接入点会使得集中配置管理变得十分困难。另外，企业中的个人也可以未经 IT 部门轻易设立接入点，而且还很有可能没有进行恰当配置。正是那些非法访问接入点给黑客进入无线和有线内部网络敞开了大门。

未配置的无线工作站的漏洞。未经配置的无线用户工作站会比未配置的接入点面临更大的安全风险。这种设备可以很容易地进出企业网络，它们一般都未经配置或者使用默认设置，因此，黑客们可以使用任何一个这样不安全的无线工作站作为攻击网络的基点。

破解加密的漏洞。黑客使用专门的破解加密工具来破坏 WEP 加密系统。这些工具都是现有的而且并不昂贵。它们利用了 WEP 加密算法的漏洞，可以观察到无线局域网流量并且收集到足够的数据信息，从而根据信息破坏密钥。一些工具破解 WEP 密钥所花费的时间会从数小时到数天不等，它们使用一种注入技术获取这些密钥。

4. 威胁和攻击

无线网络存在许多不同于有线网络的安全隐患和攻击威胁，主要包括以下几种。

（1）侦测

传统型攻击都需要一个侦测的过程，黑客可以借此了解哪些系统具有漏洞并且可以进行攻击。为了实现侦测，黑客一般使用无线局域网扫描工具，比如 NetStumbler、Wellenreiter。

（2）身份盗用

对于无线网络来说，窃取经认证的用户身份是一个很严重的威胁。即使 SSIDs 和媒体访问控制（MAC）地址是为了识别授权客户端而添加的地址，但是现有的加密标准并不是万无一失的。老练的黑客可以轻易获取 SSID 和 MAC 地址、破坏传输文件或者窃取其他信息。有一种误解，认为如果 MAC 地址是基于 802.1x 验证的话，身份盗用就不太可能发生，其实，破解 LEAP 窃取身份信息对于身经百战的那些黑客来说是很容易的。对于其他认证计划，比如 EAP - TLS 和 PEAP，可能会要求更高些，破解这些认证计划需要利用有线网络一侧的漏洞。

（3）拒绝服务

任何一个拒绝服务攻击目标，都会拒绝用户访问网络并享受服务。发起拒绝服务攻击的常用方法，就是利用合理的服务请求来占用过多的服务资源，从而使合法用户无法得到服务的响应。

（4）攻击工具

黑客使用的工具一般都是网上可供免费使用的那种，而且新的工具也层出不穷。这些工具可以帮助黑客破解加密和认证系统，可以分析协议、窃听空中通信和记录 IP 地址、用户名和密码等敏感信息。WEP Wedgie、WEP Crack、WEP Attack、BSD - Airtools 和 AirSnort 等加密破解工具，可以帮助黑客破解使用 WEP 加密系统的加密信息；ASLEAP 和 THC - LEAP Cracker 等认证破解工具可以帮助黑客破解针对 802.1x 无线网络基于端口的认证协议（比如 LEAP 和 PEAP），通过这些，黑客还可以进一步获取认证证书；WLAN 和 Hunter_Killer 等拒绝服务工具，可以帮助黑客发动拒绝服务攻击；Nessus 等 Windows 漏洞扫描工具可以让黑客扫描无线网络中的用户工作站和访问接入点中存在的漏洞。

5. 暴露出有线网络

很多企业的无线局域网都会与某个有线网络相连，黑客可以通过任何一个不安全的无线工作站登录并进入其中。此外，未配置的访问接入点也扮演了一个桥接到有线网络、发送广播、认证证书等角色。而且，使用路由协议比如 HSRP 的企业，容易被黑客通过无线侦测获取有线网络报文信息。

6. 应用冲突问题

由于无线 LAN 使用无线电波, 它容易受到各种条件和事件的影响。比如, 射频就会对无线网络造成一定的冲突。射频冲突来源可能来自另一个电子设备, WLAN 会限制共享一个接入点、限制不同用户间的传输能力等, 黑客也比较容易在这样的受限源点发动拒绝服务攻击。

非法 AP 或者其他设备也会与其他"合法"设备产生冲突, 而且会给黑客提供有利因素。黑客也可能会试图通过安装一个非法 AP 访问网络, 并从合法 AP 上获取敏感信息或者伪造合法连接。除此之外, 有些想限制无线 LAN 使用的人还会试图使用更强的无线电波安插一个 AP。

另外, 吞吐量也会导致网络延迟。比如, 当有大量用户同时连接到某个 AP 时, 某个有故障的 AP 也会限制或者阻止访问网络。

10.3.3 IPv6 面临的四类风险

互联网的各种攻击、黑客、网络蠕虫病毒给我们带来了严重威胁和隐患, 很多人把这些都归咎于 IPv4 网络, 并把 IPv6 作为解决现有问题的良药。是不是使用 IPv6 就没有安全问题了呢?

1. 病毒和蠕虫病毒仍然存在

目前, 病毒和互联网蠕虫是最让人头疼的网络攻击行为。由于 IPv6 地址空间的巨大性, 原有的基于地址扫描的病毒、蠕虫甚至是入侵攻击会在 IPv6 的网络中销声匿迹。但是, 基于系统内核和应用层的病毒和互联网蠕虫是一定会存在的, 电子邮件的病毒还是会继续传播。

2. 衍生出新的攻击方式

IPv6 中的组发地址定义方式给攻击者带来了一些机会。例如, IPv6 地址 FF05::3 是所有的 DHCP 服务器, 也就是说, 如果向这个地址发布一个 IPv6 报文, 这个报文可以到达网络中所有的 DHCP 服务器, 所以可能会出现一些专门攻击这些服务器的拒绝服务攻击。

3. IPv4 到 IPv6 的过渡期间的风险

不管是 IPv4 还是 IPv6, 都需要使用 DNS, IPv6 网络中的 DNS 服务器就是一个容易被黑客看中的关键主机。也就是说, 虽然无法对整个网络进行系统的网络侦察, 但在每个 IPv6 的网络中, 总有那么几台主机是大家都知道网络名字的, 也可以对这些主机进行攻击。而且, 因为 IPv6 的地址空间实在是太大了, 很多 IPv6 的网络都会使用动态的 DNS 服务。而如果攻击者可以攻占这台动态 DNS 服务器, 就可以得到大量的在线 IPv6 的主机地址。另外, 因为 IPv6 的地址是 128 位, 很不好记, 网络管理员可能会常常使用好记的 IPv6 地址, 这些好记的 IPv6 地址可能会被编辑成一个类似字典的东西, 病毒找到 IPv6 主机的可能性小, 但猜到 IPv6 主机的可能性会大一些。而且由于 IPv6 和 IPv4 要共存相当长一段时间, 很多网络管理员会把 IPv4 的地址放到 IPv6 地址的后 32 位中, 黑客也可能按照这个方法来猜测可能的在线 IPv6 地址。

4. 多数传统攻击不可避免

不管是在 IPv4 还是在 IPv6 的网络中, 以下这些网络攻击技术都存在:

1) 报文侦听。虽然 IPv6 提供了 IPSec 保护报文的工具, 但由于公钥和密钥的问题, 在没有配置 IPSec 的情况下, 侦听 IPv6 的报文仍然是可能的。

2) 应用层的攻击。显而易见, 任何针对应用层, 如 Web 服务器、数据库服务器等的攻击都将仍然有效。

3) 中间人攻击。虽然 IPv6 提供了 IPSec, 还是有可能会遭到中间人的攻击, 所以应尽量使用正常的模式来交换密钥。

4）洪水攻击。不论在 IPv4 还是在 IPv6 的网络中，向被攻击的主机发布大量的网络流量的攻击将是会一直存在的，但在 IPv6 中，追溯攻击的源头要比在 IPv4 中容易一些。

10.3.4 传感器网络面临的威胁

无线传感器网络（WSN）中，最小的资源消耗和最大的安全性能之间的矛盾，是传感器网络安全性的首要问题。WSN 在空间上的开放性，使得攻击者可以很容易地窃听、拦截、篡改、重播数据包等。网络中的节点能量有限，使得 WSN 易受到资源消耗型攻击。而且由于节点部署区域的特殊性，攻击者可能捕获节点并对节点本身进行破坏或破解。

1. 物理层

物理层完成频率选择、载波生成、信号检测和数据加密的功能，所受到的攻击通常有以下几种方式。

1）拥塞攻击。攻击节点在 WSN 的工作频段上不断地发送无用信号，可以使在攻击节点通信半径内的节点不能正常工作。如这种攻击节点达到一定的密度，整个网络将面临瘫痪。

2）物理破坏。WSN 节点分布在一个很大的区域内，很难保证每个节点都是物理安全的。攻击者可能俘获一些节点，对它进行物理上的分析和修改，并利用它干扰网络的正常功能。甚至可以通过分析其内部敏感信息和上层协议机制，破坏网络的安全性。

2. MAC 层

MAC 层为相邻节点提供可靠的通信通道。MAC 协议分为确定性分配、竞争占用和随机访问 3 类，其中随机访问模式比较适合无线传感器网络的节能要求。

随机访问模式中，节点通过载波监听的方式来确定自身是否能访问信道，因此易遭到拒绝服务攻击。一旦信道发生冲突，节点使用二进指数倒退算法确定重发数据的时机。这时，攻击者只需产生一个字节的冲突就可以破坏整个数据包的发送，接收者回送数据冲突的应答 ACK，发送节点则倒退并重新选择发送时机。如此这般反复冲突，节点不断倒退，导致信道阻塞，且很快耗尽节点有限的能量。

如 MAC 层协议采用时分多路复用算法为每个节点分配传输时间片，恶意节点会利用 MAC 协议的交互特性来实施攻击。例如，基于 IEEE 802.11 的 MAC 协议用 RTS、CTS 和 DATA ACK 消息来预定信道、传输数据。如果恶意节点向某节点持续地用 RTS 消息来申请信道，则目的节点不断地 CTS 回应，这种持续不断的请求最终导致目的节点能量耗尽。

3. 网络层

路由协议在网络层实现。WSN 中的路由协议有很多种，主要可以分为以数据为中心的路由协议、层次式路由协议以及基于地理位置的路由协议 3 类。而大多数路由协议都没有考虑安全的需求，使得这些路由协议都易遭到攻击，从而使整个 WSN 崩溃。在网络层 WSN 受到的主要攻击有以下几种。

（1）虚假路由信息

恶意节点在接收到一个数据包后，除了丢弃该数据包外，还可能通过修改源地址和目的地址，选择一条错误的路径发送出去，从而导致网络路由的混乱。如果恶意的节点将收到的数据包全部转向网络中的某一个固定节点，该节点可能会因通信阻塞和能量耗尽而失效。

（2）选择性转发/不转发

恶意节点在转发数据包过程中丢弃部分或全部数据包，使得数据包不能到达目的节点。另外恶意节点也可能将自己的数据包以很高的优先级发送，破坏网络通信秩序。

（3）贪婪转发

即黑洞（Sinkhole）攻击。攻击者利用收发能力强的特点吸引一个特定区域的几乎所有流量，创建一个以攻击者为中心的黑洞。基于距离向量的路由机制通过计算路径长短进行路由选择，这样收发能力强的恶意节点通过发送 0 距离（表明自己到达目标节点的距离为 0）公告，吸引周围节点所有的数据包，在网络中形成一个路由黑洞，使数据包不能到达正确的目标节点。

（4）Sybil 攻击

在 Sybil 攻击中，一个节点以多个身份出现在网络中的其他节点面前，使其更易于成为路由路径中的节点，然后与其他攻击方法结合达到攻击目的。Sybil 攻击能够明显地降低路由方案对于诸如分布式存储、分散和多路径路由、拓扑结构保持的容错能力。它对于基于位置信息的路由协议构成很大的威胁。这类位置敏感的路由为了高效地为用地理地址标识的包选路，通常要求节点与它们的邻居交换坐标信息。一个节点对于相邻节点来说，应该只有唯一的一组合理坐标，但攻击者可以同时处在不同的坐标上。

（5）Wormholes 攻击

Wormholes 攻击通常需要两个恶意节点互相串通，合谋攻击。一个恶意节点在基站附近，另一个离基站较远。较远的节点声称自己和基站附近的节点可以建立低时延、高带宽的链路，吸引周围节点的数据包。Wormholes 攻击很可能与选择性转发或 Sybil 攻击相结合。当它与 Sybil 攻击相结合的时候，通常很难探测出。

（6）HELLO flood

很多路由协议需要节点定时发送 HELLO 包，以声明自己是其他节点的邻居节点。攻击者用足够大的发射功率广播 HELLO 包，使得网络中所有节点认为其是邻居节点，实际上却相距甚远。如其他节点以普通的发射功率向它发送数据包，则根本到达不了目的地，从而造成网络混乱。

10.3.5　基于 M2M 的物联网应用安全威胁分析

1. 本地安全威胁

M2M 通信终端很少有人直接参与管理，因而存在许多针对 M2M 终端设备和签约信息的攻击。主要有以下几种。

（1）盗用 M2M 设备或签约信息

M2M 设备一般情况下是无人看管的，这就不可避免地会有不法者破坏 M2M 设备，盗取 USIM 或 UICC 甚至 M2M 设备，从而窃取或篡改 M2M 设备中的用户签约信息。

（2）破坏 M2M 设备或签约信息

破坏者可能会采用物理或逻辑方法改变 TRE 的功能、TRE 与 M2M 设备间的控制信息或已获取的 MCIM 中的信息，造成用户无法接入网络或丢失个人数据等。最直接的是破坏 M2M 设备或 UICC，造成签约信息或 M2M 设备不可用，或者通过其他攻击方式造成签约信息不可用。攻击者还可以将 MCIM 的承载实体暴露在有害电磁环境中，导致其受到破坏从而造成签约信息不可用。此外，攻击者还可以通过向 M2M 设备中添加恶意信息导致签约信息不可用。

2. 无线链路安全威胁

M2M 终端设备与服务网之间的无线接口可能面临以下威胁。

1）非授权访问数据。攻击者可以窃听无线链路上的用户数据、信令数据和控制数据，甚至可以进行被动或主动的流量分析，从而获取 M2M 用户密钥或控制数据等机密信息，非法访问 M2M 设备上的数据。

2）对完整性威胁。攻击者可以修改、插入、重放或者删除无线链路上传输的合法的 M2M 用户数据或信令数据，对 M2M 用户交易信息造成破坏。

3）拒绝服务攻击。攻击者通过在物理层或协议层干扰用户数据、信令数据或控制数据在无线链路上的正确传输，实现无线链路上的拒绝服务攻击。

3. 服务网络安全威胁

服务网络面临的安全威胁可以分为以下几类。

（1）非授权访问数据

攻击者可以进入服务商窃听用户数据、信令数据和控制数据，没有经过授权访问存储在系统网络单元内的数据，甚至可能进行被动或主动的流量分析。

（2）非授权访问服务

攻击者可能会冒充合法用户使用网络服务，也可能冒充服务商以利用合法用户的接入尝试获得网络服务，还可以通过改变 MCIM 的接入控制方式来获得非法服务，利用窃取过期或未注册的身份来注册获取 MCIM，从而获得非授权的签约信息接入服务网络获取服务。攻击者可能假冒归属网以获取能够假冒某一用户所需的信息，用户也可能滥用其权限以获取对非授权服务的访问。

（3）窃取、更改通信信息

攻击者常通过物理窃取、在线侦听、伪装合法用户等手段来获取、修改、插入、删除甚至重放用户通信信息，如中间人攻击。攻击者还可能通过在线侦听或截获远程供应的 MCIM 的方式，达到非法使用 MCIM 应用的目的，从而造成合法用户的损失。

（4）拒绝服务攻击

攻击者通过在物理层或协议层干扰用户数据、信令数据或者控制数据的传输，实现网络中的拒绝攻击；还可以通过假冒某一网络单元来阻止合法 M2M 的业务数据、信令数据或控制数据，从而使合法 M2M 用户无法使用正常的网络服务。

（5）病毒、恶意软件

攻击者可以通过恶意软件、木马程序或其他手段获取 M2M 上的应用软件、签约信息以及 MCIM，然后在其他 M2M 设备上复制复原，从而假冒 M2M 用户的身份；还可以通过病毒或恶意软件更改、插入、删除用户的通信数据。

（6）更改运营商的安全威胁

M2M 用户更改本地运营商时也会面临一些安全威胁。由于运营商间竞争的存在，在 M2M 用户选择新运营商后，其证书信息及密钥在运营商间进行交换时可能会面临一些不正当行为的威胁，造成用户交易信息泄露，给用户造成经济损失，同时也损害运营商的利益。

10.3.6 基于 RFID 的物联网应用安全威胁分析

1. 物理攻击

物理攻击主要针对节点本身进行物理上的破坏行为，包括物理节点软件和硬件上的篡改和破坏、置换或加入物理节点以及通过物理手段窃取节点关键信息，导致信息泄露、恶意追踪、为上层攻击提供条件等。主要表现为以下几种方式。

1）版图重构。针对 RFID 攻击的一个重要手段是重构目标芯片的版图。通过研究连接模式和跟踪金属连线穿越可见模块（如 ROM、RAM、EEPROM、ALU、指令译码器等）的边界，可以迅速识别芯片上的一些基本结构，如数据线和地址线。版图重构技术也可用于获得只读型

ROM 的内容。

2）存储器读出技术。对于存放密钥、用户数据等重要内容的非易失性存储器，可以使用微探针监听总线上的信号获取重要数据。

3）电流分析攻击。如果 AFE 的电源设计不恰当，RFID 微处理执行不同内部处理的状态可能在串联电阻的两端交流信号上反映出来。

4）故障攻击。通过故障攻击可以导致一个或多个触发器位于病态，从而破坏传输到寄存器和存储器中的数据。当前有 3 种技术可以导致触发器病态，即瞬态时钟、瞬态电源以及瞬态外部电场。

2. 信道阻塞

信道阻塞攻击利用无线通信共享介质的特点，通过长时间占据信道导致合法通信无法进行。

3. 伪造攻击

指伪造电子标签以产生系统认可的"合法用户标签"，采用该手段实现攻击的代价高，周期长。

4. 假冒攻击

在射频通信网络中，电子标签与读写器之间不存在任何固定的物理连接，电子标签必须通过射频信道传送其身份信息，以便读写器能够正确鉴别它的身份。射频信道中传送的任何信息都可能被窃听。攻击者截获一个合法用户的身份信息时，就可以利用这个身份信息来假冒该合法用户的身份入网，这就是所谓的假冒攻击。主动攻击者可以假冒标签，还可以假冒读写器，以欺骗标签，获取标签身份，从而假冒标签身份。

5. 复制攻击

通过复制他人的电子标签信息，多次顶替别人使用。复制攻击实现的代价不高，且不需要其他条件，所以成为最常用的攻击手段。

6. 重放攻击

指攻击者通过某种方法将用户的某次使用过程或身份验证记录重放，或将窃听到的有效信息经过一段时间以后再传给信息的接收者，骗取系统的信任，达到其攻击的目的。

7. 信息篡改

指主动攻击者将窃听到的信息进行修改（如删除和/或替代部分或全部信息）之后再将信息传给原本的接收者。这种攻击的目的有两个：一是攻击者恶意破坏合法标签的通信内容，阻止合法标签建立通信连接；二是攻击者将修改的信息传给接收者，企图欺骗接收者相信该修改的信息是由一个合法的用户传递的。

习题与思考题

10-01 物联网特有的安全风险有哪些？

10-02 简述物联网安全的关键技术。

10-03 物联网感知层面临哪些安全威胁？

10-04 你认为云计算有哪些不安全因素？

10-05 传感器网络主要面临哪些安全威胁？

10-06 简要分析基于 RFID 的物联网系统的安全风险。

第11章 物联网应用案例

物联网可以"感知任何领域，智能任何行业"。物联网将有力带动传统产业转型升级，引领战略性新兴产业的发展，实现经济结构的升级和调整，提高资源利用率和生产力水平，改善人与自然界的关系，引发社会生产和经济发展方式的深度变革，具有巨大的增长潜能，是当前社会发展、经济增长和科技创新的战略制高点。物联网产业具有产业链长、涉及多个产业群的特点，其应用范围几乎覆盖了各行各业。

11.1 基于3G的无线可视化环保监测系统

当前，我国环境保护事业进入了新的发展阶段，重点污染源自动监控项目是"三大体系"（统计、监测和考核体系）建设的重要组成部分，无论是指标体系、监测体系还是考核体系都离不开重点污染源自动监控信息和数据的支持，是实现污染物减排目标和进行评价、考核的重要基础条件。环境监测是环境保护的耳目和侦察兵，只有环境监测水平不断提高，才能保证人类的环境安全。

11.1.1 方案概述

基于3G无线视频监控系统利用高带宽的无线接入，支持在任意地点上传现场图像、在任意位置接收远程图像，并可与固定网络视频监控系统融合实现随时随地、无所不在的视频监控应用。3G无线视频监控是具有高端和差异化特色的3G多媒体业务的典型代表，可广泛服务于风景区监控、应急指挥、公交轮船监控、公安警车监控等领域，极大地扩展了视频监控的应用环境和使用方式，给用户更友好、更便捷、更贴身的业务体验。

1. 需求分析

基于3G无线视频监控系统包括固定排污点监控、环保监测车（船）监控以及单兵环保执法取证监控3个部分。

（1）固定排污点监控

在环保系统中，常常需要对众多的污染排放点进行实时监测，大部分监测数据需要实时发送到管理中心的后端服务器进行处理。采用3G无线网络等先进技术，监控点的录像设备以及污染源监测设备可将采集到的音视频、污染数据和告警信息及时上传到环保监测部门，实现对排污单位或个人的实时监管，解决了由于监测点分散、分布范围广、监测点地处环境恶劣等诸多难题，可以大大提高环保部门的工作效率和管理水平。

（2）环境监测车（船）监控

一辆环境监测车相当于一个流动的特殊污染因子自动监测站，具备了应急监测所需的效率和功能，既可用于日常监测，又能应对突发事件的环境监测。无线车载视频监控系统，实现了环保车辆（船）高效的信息化指挥、调度和管理。环境监测局视频监控中心随时随地都能够通过车载视频探头，监控车外的环境监测现场，可以对司机、环境工程人员、环境执法人员的工作情况进行了解和管理。通过视频还可以看到所监控的厂矿、排污点、水面是否有严重污染，车载监控系统还可以进行视频抓拍，对违规排污进行视频图像取证，实时语音对讲等。

（3）单兵环保执法取证监控

单兵环保执法取证监控由高清晰微型摄像机和便携式单兵视频服务器组成，具有视频、音频、报警、语音数据、串行设备数据等远程传输功能；既可以传输高清晰的图像信号，也可以当手机和对讲机使用。环保执法人员只需要携带摄像头以及执法单兵无线终端，深入监测一线现场，在环保执法现场检查中就可适时与监控中心保持联系，远程传输高清晰声像信号供后方工作人员监控分析处理。也可以实时存储在本地大容量 SD 卡中，作为未来执法取证使用。

2. 设计目标

根据发展趋势和现状的分析，利用先进的 3G 无线传输网络、计算机技术和视频监控技术，建设环境监测局固定点监控、环境监测车（船）监控指挥以及环保执法人员单兵执法取证监控指挥系统，实现对应急事件信息的综合采集、实时传送。建立全方位多层次的管理体系，更好地利用信息技术手段，提高管理效率，降低管理成本是其宗旨。

1）实现远程实时监控功能。环境监测中心管理人员可以根据需要通过计算机监控平台远程实时了解到固定监控点、环境监测车（船）、环保单兵执法状况的实时情况。要求系统稳定可靠、功能齐全、维护管理方便，选用高速、稳定、覆盖率高的 3G 无线数据传输网络，图像质量清晰、稳定，实现监控者与现场管理人员的实时语音对讲。

2）全方位的存储功能。前端设备配备有高速 SD 卡，可实时存储音视频数据。

3）支持多链路冗余备份，支持多制式联网要求。

4）支持音视频同步，支持 3G 信号与 2G 信息自适应切换，支持低码流下传输 D1 格式图片。

3. 设计原则

根据实际应用的具体情况，在设计中应遵循下列原则：

1）先进性原则。采用先进的设计思想，选用先进的系统设备，使系统在今后一定时期内保持技术上的先进性。

2）开放性原则。系统设计及系统设备选型遵从国际标准及工业标准，使系统具有高度的开放性和所提供设备在技术上的兼容性。

3）可伸展性原则。在充分考虑当前情况的同时，系统设计必须考虑到今后较长时期内业务发展的需要，使系统可以方便地升级和扩充。

4）安全性原则。系统的设计必须贯彻安全性原则，以防止来自系统内部和外部的各种破坏。用户可以通过软件设置实现更高的安全性，对网络内部资源的访问采取授权、认证、控制以及审计等安全措施。

5）可靠性原则。系统的设计必须贯彻可靠性原则，包括选用技术先进、成熟度高、可靠性高的系统设备等。

11.1.2 系统方案设计

本系统利用公共移动通信网络，完成音视频的传输，同时将卫星定位系统、本地音视频监控与计算机网络有机地融合为一个整体，构建一套视频监控、远程对讲、安全监控等功能于一体的新一代远程可视化指挥系统。本系统主要由前端设备、传输网络、监控中心和监控终端组成，系统组成架构和系统原理分别如图 11.1、图 11.2 所示。

1. 前端设备

因为是全天候视频监控，要求摄像机具有红外功能，故采用高清晰红外摄像机采集前端视

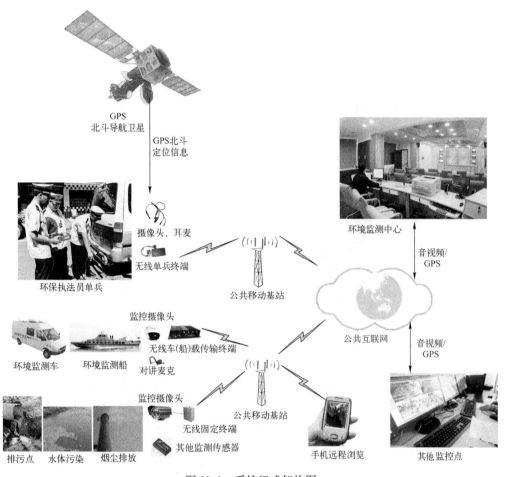

图 11.1　系统组成架构图

频。信息终端设备编码加密模块进行视频数据的编码压缩及加密，再通过信号传输模块进行视频压缩数据的传输发送。

2. 传输网络

通过 3G、WiFi 无线网络与光纤有线网络相结合方式，将视频压缩加密信号传输到公网上，实现视频远程传输。

3. 监控中心

接入到 Internet 网络的中心多媒体处理终端设备，它需要具有独立、固定不变的 IP 地址或者域名，这样，前端无线传输设备和监控终端都可以在 Internet 网络上访问到它。

4. 监控终端

办公电脑、笔记本电脑、PDA 通过互联网访问服务器，以实时、多样化的监控方式来调取监控画面。

11.1.3　系统功能及其关键技术

1. 终端设备

（1）终端设计原则

终端设备在设计上遵循小型化、功耗低、扩展性和稳定性好的基本设计原则。硬件采用高

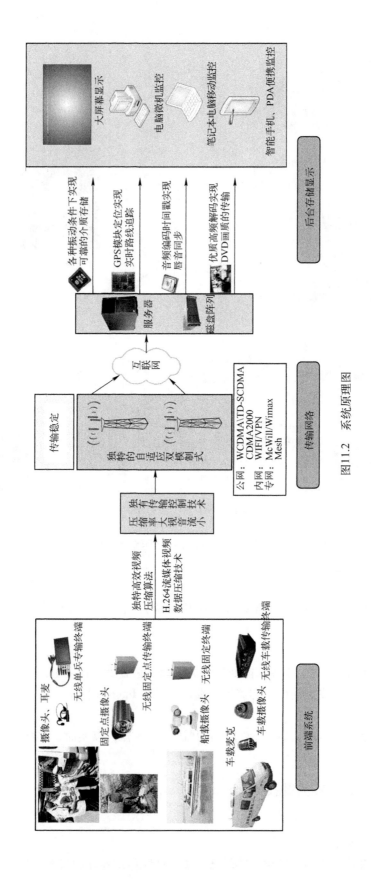

图11.2 系统原理图

集成度的电源管理芯片、可靠的热设计和自动检测休眠低功耗设计等，软件采用了不同等级数据的分类处理机制和 Linux 操作系统等，以保证系统的优良性能和高可靠性。

（2）终端集成化设计

在终端设备设计中往往需要解决的问题是功能模块的高度集成和电路版图的深度优化设计。常规无线音视频终端产品中使用的多个功能模块具有较大的分离度，设备体积较大，很难实现小型化。基于以往的产品设计经验，在对音视频信号处理和无线传输两类功能电路的深入分析研究的基础上，终端设备采用无线传输模块、音视频采集模块、主处理器模块和电源管理模块 4 大部分进行功能集成和微型化电路设计。

（3）终端无线传输模块

无线传输模块方面，可将多个独立的无线传输模块集成在统一的基板上；音视频采集模块方面，可采用视频、音频专用集成采集芯片，将音视频采集功能封装在同一个芯片中，简化外部辅助元器件的个数；主处理器模块方面，将采用功能强大的 SoC 系统，实现处理器、协处理器和存储器的高度集成；电源管理模块方面，选择高集成度的电源管理芯片，可同时提供多种电压输出，实现对多模块的统一供电，进一步减少供电模块的体积，并实现必要的硬件节能策略。

（4）终端的休眠

自动检测休眠低功耗设计，选用优良的电源管理芯片，加上软件的优化，使得本终端设备智能化，当系统检测到设备没有使用时将会自动休眠以降低设备的发热，延长电池的使用寿命。

（5）可靠的热设计

在电路板和机壳上做了充分的考虑，电路板上每个元器件的摆放是否符合空气流动原理，热源是否放在了易散热的地方，发热器件和热敏器件有没有分开放等。机壳在充分考虑外形美观的基础上，做了一些导热设计，使得模块上的温度能及时地降下来，保证设备不会死机或莫名其妙地出现问题。

（6）不同等级数据的分类处理机制

针对不同优先级别的数据采用不同的发送和重传机制。采用多模联合传输，在两种网络同时传输时，若其中一路网络信号出现丢包的情况较多，创新算法将会把优先级别最高的数据通过另一路网络信号较好的信道发送出去。如果传输到接收端后，发现数据有丢包，接收端将会告诉前端采集设备，让它把优先级别最高的数据优先重传到服务器。

2. 无线传输

分别支持移动公网（CDMA2000/WCDMA/TD - SCDMA）中的任意两种制式联合传输或单独传输及自适应流量控制。

（1）面向不同无线传输模式的多模联合算法

由于单一无线模式的传输链路不易保障数据的可靠稳定传输，特别是基于移动通信网络通信时，信号分布不均匀和覆盖盲区等原因所造成的带宽不足和断线问题，是基于移动公网的无线音视频业务传输的瓶颈所在。基于不同无线传输模式的网络覆盖具有交叠性和互补性，利用多种无线传输模式联合通信可以克服单一无线传输模式下通信的不足。

采用多模联合算法的移动公网无线音视频终端，可以和多个不同传输模式的通信网络建立多条完全独立的通信链路。移动公网无线音视频终端可根据其安装状态和设定策略，自动建立多个无线通信链路连接，并对载荷进行智能化分类，设计优化的路由策略将数据分发到各无线通信链路中。移动公网无线音视频终端可以在分流分发或复制分发方式下工作，当工作在分流分发方式时，终端将数据分流至多个不同通信链路中，也就是将多个通信链路在逻辑上合为一条通信链路，这样可以有效增加终端的传输带宽。而终端工作在复制分发方式时，终端将数据复制多份并发传输，可有效地增强数据传输中的可靠性，在一些数据完整性和可靠性较高的应用领域中，可以大大提高数据传输的鲁棒性。

本系统综合考虑 3 种移动公网的特点，从多路连接的自动建立与释放、连接状态联动的多重路由、特定载荷多重路由、权重智能匹配、权重智能调整 5 个方面对不同移动公网标准的多模联合算法进行详细设计。

（2）具有无线信道自适应性能的传输控制算法

要解决无线信道带宽抖动问题，无线音视频终端设备必须要能根据无线信道的状况，自适应地调整传输控制策略和调度算法。无线音视频传输技术的一个核心问题就是音视频数据与无线信道时变特性的实时同步联动，即音视频数据处理系统与无线信道的变化是相匹配的，因此，设计具有快速反馈机制的无线数据收发系统是十分必要的。信息采集控制模块负责数据的采集，信息处理模块负责音视频及其他相关数据的预处理、压缩、合并、中转等功能，多模无线通信模块负责数据的多模多链路通信。同时，多模无线通信模块具有实时检测功能，通过和中心服务器的信令交互可以实时获得当前无线网络的信息吞吐量状况，并据此实时反馈至信息处理模块，进而反馈至信息采集控制模块。这样就可以从数据源头对信息的处理进行自适应的控制调整，从而实现无线音视频数据在时变信道下的优化传输。

（3）前馈控制机制

为了进一步提高系统的性能，本系统在信号检测过程中采用前馈控制机制，如图 11.3 所示。在无线通信进行数据传输之前，当多模无线通信模块与空口数据通道对接进行信号检测时，该机制可以实时完成信号检测、信道预估、拓扑分析和路由优化等多方面的前期综合计算，从而为音视频数据提供最优的无线传输策略。

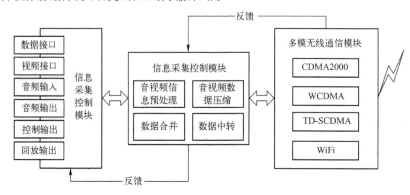

图 11.3　具有快速反馈机制的实时无线数据收发系统

3. 无线音视频传输的流畅性和实时性

由于受外部环境影响，移动通信系统无线信道的传输带宽具有突变性，会造成临时链接中断、信号衰落引起的位错误等问题，这直接导致音视频传输质量的急剧恶化。因此，如何在移动信道带宽较低且抖动大的情况下，保持音视频传输效果的稳定是十分重要的，这需要优良的与无线信道特性相匹配的音视频压缩技术提供可靠保障。本系统设备以 H.264 算法为基础，充分借鉴了 MPEG 系列和 H.26x 系列的压缩算法的主要思想，利用多模式匹配、记忆分析、B 帧和 P 帧数量的自适应调整等多种方式的组合，充分提高运动估计的精度、使之与实际数值的匹配度提高，保证了编码算法的高压缩比性能。同时，在码流形成过程中可以采用灵活的快速算法来降低系统算法的运算量，进而降低系统功耗。

4. 数据传输的安全性

本系统采用可靠的端到端数据加密技术、数据的分路传输加密、编码器码流的数据加密，支持专用无线 VPN 通道。对系统传输的视频、音频、数据等信息流应采用数据加密算法进行可靠的端到端数据加密，有效保障传输数据的安全性。中心服务器与管理控制中心、远程客户端之间可采用权限管理机制，进行分级权限管理。在公共网络与专用网络、局域网网络之间进行数据交换时，可采用专用无线 VPN 通道技术进一步增强基于公共移动通信网络传输信息流的安全性。

本系统采用多制式联合传输技术，由于数据分割成多路并各自独立通过不同的无线数据链路进行传输，且各数据块也都是经过高位数据加密的，所以信息安全可以得到进一步的提高。在常规加密方面，对音视频数据部分，使用私钥加密算法 DES，特点是速度快，加密强度高，适合对大量的数据进行加密；对用户信息部分，适用公钥加密算法 RSA，特点是加密强度高，适合不同用户使用。对于特殊加密部分，如警察或是军用的系统，提供开放接口和各类可调节参考，采用专用加密模块和订制加密方式实施高位高复杂度加密技术，保证在一定有效运算时间内无法破解。设备带有各类常规数据接口，并在设备内部预留处理器资料，一方面外部接口接入加密模块，另一方面在内部处理器进行部分加密运算处理。从而，在满足用户加密要求的同时，也兼顾了加密要求级别较高的用户需求。

5. 音视频的同步

针对音视频同步传输问题，拟采用多线程同步传输、配比权重的传输连续性控制、音频优先、时间戳同步、空闲时隙内插等机制，以保障无线音视频系统端到端的音视频同步传输和流畅播放。时间戳同步是保证音视频同步传输的关键，在设备采集到音视频后，将采集到的音视频数据加上时间戳，通过无线传输到客户端后，在播放时，把时间戳相同的音视频数据在同一时间播放出来。最终达到音视频同步的效果。

6. 管理软件特点

管理服务器软件负责整个系统的连接和运行，同时，可选用动态域名解析服务器配套使用，方便终端的配置和管理。管理服务器软件是系统的核心，负责连接前端视频服务器与客户监控端，并进行视频数据和控制命令转发，同时连接和管理存储服务器中的视频数据，以及管理系统中的各种设备和资源，包括视频流管理、录像管理和用户管理等。管理服务器软件包括中心服务器和转发服务器两部分，中心服务器负责控制指令的转发和管理，转发服务器负责视频数据的转发和管理及存储，这为大规模的监控系统实现提供了有效保证。管理服务器软件的基本使用功能有：

1）用户多种方式接入，如手机、PC、PDA 等。

2）支持独立应用系统和融合平台应用系统同时使用。

3）可单独使用，可支持多个服务器级联组成大系统，扩展系统规模。

4）支持分布存储管理，多点存储功能，实现数据高度共享。

5）支持分级用户管理，设定各级用户，使用不同权限访问不同资源，实现分级管理。

6）支持完善的日志功能，便于查询和整理。

7）支持完善的 Web 浏览器对服务器数据的管理，可以方便管理系统设备和各种资源。

8）支持动态显示连接客户端和终端设备的设备 ID、IP 地址、上/下行码率、丢包率等基本信息。

对于一个中心服务器，可以与多个转发服务器相互连接，进而实现监控系统软件的级联扩容，扩大监控系统规模。

11.1.4 监控服务器软件

监控服务器（多媒体信息处理终端）负责整个系统的连接和运行，监控服务器软件的基本功能有：

1）可单独使用，可支持多个服务器级联组成大系统，扩展系统规模。

2）支持分布存储管理，多点存储功能，实现数据高度共享。

3）支持分级用户管理，设定各级用户，使用不同权限访问不同资源，实现分级管理。

4）支持完善的日志功能，便于查询和整理。

5）支持完善的 Web 浏览器对服务器数据的管理，可以方便管理系统设备和各种资源。

6）支持动态显示连接客户端和终端设备的设备 ID、IP 地址、上/下行码率、丢包率等基本信息。

1. 转发服务器

软件的系统体系结构采用 C/S 架构，通过它可以充分利用两端硬件环境的优势，将任务合理分配到客户端和服务器端来实现，降低了系统的通信开销。

2. 客户端

系统的客户端系统，由客户端设备和客户端软件组成。客户端设备可以是连接网络的 PC、笔记本电脑、手机等，客户端软件是客户端系统的核心所在，它提供各类面向客户的应用功能。

3. 监控画面

用户通过窗体分割按钮控制窗体分割方式和全屏控制，用户通过选择窗体和设备，可以在指定的窗体上进行播放。

4. 管理与控制终端

用户登录系统后，可以管理自己的监控终端。监控终端列出了当前登录的用户有权限访问的终端，终端按组的方式进行显示。终端使用不同的图标显示不同的状态，设备在线时使用绿色，不在线时使用灰色，报警则使用红色。用户通过鼠标放在设备图标上，在线设备会显示具体的 GPS 信息。监控终端列表下有 4 个按钮，依次为播放、录像/停止录像、移动侦测打开/关闭、设备启动/休眠，用户可以选择不同的设备进行控制。用户可以通过主界面的"设置"按钮进入二次对话框中，查看目前正在进行的本地录像信息。

5. OSD

在监控画面显示 OSD，包括 GPS 信息、设备（摄像头）名称、时间、所在设备组名称、报警信息、本地录像信息等。

6. 远程回放

远程监控数据存储在存储服务器上，因此客户端可以从存储服务器上检索并回放历史数据。用户可以通过主界面上的回放按钮，进入远程回放界面，远程回放提供从服务器上进行录像查询、播放和下载等功能。录像查询条件为：设备名称、时间范围、录像类型。播放控制具有播放、停止、慢放、快放、截图、音量等操作。

7. 抓图回放

主界面提供一个快速抓图回放的按钮，单击后弹出对话框，显示上次抓图文件，并通过"向前"、"向后"按钮进行浏览多个历史抓图文件，可使用打印按钮进行打印操作。

8. 参数设置

（1）用户管理、权限设置

1）提供添加、删除用户组。

2）添加、删除用户。

3）添加用户时必须指定用户所属组。

4）用户分为系统管理员、组管理员、组全功能用户和组浏览用户4种角色。系统管理员拥有全部用户权限，还可以对组管理员进行管理；组管理员可以进行本组的用户管理、本组的设备管理，如增删本组用户（本组用户分为全功能用户和浏览用户）和本组设备，以及本组设备的报警管理等工作；组全功能用户拥有对本组所有监控功能的使用权限，操作云台、录像计划等；组浏览用户功能包括本组图像实时监控、本组录像回放等功能，但不能进行云台控制等修改操作。

（2）设备管理

1）提供设备的添加、删除操作。

2）设备添加时指定所属用户组（即设备组）。

3）只有所属用户组的用户才可以浏览该设备。

4）设备属性包括设备名称、SIM卡号码、所属组名称、是否关闭语音等。

5）组管理员或系统管理员可以将某设备声音关闭，但不影响录像时带有的声音，只是不发送给客户端进行播放。

（3）编码参数设置

提供用户对设备编码参数的设置，包括视频的图像格式、传输帧率、图像质量、视频模式。可在悬浮云台上进行色度、亮度、对比度、饱和度方面的设置。

（4）定时录像设置

定时录像由存储服务器进行，用户可以通过客户端进行设置。设置参数包括通道名、时间段（或开始时间）、云台预置位、是否录音。当两个录像计划设置的时间有重合时，提醒用户。

（5）报警联动设置

包括视频移动报警联动设置和I/O输入报警联动设置。

（6）报警定时设置

包括视频移动报警定时设置和I/O输入报警定时设置。即在设置时间段，当该时间段内发生报警时才进行联动处理，否则不进行处理，该部分设置记录在服务器上，由服务器统一管理。当两个设置的时间有重合时，提醒用户。

（7）网络连接

系统支持各类常规网络环境的应用，采用客户端直接/代理上网方式。

11. 1. 5 显示部分

综合显示系统一般包括大屏、PC桌面、移动笔记本和智能手机等。

1）数字大屏采用投影墙拼接技术、多屏图像处理技术、多路信号切换技术等，具有高亮度、高清晰度、高智能化控制、操作方法先进等优点。大屏的接口一般采用VGA或RGB，控制计算机可通过控制接口调试大屏的显示模式，如多画面显示、画面漫游、画中画等功能。

2）PC桌面显示是平时最常用的一种方式，只需要有固网宽带网络能连接整个系统平台，用户就可以通过客户端软件来查看现场情况。

3）移动笔记本显示是指在移动并且无固网宽带的环境下，客户可以通过笔记本移动公网无线上网卡进入网络，登录系统平台。调取前端设备所采集的图像信息。它的优点在于不受空间和电力的限制，只要有移动公网信号覆盖的地方，就可以完成操作。

4）智能手机显示是所有显示方式中最轻松和便捷的方式，用户只要配备智能手机，登录到系统平台，即可调用图像。手机是最普及的移动终端，它具备轻巧、操作简单等优点。

11.2 基于物联网的智能大棚系统设计

该方案利用物联网技术和通信技术，将大棚中空气的温度、湿度及土壤的温度、湿度等关键要素通过各种传感器动态采集，将数据及时传送到智能专家平台，使农作物管理人员、农业专家通过计算机、手机或手持终端就可以随时掌握农作物的生长环境，及时采取控制措施，预防病虫害，提高蔬菜品质，增加种植效益，同时把有限的农业专家整合起来，提高对大棚的生产指导和管理效率。

11.2.1 系统总体设计

1. 智能大棚系统架构

智能大棚系统主要分为大棚现场、采集传输、业务平台和终端展现4层架构，如图11.4所示。大棚现场主要负责大棚内部环境参数的采集和控制设备的执行，采集的数据主要包括农业生产所需的光照、空气温度、空气湿度、土壤温度、土壤水分等数值。

业务平台负责对用户提供智能大棚的所有功能展示，主要功能包括环境数据监测、数据空间/时间分布、历史数据、超阈值告警和远程控制5个方面。用户还可以根据需要添加视频设备实现远程视频监控功能。数据空间/时间分布将系统采集到的数值通过直观的形式向用户展示时间分布状况（折线图）和空间分布状况（场图）、历史数据可以向用户提供一段历史时间的数值展示；

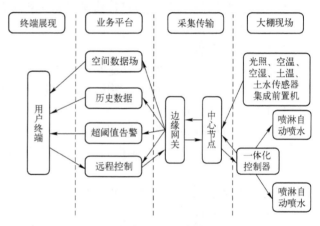

图11.4 智能大棚系统架构图

超阈值告警则允许用户制定自定义的数据范围，并将超出范围的情况反映给用户。业务平台通过互联网向用户提供服务，本业务平台提供支持多种类型终端的客户端和浏览器。

2. 智能大棚系统网络拓扑结构

系统的网络拓扑结构如图11.5所示。

传感器的数据上传有ZigBee模式和RS485模式两种，RS485模式中数据信号通过有线的方式传送，涉及大量的通信布线。在ZigBee传输模式中，传感器数据通过ZigBee发送模块传送到ZigBee中心节点上，用户终端和一体化控制器间传送的控制指令也通过ZigBee发送模块传送到中心节点上，节省了通信线缆的部署工作。中心节点再经过边缘网关将传感器数据、控制指令封装并发送到位于Internet上的系统业务平台。用户可以通过有线网络/无线网络访问系统业务平台，实时监测大棚现场的传感器参数，控制大棚现场的相关设备。ZigBee模式具有部署灵活、扩展方便等优点。

控制系统主要由一体化控制器、执行设备和相关线路组成，通过一体化控制器可以自由控制各种农业生产执行设备，包括喷水系统和空气调节系统等，喷水系统可支持喷淋、滴灌等多

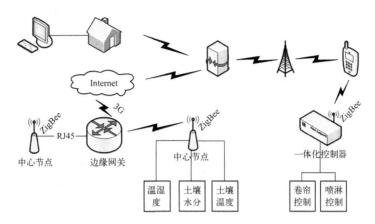

图 11.5 智能大棚系统网络拓扑图

种设备，空气调节系统可支持卷帘、风机等设备。

采集传输部分主要将设备采集到的数值传送到服务器上，现有大棚设备支持 3G、有线等多种数据传输方式，在传输协议上支持 IPv4 和 IPv6 协议。

11.2.2 监控软件功能

系统提供智能农业系统所需的 3 套功能子系统，以网页形式提供给用户使用。

1. 用户操作子系统

1）用户登录时的身份验证功能。只有正确的用户名和密码才可以登录并使用网站。

2）超阈值报警功能。能够判断各类数据是否在正常范围，如果超出正常范围，则报警提示，并填写数据库中的错误日志。

3）报警处理功能。用户如果已经注意到某报警，可以标记报警提示，系统会在数据库中记录为已处理。

4）智能展示功能。可以直观地展示传感器采集的数据，包括实时地显示现场温湿度等数据的分布和每种数据的历史数据。

5）阈值设置功能。可以设置各种传感器的阈值，即上下限，根据此阈值系统判断数据的合法性。

6）视频功能。网站能够显示现场布置的各摄像头的内容，并可以远程控制摄像头。

2. 用户管理子系统

1）用户登录时的身份验证功能。只有正确的用户名和密码才可以登录并使用网站。

2）用户密码管理。网站提供用户修改当前设置的密码值的功能。

3）查看授权设备。网站提供用户查看自己被授权设备清单的功能。

3. 系统管理子系统

（1）客户管理

1）添加客户：必须通过业务管理平台添加后，客户才有权利进入视频监控系统。客户注册信息是通过邮件获取，密码皆为 MD5 加密，管理员无法获得客户密码。对于违约和未缴费客户，管理员可以通过设置客户进入黑名单。禁止该客户登录平台。取消黑名单，该客户可以再次进入系统。

2）删除客户：客户被删除后，则不能再登录到视频监控系统。

3）在线客户：管理员可以查询出哪些客户在线，统计客户的在线信息，以方便运营和管理。

（2）设备管理

1）添加设备：必须通过业务管理平台添加后，设备才有权利进入视频监控系统。

2）删除设备：设备被删除后，则不能再注册到视频监控系统。

3）在线设备：管理员可以查询出哪些设备在线，统计设备的在线信息，以方便运营和管理。

（3）设备权限

1）客户和设备建立权限：客户和设备原本没有权限关系。而客户要查看某一设备的远程信息，必须先授权才能获取。

2）客户和设备权限改变：客户和设备之间有多种权限，系统默认对视频设备只有视频连接和查看远程录像的权限。系统支持默认的权限定义，企业可以根据实际情况选择默认权限。管理员和私有设备所属客户可以对已经授权设备进行不同权限设置，以方便更好和更安全地控制远程设备。

3）删除设备权限：管理员对于违约或者未缴费客户，可以删除对某设备的权限。删除后，即使该客户正在观看该设备，也会立即被停止连接。

（4）会话管理

会话管理，强断会话，管理员可以通过这一功能实现异常或者错误客户的连接。

11.2.3 智能大棚系统的关键技术

1）在恶劣环境下，用于采集各种信息的传感器的安全问题。

2）基于 ZigBee 和 3G 网络的连接问题。

3）基于 ZigBee 和 3G 网络的数据融合问题。

4）手机客户端访问的速度、可靠性、界面友好性等问题。

5）智能大棚专家系统的构建问题。

11.2.4 系统功能

1）手机客户端访问功能。通过 3G 网络利用手机访问监控系统，实时、高效、方便。

2）实时监测和报警。使用无线传感器可以实时采集大棚内的环境因子，包括空气温度、空气湿度、土壤温度、土壤水分、光照强度等数据信息及视频图像信息，再通过 3G 网络传输到智能大棚监控专家系统，为数据统计、分析提供依据。对不适合作物生长的环境条件自动报警。

3）远程设施控制系统。通过网站，可以对加热器、卷膜机、通风机、滴灌等设备远程控制，实现农业设施的远程手动/自动控制。

4）远程生产指导系统。根据农作物生长模型库，对大棚实时环境监测数据对比分析，当环境数据高于作物生长的上限或低于作物生长下限时，系统自动报警。

5）远程生产活动跟踪。系统根据现场活动监测终端的报告，跟踪特定生产活动完成的情况。

6）远程生产指导系统。根据农作物生长模型库，对大棚实时环境监测数据对比分析，高于作物生长的上限或低于作物生长下限时，系统自动报警。

7）产品跟踪服务系统。智能大棚专家系统可以支持对温室生产的农业产品进行跟踪，提供产品溯源服务。

8）客户关系管理。通过本系统，农业生产企业可以对客户进行管理，从而提高了企业的销售能力。

11.2.5 技术方案

1. 设备部署方案

1）在每个智能大棚内部署空气温湿度传感器，用来监测大棚内空气温度、空气湿度参数；每个大棚内部署土壤温度传感器、土壤湿度传感器、光照度传感器，用来监测大棚内土壤温度、土壤水分、光照等参数。所有传感器一律采用直流 24 V 电源供电，大棚内仅需提供交流 220 V 电源即可。

2）每个大棚园区部署 1 套采集传输设备，包括中心节点、无线 3G 路由器、无线 3G 网卡等，用来传输园区内各大棚的传感器数据、设备控制指令数据等到 Internet 上与平台服务器交互。

3）在每个大棚内安装智能控制设备 1 套，包括一体化控制器、扩展控制配电箱、电磁阀、电源转换适配设备等，用来传递控制指令、响应控制执行设备，实现对大棚内的电动卷帘、自动喷水、自动通风等行为的实现。

4）每个大棚内部根据用户需求，安装上述设备并部署相关线缆，实现大棚智能化。

智能大棚内部设备部署平面图如图 11.6 所示。

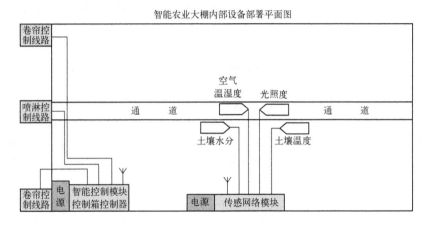

图 11.6 智能大棚内部设备部署平面图

2. 功能解决方案

（1）PC 访问功能

用户通过 PC 的 IE 浏览器（IE7.0 版本以上）输入系统平台 IP 地址访问。进入智能农业管理系统平台，在登录界面上输入用户名和密码，即可进入系统平台。

在智能展示功能模块，用户可以根据需要点击要查看的传感器的图标来查看传感器数据。将鼠标放在绿色场图的传感器图标上，传感器的实时数据就会立刻显示出来。将传感器选中，还可以查看传感器在近期内的数据趋势曲线，让大棚环境监测更加一目了然。

在控制柜功能模块，用户可以选择手动控制和智能控制。其中手动控制为用户在平台界面上手动操作，点击"卷帘上升"的灰色小球，小球由灰色变为绿色，现场的电动卷帘将会上升。而智能控制需要用户有丰富的生产经验，单击"智能控制开启"后，在规则设置中设定触发智能控制的传感器临界数值，从而实现农业大棚的电动设施根据传感器数据自动调整运行，实现智能大棚的智能化。

在阈值设置功能模块，用户可以根据需要设置相应传感器阈值的上、下限，以及传感器数据的显示周期等。设定好相应的阈值后，单击"提交"，系统便保存了传感器的阈值上、下限。一旦传感器数据超出阈值设定范围，则传感器数据将会在主界面上实时告警。

在视频功能模块，用户可以远程实时观看棚内现场情况。

（2）手机客户端访问功能

通过在 Android 操作系统（2.0.1 版本以上）智能 3G 手机上安装客户端软件可以实现手机实时访问系统平台。手机客户端在输入用户名、密码后单击"登录"即可。还可以选择"下次自动登录"，免去每次都输入用户名、密码的烦琐工作。

11.2.6 系统集成方案

将每个大棚门口的交流 220 V 电源接入大棚，作为大棚设备供电的主干线使用。主干线一律采用 PVC 管封装，主干线穿越大棚主体时，管线埋藏于地下。主干线在大棚内部走线时，PVC 管线固定在大棚侧面的棚体金属管上。

在大棚内部部署铁箱子一台，安装漏电保护器、导轨、电源转换器等设备入内，大棚内部主干线通过铁箱子并经由漏电保护器控制设备电源通断。铁箱子安装在靠近大棚电机和电磁阀一侧约 15 ~ 25 m 处为宜。一体化控制器安装在大棚靠近电机和电磁阀一侧，在主干线上并联取电。电机连线到一体化控制器，电磁阀安装在大棚水网管线入口处，并连线到一体化控制器。传感器安装在大棚内部铁箱子附近，并连线到铁箱子内部的电源转换器上取电。

11.3 基于 3G 的客运车辆视频监控及定位系统

客运车辆视频监控及 GPS 车载定位系统采用先进的数字音视频编解码技术、无线视频网络传输技术、GPS 卫星定位技术，在车辆上安装车载终端，使用大容量硬盘对车辆内外的音视频信息进行实时记录保存，以备日后查证使用。本系统结合无线网络传输技术，将车辆现场图像及所在位置传送到指挥中心，为远程指挥调度提供第一手资料。此外，系统还可以实现 GPS 定位信息无线网传功能，为车辆调度管理提供便利。

11.3.1 系统组成

1. 车载音视频监控子系统

系统在车辆进出口及重要位置安装视频摄像机，获取车内外的视频信号，并传输给车载终端主机；车载视频监控终端负责采集音视频数据、数字化压缩处理，并进行数据实时保存在车载终端的硬盘内。

2. 信息交互子系统

车载终端主机可通过 3G 无线网络与中心平台进行交互，上传车内外视频图像信息及报警信号、GPS 卫星定位数据以及语音信息等。

3. GPS 卫星定位子系统

车载终端主机可采集 GPS 卫星定位信息，并通过 3G 无线网络上传至中心平台。中心平台大屏幕显示车辆所在位置、速度、方向角等信息；并可实现车载电话功能。

4. 中心管理平台

通过 3G 无线网络对车载终端主机进行集中管理。中心管理平台具备车辆调度、车辆报警处理、远程指挥等功能。

5. 车载终端主机

车载终端主机作为本系统的核心设备，集成了数字音视频编码模块、音视频存储模块、报警信息处理模块、GPS定位模块、行车记录模块，并提供了多种扩展接口，可实现高清晰音视频录像、报警信息上传、GPS卫星定位等功能。车载终端主机可连接3G网络模块，实现数据与中心的高速交互。

11.3.2　总体设计

系统在客运车辆上安装车载终端主机、车载摄像机、无线网传模块等，对车内外情况进行实时监控，监控指挥中心对前端获取的实时数据进行分析。系统拓扑结构见图11.7。

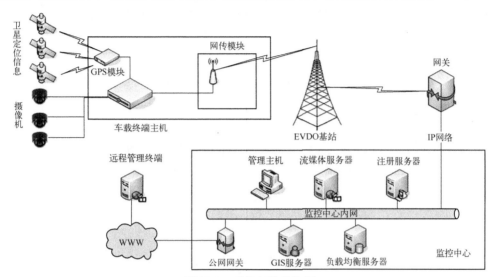

图11.7　系统拓扑结构图

1.　前端设计

（1）前端摄像机

系统前端在汽车车前、车后以及上客门各布置一个高清晰彩转黑红外半球摄像机。车前的摄像机主要从车辆正前方观察车内人员活动的情况；车后摄像机从后向捕捉视频信号，上客门摄像机主要用于记录上车乘客的面部特征，三个摄像机在车内控制面应达到115%以上。前端摄像机采用2.45 mm广角镜头CCD摄像机，摄像机分辨率在480线以上，照度0.05Lux@F1.2；摄像机通过车载终端主机取电。

（2）前端拾音器

系统前端布置用于声音采集的设备拾音器，用于公交车内声音的实时采集，记录司乘人员与乘客的对话。

（3）GPS定位模块

车载监控主机可将接收到的全球卫星定位系统GPS的定位信息，通过无线网络传输系统定时发送至公交调度管理中心，车辆调度管理人员在监控中心可获取公交车辆的行驶轨迹、速度和方向等信息，并做出调度决策。

（4）数字音视频编码

前端采集到的模拟音视频信号接入车载终端主机进行数字化压缩处理。首先将模拟音视频进行数字编码，再进行压缩处理，处理后的数据根据需求进行存储和无线网络上传。

（5）音视频数据存储设计

车载终端主机录像采用循环记录模式（循环记录指当程序检测到主机中所有的硬盘空间

录满时，无需更换硬盘，自动覆盖原录像资料的纪录方式），因此录像保存的时间长短与硬盘容量成正比例关系，根据客户要求录像15天以上，4路4CIF格式的图像，对所需硬盘容量计算：公交车每天运营11 h，4路4CIF格式（704×576）的图像，H. 264压缩方式下，采用变码流方式，每路图像设置最大码流为511 Kbit/s，每天所需存储空间最大为：15天所占用的硬盘空间为150 GB。若使用160 GB的硬盘至少可保存15天以上的历史录像数据。

2. 无线网络数据传输设计

系统采用电信运营商的EVDO无线网络平台，平台由车载终端主机、转发服务器、监控中心管理平台3部分组成。客运车辆电子监控无线网络拓扑结构图见图11.8。

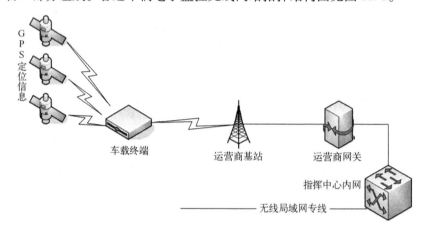

图11.8 客运车辆电子监控无线网络拓扑结构图

（1）车载终端主机

车载终端主机，启动后主动与监控中心VPDN专网上的转发服务器建立连接，并与转发服务器保持心跳连接，确保车载终端主机链路通畅。在报警按钮启动后，终端主机向转发服务器发出报警请求，并主动上传图像。监控中心需调用车内数据时，由转发服务器向车载终端发出请求，得到请求后立即将视频上传至转发服务器。系统实时上传GPS定位信息。

（2）转发服务器

转发服务器作为监控中心和车载终端交互的平台，主要进行数据图像、报警信号、GPS定位信息等数据的转发工作，并进行操作员权限的认证和管理。

（3）监控中心管理平台

监控中心管理服务器可接收转发服务器转发的终端报警信号，并在屏幕上显示终端自动上传的图像。系统也可以调用任意一台车辆的视频信号，只需在GIS电子地图平台上单击所需浏览的车辆图标，即可显示车辆行驶图像。监控中心和车载终端数据交换示意图见图11.9、图11.10。

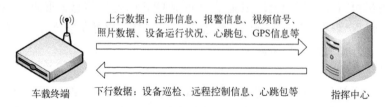

图11.9 监控中心和车载终端数据交换示意图一

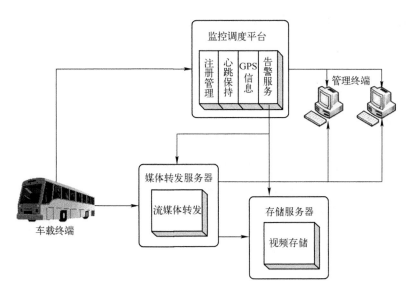

图 11.10　监控中心和车载终端数据交换示意图二

11.3.3　指挥中心远程监控客户端和服务器设计

1. 客户端软件主要功能

（1）视频实时浏览

实时浏览车辆上传的视频图像，视频图像分辨率、码流、帧率、图像质量等参数实时可调，视频上传延迟小于 5 s，支持网络带宽自适应功能。

（2）远程抓图功能

支持前端抓图按钮，抓取高清晰照片，可实时调整图片分辨率、图像质量。

（3）车辆定位管理功能

支持 GPS 定位信息转发，并在地图上显示车辆位置（时间、地点、经度、纬度、速度）。

（4）远程报警功能

支持 3 种报警功能，并在平台上实时显示报警信息。

1）手动按钮报警，支持报警按钮报警。

2）越界报警、超速报警、阻塞报警。通过 GPS 信息可对车辆行驶状态进行判断，车辆是否超速、是否越界、是否在一地点长时间停留。

3）设备出错报警。支持设备自检报警上传，如视频信号被非法切断。

（5）车辆管理功能

用户通过相关车辆类型、车队、车牌、联系人等信息进行管理。比如车辆名称、车队名称、驾驶员姓名、驾驶员电话等，并可将每辆车按需求进行分组。

（6）日志记录功能

各种操作日志记录，并可通过时间段进行查询。

（7）本地录像回放功能

前端网传的录像可通过播放软件进行本地播放，支持多路回放功能。

2. 监控中心服务器设计

指挥中心布置注册服务器、负载均衡服务器、流媒体转发服务器。

1）注册服务器。注册服务器提供终端上线注册功能，并与终端实时保持心跳连接。

2）流媒体转发服务器。转发服务器提供音视频数据、信令和 GPS 定位信息的转发和负载均衡工作。

3）负载均衡服务器用于系统资源合理分配，适用于大规模的车载监控应用。

习题与思考题

11-01 物联网的规划设计一般应遵循哪些基本原则，为什么？

11-02 设计一个基于 ZigBee 技术的智能家居网络系统，达到安全、方便、高效的目的。

11-03 针对某个具体应用，如环境监测，试设计一个物联网应用的技术方案。

参 考 文 献

[1] 薛燕红. 物联网技术及应用 [M]. 北京：清华大学出版社，2011.

[2] 薛燕红. 物联网组网技术及案例分析 [M]. 北京：清华大学出版社，2013.

[3] 王志良，等. 物联网工程实训教程 [M]. 北京：机械工业出版社，2011.

[4] 刘云浩. 物联网导论 [M]. 北京：科学出版社，2010.

[5] 刘化君. 物联网技术 [M]. 北京：电子工业出版社，2010.

[6] 吴功宜. 智慧的物联网 [M]. 北京：机械工业出版社，2010.

[7] 沈苏彬，毛燕琴，范曲立，宗平，黄维. 物联网概念模型与体系结构 [J]. 南京邮电大学学报（自然科学版），2010，30（4）.

[8] 胡昌玮，周光涛，唐雄燕. 物联网业务运营支撑平台的方案研究 [J]. 业务与运营，2010（2）：55.

[9] 刘强，崔莉，陈海明. 物联网关键技术与应用 [J]. 计算机科学，2010，37（6）.

[10] 沈强. 物联网关键技术介绍 [OL]. http://winet.ece.ufl.edu/qshen/.

[11] 王瑶. 物联网应用研究 [J]. 智博通信，2000.

[12] 诸瑾文，王艺. 从电信运营商角度看物联网的总体架构和发展 [OL]. http://www.cww.net.cn.

[13] 彭巍，肖青. 物联网业务体系架构演进研究 [J]. 移动通信，2010（15）.

[14] 武传坤. 物联网安全架构初探 [J]. 战略与决策研究，2010，25（4）.

[15] 周洪波. 基于 RFID 等三大物联网应用架构 [J]. 计算机世界，2010（3）.

[16] 苏晓翠. 物联网与 EPC [J]. 条码与信息系统，2010（4）.

[17] 张顺颐，宁向延. 物联网管理技术的研究和开发 [J]. 南京邮电大学学报（自然科学版），2010，30（4）.

[18] 崔逊学，左从菊. 无线传感器网络简明教程 [M]. 北京：清华大学出版社，2009.

[19] 樊勇兵，燕杰，秦润锋. 移动通信技术的发展对互联网网络架构的影响 [J]. 电信科学，2009（3）.

[20] 李慧芳. 面向多业务运营的物联网业务平台研究 [J]. 移动通信，2010（15）.

[21] 董斌，曹敏，薛立宏，周峰. 一种移动互联网技术框架的探讨 [J]. 电信科学，2009（5）.

[22] 朱旭. 移动互联网及其热点技术分析 [J]. 中国高新技术企业，2010（20）.

[23] 伍佑明，杨国良，丁圣勇. IPv6 技术及其在移动互联网中的应用 [J]. 电信科学，2009（6）.

精品教材推荐目录

序号	书号	书　名	作者	定价	配套资源
1	23989	新编计算机导论	周　苏	32	电子教案
2	33365	C++程序设计教程——化难为易地学习 C++	黄品梅	35	电子教案
3	36806	C++程序设计　——北京高等教育精品教材立项项目	郑　莉	39.8	电子教案、源代码、习题答案
4	23357	数据结构与算法	张晓莉	29	电子教案、配套教材、习题答案
5	08257	计算机网络应用教程(第 3 版)　——北京高等教育精品教材	王　洪	32	电子教案
6	30641	计算机网络——原理、技术与应用	王相林	39	电子教案、教学网站、超星教学录像
7	20898	TCP/IP 协议分析及应用　——北京高等教育精品教材	杨延双	29	电子教案
8	36023	无线移动互联网：原理、技术与应用　——北京高等教育精品教材立项项目	崔　勇	52	电子教案
9	24502	计算机网络安全教程(第 2 版)	梁亚声	34	电子教案
10	25930	网络安全技术及应用	贾铁军	41	电子教案
11	33323	物联网技术概论	马　建	36	电子教案
12	34147	物联网实验教程	徐勇军	43	配光盘
13	37795	无线传感器网络技术	郑　军	39.8	电子教案
14	39540	物联网概论	韩毅刚	45	电子教案、教学建议
15	26532	软件开发技术基础(第 2 版)　——"十二五"普通高等教育本科国家级规划教材	赵英良	34	电子教案
16	28382	软件工程导论	陈　明	33	电子教案
17	33949	软件工程(第 2 版)	瞿　中	42	电子教案
18	37759	软件工程实践教程 (第 2 版)	刘　冰	49	电子教案
19	08968	数值计算方法(第 2 版)	马东升	25	电子教案、配套教材
20	28922	离散数学(第 2 版)　——"十一五"国家级规划教材	王元元	34	电子教案
21	41926	数字逻辑(第 2 版)	武庆生	36	电子教案
22	43389	操作系统原理	周　苏	49.9	电子教案
23	35895	Linux 应用基础教(Red Hat Enterprise Linux/CentOS 5)	梁如军	58	电子教案
24	40995	单片机原理及应用教程(第 3 版)	赵全利	39	电子教案、习题答案、源代码
25	23424	嵌入式系统原理及应用开发　——北京高等教育精品教材	陈　渝	38	电子教案
26	19984	计算机专业英语	张强华	32	电子教案、素材、实验实训指导、配光盘
27	28837	人工智能导论	鲍军鹏	39	电子教案
28	31266	人工神经网络原理　——北京高等教育精品教材	马　锐	25	电子教案
29	26103	信息安全概论	李　剑	28	电子教案
30	40967	计算机系统安全原理与技术(第 3 版)	陈　波	49	电子教案
31	33288	网络信息对抗(第 2 版) —"十一五"国家级规划教材	肖军模	42	电子教案、配套教材
32	37234	网络攻防原理	吴礼发	38	电子教案
33	40081	防火墙技术与应用	陈　波	29	电子教案